21世纪高等学校规划教材

U0133899

微机原理与接口技术

主 编 张 虹

副主编 栾学德

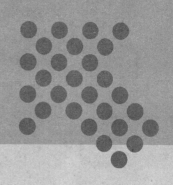

中国电力出版社

http://jc.cepp.com.cn

内 容 提 要

本书为 21 世纪高等学校规划教材。

本书以 Intel 80x86 系列微处理器和微型计算机为教学对象，全面系统地介绍了 16 位/32 位微处理器的结构原理、微型计算机的系统结构、微机接口技术、微机总线技术、常用外部设备、指令系统及汇编语言程序设计等微机软硬件技术。

本书是作者多年教学科研的系统总结，重点阐述了微机原理与接口技术课程必须理解和掌握的软硬件技术，同时适当介绍微机应用的新技术，并通过大量例题和练习进一步掌握软件编程和硬件电路的分析与设计，真正达到学以致用的目的。全书内容由浅入深、重点突出、编排合理，符合教学规律，实用性强。

本书可作为高等院校应用型本科及高职高专计算机、通信、电子及其他相关专业教材，也可作为从事微机软硬件应用开发的科研与工程技术人员的参考书。

图书在版编目（CIP）数据

微机原理与接口技术 / 张虹主编. —北京：中国电力出版社，2009

21 世纪高等学校规划教材

ISBN 978-7-5083-8628-7

Ⅰ. 微… Ⅱ. 张… Ⅲ. ①微型计算机－理论－高等学校－教材 ②微型计算机－接口－高等学校－教材 Ⅳ. TP36

中国版本图书馆 CIP 数据核字（2009）第 042550 号

中国电力出版社出版、发行

（北京三里河路 6 号 100044 http://jc.cepp.com.cn）

北京市同江印刷厂印刷

各地新华书店经售

*

2009 年 5 月第一版 2009 年 5 月北京第一次印刷

787 毫米×1092 毫米 16 开本 20.5 印张 502 千字

印数 0001—3000 册 定价 33.00 元

前　言

　　为了适应高等教育教学改革和专业课程教材建设的要求，满足高等院校应用型本科和高职高专对计算机专业教材的需要，为学生提供符合教学大纲要求、跟上计算机技术发展步伐、具有一定创新性和前沿性、理论与实践相结合、以应用为主的专业课教材，使学生学到有实用价值的专业知识，为社会培养具有一定理论知识、实践动手能力强的应用型科技人才，作者根据多年的微机教学科研和实践经验，编写了这本适用于高等院校应用型本科、高职高专计算机及相关专业的《微机原理与接口技术》教材。

　　"微机原理与接口技术"是计算机应用、网络工程、通信、电子、自动控制等工科专业一门重要的专业必修课。微型计算机在各行各业的广泛应用，要求学生不仅掌握微机的基本操作和日常应用，还要能够利用微机进行更高层次的开发，充分发挥计算机的运算和控制功能，创造更大的经济和社会效益。掌握微机原理与接口技术是实现这一目标的重要基础。本课程的教学目标是使读者掌握微机系统的硬件组成，掌握指令系统及汇编语言程序的设计方法，理解各种接口电路的结构原理，会分析常用接口电路，并具备初步的接口电路设计能力，为后续课程及微机的开发应用打好基础。本教材内容以实用为主，注重理论与实践的有机结合，阐述问题重点突出，循序渐进，遵循高等教育教学规律，使学生通过理论学习与课程实践，尽快掌握微型计算机的软硬件技术及应用。

　　本教材参考学时为70～96学时，不同专业可根据实际情况适当增删教学内容。全书共分12章，章节安排顺序注重系统性、连贯性，由浅入深、循序渐进、符合学生学习认知规律。各章主要内容如下：

　　第 1 章的主要内容是微型计算机概述及计算机中数据的表示方法；第 2 章主要介绍8086/8088 微处理器的结构、原理、引脚功能和时序，同时以 80386 和 Pentium 为主介绍了32 位微处理器的结构特点；第 3 章介绍 8086 指令系统，该章是汇编语言程序设计的重要基础；第 4 章首先介绍了常用伪指令的用法，然后重点介绍汇编语言程序设计、程序上机调试及典型调试软件的使用方法；第 5 章介绍 8086/8088 系统中存储器及接口电路的分析与设计，并介绍了 32 位存储系统的结构特点；第 6 章介绍微机总线的分类，重点分析了常用系统总线、局部总线及外部总线的特点及信号功能；第 7 章介绍 I/O 接口电路、数据传输方式、重点分析了 8086/8088 中断系统及可编程中断控制器 8259A；第 8 章介绍串/并行通信及接口，主要介绍可编程并行接口芯片 8255A 和可编程串行接口芯片 8251A 的结构原理及接口编程；第 9章介绍可编程 DMA 控制器 8237A 及接口技术；第 10 章介绍可编程定时/计数器 8253 的接口及应用；第 11 章介绍 D/A 转换器典型芯片 DAC0832 的接口及编程应用，A/D 转换器典型芯片 ADC0809 的接口及编程应用；第 12 章介绍键盘、显示器和打印机等常用人机交互设备的原理、分类及接口。

　　本书由张虹担任主编并统筹全稿。其中，张虹编写了第 1～7 章，栾学德编写了第 8～12 章及附录部分。此外，在大纲论证及编写过程中，刘磊、李耀明、边祥娟、王宇晓、王丰、杜德、解立明、郑建军、邓式阳、刘贞德等老师给予了很大帮助，在此一并表示感谢。

书中不当之处，敬请读者批评指正。

编 者

2008 年 12 月

目　　录

前　言
第 1 章　微型计算机概述 ·· 1
　1.1　微型计算机概述 ·· 1
　1.2　微型计算机的系统组成 ·· 5
　1.3　计算机中数据的表示方法 ·· 7
　习题 ··· 13
第 2 章　80x86 微处理器 ·· 14
　2.1　8086/8088 的内部结构 ·· 14
　2.2　存储器与 I/O 端口组织 ··· 18
　2.3　8086/8088 工作模式与引脚信号 ·· 20
　2.4　8086/8088 系统配置 ·· 25
　2.5　8086 总线操作时序 ·· 29
　2.6　32 位微处理器 ·· 32
　习题 ··· 49
第 3 章　指令系统 ··· 50
　3.1　操作数的寻址方式 ··· 50
　3.2　指令系统 ·· 55
　习题 ··· 81
第 4 章　汇编语言程序设计 ·· 84
　4.1　汇编语言语句 ·· 84
　4.2　伪指令 ·· 90
　4.3　DOS 和 BIOS 中断调用 ··· 105
　4.4　汇编语言程序设计 ·· 110
　4.5　汇编语言程序的上机过程 ·· 124
　习题 ·· 136
第 5 章　存储器及接口 ·· 138
　5.1　存储器概述 ·· 138
　5.2　RAM 结构及典型芯片 ··· 141
　5.3　ROM 结构及典型芯片 ··· 145
　5.4　半导体存储器接口 ·· 148
　5.5　高速缓冲存储器（Cache） ·· 156
　5.6　外部存储器 ·· 157
　习题 ·· 161

第 6 章　微机总线技术 ··· 163

6.1　总线技术概述 ··· 163

6.2　系统总线 ··· 165

6.3　局部总线 ··· 170

6.4　外部总线 ··· 174

习题 ··· 182

第 7 章　I/O 接口与中断系统 ··· 183

7.1　I/O 接口概述 ··· 183

7.2　数据传送方式 ··· 185

7.3　8086/8088 中断系统 ··· 192

7.4　可编程中断控制器 8259A ··· 196

习题 ··· 209

第 8 章　串并行通信及接口 ··· 211

8.1　并行通信及接口 ··· 211

8.2　可编程并行接口芯片 8255A ······································· 212

8.3　串行通信概述 ··· 222

8.4　RS-232C 串行通信接口 ··· 225

8.5　可编程串行通信接口芯片 8251A ··································· 229

习题 ··· 238

第 9 章　可编程 DMA 控制器 8237A ··· 240

9.1　8237A 的结构及引脚功能 ··· 240

9.2　8237A 的工作原理 ··· 243

9.3　8237A 的寄存器组及编程 ··· 246

习题 ··· 254

第 10 章　可编程定时/计数器 8253 ··· 255

10.1　定时/计数器概述 ··· 255

10.2　可编程定时/计数器 8253 ··· 256

习题 ··· 267

第 11 章　A/D 和 D/A 转换器及接口 ··· 269

11.1　D/A 转换器及接口 ·· 269

11.2　A/D 转换器及接口 ·· 276

习题 ··· 282

第 12 章　人机交互设备及接口 ··· 283

12.1　键盘及接口 ·· 283

12.2　鼠标及接口 ·· 291

12.3　显示器及接口 ·· 293

12.4　打印机及接口 ·· 300

习题 ··· 302

附录 A　8086 指令系统 …………………………………………………………………………304

附录 B　DOS 系统功能调用（INT 21H）…………………………………………………………308

附录 C　BIOS 中断调用 ……………………………………………………………………………313

附录 D　中断向量 …………………………………………………………………………………317

附录 E　DEBUG 命令 ………………………………………………………………………………318

附录 F　ASCII 码表 …………………………………………………………………………………319

参考文献 …………………………………………………………………………………………320

第1章　微型计算机概述

本章介绍微型计算机及微处理器的发展概况，微机的结构与原理，微机在生产生活中的应用；并介绍了计算机中数据的表示方法，作为以后电路分析及编程的基础。

1.1　微型计算机概述

微型计算机是由微处理器、存储器、输入/输出接口电路、外围设备及系统总线构成的计算机系统。微型计算机的核心是微处理器，其性能主要取决于微处理器性能的高低，通常把微处理器作为微型计算机发展阶段的主要标志。

以微型计算机为主，连接不同功能的外部设备，安装上各种系统和应用软件就组成了微型计算机系统。与其他类型计算机相同，微型计算机系统要完成各种运算处理任务，软件和硬件两者缺一不可。我们通常将微型计算机系统简称为微机，也称为电脑、PC（Personal Computer）。微机是计算机世界中的一个重要分支，自20世纪70年代问世以来，在各行各业及人们的生活中得到了广泛应用，极大的市场需求推动了微型计算机技术的发展和更新换代，成为科学技术发展最快的领域之一。本节概述微机的发展、应用及组成结构，使读者对微机的软硬件具有初步的总体印象。

1.1.1　微型计算机的发展概况

微处理器的升级是微机更新换代的主要标志，微型计算机在30多年的发展历程中，微处理器的字长、主频及功能都有了显著增强，微机也经历了五个发展阶段。

第一代：4位及低档8位微机（1971年—1973年）

1971年Intel公司开发出了世界上第一个4位微处理器4004，主要用于袖珍计算器。后来，Intel公司又在4004的基础上开发了通用4位微处理器4040，并生产了MCS-4微机。1972年Intel公司推出8位微处理器8008，并生产了MCS-8微机。这些微处理器集成2000多只晶体管，主频为100~200kHz，指令周期约为20μs。

第二代：中高档8位微机（1974年—1977年）

这一时期有更多的半导体公司加入微处理器的开发中，推出的典型8位微处理器产品有：Intel公司的8080/8085，Zilog公司的Z80，Motorola公司的6800/6802，Rockwell公司的6502。这些微处理器集成5000~10 000只晶体管，主频为2~5MHz，指令周期为1~2μs。性能较早期的产品有了很大提高，设计及生产技术已比较成熟。为了方便构成微型计算机系统，各公司还设计推出了与其微处理器配套的编程接口芯片，例如，Intel公司的并行接口8255A、中断控制器8259A、定时/计数器8253等。

第三代：16位微机（1978年—1984年）

随着超大规模集成电路的发展，微处理器进入了集成度更高,处理能力更强的16位时代。Intel公司于1978年推出了用于便携机的16位微处理器8086；为了便于使用原先开发的8位可编程接口芯片，1979年又推出了8086的简化版，具有8位外部数据总线的准16位微处理器 8088。IBM 公司利用 8088 设计制造了 IBM PC/XT 个人计算机，从此微机开始进入大众时代，IBM PC 系列微机及兼容机二十多年来一直引领微型计算机的发展方向，成为微机发展的重要里程碑。

1982 年 Intel 公司推出具有 24 位地址总线的 16 位微处理器 80286，用于 IBM PC/AT 及兼容机。另外还有 Zilog 公司的 Z8000，Motorola 公司的 68 000 等。这些微处理器集成 2 万～10 万只晶体管，主频为 4～12MHz，指令周期可达到 $0.2\mu s$。16 位微处理器构成的微型计算机，其性能已达到一些中低档小型计算机的水平。

第四代：32 位微机（1985 年—2000 年）

1985 年 Intel 公司推出 32 位的 80386 微处理器，标志着微机全面进入 32 位时代。80386 集成 27.5 万只晶体管，主频为 12.5～50MHz，32 位地址总线，能寻址 4GB 的物理内存。

1989 年 Intel 公司又推出了 80486 微处理器，集成 120 万只晶体管，80486 实际上是将 80386、80387 及 8KB 的高速缓存集成到了一个封装芯片中。这一时期的典型 32 位微处理器还有 Motorola 的 68020～68050，Zilog 公司的 Z80000，IBM 公司的 IMB320 和 HP 公司的 HP32 等。

1993 年 Intel 公司推出 Pentium（奔腾，80586）微处理器，内部集成 310 万只晶体管，主频 60～100MHz；集成了浮点运算器和分别用于保存指令和数据的两个 8KB 的高速缓存，还提供了 U、V 两条并行流水线，形成了超标量的体系结构，提高了运行速度；支持多用户、多任务，具有硬件保护功能，能构成多处理器系统。Pentium 的推出又使微型计算机的性能有了一个极大的飞跃。

1996 年 Intel 公司推出了 Pentium Pro（高能奔腾）及 Pentium MMX（多能奔腾）。Pentium Pro 采用了独立总线和动态执行技术，提高了指令运行速度。Pentium MMX 主要增加了 57 条 MMX（Multi Media eXtension）指令集，增强了多媒体处理能力。

从 1997 年到 2000 年，Intel 公司推出性能更先进的 32 位微处理器 PentiumⅡ、PentiumⅢ 和 Pentium 4。其中 Pentium 4 集成了超过 1 亿只晶体管，主频最高可达 3.06GHz。Pentium 系列微处理器发展过程中，为了抢占低端市场，Intel 公司还推出了性价比更高的 Celeron（赛扬）系列微处理器。这一时期，AMD、Cyrix 等公司也推出了一系列 32 位微处理器产品。

第五代：64 位微机（2000 年以后）

由于 80x86 系列微处理器［IA（Intel Architecture）-32 体系］存在寄存器数量少、指令长度可变、内存容量有 4GB 限制等问题，继续提高速度和性能比较困难。Intel 公司和 HP 公司联合研制开发了 64 位微处理器 IA-64 体系结构，并于 2001 年 6 月推出了 64 位 Itanium（安腾）微处理器，采用 $0.18\mu m$ 工艺，指令长度固定，64 位寄存器阵列，内置三级高速缓存，超标量并行执行指令，内部工作频率为 800MHz/1.4GHz，128 位数据总线。2003 年，AMD 公司推出了 64 位的 AMD K8 系列（Athlon-64），很多技术甚至超过了 Intel 公司，成为 Intel 强大的竞争对手。

1.1.2　微型计算机的分类

微型计算机从不同的角度可以有不同的分类方法，主要可分为以下几种。

1. 按照微处理器的字长分类

字长是指微处理器处理信息的位数，由于字长是反映微处理器性能的重要指标，微型计算机可根据所采用的微处理器位数分为 8 位微机、16 位微机，32 位微机和 64 位微机等。当前市场的主流是 32 位微机，发展趋势是 64 位微机。

2. 按照微机的组成结构分类

按照微机的结构特点可分为单片机、单板机和个人计算机。

单片机是把构成计算机的主要功能部件，如 CPU、时钟电路、存储器、中断系统、定时/计数器、并行 I/O 接口、串行接口等集成到一个芯片中构成的微机。单片机芯片只要接上很少的外部电路，接通电源就能工作。它具有体积小、抗干扰能力强、可靠性高，价格低等优点，可以方便地嵌入到其他仪器设备中，在家用电器、汽车、智能仪表、工业控制等领域都有广泛的应用，是用量最大的一类微型计算机产品。例如，Intel 公司的 MCS-51 系列及兼容单片机，Motorola 公司的 68HC08 系列，Microchip 公司的 PIC 系列等。由于单片机主要用于监测控制，具有很强的设备控制功能，通常也称为微控制器 MCU（Micro Control Unit）。

单板机是将 CPU、存储器、I/O 接口及简单的外设（键盘、LED 显示器）安装到一块印制电路板上构成的微机。例如，以 Z80 为核心的 TP-801 单板机，以 8086 为核心的 TP-86 单板机。单板机主要用于工业控制及微机原理的教学实验，TP-801 曾经在国内工业控制行业及高校教学中广泛应用。但随着单片机的发展和完善，单板机在性能等方面已没有优势，逐步被单片机取代并退出了历史舞台。

个人计算机（PC）即我们通常所说的微机是由主机（包括微处理器、主板、内存条、适配器、硬盘、光驱、电源等）和外部设备（如键盘、鼠标、显示器、打印机、音箱等）组成的硬件系统，并安装各种系统和应用软件构成的微型计算机系统。这是读者最熟悉和经常使用的一类微机，本书的任务就是讨论 PC 的硬件原理及编程操作。

1.1.3 微型计算机的性能指标

1. 字长

字长是微处理器一次可以处理的二进制信息的位数。字长越长，微处理器的运算精度越高，完成同样精度运算的速度越快。字长与微处理器内部寄存器和数据总线的位数相同，可以通过这两个参数确定微处理器的字长。例如，8086、80286 的字长是 16 位，80386、80486、Pentium 的字长是 32 位，Itanium 的字长是 64 位。

需要注意的是，字长不能通过外部数据总线的位数确定，外部数据总线的位数仅表示一个总线周期微处理器与存储器或外设接口之间交换数据的最大位数。例如，8088 有 8 位外部数据总线，与存储器或接口之间只能进行 8 位数据的交换，但内部具有 16 位的寄存器和数据总线，一次能进行 16 位数据的运算处理，所以将 8088 称为准 16 位微处理器，而不能称为 8 位微处理器。Pentium 有 32 位内部数据总线，64 位外部数据总线，属于 32 位微处理器。

2. 主频

主频是指微处理器的时钟频率，单位是赫兹（Hz）。主频反映了微机运算处理的快慢，主频越高，运算速度越快。从早期的 8 位微机到现在 32 位微机，主频有了几千倍的提高。例如，8088 的主频是 5MHz，Pentium 4 的主频可达到 3GHz 以上。

3. 内存容量

内存容量是内存芯片存储二进制信息的总量，单位是 B（Byte，字节）。常用的存储容量单位还有 KB（千字节）、MB（兆字节）、GB（吉字节）、TB（太字节），它们之间的关系如下：

$$1KB = 2^{10}B = 1024B$$
$$1MB = 2^{20}B = 1024KB$$
$$1GB = 2^{30}B = 1024MB$$
$$1TB = 2^{40}B = 1024GB$$

内存容量越大，储存的程序和数据越多，CPU 运行过程中与外存交换数据的次数越少，运算速度越快。早期微机的内存还不到 1MB，现在微机内存已达到 2GB 以上。

4. 运算速度

微机执行不同功能的指令所需时间不同，运算速度通常用每秒执行指令的条数表示，单位是百万条指令/秒，即 MIPS（Millons of Instructions Per Second）。

1.1.4　微型计算机的应用

微型计算机自问世以来发展极为迅速，今天已经广泛应用到工业、农业、商业、教育、科研、国防等各行各业及日常生活中，成为人们工作生活中不可或缺的重要工具和得力助手，下面举例说明微机的主要应用。

1. 科学计算、数据管理与信息处理

科学计算是微机的最基本功能，在数学、物理学、化学、生物工程、气象、航空航天等科学研究领域都使用微机进行大量的数据运算和处理，微机在提高运算精度和运算速度方面发挥了重要作用。

数据库管理系统是微机信息管理的典型应用。数据库是在微机存储器中存放的一批数据，借助数据库管理系统可对数据库中的数据进行管理和使用，如图书馆管理系统、银行储户管理系统、企业销售管理系统等。

2. 工业控制与智能仪表

工厂自动化生产线是通过微机实现自动管理与控制的。另外，企业中应用的大量智能仪表，例如，温度表、压力表、流量表等，也是传感器技术与微机技术的综合应用，其控制核心通常采用单片机。

3. 计算机网络

计算机网络是利用通信设备和线路将微机连接起来，并在网络软件支持下实现资源共享和信息交换的系统。根据微机之间距离的远近、覆盖范围的大小，计算机网络可分为因特网（Internet）、局域网（LAN，Local Area Network）、广域网（WAN，Wide Area Network）和城域网（MAN，Metropolitan Area Network）等。借助网络人们可以在计算机上浏览新闻，检索各类信息，下载软件，发送文件、图片等各类信息，收发电子邮件，传真，举行网上会议，开展电子商务等。

4. 办公自动化

办公自动化包括电子数据处理系统（EDP），例如，公文的编辑打印、报表的填写统计、文档检索以及其他相关的数据处理工作；管理信息系统（MIS）是利用微机对企事业单位和国家机关进行全面信息管理的自动化系统如统计管理、财务管理、人事管理等；决策支持系统（DSS）包括数据库、知识库、方法库和模型库，通过对大量历史数据和当前数据的统计与分析处理，预测在不同对策下可能产生的不同结果，为用户提供决策参考。

5. 计算机辅助处理

在汽车、飞机、船舶、仪器等产品的设计生产过程中，可以采用计算机辅助设计（CAD，

Computer Aided Design）和计算机辅助制造（CAM，Computer Aided Manufacturing）技术，缩短产品开发周期，降低设计成本，提高生产效率。在各种教学培训中，充分发挥微机多媒体技术的优势，采用计算机辅助教学（CAI，Computer Aided Instruction）手段，能够显著提高教学效果。

1.2　微型计算机的系统组成

1.2.1　微型计算机的硬件组成

微型计算机的硬件系统由微处理器、内存、I/O 接口电路和输入/输出设备组成，各部件之间通过总线相连，构成完整的运算控制系统。

1. 微处理器

微处理器（MPU，MicroProcessor Unit）即中央处理器（CPU），是微型计算机的核心部件，微处理器由运算器、控制器、寄存器组等功能单元通过片内总线连接在一起，集成在超大规模集成电路芯片中，对计算机系统的各个部件进行管理和控制。

（1）运算器：又称为算术逻辑单元（ALU），用于完成微机运行过程中所需的各种算术和逻辑运算。

（2）控制器：微型计算机系统的控制和管理中心，从内存中取出指令，在指令控制下产生各种操作信号，实现对存储器、接口电路及外设的读/写操作。

（3）寄存器组：用于存放程序运行过程中所需的数据、地址及状态信息。

2. 内存

内存也称为主存，是可被 CPU 直接访问的存储器，程序运行过程中所需的指令、数据等各种信息都存在内存中。为了提高系统运行速度，微机系统中的内存全部采用半导体存储器芯片。内存根据结构及原理的不同可分为两类：

（1）随机存储器（RAM）：随机存储器具有可读可写，掉电后丢失数据的特性，分为静态 RAM（SRAM）和动态 RAM（DRAM）两类。静态 RAM 不须刷新电路，接口电路简单，速度快，但价格较高，常作为容量较小的高速缓冲存储器（Cache）。动态 RAM 须通过刷新电路定时刷新，接口及操作较复杂，速度不如 SRAM，但价格相对较低。内存的大部分存储空间采用 DRAM，多个 DRAM 芯片通常做在一个条形 PCB 电路板上，即我们通常所说的内存条，使用时可直接插到主板的内存插槽上，更换或升级都比较方便。

（2）只读存储器（ROM）：只读存储器运行时只能读取不能写入数据，掉电不丢失数据。具有开机硬件自检、系统初始化、引导及监控等功能的 BIOS 程序就存放在只读存储器中，通常称为 ROM BIOS。以前，只读存储器最常用的是 EPROM 型，近几年逐渐被性能更优异的 Flash ROM（闪存）取代。闪存可在线写操作，使 BIOS 程序的升级非常方便。

3. I/O 接口电路

I/O 接口电路即输入/输出接口电路，是 CPU 与外设之间联系的桥梁。CPU 对外设进行读写操作时，所有数据、状态及控制信息都通过 I/O 接口电路传输，避免了外设因速度、信号电平、数据格式等与 CPU 不匹配而影响 CPU 的正常工作。微机中使用的主要接口芯片有：总线控制器 8288、地址锁存器 8282、数据收发器 8286、并行接口 8255A、串行接口 8251A、中断控制器 8259A、定时/计数器 8253、DMA 控制器 8237A 等。

4. 外部设备

外部设备按功能不同可分为输入设备、输出设备和外存设备三类。输入设备用于向微机输入数据，例如键盘、鼠标、扫描仪、触摸屏、摄像头等；输出设备将 CPU 处理的信息以不同方式输出，例如显示器、打印机、绘图仪、音箱等；外存储器用于长期保存大量程序和数据信息，常用的外存有软盘、硬盘、光盘和优盘等，外存储器通过接口电路与 CPU 连接，也属于外部设备。

1.2.2 微型计算机的三总线结构

微型计算机的 CPU、存储器及接口电路通过总线连接，总线是微机运行过程中传输各类信息的若干条公用信号线。CPU 通过总线与存储器或接口电路交换信息，总线按功能可分为地址总线、数据总线和控制总线，微机各部件之间通过三总线相连的结构称为微机的三总线结构。微机的三总线结构如图 1-1 所示。

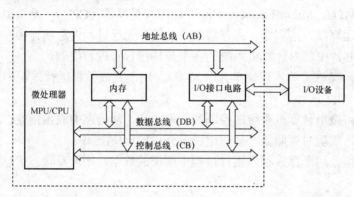

图 1-1   微机的三总线结构

1. 地址总线

地址总线（AB，Address Bus）用于传输地址信息，方向为单向输出。微机运行过程中，CPU 通过地址总线送出要访问内存单元或 I/O 端口的地址，选中该内存单元或端口，在读/写信号的控制下实现读/写操作。

地址总线的位数决定 CPU 对内存的寻址范围，也确定了可扩展的内存最大容量。例如，若 CPU 有 16 位地址总线，对内存的寻址范围为 0000H～FFFFH，内存容量是 $2^{16}=64KB$；若 CPU 有 20 位地址总线，对内存的寻址范围为 00000H～FFFFFH，内存容量是 $2^{20}=1MB$。

2. 数据总线

数据总线（DB，Data Bus）用于传输指令代码和数据信息，方向为双向。CPU 执行读操作时，将地址选中的内存单元或 I/O 端口数据送入 CPU；CPU 执行写操作时，CPU 发出数据，通过数据总线送入内存单元或 I/O 端口。

数据总线的位数决定了 CPU 读/写数据的宽度。例如，具有 8 条数据总线的 CPU，每次（1 个总线周期）只能读/写 8 位数据；具有 16 条数据总线的 CPU，每次可读/写 16 位数据，也可读/写 8 位数据。数据总线越宽，数据传输的效率越高。

3. 控制总线

控制总线（CB，Control Bus）传送控制信号和状态信号。控制信号由 CPU 发出，控制内存或外部设备的工作。例如，读信号控制存储器或接口电路将选中单元的内容输出，写信号控制存储器或接口电路接收数据总线的数据；状态信号表示外设的当前状态，由外设送往CPU。例如，准备好信号表示设备是否准备好发送或接收数据，若没有准备好，CPU会等待准备好后再对其进行操作。

1.2.3 微型计算机的系统组成

微型计算机系统由硬件系统和软件系统两大部分组成。硬件系统是以CPU为核心，配备接口电路、外部设备、电源及其他电路构成的微机产品。软件系统是微机工作过程中运行的程序和使用数据的集合。微型计算机系统的组成如图1-2所示。

软件系统按功能可分为系统软件和应用软件两大类。控制和管理计算机运行的软件称为系统软件，包括操作系统、监控程序、各种高级语言的处理程序、编译系统、汇编程序等，如DOS操作系统、Windows操作系统、MASM宏汇编软件等。

应用软件是用户利用计算机解决各种实际问题的程序，如OFFICE办公软件、财务管理软件、游戏软件、CAD辅助设计软件等。

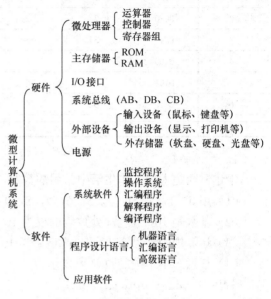

图1-2 微型计算机系统的组成

1.3 计算机中数据的表示方法

微型计算机可以实现数据运算、发出声音、显示图形、控制设备运行等各种功能，但是微机的核心器件微处理器只能接收识别高电平和低电平两种状态信息，或者说只能处理二进制数据0和1，因此，微机需要处理的数、字符、汉字、声音、图形等各种信息，都要通过某种规则转换为二进制的表示形式才能被微机识别和处理。

1.3.1 数制及转换

用几个数码表示数据，按进位的方法计数称为进位计数制，简称数制。表示数据的数码个数称为该数制的基数。每个数码在数据的不同位置表示的数值不同，其数值大小等于该数码乘以一个与数码所在位置有关的系数，这个系数称为位权，简称权。权是以基数为底，数码所在位置序号为指数的指数函数。

常用的数制有十进制（Decimal）、二进制（Binary）、八进制（Octal）和十六进制（Hexadecimal）。各种数制的对应关系如表1-1所示。

书写时为了便于区分不同数制的数据，可在数字后面用数字的基数作为下缀，如$(-100.82)_{10}$，$(10111000)_2$，$(1630)_8$，$(3F.82)_{16}$等。更常用的办法是在数字后面用数制英文名称的首字母作为后缀，十进制后缀为D（十进制为默认数制，一般省略后缀），二进制后缀为B，八进制后缀为O（为了避免与数字0混淆，常用字母Q作为后缀），十六进制后缀为H。例如：1205，500D，11001011B，36O，260Q，12FAH等。

表 1-1 常用数制间的对应关系

十进制数	二进制数	八进制数	十六进制数	十进制数	二进制数	八进制数	十六进制数
0	0000	0	0	8	1000	10	8
1	0001	1	1	9	1001	11	9
2	0010	2	2	10	1010	12	A
3	0011	3	3	11	1011	13	B
4	0100	4	4	12	1100	14	C
5	0101	5	5	13	1101	15	D
6	0110	6	6	14	1110	16	E
7	0111	7	7	15	1111	17	F

1. 十进制数

十进制数是人们工作生活中常用的数制，其特点是：

（1）用 0，1，2，3，4，5，6，7，8，9 共十个数码表示数据；

（2）基数是 10，位置 i 处数码的权为 10^i；

（3）运算规则是"逢 10 进 1，借 1 当 10"；

（4）任意一个十进制数 N 可表示为

$$N = \pm a_n a_{n-1} \cdots a_1 a_0 、 a_{-1} \cdots a_{-m}$$
$$= \pm a_n \times 10^n + a_{n-1} \times 10^{n-1} + \cdots + a_1 \times 10^1 + a_0 \times 10^0 + a_{-1} \times 10^{-1} + \cdots + a_{-m} \times 10^{-m}$$

例如：$698.205 = 6 \times 10^2 + 9 \times 10^1 + 8 \times 10^0 + 2 \times 10^{-1} + 0 \times 10^{-2} + 5 \times 10^{-3}$

2. 二进制数

二进制数仅用 0 和 1 两个数码表示，运算规则简单，便于电路实现，是计算机内部运算处理采用的进制，也是唯一能被计算机识别的数据。其特点是

（1）用 0，1 两个数码表示数据；

（2）基数为 2，位置 i 处数码的权为 2^i；

（3）运算规则是"逢 2 进 1，借 1 当 2"；

（4）任意一个二进制数 N 可表示为

$$N = \pm a_n a_{n-1} \cdots a_1 a_0 、 a_{-1} \cdots a_{-m}$$
$$= \pm a_n \times 2^n + a_{n-1} \times 2^{n-1} + \cdots + a_1 \times 2^1 + a_0 \times 2^0 + a_{-1} \times 2^{-1} + \cdots + a_{-m} \times 2^{-m}$$

例如：$1101.011B = 1 \times 2^3 + 1 \times 2^2 + 0 \times 2^1 + 1 \times 2^0 + 0 \times 2^{-1} + 1 \times 2^{-2} + 1 \times 2^{-3}$

$-1011.1B = -(1 \times 2^3 + 0 \times 2^2 + 1 \times 2^1 + 1 \times 2^0 + 1 \times 2^{-1})$

3. 十六进制数

编程时若二进制数的数位较多，书写阅读都不太方便，通常采用与二进制转换非常方便的十六进制数表示。例如：32 位二进制数 1000 0101 1101 0011 1010 1111 1010 0010B 对应的十六进制数是 85D3AFA2H，比二进制数要直观得多。程序中十六进制数能被汇编程序直接处理，不需要人工转为二进制。十六进制的特点是

（1）用数字 0~9 和大写字母 A、B、C、D、E、F（对应十进制数 10~15）共 16 个数码表示数据；

（2）基数是 16，位置 i 处数码的权为 16^i；

（3）运算规则是"逢 16 进 1，借 1 当 16"；

（4）任意一个十六进制数 N 可表示为

$$N = \pm a_n a_{n-1} \cdots a_1 a_0,\ a_{-1} \cdots a_{-m}$$
$$= \pm a_n \times 16^n + a_{n-1} \times 16^{n-1} + \cdots + a_1 \times 16^1 + a_0 \times 16^0 + a_{-1} \times 16^{-1} + \cdots + a_{-m} \times 16^{-m}$$

例如：$2C8.A1H = 2 \times 16^2 + 12 \times 16^1 + 8 \times 16^0 + 10 \times 16^{-1} + 1 \times 16^{-2}$

八进制数的运算及转换方法与十六进制数相似，此处不再赘述。

4．二、十六进制数与十进制数的相互转换

（1）二、十六进制数转换为十进制数。根据前面的公式，将二、十六进制数按权展开并相加即得到对应的十进制数。

【例 1-1】 将 11010.11B、8FA.6H 转换为十进制数。

$$11010.11B = 1 \times 2^4 + 1 \times 2^3 + 1 \times 2^1 + 1 \times 2^{-1} + 1 \times 2^{-2} = 26.75$$

$$8FA.6H = 8 \times 16^2 + 15 \times 16^1 + 10 \times 16^0 + 6 \times 16^{-1} = 2\,298.375$$

（2）十进制数转换为二、十六进制数。十进制数转换为二、十六进制数时，整数部分和小数部分要按不同的方法分别转换，然后将转换的结果相加。

整数部分转换通常采用除基数取余法。转换为二进制数时，整数连续除以 2，保留余数，直到商为 0，然后将每一步的余数按由低位到高位的顺序依次排列，即为转换结果。转换为十六进制数时，整数连续除以 16，当商为 0 时，将每一步的余数按由低位到高位的顺序依次排列，即为转换结果。

【例 1-2】 将 214 分别转换为二进制数和十六进制数。

采用除 2 取余法转换为二进制数：

$214 \div 2 = 107$	……………余数 0
$107 \div 2 = 53$	……………余数 1
$53 \div 2 = 26$	……………余数 1
$26 \div 2 = 13$	……………余数 0
$13 \div 2 = 6$	……………余数 1
$6 \div 2 = 3$	……………余数 0
$3 \div 2 = 1$	……………余数 1
$1 \div 2 = 0$	……………余数 1

按运算顺序将余数由低位到高位组合即为对应的二进制数：$214 = 11010110B$

采用除 16 取余法转换为十六进制数：

$214 \div 16 = 13$	……………余数 6
$13 \div 16 = 0$	……………余数 D（13）

则 $214 = D6H$

小数的转换常采用乘基数取整法。转换为二进制数时，将小数乘以 2，保留结果的整数，再取小数乘 2，直到小数为 0，然后将每一步的整数，从小数点后顺序排列，即为转换结果。转换为十六进制数时，将小数乘以 16，保留结果的整数，再取小数乘 16，直到小数为 0，然后将每一步的整数，从小数点后顺序排列，即为转换结果。

需要注意的是，有些十进制小数乘基数时，乘积的小数部分永远不能为 0，这时可根据精度要求，转换到所需位数即可。

【例 1-3】　将 0.8125 转换为二进制数和十六进制数。

采用乘 2 取整法转换为二进制数：

0.8125×2＝1.625　　…………整数 1

0.625×2＝1.25　　…………整数 1

0.25×2＝0.5　　…………整数 0

0.5×2＝1　　…………整数 1

则：0.8125＝0.1101B

采用乘 16 取整法转换为十六进制数：

0.8125×16＝13　　…………整数 D

则 0.8125＝0.DH

5. 二—十六进制数的相互转换

由表 1-1 可见，十六进制数的每个数码都对应 4 位二进制数，或者说，4 位二进制数的 16 种组合与十六进制的 16 个数码具有一一对应关系。这种对应关系是两种数制之间相互转换的依据。

二进制数转换为十六进制数时，将要转换的二进制数从小数点开始向左右两边以 4 位为单位分组，向左不足 4 位的从左边补 0，向右不足 4 位的从右边补 0，然后将每组的 4 位二进制数转换为十六进制数，即得到转换结果。

【例 1-4】　将二进制数 101111001111010 . 011010101B 转换为十六进制数。

　0101　1110　0111　1010　.0110　1010　1000B＝5E7A.6A8H

　　↓　　↓　　↓　　↓　　　↓　　↓　　↓

　　5　　E　　7　　A　.　6　　A　　8

十六进制数转换为二进制数时，只需将每位十六进制数转换为对应的 4 位二进制数并按顺序排列即可。

【例 1-5】　将十六进制数 7C3F.B26H 转换为二进制数。

　7　　C　　3　　F　.　B　　2　　6　　H＝0111 1100 0011 1111 1011 0010 0110B

　↓　　↓　　↓　　↓　　　↓　　↓　　↓

　0111　1100　0011　1111.　1011　0010　0110

1.3.2　计算机中数值数据的表示

计算机中将数值及符号数值化表示的数称为机器数。机器数所代表的实际数值称为机器数的真值。机器数可采用不同的码制表示，常用的有原码、补码和反码表示法。

机器数表示有符号数时，规定最高位作为符号位，"0"表示正数，"1"表示负数。机器数中小数点的位置可以固定，也可以浮动，小数点位置固定不变的数称为"定点数"，小数点位置可以浮动的数称为"浮点数"。

1. 原码

原码规定最高位为符号位，0 表示正号，1 表示负号，其他位表示数的绝对值。

n 位原码表示的整数范围是 $-(2^{n-1}-1) \sim +(2^{n-1}-1)$，8 位原码表示的整数范围是 $-127 \sim +127$，16 位原码表示的整数范围是 $-32\ 767 \sim +32\ 767$。

例如：$X＝+11010B$，则 X 的 8 位原码为 $[X]_{原码}＝00011010B$

X 的 16 位原码为 $[X]_{原码}＝0000000000011010B$

$$Y = -11010B，则 Y 的 8 位原码为 [X]_{原码} = 10011010B$$
$$Y 的 16 位原码为 [X]_{原码} = 1000000000011010B$$

2. 反码

正数的反码与其原码相同，负数的反码为其原码的数值位按位取反，符号位不变。反码通常作为求补码的中间形式，反码表示的整数范围与原码相同。

例如：$X = +1101011B$，则 X 的 8 位原码为 $[X]_{原码} = 01101011B$，$[X]_{反码} = 01101011B$。

$Y = -1101011B$，则 Y 的 8 位原码为 $[Y]_{原码} = 11101011B$，$[Y]_{反码} = 10010100B$。

3. 补码

正数的补码与其原码相同，负数的补码等于其原码符号位不变，其他位按位取反，然后末位加 1，即原码取反加 1。

n 位补码表示的整数范围是 $-2^{n-1} \sim +(2^{n-1}-1)$，8 位补码表示的整数范围是 $-128 \sim +127$，16 位补码表示的整数范围是 $-32\,768 \sim +32\,767$。补码可以使符号位参与运算，将减法运算转换为加法运算，计算机中有符号数通常用补码表示。

例如：$X = +1011011B$，则 X 的 8 位原码为 $[X]_{原码} = [X]_{反码} = [X]_{补码} = 01011011B$。

$Y = -1101011B$，则 Y 的 8 位原码为 $[Y]_{原码} = 11101011B$，

$$[Y]_{反码} = 10010100B，[Y]_{补码} = 10010101B。$$

4. 无符号数

表示全为正数的数据、存储单元及 I/O 端口的地址等无符号信息时，机器数可省略符号位，所有二进制位均为数值位，即作为无符号数使用。

n 位无符号数表示的整数范围是 $0 \sim 2^{n}-1$。例如，8 位无符号数表示的整数范围是 $0 \sim 255$，16 位无符号数表示的整数范围是 $0 \sim 65\,535$。

机器数定义为不同编码时表示的真值不同，8 位二进制数作为不同编码所表示的真值如表 1-2 所示。

表 1-2　　　　　　　　　　　8 位二进制数作为不同编码所表示的真值

机　器　数	无　符　号　数	有　符　号　数		
		原　码	反　码	补　码
00000000B(00H)	0	+0	+0	+0
00000001B(01H)	1	+1	+1	+1
...	...	...	...	...
01111111B(7FH)	127	+127	+127	+127
10000000B(80H)	128	−0	−127	−128
...	...	...	...	...
11111110B(FEH)	254	−126	−1	−2
11111111B(FFH)	255	−127	−0	−1

1.3.3　BCD 码

BCD 码（Binary Coded Decimal），即二进制编码的十进制数，是用 4 位二进制数表示 1 位十进制数的编码。BCD 码使计算机能直接表示十进制数，指令系统也提供了 BCD 码的运算指令。BCD 码有 8421 码、5211 码、4311 码、2421 码、余 3 码和格雷码等，最常用的是

8421 BCD 码。

4 位二进制数有 16 种组合 0000～1111，8421 码用 0000～1001 表示十进制数 0～9，其他 6 种组合 1010～1111 不能出现在 8421 BCD 码中。4 位二进制编码的权依次是 8、4、2、1，称为 8421 码。8421 BCD 码如表 1-3 所示。

表 1-3　　　　　　　　　　　　　　　8421 BCD 码表

十　进　制　数	8421 BCD 码	十　进　制　数	8421 BCD 码
0	0000	5	0101
1	0001	6	0110
2	0010	7	0111
3	0011	8	1000
4	0100	9	1001

BCD 码有两种存储形式，一种方法是用 1B 存储单元的低 4 位存放 1 位 BCD 码，高 4 位固定为 0，称为非压缩 BCD 码。例如：数字 8 的非压缩 BCD 码是 00001000B（08H）。另一种方法是用 1B 存储单元的高低 4 位分别存储两位 BCD 码，称为压缩 BCD 码。例如：压缩 BCD 码 01010000B（50H）表示十进制数 50。

压缩 BCD 码比非压缩 BCD 码的存储效率高 1 倍，例如：2863 的非压缩 BCD 码为 00000010B，00001000B，00000110B，00000011B，占用 4B 存储单元；压缩 BCD 码为 00101000B，01100011B，占用 2B 存储单元。

1.3.4　ASCII 码

计算机除了处理数值数据外，还要使用字母、数字、控制字符和专用字符等字符信息，这些字符信息通常用 ASCII 码表示。ASCII 码（American Standard Code for Information Interchange），即美国信息交换标准代码，采用 1B 的低 7 位编码，可表示 128 种字符，最高位通常为 0，也可作为奇偶校验位使用。ASCII 码包括数字 0～9 的 ASCII 码 30H～39H，小写字母 a～z 的 ASCII 码为 61H～7AH，大写字母 A～Z 的 ASCII 码为 41H～5AH，控制字符的 ASCII 码为 00H～1FH 和 7FH 以及 32 个专用字符的 ASCII 码，各 ASCII 编码对应的字符见附录 F。

1.3.5　汉字编码

微机除了处理数字、字符外，还必须具备处理汉字的能力，汉字被计算机识别和处理的方法是按照某种规则对汉字进行二进制编码，这些编码称为汉字编码。汉字编码方法种类比较多，常用的有以下几种。

1. 汉字交换码

汉字交换码是汉字信息处理系统之间及通信系统之间传输汉字的编码。我国制定了该编码的国家标准，即信息交换用汉字编码字符集——基本集，代号为 GB2312—80。该汉字编码又称为国标码。

国标码共收录汉字和图形符号共 7445 个，包括一级常用汉字 3775 个，二级非常用汉字和偏旁部首 3008 个，图形符号 682 个。国标码是制定其他汉字编码的标准，汉字字库、汉字机内码、汉字输入码的转换等都以国标码为标准制定。

2. 汉字机内码

汉字机内码是汉字处理系统存储及处理汉字使用的编码，简称内码。汉字机内码与国标码的字符集有一一对应的关系。

3. 汉字输入码

汉字输入码用于从外部输入汉字，又称为外码。汉字输入码是用户通过键盘输入汉字采用的编码，编码规则必须易于记忆、操作方便，输入效率高，速度快。

按照编码规则的不同又分为顺序码、音码、形码和音形码等。顺序码是将汉字的编码按一定顺序排列，然后为每个汉字指定一个唯一的编码，如区位码；音码是通过输入汉字的拼音来输入汉字如全拼输入法、智能 ABC 输入法等；形码是根据汉字的形状特征编码，如五笔字型输入法；音形码是根据汉字拼音和形状特征编码，如双拼输入法。

习　　　题

1. 微型计算机的发展经历了哪几个阶段？各阶段有什么特征？

2. 微型计算机可以分为哪几类？各有什么用途？

3. 微型计算机的主要性能指标有几个？如何根据性能指标选择微型计算机？

4. 举例说明微型计算机的主要用途。

5. 微型计算机由哪几部分组成？各部分有什么功能？

6. 微型计算机总线按功能可分为哪三类？各有什么特点和功能？

7. BCD 码是如何表示十进制数的？

8. 将下列十进制数分别转换为二进制数、十六进制数及 BCD 码。

（1）128　　　（2）2048　　　（3）65230　　　（4）863

9. 将下列二进制数转换为十进制数及十六进制数。

（1）10011010.1100B　　　　　（2）01101011.0110B

（3）10000001B　　　　　　　（4）11000000B

10. 计算下列补码的真值。

（1）C38H　　　（2）7FH　　　（3）8CH　　　（4）96H

11. 将下列十进制数用十六进制原码、反码和补码表示。

（1）128　　　（2）–242　　　（3）86　　　（4）–8950

12. 查表写出下列字符的 ASCII 码。

F、E、8、*、DEL、CR、ESC、SP

第 2 章 80x86 微 处 理 器

　　微处理器是微机系统的核心部件，掌握微处理器的结构原理是分析微机接口技术的硬件基础。本章主要分析 8086/8088 微处理器的结构原理、引脚功能、存储器及 I/O 组织、总线时序、最大最小模式的系统配置等，同时介绍 80386、80486 及 Pentium 系列 32 位微处理器的结构原理。

2.1　8086/8088 的内部结构

　　8086 是 Intel 公司推出的 16 位微处理器，其内部运算器、寄存器及片内和片外数据总线均为 16 位，可对 16 位或 8 位数据进行运算处理和传送；具有 20 条地址总线，可寻址 1MB 存储器空间和 64KB 的 I/O 端口。

　　为了与当时广泛使用的 Intel 系列 8 位外围接口芯片直接接口，Intel 公司随后又推出了准 16 位微处理器 8088。8088 内部结构与 8086 基本相同，也具有 16 位数据处理能力，但外部数据总线只有 8 位，每个总线周期只能传输 8 位数据。IBM 公司的 IBM-PC/XT 微机使用的就是 8088 微处理器。

2.1.1　8086/8088 的编程结构

　　微处理器的编程结构是指从用户编程使用的角度画出的结构图，图中重点描述与编程操作有关的部件，为汇编语言编程提供参考。8086 的编程结构图如图 2-1 所示。8088 的内部结构与 8086 基本相同，主要区别是 8086 的指令队列长度为 6B，而 8088 的指令队列长度为 4B。

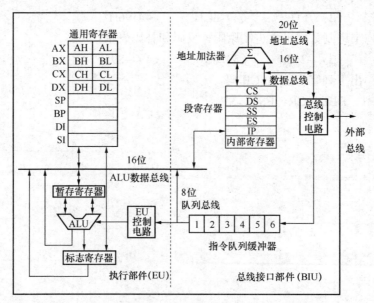

图 2-1　8086 编程结构

Intel 公司的 4 位及 8 位微处理器运行时，取指令和执行指令是顺序进行的，即先从内存中读取一条指令，然后分析执行，执行完一条指令后才能再读取下一条指令。由于取指和执行不能同时进行，使 CPU 的执行效率和总线利用率都很低。

8086 微处理器内部结构做了彻底的优化改进，设计成总线接口部件（BIU）和执行部件（EU）两个独立的功能部件，总线接口部件专用于指令和数据的传输，执行部件用于指令的分析执行。BIU 和 EU 并行独立工作，取指和执行指令同步进行，减少了 CPU 等待时间，提高了整个系统的执行效率和总线利用率。

1. 总线接口部件

总线接口部件（BIU，Bus Interface Unit）由 4 个段寄存器、指令指针 IP、地址加法器、指令队列和总线控制电路等组成。BIU 是微处理器与存储器和 I/O 接口电路之间的接口，BIU 在微处理器内部通过内部总线与 EU 相连，外部通过微处理器引脚与存储器及 I/O 接口电路连接。

微处理器与内存和 I/O 接口电路交换的所有信息通过 BIU 传送：程序运行过程中，BIU 从内存中读取指令代码送到指令队列排队，等待 EU 读取并执行，指令执行时所需的内存或端口操作数由 BIU 读取，数据输出时由 BIU 送入内存或 I/O 端口的指定单元。另外，访问内存或 I/O 端口时传送的地址和控制信息也由 BIU 传送。

2. 执行部件

执行部件（EU，Execution Unit）由 8 个通用寄存器、标志寄存器（FR）、算术逻辑单元（ALU）和 EU 控制电路等组成。ALU 是执行部件的核心，可进行 8 位或 16 位算术和逻辑运算。

执行部件 EU 从指令队列中取出指令代码，对指令译码并执行，完成指令的运算和控制功能。指令执行时若需要访问内存或 I/O 端口，首先向 BIU 提供访问内存单元或端口的地址，并通过 BIU 间接发送或接收数据。

3. 微处理器的工作过程

8086/8088 执行程序的工作过程如下。

（1）BIU 将 CS 中的代码段段基值和 IP 中的偏移地址送入地址加法器，转换为 20 位物理地址并通过总线控制电路送到外部地址总线，选中指令所在内存单元，读取指令代码送入指令队列缓冲器排队，并按照先进先出的原则送入 EU 执行。

（2）指令队列中存入指令代码后，EU 从指令队列的队首读取指令并执行。指令执行时若需要访问存储器或 I/O 端口，EU 向 BIU 发出总线访问请求，由 BIU 实现对存储器或 I/O 端口的数据读/写。若 BIU 处于空闲状态，会立即响应 EU 的请求开始读/写存储器或 I/O 端口；若 BIU 正在读取指令，直到 BIU 完成取指总线周期后才响应 EU 的请求。

（3）当指令队列中空出 2B（8086）或 1B（8088）时，BIU 自动读取指令代码填入指令队列。当指令队列满，EU 对 BIU 也没有总线访问请求时，BIU 进入空闲状态，等待进入总线周期取指或读/写数据。

（4）执行转移指令、调用指令、返回指令及中断响应时，CPU 不再顺序执行下一条指令，而是转到其他位置执行。由于 BIU 读取指令是按顺序进行的，这时指令队列中后面装入的指令不再执行，相应的指令代码会被清除。EU 将转移目的指令的地址提供给 BIU，BIU 再将另一程序段的指令代码装入指令队列，实现程序的转移。

2.1.2　8086/8088 的寄存器

汇编语言编程时，微处理器操作是通过对其内部寄存器的访问实现的，寄存器是编程结构的重点。8086/8088 共有 14 个 16 位寄存器，按功能不同分为通用寄存器、段寄存器、标志寄存器和指令指针 4 类。为了进行 8 位数的运算，4 个 16 位通用寄存器还可按字节单独使用，构成 8 个 8 位通用寄存器。

1. 通用寄存器

通用寄存器分为数据寄存器、指针寄存器和变址寄存器，用于存放数据操作数及存储器操作数的有效地址。

数据寄存器用于存放 8 位或 16 位二进制操作数。数据寄存器包括累加器（AX，Accumulator）、基址寄存器（BX，Base）、计数寄存器（CX，Count）和数据寄存器（DX，Data）。4 个 16 位数据寄存器的高字节（AH、BH、CH、DH）和低字节（AL、BL、CL、DL）能够单独使用，构成 8 个 8 位数据寄存器。

指针寄存器包括基址指针寄存器（BP）和堆栈指针寄存器（SP）。变址寄存器包括源变址寄存器（SI）和目的变址寄存器（DI）。指针和变址寄存器都是 16 位，只能整体使用，不能字节操作。

通用寄存器中的部分寄存器还有特定的功能，具体用法如表 2-1 所示。

表 2-1　　　　　　　　　　　　　　　　数据寄存器的特定功能

寄　存　器	功　　能
AX	（1）16 位乘除运算中作为累加器；（2）I/O 端口字传送中作为操作数
AL	（1）8 位乘除运算中作为累加器；（2）I/O 端口字节传送中作为操作数；（3）BCD 码运算；（4）XLAT 中存放查表偏移量
AH	（1）8 位乘除运算；（2）LAHF、SAHF 中作为操作数
BX	（1）间接寻址时作为基址寄存器；（2）XLAT 指令中存放表格的基地址
CX	（1）循环指令的循环次数计数器；（2）串操作循环次数计数器
CL	移位指令的移位次数计数器
DX	（1）16 位乘除运算；（2）I/O 端口间址操作时作为端口地址寄存器
SP	堆栈指针
SI	（1）间接寻址时作为变址寄存器；（2）串操作时作为源变址寄存器
DI	（1）间接寻址时作为变址寄存器；（2）串操作时作为目的变址寄存器

2. 段寄存器

8086/8088 存储器采用分段管理方式，按存储信息的不同可分为代码段、数据段和堆栈段。微处理器内部提供了 4 个 16 位段寄存器，用于存放某一段的段基值，指向该段的段起始地址单元。程序中可以设置若干段，只有段寄存器指向的是当前可用段，使用某一段前应先将其段基值送入相同类型的段寄存器。

（1）代码段寄存器（CS，Code Segment）

CS 指向当前代码段。代码段用于存放程序指令代码。

（2）数据段寄存器（DS，Data Segment）

DS 指向程序当前使用的数据段。数据段用于存放程序中使用的变量数据，即各种类型的存储器操作数。

（3）附加段寄存器（ES，Extra Segment）

ES 指向程序当前使用的附加段。附加段是程序中使用的第二个数据区，附加段也可以与数据段共用一个 64KB 段。串操作必须同时使用两个数据段，分别由 DS 和 ES 存放源和目的段的段基值。

（4）堆栈段寄存器（SS，Stack Segment）

SS 指向程序当前使用的堆栈段。堆栈段是按照先进后出原则存取数据的数据区，用于保护现场、保存断点、参数传递等，所有的堆栈操作都在堆栈段进行。

3. 指令指针（IP，Instruction Pointer）。

指令指针（IP）是一个 16 位的专用寄存器，IP 指向下一条要读取指令的地址（偏移地址），BIU 从内存中取出一个指令字节后，IP 自动加 1 指向下一指令字节。

汇编语言程序中任何指令都不能将 IP 作为显式操作数直接对其读/写操作。但转移指令、子程序调用、中断调用及返回都能改变 IP 的值，实现程序的转移，这些操作 IP 均隐含表示。

4. 标志寄存器（FLAGS，Flag Register）

标志寄存器（FLAGS）是一个 16 位寄存器，其中有 9 个已定义的标志位，另外 7 个不可用。标志位按功能分为 6 个状态标志位和 3 个控制标志位。状态标志位反映指令的运行状态，若指令执行时影响某些状态位，指令执行时 CPU 自动改变状态位的值。控制标志位用于实现 CPU 的某些控制功能，需在程序中用指令清 0 或置 1。标志寄存器的格式如图 2-2 所示。

15	14	13	12	11	10	9	8	7	6	5	4	3	2	1	0
—	—	—	—	OF	DF	IF	TF	SF	ZF	—	AF	—	PF	—	CF

图 2-2　8086/8088 标志寄存器

（1）状态标志位。

① 进位标志（CF，Carry Flag）。执行加法运算时若最高位（字节运算为 D_7 位，字运算为 D_{15} 位）产生进位，或减法运算最高位产生借位时，则 CF＝1，否则 CF＝0。另外，移位指令也影响 CF。

② 辅助进位标志（AF，Auxiliary carry Flag）。8 位或 16 位加减法运算时，若低 4 位（D_3～D_0）有进位或借位，则 AF＝1，否则 AF＝0。AF 也称为半进位标志，可作为 BCD 码运算结果的十进制调整依据。

③ 溢出标志（OF，Overflow Flag）。8 位或 16 位有符号数（补码表示）进行算术运算时，若运算结果超出存储单元的表示范围将产生溢出，使 OF＝1，否则 OF＝0。字节运算的范围是–128～＋127（80H～FFH），字运算的范围是–32 768～＋32 767（8000H～7FFFH）。

通过最高位和次高位的进/借位情况可以判断结果是否溢出：若最高位和次高位不同时有进/借位，则产生溢出；若最高位和次高位都没有进位或同时产生进/借位，则没有溢出。

④ 符号标志（SF，Sign Flag）。SF 表示有符号数运算结果的正负，与运算结果的最高位一致。若结果为正，则 SF＝0；若结果为负，则 SF＝1。

⑤ 零标志（ZF，Zero Flag）。若运算结果为 0，则 ZF＝1；若运算结果非 0，则 ZF＝0。

⑥ 奇偶标志（PF，Parity Flag）。8 位和 16 位运算中，若运算结果低 8 位 1 的个数为偶数，则 PF＝1；若运算结果低 8 位 1 的个数为奇数，则 PF＝0。

【例 2-1】　将 6A7DH 和 39C5H 相加，分析运算结果及对状态位的影响。

为了便于分析运算过程对状态位的影响，先将两个加数转换为 16 位二进制数，再进行加法运算。运算过程如下式：

$$
\begin{array}{r}
0110101001111101 \\
+)\ 0011100111000101 \\
\hline
1010010001000010
\end{array}
$$

运算结果为 A442H，各状态位分别是 CF=0，AF=1，OF=1，SF=1，ZF=0，PF=1。

【例 2-2】 对 25H 和 67H 进行减法运算，分析运算结果及对状态位的影响。

运算过程如下式：

$$
\begin{array}{r}
00100101 \\
-)\ 01100111 \\
\hline
10111110
\end{array}
$$

运算结果为 BEH，各状态位分别是：CF=1，AF=1，OF=0，SF=1，ZF=0，PF=1。

（2）控制标志位。

① 方向标志（DF，Direction Flag）。方向标志（DF）用于控制重复串操作的方向：若 DF=1，地址自动递减，字节操作减 1，字操作减 2；若 DF=0，地址自动递增，字节操作加 1，字操作加 2。地址的递增或递减是通过修改变址寄存器 SI 和 DI 实现的。

② 中断允许标志（IF，Interrupt Enable Flag）。中断允许标志（IF）用于控制可屏蔽中断的开放或禁止：若 IF=1，允许 CPU 响应送到 INTR 引脚的中断请求；若 IF=0，禁止 CPU 响应送到 INTR 引脚的中断请求。IF 标志位与 NMI 不可屏蔽中断及内部中断没有关系。

③ 陷阱标志（TF，Trap Flag）。陷阱标志（TF）用于单步调试程序，也称为跟踪标志、单步标志。若 TF=1，CPU 每执行完一条指令自动产生一个内部中断，转入中断服务程序执行，在中断服务程序中可检查指令的运行情况，查找程序中存在的错误，称为单步工作方式；若 TF=0，CPU 正常执行程序。

2.2 存储器与 I/O 端口组织

2.2.1 存储器组织

1. 存储器的数据组织

8086 和 8088 微处理器有 20 位地址总线，可直接访问 1MB 内存空间，存储器寻址范围是 00000H～FFFFFH，存储器以字节为基本读/写单位，每个字节单元都有唯一的地址与其对应。存储单元的 20 位实际地址称为物理地址（PA，Physical Address），内存单元的读/写操作必须用物理地址寻址。

存储器中地址相连的 2B 单元可用来存放一个字，8086/8088 规定高字节存在高地址单元，低字节存在低地址单元，即按照"高高低低"的原则存放，并且以低字节单元的地址作为整个字的地址。双字、4 字数据在内存中的存放规则与字数据相同。

2. 存储器的段结构

若要直接访问 1MB 内存空间，CPU 中必须有 20 位地址寄存器用来存放存储单元的物理地址，但是 8086/8088 内部所有寄存器都是 16 位，最大寻址空间是 64KB。为了能用 16 位寄存器寻址 1MB 存储空间，8086/8088 存储系统采用分段管理方式，即将 1MB 内存空间分成若干个长度不超过 64KB 的逻辑段，每个段最低字节单元的地址称为段起始地址，该地址是寻址段内其他单元的参考地址，段起始地址必须能被 16 整除，即二进制地址的低 4 位为 0，段起始地址的形式为×××0H。

段起始地址的低 4 位固定为 0，高 16 位包含了该地址的全部信息，可根据高 16 位得到段起始地址，为此将段起始地址的高 16 位称为这个段的段基值或段地址。程序中使用某个段时，应先将其段基值送入相同类型的段寄存器中，例如：代码段的段基值必须送入 CS，数据段的段基值可送入 DS 或 ES，堆栈段的段基址送入 SS。定义逻辑段时几个不同的段可以重叠，也可以指向相同的 64KB 内存空间。

3. 存储器的地址转换

由段寄存器中的段基值确定段起始地址后，若知道段内某一存储单元距离段起始地址的字节数，就能唯一确定该内存单元的位置，得到该内存单元的物理地址。逻辑段中任意单元距离段起始地址的字节数称为段内偏移量，也称为偏移地址或有效地址（EA，Effective Address），由于段容量不超过 64KB，偏移量在 0000H～FFFFH 范围内，可以用一个 16 位寄存器存放。

段基值和偏移量是在程序中使用，并且用 16 位寄存器存放的地址，称为逻辑地址（LA，Logic Address），逻辑地址的表示形式为段基值：偏移量。

CPU 取指令或读/写数据时，地址加法器将逻辑地址转换为寻址单元的 20 位物理地址，并通过总线控制逻辑送到片外地址总线（地址引脚）。转换原理是先将段基值左移 4 位（乘以 16），再加上 16 位偏移地址形成 20 位物理地址，可用下式表示：

物理地址（PA）＝段基值×16＋偏移量

例如，逻辑地址 253FH：8100H 对应的物理地址为 PA＝253F0H＋8100H＝2D4F0H。

逻辑地址到物理地址的转换过程如图 2-3 所示。

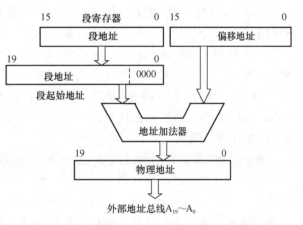

图 2-3 逻辑地址到物理地址的转换

CPU 访问存储器时不同操作的逻辑地址来源不同，有的段地址和偏移地址由固定寄存器提供，有的除可由约定寄存器存放外，还可另外指定。具体规定如表 2-2 所示，主要用法如下：

表 2-2   段地址和偏移地址的来源

操 作 类 型	约定段寄存器	可替换段寄存器	偏 移 地 址
取指令	CS	无	IP
堆栈操作	SS	无	SP
通用数据读/写操作	DS	CS、ES、SS	有效地址 EA
BP 作为基址寄存器	SS	DS、CS、ES	有效地址 EA
串操作（源地址）	DS	CS、ES、SS	SI
串操作（目的地址）	ES	无	DI

（1）取指令时，CPU 自动取 CS 的内容作为段地址，IP 的内容作为偏移地址，由地址加

法器计算出指令代码的物理地址。

（2）堆栈操作时，CPU 自动取 SS 的内容作为段地址，SP 的内容作为偏移地址。

（3）对存储器中的通用数据操作时，若操作数偏移地址以 BP 作为基址寄存器，则约定 SS 作为段地址，否则默认 DS 作为段地址，还可通过段超越前缀指定另外三个段寄存器内容作为段地址。

有效地址 EA 在指令中可通过 5 种存储器操作数寻址方式给出，即直接寻址、寄存器间接寻址、寄存器相对寻址、基址变址寻址和相对基址变址寻址方式。

（4）串操作时，源串操作数地址在 DS：SI 中，段地址也可在 CS、ES、SS 中，目的串操作数地址在 ES：DI 中。

4. 存储空间的分配

8086/8088 及 PC 机将存储器中部分存储区域规定了专门用途，用户程序和数据不能占用，主要有以下几部分。

（1）FFFF0H～FFFFFH：共 16B，作为程序入口地址单元。编程时可在 FFFF0H 地址存放一条转到系统初始化程序的无条件转移指令，系统上电或复位时，CPU 自动从 FFFF0H 地址转到初始化程序执行。这部分存储空间位于主板的 ROM BIOS 芯片中。

（2）00000H～003FFH：共 1KB 空间，专用于存放所有中断服务程序的入口地址，即中断向量，这部分存储区域称为中断向量表。

（3）B000H～B0FFFH：共 4KB 空间，作为单色显示器的显示器缓冲区，存放单色显示器当前屏幕显示字符对应的 ASCII 码及属性。

（4）B8000H～BBFFFH：共 16KB 空间，作为彩色显示器的显示器缓冲区，存放彩色显示器当前屏幕像素点对应的代码。

2.2.2　I/O 端口组织

8086/8088 微处理器通过接口电路（Interface）间接控制外部设备的工作，与外设交换数据。CPU 对接口电路的操作是通过对接口电路中寄存器的读写操作实现的。接口电路中可被 CPU 直接访问的寄存器称为端口（Port），接口电路中可包含一个或多个端口。端口按读写方式的不同分为输入端口、输出端口和双向端口，按存放信息的不同可分为数据口、状态口和控制口。

端口与存储单元的操作相似，也是通过地址选中访问的端口。8086/8088 微处理器利用低 16 位地址线 A_{15}～A_0 寻址端口，系统可配置 8 位端口的最大数量为 $2^{16}=64K$（65 536），地址范围为 0000H～FFFFH。

两个地址相邻的 8 位端口组成一个 16 位端口，以低地址 8 位端口的地址作为整个 16 位端口的地址。16 位端口在 8086 系统中可通过一个总线周期完成读/写操作。

IBM PC 机中只用低 10 位地址线 A_9～A_0 作为端口寻址线，可寻址的 8 位端口数量为 $2^{10}=1K$（1024），地址范围为 0000H～03FFH。

2.3　8086/8088 工作模式与引脚信号

2.3.1　8086/8088 工作模式

8086/8088 微处理器设计了最小模式和最大模式两种工作模式，以适应不同的应用场合。

1. 最小模式

系统中只有一片 8086/8088 微处理器，所有的总线控制信号都由 8086/8088 直接产生，省去了总线控制逻辑电路。最小模式适合于单 CPU 组成的小系统。

2. 最大模式

系统中有两个或多个微处理器，其中一个主处理器 8086 或 8088，其他处理器为协处理器。系统需要的总线控制信号由总线控制器 8288 产生。最大模式适用于大中规模微机系统。协处理器用于协助主处理器的工作，提高系统的性能，与 8086/8088 配套的协处理器有两个：数值运算协处理器 8087 和输入/输出协处理器 8089。

2.3.2　8086/8088 引脚信号

8086/8088 微处理器芯片共有 40 个引脚，采用双列直插式（DIP）封装。引脚排列如图 2-4 所示。

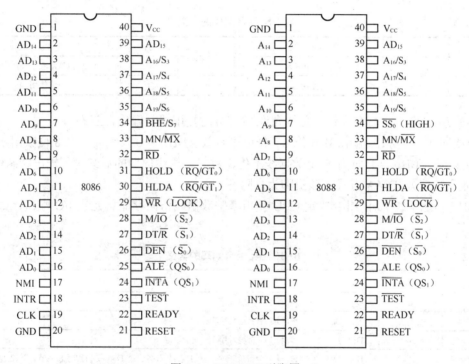

图 2-4　8086/8088 引脚图

8086/8088 引脚按功能分为地址总线、数据总线、控制总线、电源和时钟等。有些引脚在两种工作模式下功能相同，称为公用信号；有些引脚在两种工作模式下具有不同的功能，具体功能由工作模式决定。

1. 公用信号

（1）MN/$\overline{\text{MX}}$——工作模式选择信号，输入。

MN/$\overline{\text{MX}}$ 接＋5V 电源时，8086/8088 工作于最小模式；MN/$\overline{\text{MX}}$ 接地时，8086/8088 工作于最大模式。

（2）$AD_{15} \sim AD_0$——地址/数据分时复用线，双向，三态。

总线周期的 T_1 状态输出要访问存储单元或 I/O 端口的地址 $A_{15} \sim A_0$，由外接地址锁存器锁存并输出，选中访问单元；总线周期的后续时刻（$T_2 \sim T_4$ 状态）发送或接收数据 $D_{15} \sim D_0$。

8088 的数据总线为 8 位，与低 8 位地址构成分时复用总线 $AD_7 \sim AD_0$，另外 8 条仅作为地址线 $A_{15} \sim A_8$。

（3）$A_{19}/S_6 \sim A_{16}/S_3$——地址/状态分时复用线，输出，三态。

总线周期的 T_1 状态输出访问存储单元高 4 位地址 $A_{19} \sim A_{16}$，访问 I/O 端口时为低电平；后续时刻输出 CPU 的状态信息 $S_6 \sim S_3$。

S_6 表示 8086/8088 当前是否与总线相连，$S_6 = 0$ 表示与总线相连。

S_5 的状态反映中断允许标志 IF 的当前值，$S_5 = 0$（低电平）时，屏蔽 INTR 可屏蔽中断，禁止响应外设的中断请求；$S_5 = 1$（高电平）时，开放 INTR 可屏蔽中断，允许响应外设的中断请求。

S_4 和 S_3 的组合表示当前使用的段寄存器，具体定义如表 2-3 所示。

表 2-3　　　　　　　　　　　　S_4、S_3 组合编码的含义

S_4	S_3	含　义	S_4	S_3	含　义
0	0	当前使用 ES	1	0	当前使用 CS，或未使用段寄存器
0	1	当前使用 SS	1	1	当前使用 DS

（4）$\overline{BHE}/S_7$——高 8 位数据总线允许/状态分时复用线，输出，三态。

总线周期的 T_1 状态输出 $\overline{BHE}$ 信号，低电平有效，$\overline{BHE} = 0$ 表示允许高 8 位数据线 $D_{15} \sim D_8$ 传送数据，$\overline{BHE} = 1$ 时高 8 位数据线不传输数据。总线周期的后续时刻输出状态信号 S_7（S_7 未定义功能）。DMA 方式下该引脚为高阻态。

$\overline{BHE}$ 和地址线 A_0 的组合决定 CPU 使用哪些数据线访问存储单元或 I/O 端口，如表 2-4 所示。

表 2-4　　　　　　　　　　　　$\overline{BHE}$、A_0 组合编码的含义

$\overline{BHE}$	A_0	使用数据线	操　作
0	0	$D_{15} \sim D_0$	读/写 1 个偶地址字
1	0	$D_7 \sim D_0$	读/写 1 个偶地址字节
0	1	$D_{15} \sim D_8$	读/写 1 个奇地址字节
0	1	$D_{15} \sim D_8$	读/写 1 个奇地址字，第 1 总线周期通过 $D_{15} \sim D_8$ 读/写低字节，第 2 总线周期
1	0	$D_7 \sim D_0$	通过 $D_7 \sim D_0$ 读/写高字节

8088 没有高 8 位数据线，也没有 $\overline{BHE}$ 引脚。34 引脚设置了另外的功能：最大模式下保持高电平（HIGH），最小模式为 $\overline{SS_0}$（相当于最大模式下的 $\overline{S_0}$），与 DT/$\overline{R}$ 和 IO/$\overline{M}$ 信号的组合确定当前的总线周期，编码含义如表 2-5 所示。

表 2-5　　　　　　　　　　IO/$\overline{M}$、DT/$\overline{R}$、$\overline{SS_0}$ 编码表示的总线周期

IO/$\overline{M}$	DT/$\overline{R}$	$\overline{SS_0}$	8088 总线周期	IO/$\overline{M}$	DT/$\overline{R}$	$\overline{SS_0}$	8088 总线周期
1	0	0	中断响应	0	0	0	取指令
1	0	1	读 I/O 端口	0	0	1	读存储器
1	1	0	写 I/O 端口	0	1	0	写存储器
1	1	1	暂停	0	1	1	无效

（5）$\overline{RD}$——读信号，三态输出，低电平有效。

$\overline{RD}$ =0 表示 CPU 正在对存储器或 I/O 端口进行读操作。DMA 方式下该引脚为高阻态。

（6）INTR——可屏蔽中断请求信号，输入，高电平触发。

CPU 在每条指令的最后一个时钟周期采样 INTR 引脚，若 INTR 为高电平，且 IF=1，则 CPU 响应中断请求转入中断服务程序执行。用指令 CLI 将 IF 清 0 可以屏蔽外设送到 INTR 的中断请求。

（7）NMI——不可屏蔽中断请求信号，输入，上升沿触发。

当 NMI 引脚由低电平变为高电平时中断请求信号有效，CPU 完成当前指令后，执行中断类型号为 2 的不可屏蔽中断服务程序。NMI 中断不能用软件屏蔽，也不受 IF 的影响。

（8）RESET——复位信号，输入，高电平有效。

当 RESET 为高电平且持续 4 个时钟周期以上后，CPU 结束当前操作进入复位状态。复位标志寄存器、IP、DS、SS、ES，将指令队列清 0，使 CS 为 FFFFH。RESET 引脚变为低电平后，CPU 从 FFFF0H 地址开始执行程序。

（9）READY——准备就绪信号，输入，高电平有效。

CPU 在每个总线周期的 T_3 状态检测 READY 引脚，若 READY 为高电平，表示访问的存储器或 I/O 端口准备好；若 READY 为低电平，表示存储器或 I/O 端口未准备就绪，CPU 自动在 T_3 之后插入一个或多个等待状态 T_W，直到 READY 变为高电平。

速度较慢的设备可通过 READY 信号请求 CPU 等待其准备就绪，使设备与 CPU 速度匹配，实现数据的正常传送。

（10）$\overline{TEST}$——测试信号，输入，低电平有效。

CPU 执行 WAIT 指令时，每隔 5 个时钟周期 CPU 对 $\overline{TEST}$ 引脚采样一次，若 $\overline{TEST}$ 为高电平则继续等待；若 $\overline{TEST}$ 为低电平，CPU 退出等待状态，继续执行后面的指令。$\overline{TEST}$ 在多处理器系统中实现主处理器和协处理器的同步。

（11）VCC、GND——电源和地。

8086/8088 使用＋5V 电源。具有两个地引脚 GND。

（12）CLK——时钟信号输入端。

CPU 要求 CLK 端输入时钟信号的占空比为 1:3，即高电平占 1/3，低电平占 2/3。8086/8088 的时钟频率为 5MHz，8086-1 为 10MHz，8086-2 为 8MHz，8088 为 4.77MHz。

2. 最小模式信号

（1）ALE——地址锁存允许信号，输出，高电平有效。

CPU 在总线周期的第一个状态送出地址，ALE 同时发出正脉冲信号，下降沿选通地址锁存器，将 20 位地址 $A_{19}\sim A_0$ 和 $\overline{BHE}$ 信号锁存入地址锁存器。

（2）$\overline{WR}$——写信号，三态输出，低电平有效。

$\overline{WR}$ =0 表示 CPU 正在对存储器或 I/O 端口进行写操作。

（3）M/$\overline{IO}$——存储器及 I/O 端口选择信号，输出，三态。

若 M/$\overline{IO}$=1，CPU 访问存储器；若 M/$\overline{IO}$=0，CPU 访问 I/O 端口。

8088 的存储器及 I/O 端口选择信号为 IO/$\overline{M}$，即 IO/$\overline{M}$ =1 时访问 I/O 端口，IO/$\overline{M}$ =0 时访问存储器，有效电平正好与 8086 相反。

（4）DT/$\overline{\text{R}}$——数据发送/接收控制信号，输出，三态。

若 DT/$\overline{\text{R}}$ =1，表示发送数据，即写操作；若 DT/$\overline{\text{R}}$ =0，表示接收数据，即读操作。系统接有数据总线收发器时，DT/$\overline{\text{R}}$ 信号用于控制总线收发器的数据传输方向。

（5）$\overline{\text{DEN}}$——数据允许信号，三态输出，低电平有效。

$\overline{\text{DEN}}$ =0 时数据总线上有数据传送。$\overline{\text{DEN}}$ 作为系统中数据总线收发器的选通信号。

（6）$\overline{\text{INTA}}$——中断响应信号，三态输出，低电平有效。

CPU 收到 INTR 中断请求，且满足中断响应条件时进入中断响应周期，发出两个 $\overline{\text{INTA}}$ 负脉冲响应信号。

（7）HOLD——总线保持请求信号，输入，高电平有效。

（8）HLDA——总线保持响应信号，输出，高电平有效。

系统中 CPU 之外的总线主设备（可独立使用总线的设备或芯片，如 DMA 控制器 8237A）需要使用总线时，向 HOLD 引脚发送高电平总线请求信号，若此时 CPU 允许出让总线，就在当前总线周期完成后，控制 HLDA 引脚在 T_4 状态发出高电平响应信号，并使地址、数据及控制总线都处于高阻态（保持），出让总线控制权。总线主设备收到高电平 HLDA 响应信号后获得总线控制权，开始使用三总线传送数据，此时 HOLD 和 HLDA 都保持高电平。总线主设备用完总线后向 HOLD 发出低电平信号表示放弃总线使用权，CPU 收到后将 HLDA 拉低，收回对总线的控制权。

3. 最大模式信号

（1）$\overline{\text{RQ}}$/$\overline{\text{GT}_0}$、$\overline{\text{RQ}}$/$\overline{\text{GT}_1}$——总线请求/允许信号，双向，低电平有效。

这两个引脚的功能相同，每个引脚都可实现总线控制权的请求和响应，即请求和响应用一条信号线实现。两个引脚可连接两个不同的主模块，$\overline{\text{RQ}}$/$\overline{\text{GT}_0}$ 的优先级高于 $\overline{\text{RQ}}$/$\overline{\text{GT}_1}$，当两个主设备同时向 CPU 发出总线请求时，CPU 优先响应连到 $\overline{\text{RQ}}$/$\overline{\text{GT}_0}$ 的主设备。

（2）$\overline{S_2}$、$\overline{S_1}$、$\overline{S_0}$——总线周期状态信号，输出，三态。

$\overline{S_2}$、$\overline{S_1}$、$\overline{S_0}$ 输出总线周期状态信号，送入总线控制器 8288 的状态译码输入端，8288 根据三个状态信号编码产生存储器、I/O 端口的读写信号及中断响应信号。状态信号编码表示的总线周期如表 2-6 所示。

表 2-6　　　　　　　　$\overline{S_2}$、$\overline{S_1}$、$\overline{S_0}$ 编码表示的总线周期

$\overline{S_2}$	$\overline{S_1}$	$\overline{S_0}$	8288 输出信号	8086 总线周期
0	0	0	$\overline{\text{INTA}}$	中断响应
0	0	1	$\overline{\text{IORC}}$	读 I/O 端口
0	1	0	$\overline{\text{IOWC}}$、$\overline{\text{AIOWC}}$	写 I/O 端口
0	1	1	无	暂停
1	0	0	$\overline{\text{MRDC}}$	取指令
1	0	1	$\overline{\text{MRDC}}$	读存储器
1	1	0	$\overline{\text{MWTC}}$、$\overline{\text{AMWC}}$	写存储器
1	1	1	无	无效

（3）QS_1、QS_0——指令队列状态信号，输出。

QS_1 和 QS_0 的组合编码表示总线周期的前一个时钟周期中指令队列的状态，便于外部对 8086/8088 内部指令队列的跟踪。QS_1 和 QS_0 的编码含义如表 2-7 所示。

表 2-7　　　　　　　　　　　　　　　QS_1、QS_0 编码含义

QS_1	QS_0	含　义	QS_1	QS_0	含　义
0	0	无操作	1	0	指令队列为空
0	1	将指令首字节送入指令队列	1	1	将指令其余字节送入指令队列

（4）$\overline{LOCK}$ ——总线封锁信号，三态输出，低电平有效。

$\overline{LOCK}$ 信号由带有 LOCK 前缀的指令产生，该指令执行时，$\overline{LOCK}$ 引脚保持低电平直到指令结束，禁止其他总线主设备占用总线，防止指令执行期间被总线请求打断。DMA 方式下该引脚为高阻态。

2.4　8086/8088 系统配置

2.4.1　系统配置常用芯片

构成微机系统时，需要由时钟发生器向 CPU 提供时钟信号，由地址锁存器锁存并分离地址信息，由总线收发器增强总线的驱动动力，以带动更多的外围芯片。在最大模式下，还需要总线控制器将 CPU 输出的状态信号转换为总线周期控制信号。

1. 时钟发生器 8284A

8284A 是 Intel 公司为 8086/8088 系统设计的时钟发生器芯片，用于向 CPU 提供频率和占空比符合要求的时钟信号，还向 CPU 提供经过同步的 READY 信号和 RESET 信号。8284A 的引脚图如图 2-5 所示。

（1）主要引脚功能说明。

① OSC——晶振输出端，输出频率为 14.31818MHz 的时钟信号。

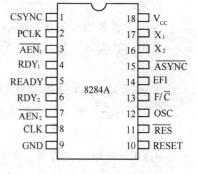

图 2-5　8284A 的引脚图

② CLK——系统时钟信号输出端，输出频率为 4.77MHz 的系统时钟信号。

③ PCLK——外设时钟信号输出端，输出频率为 2.385MHz 的外设时钟信号。

④ RESET——复位信号输出端，高电平有效。

⑤ $\overline{RES}$ ——复位信号输入端。

⑥ RDY_1、RDY_2——准备就绪信号输入端。

由系统总线上的设备送入 8284A。若 RDY=1，表示数据准备就绪，使 READY=1；若 RDY=0，表示数据未准备就绪，使 READY=0。RDY_1 和 RDY_2 功能相同，可接收两个存储器或外设的请求等待信号。

⑦ READY——准备就绪信号输出端，高电平有效。

⑧ $\overline{AEN_1}$、$\overline{AEN_2}$ ——RDY_1 和 RDY_2 的允许控制信号，低电平有效。

（2）工作原理。

外设准备就绪信号由 RDY 输入 8284A，经时钟下降沿同步从 READY 引脚输出，送入

CPU 的 READY 端。外部的复位信号送到 $\overline{RES}$，经过整形并由时钟下降沿同步后从 RESET 引脚输出宽度大于 4 个时钟周期的复位信号，送到 CPU 的 RESET 端。

8284A 可使用两种不同的振荡源：一种是采用外部脉冲发生器，将脉冲信号接到 EFI 端，并将 F/$\overline{C}$ 接高电平；另一种是采用石英晶体振荡器作为振荡源，将晶振接在 X_1 和 X_2 两端，并将 F/$\overline{C}$ 接地。两种方法使 8284A 输出的时钟频率为振荡源频率的 1/3。

2. 地址锁存器

8086/8088 输出的地址信息仅在总线周期的 T_1 状态有效，后续时刻对存储器或 I/O 端口读写操作时地址已消失，不能选中访问单元。因此 8086/8088 系统必须通过外接锁存器芯片锁存地址，使地址在整个总线周期中都保持并送往访问单元，才能实现对存储器或 I/O 端口的读写操作。

锁存地址可选用各种不同型号的 8D 锁存器芯片，常用锁存芯片有 8282、8283、74LS273、74LS373 等。8282 芯片的引脚图如图 2-6 所示。引脚功能如下：

① $DI_7 \sim DI_0$——8 位数据输入端。

② $DO_7 \sim DO_0$——8 位数据输出端。

③ STB——选通输入端，高电平有效。用于选通锁存器，将输入端数据存入其中。

④ $\overline{OE}$——输出允许端。两个芯片的输出端都内置三态门，若 $\overline{OE}=0$，允许输出；若 $\overline{OE}=1$，输出端为高阻态。

3. 数据收发器

数据收发器也称为总线收发器，用于对数据总线双向缓冲驱动，提高数据总线的驱动能力，以带动更多的存储器及接口芯片。当外围芯片数量较少时也可以不用数据收发器。

常用的数据收发器芯片有 8286、8287、74LS245 等。8286 的引脚图如图 2-7 所示。引脚功能如下：

① $A_7 \sim A_0$——8 位数据输入/输出端。

② $B_7 \sim B_0$——8 位数据输入/输出端。

③ T——方向控制端。若 T=1，数据由 A 到 B 传输；若 T=0，数据由 B 到 A 传输。

④ $\overline{OE}$——输出允许端。若 $\overline{OE}=0$，允许输出；若 $\overline{OE}=1$，输出端为高阻态。

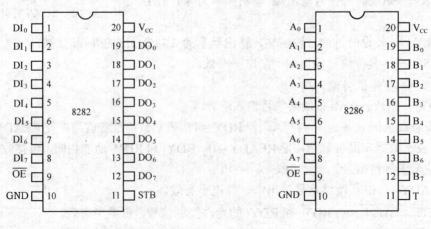

图 2-6　8282 引脚图　　　　　　　　图 2-7　8286 引脚图

4. 总线控制器 8288

总线控制器 8288 是 8086/8088 最大模式系统不可缺少的芯片，8288 根据 CPU 输出的状态信号建立控制时序，产生存储器和 I/O 端口读/写信号、锁存器及数据收发器控制信号、中断响应信号。8288 的引脚及内部结构图如图 2-8 所示。主要引脚功能如下：

① $\overline{S_2}$、$\overline{S_1}$、$\overline{S_0}$——总线周期状态信号，输入。连接 8086/8088 的对应引脚，接收 CPU 送来的总线周期状态信号。

② ALE——地址锁存允许信号，输出。

③ DT/$\overline{R}$——数据收发信号，输出。

④ DEN——数据允许信号，输出。

⑤ $\overline{IORC}$——I/O 端口读信号，输出。

⑥ $\overline{IOWC}$——I/O 端口写信号，输出。

⑦ $\overline{AIOWC}$——I/O 端口超前写信号，输出。其时序波形与 $\overline{IOWC}$ 相同，但比 $\overline{IOWC}$ 提前一个时钟周期出现。

⑧ $\overline{MRDC}$——存储器读信号，输出。

⑨ $\overline{MWTC}$——存储器写信号，输出。

⑩ $\overline{AMWC}$——存储器超前写信号，输出。其时序波形与 $\overline{MWTC}$ 相同，但比 $\overline{MWTC}$ 提前一个时钟周期出现。

⑪ $\overline{INTA}$——中断响应信号，输出。

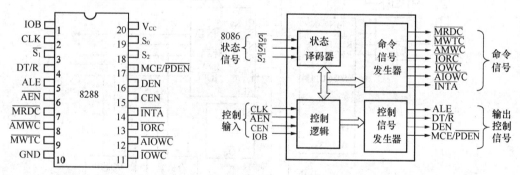

图 2-8   8288 的引脚及内部结构图

2.4.2 最小模式基本配置

8086 最小模式的基本配置如图 2-9 所示。MN/$\overline{MX}$ 接 V_{CC} 电源，使 8086 工作在最小模式。时钟发生器 8284A 为 8086 及其他接口芯片提供时钟信号、复位信号和准备就绪信号。

三片 8282 锁存器用于锁存 8086 在 T_1 状态输出的 20 位地址 $A_{19} \sim A_0$ 和 $\overline{BHE}$ 信号，其输出端与存储器及 I/O 接口电路的地址线相连。8086 的 ALE 与 8282 的 STB 相连，控制锁存器在地址输出时及时打开锁存地址，8282 的输出允许端 $\overline{OE}$ 直接接地，使锁存的地址能直接输出。

两片 8286 数据收发器对 16 位数据总线信号 $D_{15} \sim D_0$ 进行双向缓冲驱动，其方向控制端 T 及输出允许端 $\overline{OE}$ 分别由 8086 的 DT/$\overline{R}$ 和 $\overline{DEN}$ 控制，使 8086 访问存储器或 I/O 端口时数据正常通过 8286，其他时刻数据线均为高阻态。若系统使用 8088 微处理器，只需一片 8286 对 8 位数据 $D_7 \sim D_0$ 进行双向缓冲驱动。若数据总线驱动能力足够，也可省略总线收发器。

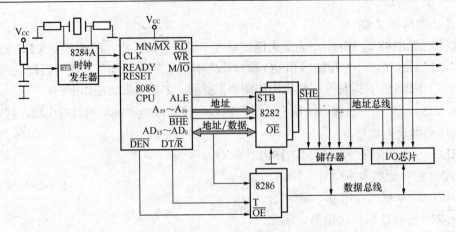

图 2-9　8086 最小模式的基本配置图

2.4.3　最大模式基本配置

　　8086 最大模式的基本配置如图 2-10 所示。MN/$\overline{\text{MX}}$ 引脚接地，使 8086 工作在最大模式。最大模式的时钟电路与最小模式相同，也由 8284A 提供时钟信号、复位信号和准备就绪信号。最大模式由三片锁存器 8282 锁存地址 $A_{19} \sim A_0$ 和 $\overline{\text{BHE}}$ 信号，由两片数据收发器 8286 提高数据总线的 $D_{15} \sim D_0$ 的驱动能力。

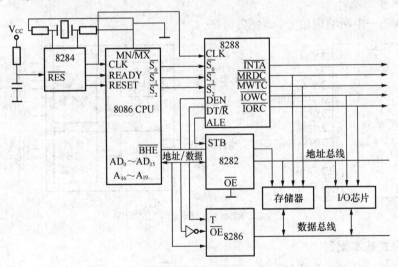

图 2-10　8086 最大模式的基本配置图

　　最大模式与最小模式电路的主要区别是增加了总线控制器 8288。8288 根据 8086 在执行指令时提供的三位状态信号建立控制时序，输出读写操作命令。8282、8286、存储器、I/O 接口的控制信号及中断响应信号全部由 8288 提供。

　　最大模式的存储器及 I/O 端口的读写信号为 $\overline{\text{MRDC}}$、$\overline{\text{MWTC}}$、$\overline{\text{IORC}}$ 和 $\overline{\text{IOWC}}$，与最小模式下 $\overline{\text{RD}}$、$\overline{\text{WR}}$ 和 M/$\overline{\text{IO}}$ 三条控制线的功能相同。8288 的数据允许信号 DEN 高电平有效，与 8286 连接时必须通过非门对信号电平进行转换。

　　最大模式下，8086 的 $\overline{\text{RQ}}$/$\overline{\text{GT}}_0$、$\overline{\text{RQ}}$/$\overline{\text{GT}}_1$ 通常与 8087 和 8089 协处理器相连，实现总线的共享使用。若系统是由多个主处理器构成的多处理器系统，必须通过总线仲裁器 8289 协调

总线，保证系统中各处理器协调工作。

2.5　8086 总线操作时序

8086/8088 有总线读/写操作、中断响应操作、总线请求与响应、复位和启动、暂停等操作类型，其中总线读/写操作是 CPU 使用最频繁的操作方式。总线读/写操作分为 4 种类型：存储器读操作、存储器写操作、端口读操作和端口写操作。最大和最小模式下的总线操作也存在一些区别，下面通过时序图说明 8086 总线操作的工作过程。

2.5.1　几个周期的概念

1.　时钟周期

时钟脉冲信号是指挥 CPU 完成各种运算、传送及控制功能的时间基准，CLK 时钟脉冲的重复周期称为时钟周期，也称为状态 T。时钟周期是时钟信号频率的倒数，例如：8086 的主频为 5MHz，则时钟周期为 $1/(5 \times 10^6 Hz) = 0.2\mu s = 200ns$。

2.　总线周期

总线周期是微处理器通过总线与内存或外设之间传输一次数据所需的时间。传输一次数据所需的最短时间称为基本总线周期，一个基本总线周期总是由 4 个时钟周期组成，为了分析时序的方便，各时钟周期分别用 T_1、T_2、T_3 和 T_4 表示。

一次总线操作包括传送地址、传送数据两步，CPU 首先在 T_1 状态送出访问内存单元或端口的地址以选中访问单元，然后在 $T_2 \sim T_4$ 状态读/写数据。若访问设备速度较慢，不能在这 3 个时钟周期内完成数据读/写操作，就会向 CPU 的 READY 引脚发出低电平延时等待请求信号，CPU 检测到 READY=0 后，在 T_3 和 T_4 之间插入若干个等待周期 T_W，T_W 的个数取决于 READY 请求信号持续时间的长短，T_W 的长度等于一个时间周期，CPU 等待期间总线状态保持不变。插入等待周期 T_W 后总线周期的长度将不确定。

3.　空闲周期

微处理器只有取指或读/写数据时才执行总线周期，若总线上无数据传输，系统总线处于空闲状态，这时称为空闲周期 T_i，空闲周期也以时钟周期为单位。

4.　指令周期

指令周期是执行一条指令所需的时间，不同的指令执行所需时间不同。

2.5.2　最小模式总线读操作

8086 最小模式总线读操作时序图如图 2-11 所示。时序图用于描述地址、数据及控制信号在时间上的先后顺序及相互关系，它们的变化规律与总线周期的各个 T 状态密切相关，时钟信号是分析时序的依据。

总线读操作周期中三总线信号的变化特点为：

（1）M/$\overline{IO}$：在整个总线读操作周期内保持有效电平：读存储器时为高电平，读端口时为低电平。

（2）AD$_{15}$～AD$_0$：T_1 状态输出读取内存单元或端口的 16 位地址 $A_{15} \sim A_0$。T_2 状态为高阻态，等待访问单元将数据送到数据总线上。$T_3 \sim T_4$ 状态期间作为数据线 $D_{15} \sim D_0$ 使用，在读信号的作用下，选中内存单元或端口的数据送到数据总线上，CPU 将数据总线的数据读入内部寄存器。

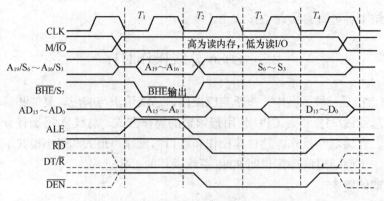

图 2-11　8086 最小模式总线读操作时序图

（3）$A_{19}/S_6 \sim A_{16}/S_3$：若是读存储器操作，$T_1$ 状态输出访问内存单元的高 4 位地址 $A_{19} \sim A_{16}$；若是读端口操作，T_1 状态保持低电平（无效）。$T_2 \sim T_4$ 状态期间输出 4 位状态信息 $S_6 \sim S_3$。

（4）$\overline{BHE}/S_7$：读存储器或端口时，若高 8 位数据线 $D_{15} \sim D_8$ 上有数据传递，$\overline{BHE}$ 输出有效低电平，否则输出高电平。$T_2 \sim T_4$ 状态期间输出高电平。

（5）ALE：T_1 状态输出一个正脉冲，控制地址锁存器的使能端，ALE 的下降沿控制地址锁存器将 CPU 送出的 20 位地址 $A_{19} \sim A_0$ 及 $\overline{BHE}$ 锁存。$T_2 \sim T_4$ 状态期间保持低电平。

（6）$\overline{RD}$：从 T_2 状态开始发出低电平读信号，使 T_1 状态送出的地址所选中单元的内容输出到数据总线上。

（7）$\overline{DEN}$：$T_2 \sim T_4$ 状态输出有效低电平信号。当系统接有总线收发器时，用于选通收发器，实现数据的正常传送。

（8）DT/$\overline{R}$：在整个总线周期内保持低电平，当系统接有总线收发器时，用于控制收发器的数据传输方向为由内存或端口到 CPU。

一次总线读操作的工作过程：CPU 在 T_1 状态发出要读取内存单元或端口的地址，同时发出 ALE 地址锁存信号，控制地址锁存器锁存地址并送到内存或接口电路，选中访问单元。T_2 状态期间地址/数据总线保持高阻态，等待访问单元将数据送到数据总线上。$T_3 \sim T_4$ 期间在读信号的作用下选中单元的内容送到数据线上被 CPU 读取，一次读操作完成。若访问的存储器或接口电路速度较慢，发出 READY＝0 的请求等待信号，CPU 在 T_3 和 T_4 之间插入若干等待周期，等待期间总线状态保持不变。

2.5.3　最小模式总线写操作

8086 最小模式总线写操作时序如图 2-12 所示。总线写操作与读操作有很多相似之处，总线写操作周期中三总线信号的变化特点如下。

（1）M/$\overline{IO}$：在整个写操作总线周期内保持有效电平，写存储器时为高电平，写端口时为低电平。

（2）$AD_{15} \sim AD_0$：T_1 状态输出要写入内存单元或端口的 16 位地址 $A_{15} \sim A_0$。$T_2 \sim T_4$ 状态期间输出数据，没有高阻态。

（3）$A_{19}/S_6 \sim A_{16}/S_3$：若是存储器写操作，$T_1$ 状态输出访问内存单元的高 4 位地址 $A_{19} \sim A_{16}$，若是端口写操作，T_1 状态保持低电平（无效）。$T_2 \sim T_4$ 状态期间输出 4 位状态信息 $S_6 \sim S_3$。

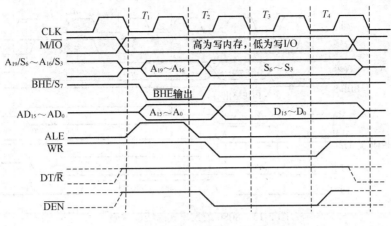

图 2-12　8086 最小模式总线写时序

（4）$\overline{BHE}/S_7$：写存储器或端口时，若高 8 位数据线 $D_{15}\sim D_8$ 上有数据传递，$\overline{BHE}$ 输出有效低电平，否则输出高电平。$T_2\sim T_4$ 状态期间输出高电平。

（5）ALE：T_1 状态输出正脉冲控制地址锁存器的使能端，ALE 的下降沿使地址锁存器将 CPU 送出的 20 位地址 $A_{19}\sim A_0$ 及 $\overline{BHE}$ 锁存。$T_2\sim T_4$ 状态期间保持低电平。

（6）$\overline{WR}$：从 T_2 状态开始发出低电平写信号，使地址选中单元接收 CPU 送到数据总线的数据。

（7）$\overline{DEN}$：$T_2\sim T_4$ 状态输出有效低电平信号，当系统接有总线收发器时，用于选通收发器，实现数据的正常传送。

（8）DT/$\overline{R}$：在整个总线周期内保持高电平，当系统中接有总线收发器时，用于控制收发器的数据传输方向为由 CPU 到内存或端口。

一次总线写操作的工作过程为：CPU 在 T_1 状态发出要写入内存单元或端口的地址，同时发出 ALE 地址锁存信号，控制地址锁存器锁存地址并送到内存或接口电路，选中欲写入单元。T_2 状态开始输出数据，$T_3\sim T_4$ 状态期间在写信号和地址的作用下，数据总线上的数据写入选中单元，完成一次写操作。若访问的存储器或接口电路速度较慢，CPU 也在 T_3 之后插入若干等待周期，等待期间总线状态保持不变。

2.5.4　最大模式总线读操作

最大模式总线操作与最小模式的主要区别是由总线控制器 8288 根据 $\overline{S_2}$、$\overline{S_1}$、$\overline{S_0}$ 状态位产生总线操作控制信号，地址数据总线的变化及数据传输过程与最小模式基本相同。

在每个总线周期开始前一段时间，$\overline{S_2}$、$\overline{S_1}$、$\overline{S_0}$ 总会全部被置为高电平（无源状态），8288 只要检测到状态位中的一个或几个从高电平变到低电平，便立即开始一个总线周期。

8086 最大模式总线读操作时序如图 2-13 所示。当存储器或接口电路速度足够快时，一个基本总线周期内即可完成读操作过程，若存储器或接口电路速度较慢，则通过 READY 引脚向 CPU 发出 READY＝0 的未准备好信号，CPU 也在 T_3 和 T_4 之间插入一个或几个 T_W 等待周期。

2.5.5　最大模式总线写操作

8086 最大模式总线写操作时序如图 2-14 所示。

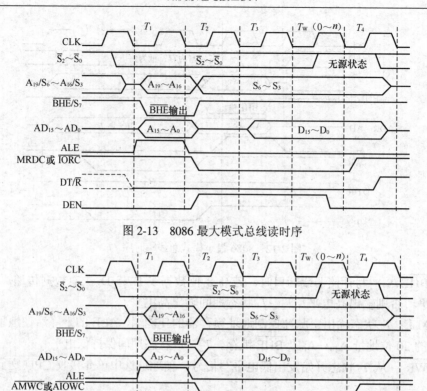

图 2-13　8086 最大模式总线读时序

图 2-14　8086 最大模式总线写时序

最大模式总线写操作时，总线控制器 8288 为存储器提供普通的写信号 $\overline{\text{MWTC}}$ 和提前一个时钟周期的超前写信号 $\overline{\text{AMWC}}$，为 I/O 端口提供普通的写信号 $\overline{\text{IOWC}}$ 和提前一个时钟周期的超前写信号 $\overline{\text{AIOWC}}$。使用超前写信号可提前启动写操作过程。

2.6　32 位 微 处 理 器

2.6.1　80386 微处理器

80386 是 Intel 公司于 1985 年 10 月推出的第一代 32 位微处理器，80386 芯片内部集成27.5 万只晶体管，片内和片外数据总线均为 32 位，具有 32 位地址总线，采用高速缓冲器（Cache）结构，大大提高了 CPU 的执行速度和工作效率。

1. 80386 的特点

80386 具有如下特点。

① 80386 微处理器有 32 位地址总线和 32 位数据总线，可直接寻址 4GB 物理存储空间，具有虚拟存储能力，虚拟存储空间达 64TB。存储器采用分段结构，一个段最大为 4GB。

② 提供 32 位指令，支持 8 位、16 位、32 位数据类型，具有 8 个通用 32 位寄存器，ALU和内部总线的数据通路均为 32 位，具有片内地址转换的高速缓存 Cache。

③ 提供 32 位外部总线接口，最大数据传输速率 32Mb/s。系统采用流水线方式，可同高速 DRAM 芯片接口，支持动态总线宽度控制，能动态地切换 16 位和 32 位数据总线。

④ 系统采用流水线和指令重叠技术、虚拟存储技术、存储器管理分段分页技术等，使 80386 系统实现了多用户多任务操作。

⑤ 具有片内存储器管理部件 MMU，可支持虚拟存储和特权保护，保护机构采用 4 级特权层，可选择片内分页单元。片内具有多任务机构，能快速完成任务的切换。

⑥ 通过配置数值运算协处理器 80387 实现数据高速处理，加快浮点运算速度。

2. 80386 的内部结构

80386 微处理器的内部结构如图 2-15 所示。80386 由总线接口部件（BIU）、指令预取部件（PEU）、指令译码部件（IDU）、控制部件（CU）、数据处理部件（DU）、保护测试部件（PTU）、分段管理部件（SU）和分页管理部件（PGU）等 8 个功能部件组成。各部件按流水线结构设计，指令的预取、译码、执行等由相应的处理部件并行操作，可同时执行多条指令，有效提高了微处理器的运行速度。各主要部件的功能如下。

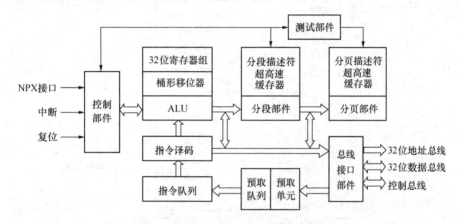

图 2-15　80386 微处理器的内部结构

（1）总线接口部件

总线接口部件是 CPU 与外部存储器及 I/O 接口电路之间的高速接口，用于实现内部电路与外部总线之间的信息交换，并产生总线周期的地址、数据及控制信号。

（2）指令预取部件

指令预取部件用于从存储器读取指令代码并存放到 16B 的指令队列中，同时管理一个线性地址指针和一个段预取界限，这两项内容从分段部件获得，分别作为预取指令指针和检查是否违反分段界限。

（3）指令译码部件

指令译码部件对指令预取部件送来的指令进行译码，实现从指令到微指令的转换，译码后的指令存放在译码器的指令队列中，供执行部件使用。

（4）执行部件

执行部件负责指令的执行，其中的控制部件用于控制 ROM；译码器为控制部件提供微代码的起始地址，控制部件根据微代码执行相应的操作；数据部件包括寄存器组和算术逻辑部件，用于指令的算术和逻辑运算。

（5）存储器管理部件

存储器管理部件由分段部件和分页部件组成，实现存储器段、页式管理。分页部件用于对物理地址空间进行管理，一页为 4KB，程序和数据均以页为单位进入内存。分段部件通过提供一个额外的寻址器件对逻辑地址空间进行管理，每段包含若干页，每段的最大空间为 4GB，一个任务最多包含 16K 个段，80386 可为每个任务提供 64TB 的虚拟存储空间。

3. 80386 的寄存器

80386 共有 32 个寄存器，按功能分为通用寄存器、段寄存器、指令指针、标志寄存器、控制寄存器、系统地址寄存器、调试寄存器和测试寄存器等。80386 的内部寄存器如图 2-16 所示。

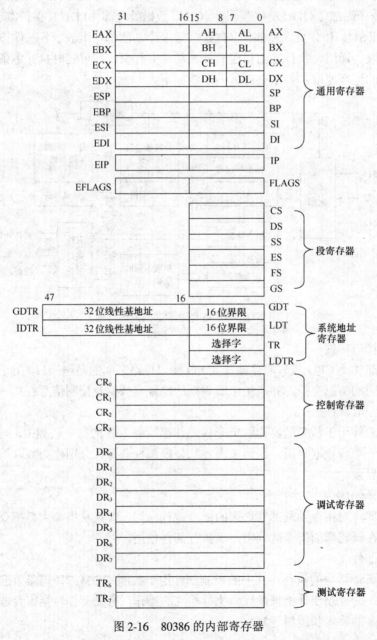

图 2-16　80386 的内部寄存器

（1）通用寄存器。80386 有 8 个 32 位通用寄存器，分别称为累加器（EAX），基址寄存器（EBX），计数寄存器（ECX），数据寄存器（EDX），堆栈指示器（ESP），基址指示器（EBP），源变址寄存器（ESI）和目的变址寄存器（EDI）。

为了与 8086、8088 及 80286 兼容，32 位通用寄存器的低 16 位可以作为 16 位寄存器独立使用，其命名及用法与 16 位微处理器相同，分别为 AX、BX、CX、DX、SP、BP、SI、DI。AX、BX、CX 和 DX 的低 8 位和高 8 位又可以分别作为 8 位寄存器单独使用，其命名仍为 AH、AL、BH、BL、CH、CL、DH 和 DL。

（2）标志寄存器 EFLAGS。32 位标志寄存器 EFLAGS 是 80286 标志寄存器的扩展，新增加了 VM 和 RF 位，NT 和 IOPL 与 80286 的标志位功能相同，OF、CF、AF、SF、ZF、PF、TF、IF 和 DF 位与 8086 的标志位功能相同，其他位保留未定义功能。80386 标志寄存器的格式如图 2-17 所示。标志位的含义如下。

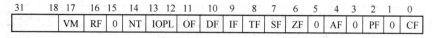

31	18	17	16	15	14	13	12	11	10	9	8	7	6	5	4	3	2	1	0
		VM	RF	0	NT	IOPL		OF	DF	IF	TF	SF	ZF	0	AF	0	PF	0	CF

图 2-17　80386 标志寄存器的格式

① I/O 特权级别标志 IOPL。IOPL 位仅在保护方式中有效，用于限制 I/O 指令的使用特权级，I/O 指令有 0、1、2 三级特权，0 级最高，2 级最低。

② 任务嵌套标志 NT。当 NT＝1 时，表示当前执行的任务嵌套于另一任务中，即产生了中断嵌套。

③ 恢复标志 RF。恢复标志 RF 用于调试程序失败后，强迫程序恢复执行。当程序正常执行时，RF 位自动清 0。

④ 虚拟 8086 方式标志 VM。当 VM＝1 时，80386 工作于虚拟 8086 方式。虚拟 8086 方式下 80386 既能执行 8086 的应用程序，也能执行 80386 的应用程序。在保护方式下可以通过指令使 VM 置 1，从而进入虚拟 8086 方式。

（3）指令指针。80386 的 32 位指令指针 EIP 是 8086 及 80286 指令指针 IP 的扩展，其低 16 位是可单独使用的 16 位指令指针 IP。EIP 用于存放下一条要执行指令的地址偏移量，寻址范围是 4GB。

（4）段寄存器。80386 有 6 个 16 位段寄存器，也称选择器，它们是 CS、SS、DS、ES、FS 和 GS。其中 CS 表示代码段，SS 表示堆栈段，DS、ES、FS 和 GS 都可以表示数据段。

（5）控制寄存器。80386 有 4 个 32 位的控制寄存器 $CR_0 \sim CR_3$，CR_1 为 Intel 保留，实际使用 CR_0、CR_2、CR_3 三个，用于保存全局性的机器状态。这些状态影响系统所有任务的执行，控制寄存器供操作系统使用，设计操作系统时需了解这些控制位的功能。

控制寄存器 CR_0 的格式如图 2-18 所示。其中 PE、MP、EM、TS 位与 80286 相应位的功能相同。各位的功能如下。

	31		16	15		5	4	3	2	1	0
CR_0	PG				机器状态字		ET	TS	EM	MP	PE

图 2-18　控制寄存器 CR_0 的格式

① 保护方式允许位（PE）。当 PE＝1 时，系统进入保护方式；当 PE＝0 时，为实地址方式。两种方式可通过指令设置。

②　协处理器监控位（MP）。若 80386 允许多任务运行，任务切换时系统硬件总是使 TS 置 1，若这时 MP＝1，则 CPU 在执行 WAIT 指令时能产生一个协处理器无效信号。

③　仿真协处理器控制位（EM）。若 EM＝1，表示协处理器的功能被仿真运行；若 EM＝0，表示协处理器的操作码在实际的 80387 中运行。

④　任务切换位（TS）。若 TS＝1，完成任务切换；若 TS＝0，没有任务切换。

⑤　处理器扩展类型控制位（ET）。若 ET＝1，系统使用 80387 协处理器；若 ET＝0，系统使用 80287 协处理器。

⑥　允许分页控制位（PG）。PG 位和 PE 位的组合编码可以设置 80386 的 4 种操作方式。具体功能如表 2-8 所示。

表 2-8　　　　　　　　　　　　　　PG 和 PE 位的组合功能

PG	PE	方　　式	PG	PE	方　　式
0	0	实地址方式、8086 操作	1	0	未定义
0	1	保护方式、禁用分页方式	1	1	分页保护

控制寄存器 CR_2 用于存放引起页故障的线性地址，只有当 CR_0 中的 PG 位为 1 时，CR_2 寄存器才有效。

控制寄存器 CR_3 为微处理器提供当前任务的页目录基地址。只有当 CR_0 寄存器中的 PG 位为 1 时，CR_3 寄存器才有效。

（6）调试寄存器和测试寄存器。80386 有 8 个 32 位调试寄存器 $DR_0 \sim DR_7$，主要用于设置调试程序的断点地址。$DR_0 \sim DR_3$ 用于写入断点的 32 位线性地址，调试程序时可同时设置 4 个不同的断点。程序运行时，执行到与断点地址相同的指令就会暂停运行，并显示各寄存器的当前状态。

DR_4 和 DR_5 是 Intel 保留的寄存器。DR_6 是调试状态寄存器，程序调试过程中显示断点的状态。DR_7 是配合断点设置的断点控制寄存器。

80386 有 2 个 32 位测试寄存器 TR_6 和 TR_7，用于进行存储器测试。TR_6 为测试命令寄存器，其中存放测试控制命令；TR_7 为数据寄存器，存放存储器测试所得的数据。

（7）系统地址寄存器。80386 有 4 个系统地址寄存器，分别是全局描述符表寄存器（GDTR）、中断描述符表寄存器（IDTR）、局部描述符表寄存器（LDTR）和任务状态寄存器（TR）。系统地址寄存器在保护模式下管理用于生成线性地址和物理地址的 4 个系统管理描述符表。

全局描述符表寄存器（GDTR）是 48 位寄存器，用于存放全局描述符表（GDT）的 32 位线性基地址和 16 位界限值。

中断描述符表寄存器（IDTR）也是 48 位寄存器，用于存放中断描述符表（IDT）的 32 位线性基地址和 16 位界限值。

局部描述符表寄存器（LDTR）是 16 位寄存器，用于存放局部描述符表（LDT）的 16 位选择字。

任务状态寄存器（TR）是 16 位寄存器，用于存放任务状态段（TSS）的 16 位选择字。

4.　80386 的引脚功能

80386 芯片有 132 个引脚，采用陶瓷栅状阵列 PGA 封装，具有高可靠性和紧密性。80386

引脚信号的逻辑图如图 2-19 所示。引脚信号及功能如下。

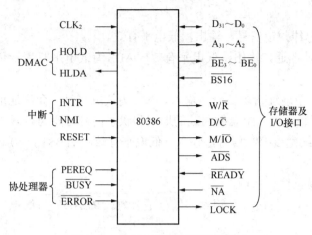

图 2-19 80386 引脚信号的逻辑图

① $D_{31} \sim D_0$——32 位数据总线，双向，三态。一个总线周期可进行 8 位、16 位、24 位或 32 位的数据传输。

② $A_{31} \sim A_2$——地址总线，单向输出，三态。与 $\overline{BE_3} \sim \overline{BE_0}$ 共同实现 32 位地址总线的作用，选中访问的存储单元或 I/O 端口。

③ $\overline{BE_3} \sim \overline{BE_0}$——字节选通信号，输出。用于控制哪些数据总线传送数据，实现字节、字或双字的读写操作。当 $\overline{BE_0}=0$ 时，$D_7 \sim D_0$ 传送数据；当 $\overline{BE_1}=0$ 时，$D_{15} \sim D_8$ 传送数据；当 $\overline{BE_2}=0$ 时，$D_{23} \sim D_{16}$ 传送数据；当 $\overline{BE_3}=0$ 时，$D_{31} \sim D_{24}$ 传送数据。$\overline{BE_3} \sim \overline{BE_0}$ 的组合与数据总线传送数据的关系如表 2-9 所示。

表 2-9 　　　　　　　　　　　$\overline{BE_3} \sim \overline{BE_0}$ 组合与数据传送类型

字　节　选　通				数据总线传送的数据			
$\overline{BE_3}$	$\overline{BE_2}$	$\overline{BE_1}$	$\overline{BE_0}$	$D_{31} \sim D_{24}$	$D_{23} \sim D_{16}$	$D_{15} \sim D_8$	$D_7 \sim D_0$
1	1	1	0	—	—	—	$D_7 \sim D_0$
1	1	0	1	—	—	$D_{15} \sim D_8$	—
1	0	1	1	$D_{23} \sim D_{16}$	—	$D_{23} \sim D_{16}$	—
0	1	1	1	$D_{31} \sim D_{24}$	—	$D_{31} \sim D_{24}$	—
1	1	0	0	—	—	$D_{15} \sim D_8$	$D_7 \sim D_0$
1	0	0	1	—	$D_{23} \sim D_{16}$	$D_{15} \sim D_8$	—
0	0	1	1	$D_{31} \sim D_{24}$	$D_{23} \sim D_{16}$	$D_{31} \sim D_{24}$	$D_{23} \sim D_{16}$
1	0	0	0	—	$D_{23} \sim D_{16}$	$D_{15} \sim D_8$	$D_7 \sim D_0$
0	0	0	1	$D_{31} \sim D_{24}$	$D_{23} \sim D_{16}$	$D_{15} \sim D_8$	—
0	0	0	0	$D_{31} \sim D_{24}$	$D_{23} \sim D_{16}$	$D_{15} \sim D_8$	$D_7 \sim D_0$

④ $D/\overline{C}$——数据/控制信号，输出。若 $D/\overline{C}=1$，传送数据；若 $D/\overline{C}=0$，传送指令代码。

⑤ $M/\overline{IO}$——存储器及 I/O 端口选择信号，输出。若 $M/\overline{IO}=1$，访问存储器；若 $M/\overline{IO}=0$，访问 I/O 端口。

⑥ $W/\overline{R}$——读/写控制信号，输出。若 $W/\overline{R}=0$，为读操作；若 $W/\overline{R}=1$，为写操作。

⑦ CLK$_2$——外部时钟信号输入端。CLK$_2$送入 80386 后由内部电路二分频输出作为 CPU 的工作时钟频率信号。

⑧ $\overline{\text{LOCK}}$ ——总线封锁信号，输出，低电平有效。

⑨ $\overline{\text{ADS}}$——地址选通，输出，低电平有效。$\overline{\text{ADS}}$ 为低电平时表示总线周期中地址信号有效。

⑩ $\overline{\text{NA}}$——下一个地址请求信号，输入。$\overline{\text{NA}}$ 为低电平时，允许地址流水线操作。表示当前执行的周期结束后，下一个总线周期的地址和状态信号可变为有效。

⑪ $\overline{\text{BS16}}$——总线宽度控制信号，输入，低电平有效。当 $\overline{\text{BS16}}=0$ 时，只在 16 位数据总线上传输数据。

⑫ RESET——复位信号，输入。

⑬ $\overline{\text{READY}}$ ——准备好信号，输入，低电平有效。$\overline{\text{READY}}$ 为低电平表示当前总线周期已完成。

⑭ INTR——可屏蔽中断请求信号，输入。

⑮ NMI——不可屏蔽中断请求信号，输入。

⑯ HOLD——总线保持信号，输入，高电平有效。

⑰ HLDA——总线保持响应信号，输出，高电平有效。

⑱ PEREQ——协处理器请求信号，输入，高电平有效。当 PEREQ 为高电平时，表示 80387 协处理器请求 80386 控制存储器与协处理器之间的信息传输。

⑲ $\overline{\text{BUSY}}$ ——协处理器忙信号，输入，低电平有效。

⑳ $\overline{\text{ERROR}}$ ——协处理器出错信号，输入，低电平有效。

5. 80386 的工作方式

80386 有实地址方式、保护方式和虚拟 8086 方式 3 种工作方式。实地址方式和 8086/8088 工作方式相似，虚拟 8086 工作方式是在虚地址保护方式下，能够在多任务系统中执行 8086 任务的一种特殊方式。

（1）实地址方式。系统加电启动或复位后，80386 微处理器自动进入实地址方式，实地址方式主要用于对 80386 进行初始化操作，即为 80386 保护方式需要的数据结构做好准备。

实地址方式是为了与 8086/8088/80286 兼容而设置的工作方式，与 8086 等 16 位 CPU 的工作方式相似，主要特点有：

寻址机构、存储器管理及中断系统与 8086 相同，只能运行单任务，不支持多任务。

操作数默认长度为 16 位，允许访问 32 位寄存器。使用 32 位寄存器时，指令前应加上前缀表示越权访问。

存储器最大寻址空间 1MB，采用分段管理方式，不能分页，每段最大为 64KB，线性地址与物理地址相同，均为段寄存器内容左移 4 位再加上偏移地址。

存储器中保留两个固定区域：00000H～03FFFH 是中断向量表区；F0000H～FFFFFH 是系统初始化程序区，即程序的入口地址。

（2）保护方式。保护方式也称为保护虚拟地址方式，保护主要是指对存储器的保护。微机开机或复位后，CPU 首先进入实地址方式进行初始化，然后转入保护方式。保护方式提供了多任务环境下的各种复杂功能及存储器组织的管理机制，只有在保护方式下 80386 才能发挥其强大的运算和处理能力，保护方式是 80386 最常用的方式。保护方式的主要特点有：

> 保护方式下除了可进行 16 位运算外，也能进行 32 位运算。

> 存储器有物理地址空间、线性地址空间和虚拟地址空间三种地址空间。虚拟地址即逻辑地址，由一个选择符和一个偏移量组成。对内存单元的寻址需要通过描述符表实现。

> 保护方式下存储器按段组织，每段最长为 4GB，同时该方式下的 80386 CPU 可寻址 4GB 物理地址及 64TB 虚拟地址空间。因此，对 64TB 虚拟存储空间允许每个任务最多可用 16K 个段。

（3）虚拟 8086 方式。80386 在保护方式下运行时，可通过指令切换到虚拟 8086 方式。虚拟 8086 方式是一种在 32 位保护方式下支持 16 位实地址方式应用程序运行的特殊保护方式，也称为 V86 方式。其主要特点有：

> 虚拟 8086 方式可运行 8086 应用程序。段寄存器的使用与实地址方式相同，即将段寄存器内容左移 4 位再加上偏移地址得到线性地址。

> 虚拟 8086 方式采用分段和分页结合的方式对存储器进行管理。每个任务的最大寻址空间 1MB，分为 256 个大小为 4KB 的页面。

> 当 80386 运行多个任务时，其中的一个或几个任务可以使用虚拟 8086 方式，一个任务所用的页面可以定位于某个物理地址空间，另一个任务可以定位于其他存储区域，即各任务可转换到物理存储器的不同位置，将存储器虚拟化，所以该方式称为虚拟 8086 方式。

2.6.2　80486 微处理器

80486 是 Intel 公司于 1989 年推出的与 80386 完全兼容但功能更强的 32 位微处理器。80486 芯片内集成了 120 万个晶体管，时钟频率为 25～66MHz，80486 的内部寄存器、内外部数据总线都是 32 位，地址总线也为 32 位。80486 相当于以 80386 的 CPU 为核心，内含 FPU 和 Cache 的微处理器，80486 还采用了 RISC（Reduced Instruction Set Computer，精简指令集计算机）技术、时钟倍频技术和新的内部总线结构，其性能指标比 80386 有了很大提高。80486 的主要特点有：

（1）80486 首次将浮点处理部件（FPU）集成在微处理器内部，处理速度进一步提高，比 80387 约快 3～5 倍。80486 片内还集成了 8KB Cache，将内存中经常被 CPU 使用的数据复制到 Cache 中并不断更新，使得 Cache 中总是保存着最近经常被 CPU 使用的内容，不用频繁访问低速内存。

（2）80486 在复杂指令集计算机（CISC）技术的基础上，首次采用了精简指令集计算机（RISC）技术。

（3）80486 增加了多处理器指令，增强了多重处理系统，片上硬件确保了超高速缓存一致性协议，并支持多级超高速缓存结构。

（4）将 80386 的指令译码和执行部件扩展成五段流水线，进一步增强了并行处理能力。最快能在 1 个 CPU 时钟周期内执行一条指令。

（5）总线接口部件功能更强，增加了新的引脚和指令，支持外部的 L2 Cache 和多处理器系统。

（6）80486 具有机内自测试功能，可以测试片上逻辑电路、超高速缓存和片上分页转换高速缓存，支持硬件测试、Intel 软件和扩展的第三者软件，调试性能包括执行指令和存取数据时的断点设置功能。

2.6.3　Pentium 系列微处理器

　　1993 年 Intel 公司继 80486 之后推出了新一代高性能 32 位微处理器 Pentium。Pentium 微处理器采用了超标量指令流水线结构、双重分离式高速缓存、外部 64 位数据总线、内部 256 位指令总线、分支指令预测、浮点运算器等新技术，性能较 80486 有了很大提高，并与原先的 80x86 系列微处理器完全兼容。继 Pentium 之后，Intel 公司还推出了 Pentium Pro、Pentium MMX、Pentium Ⅱ、Pentium Ⅲ、Pentium 4 等 Pentium 系列微处理器，这些微处理器的主要性能参数如表 2-10 所示。

表 2-10　　　　　　　　　　　　　Pentium 系列微处理器性能比较

性能指标　　　　型号	Pentium	Pentium Pro	Pentium MMX	Pentium Ⅱ	Pentium Ⅲ	Pentium 4
地址总线宽度（位）	32	36	36	36	36	64
数据总线宽度（位）	64	64	64	64	64	64
寻址范围（GB）	4	64	64	64	64	64
L1 Cache（KB）	8＋8	8＋8	16＋16	16＋16	16＋16	12
L2 Cache（KB）	外置	512	512	256～512	256～512	256～512
通用寄存器位数（位）	32	32	32	32	32	32
工作频率（MHz）	60～266	150～200	166～233	233～600	450～1300	1.4～3.06GHz
前端总线频率（MHz）	50～66	60～66	60～66	50～100	60～133	100～533
制造工艺（μm）	0.8/0.5	0.6	0.35	0.35～0.25	0.25～0.18	0.18～0.13
工作电压（V）	5/3.3	3.3	2.8	2.8	2.0～1.6	1.7～1.6
集成度（万）	310	550	450	750	950	4200
封装形式	PGA	SPGA	SPGA	SEC	SECC2	FC-PGA
插座类型	Socket 5	Socket 8	Socket 7	Slot 1	Slot 1	Socket 423/478
发布时间	1993.3	1995.11	1997.1	1997.5	1999.1	2000.3

　　1．Pentium 微处理器

　　（1）Pentium 微处理器的特点。

　　① 采用超标量结构和超级流水线技术。超标量是指微处理器内部含有多个指令执行单元，使处理器在一个指令周期内能够执行多条指令。Pentium 微处理器采用了超标量流水线技术，内部包含 U、V 两条超标量流水线，每条流水线都有自己独立的地址生成逻辑、算术逻辑部件及数据高速缓存接口。U、V 两条流水线可以执行整数指令，只有 U 流水线能执行浮点指令，V 流水线中只能执行一条异常 FXCH 浮点指令。Pentium 一般能在每个时钟周期内执行两条整数指令，或执行一条浮点运算指令和一条整数运算指令。

　　与 80486 的单流水线方式相同，Pentium 的双流水线处理整数指令也分为 5 个步骤：指令预取、指令译码、地址译码、指令执行和回写。一条指令执行完后，流水线开始对另一条指令进行操作。流水线可以使多条指令在多个阶段内执行，实现了指令的并行执行。

　　② 超高速缓存（Cache）技术。采用两个彼此独立的高速缓冲存储器，将指令高速缓存与数据高速缓存分离，各自拥有独立的 8KB 高速缓存。Cache 为处理器提供快速访问指令和数据刷新途径，这两个超高速缓存可以同时被访问，指令 Cache 提供多达 32B 的原始操作码，

数据 Cache 在每个时钟内可以提供两次访问的数据。每种 Cache 都使用物理地址访问，并且都有自己的转换后援缓冲器（TLB）将线性地址转换成所用的物理地址。Pentium 中分离的代码 Cache 使预取单元操作更有效，它采用 256 位数据宽度的二路组相连设计，它的填充是通过使用突发的存储传送周期来完成。

③ 采用了全新设计的 FPU。FPU（增强型浮点运算器）采用了超级流水线技术，使得 Pentium 浮点运算速度比 80486 快 3～5 倍。处理器内部采用了分支预测技术，大大提高了流水线执行效率。

④ 多种工作方式。在实地址方式、保护方式、虚拟 8086 方式基础上增加了系统管理方式（SMM）。SMM 方式能增强对系统的管理，例如，对操作系统的管理、对电源的管理、对正在运行程序的管理等，同时对 RAM 子系统提供很好的安全性。系统复位时自动进入实地址方式，并能从一种方式切换到另一种方式。

⑤ 硬件实现指令功能。将常用指令进行了固化及微代码的改进，使常用的指令（如 MOV、INC、DEC、PUSH 等）改用硬件实现，不再使用微代码操作，指令执行速度进一步提高。此外，系统使用 64 位数据总线，大幅度提高了数据传输速度。采用 PCI 局部总线，系统内部还增强了错误检测与报告功能、支持多重处理等功能。

⑥ 指令预取。Pentium 含有几个指令预取缓冲器，它在前一条执行指令的结尾之后，最多可预取 94B。此外，Pentium 还实现了一种动态分支预测算法，对与过去某个时间执行的指令相对应的地址测试运行指令预取周期。运行这些指令预取周期要基于过去的执行情况，而不考虑检索的指令是否与当前正在执行的指令顺序相关。Pentium 可以运行指令预取总线周期，以检索从未被执行过的指令。尽管删除了检索的操作码，系统也必须通过恢复突发串就绪引脚（BRDY）来完成指令预取周期。Pentium 有可能对当前指令段结尾之外的地址推测运行指令预取周期。尽管 Pentium 可能超出指令段界限进行预取，但不会超出指令段界限执行，否则会引起一般保护故障。因此，不能使用分段来阻止对不可访问的存储区域进行推测性的指令预取。

⑦ 精简指令系统计算机（RISC）技术。精简指令系统计算机（RISC，Reduced Instruction Set Computer）是为了增加内部寄存器的数量、简化指令和指令系统。RISC 选用最常用的简单指令，使得指令数目减少，从而使指令的长度和指令周期进一步缩短。由硬件和复杂指令实现的工作，可由用户通过简单指令来实现，利于提高芯片集成度和工作速度。

（2）Pentium 微处理器的结构。Pentium 微处理器的内部结构如图 2-20 所示。主要包括总线接口部件、U 流水线和 V 流水线、指令和数据高速缓存、指令预取部件、分支目标缓冲器（BTB）、指令译码器、浮点处理部件（FPU）和寄存器组等组成部分。各部件的功能如下。

① 总线接口部件。总线接口部件用于 CPU 与系统总线的连接，包括 32 位地址总线、64 位数据总线和若干条状态控制线。实现 CPU 与外部器件之间的信息交换，产生相应的总线周期信号。

② U 流水线和 V 流水线。Pentium 微处理器中有两条独立运行的 U、V 流水线，每条流水线都有自己独立的地址生成逻辑、算术逻辑部件及数据高速缓存接口。U、V 两条流水线可以执行整数指令，只有 U 流水线能执行浮点指令，CPU 能在每个时钟周期内执行两条整数指令，或执行一条浮点运算指令和一条整数运算指令。每条流水线都采用 5 级整数流水线，指令在其中分级执行，5 级流水线的功能为：

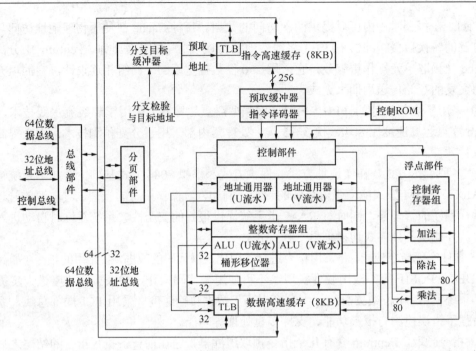

图 2-20   Pentium 微处理器的内部结构框图

指令预取（IP）：将指令从指令 Cache 通过 256 位的内部总线送到预取部件。

指令译码（ID）：将送来的指令进行译码分析。

地址生成及取操作数（AG）。

指令执行（IE）：由算术逻辑单元（ALU）执行送来的指令。

回写（WB）：将运算结果写回到寄存器或存储单元。相对于通写方式可减少访问主存的次数。

③ 指令和数据高速缓存。Pentium 微处理器中指令 Cache 和数据 Cache 完全独立，减少了指令预取和数据操作之间的冲突，提高了命中率。CPU 读取数据时，若数据已经送到了 Cache 中，这样使存取速度很快，称为 Cache 命中。两个 Cache 分别设有专用的转换检测缓冲器（TLB），用来将线性地址转换为 Cache 的物理地址。Pentium 的数据 Cache 有两个端口，分别用于两条流水线，可在同一时间段中分别与两个独立工作的流水线交换数据。

④ 指令预取部件。指令预取部件每次预取两条指令，若是简单指令，而且后一条指令不依赖于前一条指令的执行结果，指令预取部件就将两条指令分别送入 U 流水线和 V 流水线独立执行。

⑤ 分支目标缓冲器（BTB）。Pentium 微处理器中设置了两个指令预取缓冲器，一个以顺序方式预取指令，另一个以转移方式预取指令，称为分支目标缓冲器（BTB）。BTB 实际上是一个小容量的 Cache，可动态预测程序分支，当指令执行使程序产生分支时，BTB 记下该指令及分支的目标地址，并用这些信息预测这条指令再次产生分支时的路径，从此处预取，保证流水线指令预取不会空置。

⑥ 浮点处理部件（FPU）。浮点处理部件（FPU）主要用于浮点运算，其内部包含专用的加法器、乘法器和除法器。加法器和乘法器能在 3 个时钟周期内完成运算，除法器在每个

时钟周期产生 2 位二进制商。浮点处理部件也按流水线机制执行指令，其流水线分为 8 级，对应每个时钟周期完成一个浮点操作。

（3）Pentium 微处理器的引脚功能。Pentium 微处理器的引脚逻辑图如图 2-21 所示。各引脚的功能如下。

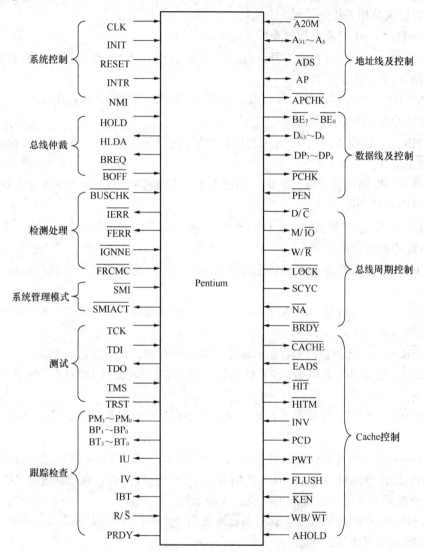

图 2-21　Pentium 微处理器的引脚逻辑图

1）地址总线及相关控制信号。

① $A_{31} \sim A_3$——地址总线。地址总线共 32 位，其中低 3 位地址线 $A_2 \sim A_0$ 组合为字节允许信号 $\overline{BE_7} \sim \overline{BE_0}$ 输出，可寻址 4GB 内存空间和 64KB I/O 端口空间。由于 Pentium 集成片内 Cache，地址总线是双向的，既用于寻址内存及 I/O 端口，也用来选择片内 Cache。

② AP——地址的偶校验码位。当地址线 $A_{31} \sim A_3$ 有输出时，AP 端输出偶校验码，供存储器对地址进行校验。

③ $\overline{ADS}$——地址状态信号，输出，表示 CPU 已启动一个总线周期。

④ $\overline{\text{A20M}}$ ——A_{20} 以上的高位地址屏蔽信号。当 $\overline{\text{A20M}}$ =0 时，将屏蔽 A_{20} 以上的高位地址，以便访问内存和 Cache 时能模拟（仿真）1MB 存储空间。

⑤ $\overline{\text{APCHK}}$ ——地址校验出错信号。CPU 对 Cache 读操作时，对地址进行偶校验，若校验有错，则使 $\overline{\text{APCHK}}$ 输出低电平。

2）数据总线及相关控制信号。

① D_{63}～D_0——64 位双向数据总线。

② $\overline{\text{BE}_7}$～$\overline{\text{BE}_0}$——字节允许信号。与地址线 A_{31}～A_3 配合实现对存储器的字节、字、双字及 4 字等不同类型数据的访问。

③ DP_7～DP_0——奇偶校验信号。CPU 对存储器进行写操作时，每个字节分别产生 1 个校验位，通过 DP_7～DP_0 引脚输出。

④ $\overline{\text{PCHK}}$ ——读校验出错信号。CPU 对存储器进行读操作时，按字节进行校验，若校验出错，使 $\overline{\text{PCHK}}$ =0。

⑤ $\overline{\text{PEN}}$ ——奇偶校验允许。若输入为低电平，在读校验出错时，CPU 自动做异常处理。

3）总线周期控制信号。

① $D/\overline{C}$ ——数据/控制信号。若 $D/\overline{C}$ =1，表示当前总线周期传输的是数据；若 $D/\overline{C}$ =0，表示当前总线周期传输的是指令。

② $M/\overline{\text{IO}}$ ——存储器及 I/O 端口选择信号，输出，三态。高电平访问存储器，低电平访问 I/O 端口。

③ $W/\overline{R}$ ——读/写信号。若 $W/\overline{R}$ =1，表示当前总线周期为写操作；若 $W/\overline{R}$ =0，表示当前总线周期为读操作。

④ $\overline{\text{LOCK}}$ ——总线封锁信号，三态输出，低电平有效。若指令前有 LOCK 指令前缀，指令执行时 $\overline{\text{LOCK}}$ 引脚输出低电平，使其他总线主设备不能获得总线控制权，保证 CPU 完成当前的操作。

⑤ $\overline{\text{BRDY}}$ ——突发就绪信号。有效时表示一个突发总线传输周期，这时外设处于准备好状态。

⑥ $\overline{\text{NA}}$ ——下一个地址有效信号，输入。若 $\overline{\text{NA}}$ 输入低电平，CPU 在当前总线周期完成前将下一个地址送到地址总线上，从而提前开始下一个总线周期，称为总线流水线工作方式。Pentium 微处理器允许两个总线周期构成总线流水线。

⑦ $\overline{\text{SCYC}}$ ——分割周期信号。表示当前地址指针未对准字、双字或 4 字的首字节，这时要用 2 个总线周期完成数据传输。

4）Cache 控制信号。

① $\overline{\text{CACHE}}$ ——Cache 控制信号，输出。读操作时，若 $\overline{\text{CACHE}}$ =0，表示内存中读取的数据正在送入 Cache；写操作时，若 $\overline{\text{CACHE}}$ =0，表示 Cache 中修改的数据回写到内存。

② $\overline{\text{EADS}}$ ——外部地址有效信号。当 $\overline{\text{EADS}}$ =0 时，外部地址有效，这时可访问片内 Cache。

③ $\overline{\text{KEN}}$ ——Cache 允许信号。确定当前总线周期传输的数据是否送到 Cache。

④ $\overline{\text{FLUSH}}$ ——Cache 擦除信号。当 $\overline{\text{FLUSH}}$ =0 时，CPU 将片内 Cache 中修改过的数据回写到内存，然后擦除 Cache 中的内容。

⑤ AHOLD——地址保持/请求信号，高电平有效。当 AHOLD＝1 时，强制 CPU 浮空地址信号，为从 $A_{31}\sim A_4$ 输入地址访问 Cache 作准备。

⑥ PCD——Cache 禁止信号，高电平有效。若 PCD＝1，禁止访问片外 Cache。

⑦ PWT——片外 Cache 控制信号。若 PWT＝1，使片外 Cache 为通写方式；若 PWT＝0，使片外 Cache 为回写方式。

⑧ WB/$\overline{\text{WT}}$ ——片内 Cache 回写/通写选择信号。若 WB/$\overline{\text{WT}}$ ＝1，片内 Cache 为回写方式；若 WB/$\overline{\text{WT}}$ ＝0，片内 Cache 为通写方式。

⑨ $\overline{\text{HIT}}$ ——Cache 命中信号，低电平有效。若 $\overline{\text{HIT}}$ ＝0，表示 Cache 被命中。

⑩ $\overline{\text{HITM}}$ ——Cache 命中状态信号，低电平有效。若 $\overline{\text{HITM}}$ ＝0，表示命中的 Cache 被修改过。

⑪ INV——无效请求信号。当 INV＝1 时，使 Cache 区域不可再用，变为无效。

5）系统控制信号。

① INTR——可屏蔽中断请求信号。

② NMI——不可屏蔽中断请求信号。

③ RESET——复位信号。当 RESET 有效时，CPU 在两个时钟周期内终止程序，对内部所有寄存器实现复位操作。

④ INIT——初始化信号。当 INIT 有效时，CPU 先将此信号锁存，直到当前指令结束后才执行初始化操作，仅使基本寄存器复位，Cache 和浮点寄存器中的内容不变。初始化和复位操作后都使程序从 FFFFFFF0H 地址开始取指运行。

⑤ CLK——系统时钟信号。

6）总线请求与响应信号。

① HOLD——总线请求信号。总线主设备通过该引脚向 CPU 申请总线控制权。

② HLDA——总线请求响应信号。对 HOLD 的回答信号，表示 CPU 已出让总线控制权。

③ BREQ——总线周期请求信号。当 BREQ＝1 时，向其他总线主设备说明，CPU 当前已提出一个总线请求，并正在占用总线。

7）检测与处理信号。

① $\overline{\text{BUSCHK}}$ ——转入异常处理信号，输入。

② $\overline{\text{FERR}}$ ——浮点运算出错信号。

③ $\overline{\text{IGNNE}}$ ——忽略浮点运算错误信号。当 $\overline{\text{IGNNE}}$ ＝0 时，CPU 忽略浮点运算错误。

④ FRCMC——CPU 冗余校验开始信号。

⑤ $\overline{\text{IERR}}$ ——冗余校验出错信号。

8）系统管理模式信号。

① $\overline{\text{SMI}}$ ——系统管理模式中断请求信号，是对进入系统管理模式的中断请求信号。

② $\overline{\text{SMIACT}}$ ——系统管理模式信号。该信号是对 $\overline{\text{SMI}}$ 的响应信号，当 $\overline{\text{SMI}}$ 中断请求有效时，CPU 输出 $\overline{\text{SMIACT}}$ 表示中断请求成功，当前处于系统管理模式。

9）测试信号。

① TCK——测试时钟信号输入端。

② TDI——串行测试数据输入端。

③ TDO——测试数据结果输出端。

④ TMS——测试方式选择。

⑤ $\overline{\text{TRST}}$——测试复位，退出测试状态。

10）跟踪与检查信号。

① $BP_3 \sim BP_0$——与调试寄存器的 $DR_3 \sim DR_0$ 中的断点相匹配的外部输出信号。

② $PM_1 \sim PM_0$——性能监测信号。

③ $BT_3 \sim BT_0$——分支地址输出信号，输出分支地址的最低 3 位。

④ IU——U 流水线完成指令状态信号，输出，高电平有效。

⑤ IV——V 流水线完成指令状态信号，输出，高电平有效。

⑥ IBT——指令发生分支。

⑦ $R/\overline{S}$——探针信号输入端。输入 $R/\overline{S}$ 引脚的负跳变信号，使 CPU 停止指令的执行进入空闲状态。

⑧ PRDY——对 $R/\overline{S}$ 的响应信号，输出。当 PRDY＝1 时，表示 CPU 停止执行指令并进入测试状态。

2. Pentium Pro 微处理器

Pentium Pro 是 Intel 公司于 1995 年推出的 32 位微处理器，中文名为高能奔腾，Pentium Pro 是专为网络服务器设计的 CPU，可构成支持 4 处理器的多处理器系统，而 Pentium 是面向个人计算机的 CPU，只支持双处理器系统。Pentium Pro 新增加的功能如下：

（1）Pentium Pro 将地址总线由 Pentium 的 32 位增加到 36 位，存储器的物理寻址空间增加到 64GB。

（2）Pentium Pro 将 CPU 芯片与 256KB 的 L2 Cache 芯片封装在一起构成多芯片模块，两个模块之间通过高带宽的内部总线相连，使 L2 Cache 能以 CPU 的时钟频率工作，提高了 L2 Cache 的效率，加快了 CPU 的运行速度。

（3）Pentium Pro 增加了 CMOV 等多条指令，构成了增强指令集，支持 ECC，其可靠性得到了提高。

（4）CPU 芯片中集成 550 万只晶体管；L2 Cache 集成 1550 万只晶体管。

（5）Pentium Pro 具有 3 路超标量微结构，一个时钟周期内可同时执行多条指令。具有 14 级超级流水线，将每一条指令的执行分成 14 个指令步，提高了微处理器的并行处理能力。

（6）Pentium Pro 采用 RISC 技术，将 CISC 指令分解为若干像 RISC 指令的伪操作，使指令能在流水线上并行执行，提高了指令执行速度，又保持与低版本 80x86 微处理器的兼容性。

（7）具有错序执行、动态分支预测和推理执行，事务处理 I/O 总线和非封锁高速缓存分级结构。

3. Pentium MMX 微处理器

Pentium MMX 是 Intel 公司于 1997 年推出的 32 位微处理器，中文名为多能奔腾。Pentium MMX 采用 MMX 多媒体扩展技术，提高了微机多媒体和网络处理能力，同时采用双电压供电技术，显著降低了 CPU 功耗。Pentium MMX 增加的新技术及功能如下：

（1）Pentium MMX 增加了 57 条指令构成的 MMX 指令集，提高了处理多媒体信息的能力。MMX（Multi-Media Extension）是多媒体扩展技术，MMX 的关键技术是在原先 Pentium 基础上扩充了面向多媒体信息处理的数据类型和指令，使 CPU 能更有效地处理视频、音频和图形数据。

（2）Pentium MMX 定义了 4 种新的 64 位数据类型及其压缩表示，分别是压缩字节（8B 压缩在一个 64 位数据中）、压缩字（4 个字压缩在一个 64 位数据中）、压缩双字（2 个双字压缩在一个 64 位数据中）和 4 字（一个 64 位数据）。新增加的 64 位通用寄存器能存储各类压缩的 64 位数据。

（3）L1 Cache 容量从原先的 16KB 增加到 32KB，一级数据 Cache 和一级指令 Cache 各为 16KB，提高了 CPU 执行速度。

（4）采用了双电源电压供电，内部电源电压为 2.8V，输入输出接口电源电压为 3.3V。双电源电压使 CPU 的功耗降低，芯片发热量下降。

（5）提高了时钟频率。Pentium MMX 不再使用 50MHz 和 60MHz 外部总线时钟，只使用 66MHz 外部时钟，内核起点频率为 166MHz，使 CPU 执行速度更快。

4．Pentium Ⅱ 微处理器

1997 年 Intel 公司推出了 P6 级微处理器的第二代产品 Pentium Ⅱ，中文名为奔腾Ⅱ。Pentium Ⅱ 将 MMX 技术融合到 Pentium Pro 处理器中，既保持了高能奔腾的强大处理能力，又增加了图像、视频等的多媒体处理能力。Pentium Ⅱ 采用的新技术如下。

（1）改变了微处理器的传统 Socket 插座架构，采用单边插槽的卡盒结构，在一块 PCB 上集成了微处理器芯片和 L2 Cache 芯片，可直接插在主板插座上与 CPU 连接。

（2）支持 MMX 指令集和 MMX 寄存器，除执行 MMX 乘法指令需 3 个时钟周期外，其他 MMX 指令的执行只需一个时钟周期。

（3）采用双重独立总线体系结构（DIB），能同时使用具有纠错功能的 64 位系统总线和具有可选纠错功能的 64 位 Cache 总线。

（4）具有多重跳转分支预测，通过多条分支预测程序执行，加快了指令向微处理器的流动速度。

（5）支持 L2 Cache 的 ECC 保护，Pentium Pro 只支持 L1 Cache 的 ECC 保护。并使用同步突发 SRAM 构成支持 L2 Cache。

（6）支持快速系统调用指令 SYSENTER 和 SYSEXIT。

（7）支持电源保护模式，电压识别 VID 总线由 4 位扩展到 5 位。

5．Pentium Ⅲ 微处理器

Intel 公司于 1999 年 2 月推出带有 70 条附加浮点多媒体指令的 Pentium Ⅲ 微处理器，其内部集成 2 810 万只晶体管。主要改进是使用了单指令多数据（SIMD）流扩展技术，即 SSE 技术。1999 年 10 月，Intel 公司又推出了基于 0.18μm 工艺的新一代 Pentium Ⅲ 微处理器，开发代号为 Coppermine（铜矿），最高主频为 733MHz，外部时钟频率为 133MHz。Pentium Ⅲ 是面向互联网、服务器和 PC 用户开发的，与 Pentium Ⅱ 相同，也分为至强、普通和赛扬高、中、低三个档次。Pentium Ⅲ 采用的新技术和主要特性如下。

（1）Pentium Ⅲ 采用动态执行技术、多事务系统总线、MMX 多媒体及 SIMD 流技术扩展等新技术。增加了 70 条 SSE 指令，使 CPU 可以对多个数据同时进行浮点运算，有利于提升对 3D 图形、视频及其他大数据量浮点运算密集的应用程序的执行效率，提高了系统对视频、图像、语音识别的能力。

（2）Pentium Ⅲ 增加了 8 个 128 位 SSE 矢量寄存器，使模式切换时间缩短，同时尽可能并行执行浮点运算、MMX 及 SIMD 指令。应用程序使用 SSE 指令编程可以加速程序的运行效率。

（3）采用高级传输缓存技术。从 Coppermine 开始，将 256KB 的 L2 Cache 集成到 CPU 内核中，称为高级传输缓存（ATC），在这种传输机制下，Cache 的时钟频率与 CPU 时钟频率完全相同。

（4）采用先进的缓存转换技术，内置的 L2 Cache 使用一条 256 位的宽带数据通路，相当于采用 64 位数据通路的片外 L2 Cache 的 4 倍，每个时钟周期能转换 32 字节的二级缓存，使 CPU 与 L2 Cache 之间的理论数据传输速率达 11.2GB/s。

（5）采用了先进的系统缓冲器，用 6 个填充缓冲器代替原先的 4 个填充缓冲器，用 8 条总线队列代替原先的 4 条总线队列，用 4 个回写缓冲器代替原先的 1 个，使 Coppermine 在 133MHz 时钟总线上运行效率更高。

6. Pentium 4 微处理器

Pentium 4 是 Intel 公司于 2000 年推出的高性能 32 位微处理器，内部集成 4 200 万只晶体管，工作电压 1.7V，主频最高可达 3.06GHz。Pentium 4 的最大特色是采用了新式网络突发处理器结构 NetBurst，使网络功能、数字视频、图形处理能力都有了显著增强。Pentium 4 微处理器的主要特性如下。

（1）超级流水线结构。Pentium 4 的指令流水线分为 20 级，比 Pentium III 的 10 级流水线增加了一倍。指令流水线级数越多，每级执行过程越简单，使用时间越少，指令执行速度能成倍提高，使系统其他功能单元的速度加快，系统整体性能得到提升，相应的电路结构也可以进一步简化。

（2）400MHz 系统总线。Pentium III 的外频为 133MHz，每个时钟周期传输 64 位数据，数据传输速率为 1GB/s。Pentium 4 系统总线使用与 AGP 4X 相似的四倍速总线技术，时钟的前沿和后沿两次同步传输，相当于系统时钟频率达到了 400MHz，数据传输速率能达到 3.2GB/s。

（3）跟踪性指令 Cache 技术。Pentium 4 将指令 Cache 和数据 Cache 完全分开，数据 Cache 作为一级 Cache，指令 Cache 作为二级 Cache。同时采用跟踪性机制，分支预测出错时能立即从指令 Cache 取指令重建指令流水线。

（4）Pentium 4 新增加了 144 条 SSE2 指令集，包括 4 个单精度浮点数或 2 个双精度浮点数处理、16 字节/8 字节/4 个双字/2 个四字/1 个 128 位长等多种数据格式的整数运算，增加了其他 Cache 存储器管理指令，极大地增强了对多媒体数据的处理能力。

（5）快速执行引擎。快速执行引擎由两组双倍内核频率操作的 ALU 组成，每隔半个时钟周期处理一个微操作，相当于提供了 4 个 ALU 运算带宽。对于不需快速执行引擎执行的指令，由一个单倍时钟的低速 ALU 进行处理。缩短了指令延迟等待时间，提高了执行效率。

（6）增强的动态执行。Pentium 4 的超长流水线能保存 128 条将要执行的指令，在线的指令能满载运行，还将分支预测单元用于辅助执行跟踪 Cache，分支目标缓冲区是 Pentium III 的 8 倍，并且采用了新的算法，分支预测的速度有了明显的提高。

（7）增强的浮点/多媒体部件。Pentium 4 具有 128 位宽的浮点端口和专门的数据传输端口，数据能快速穿过流水线，实现了逼真的视频和三维图形显示。

习   题

1. 8086/8088 与 Intel 的 8 位微处理器工作时有什么不同？

2. 8086/8088 微处理器由哪两部分组成？各有什么功能？

3. 8086/8088 的标志寄存器有哪些状态位和控制位？状态位和控制位有什么区别？

4. 8086/8088 数据总线和地址总线各是多少，最大的物理存储空间是多少？

5. 8088/8086 有哪些数据寄存器、变址寄存器、指针寄存器？说明各寄存器的作用。

6. 长度为 100 个字的数据区，首地址为 2000H：3000H。计算数据区的地址范围。

7. 若 DS 为 8000H，说明当前数据段的地址范围。

8. 将 A285H 和 8299H 相加，分析运算结果及对状态位的影响。

9. 将 4AH 和 86H 进行减法运算，分析运算结果及对状态位的影响。

10. 什么是逻辑地址？什么是物理地址？如何由逻辑地址得到物理地址？

11. 指令队列有什么作用？其长度是多少？

12. 8086/8088 有哪几个段寄存器？各有什么作用？

13. 8086 与 8088 微处理器内外部各有什么区别？

14. 什么是微处理器的最大模式？最小模式？两种工作模式有什么区别？

15. 简述 80386 与 8086 的主要区别。

16. 简述 80386 微处理器的内部结构及功能。

17. 说明 80386 微处理器的工作方式及特点。

18. 简述 Pentium 微处理器的结构特点。

19. 说明 Pentium 系列微处理器功能上有什么增强。

第 3 章　指　令　系　统

微处理器所有运算和控制功能都是通过指令实现的，微处理器在硬件设计的同时也规定了所有可用指令的功能。指令系统是微处理器所有指令的集合，理解并掌握指令系统中各条指令的功能是汇编语言程序设计的重要基础。

3.1　操作数的寻址方式

3.1.1　指令格式

汇编语言指令的一般格式如下：

标号：操作码[操作数1[,操作数2]][;注释]

汇编语言指令主要由操作码和操作数两部分组成，操作码和操作数之间用空格分隔，操作数之间用逗号"，"分隔，程序中的关键指令可在后面加上简要注释，注释前要加分号"；"，有些指令前还需要加上标号，标号与操作码间要用冒号"："分隔。编程时要严格按照规定的格式输入或书写指令。

操作码表示指令执行的功能，为了便于记忆和使用，操作码用指令功能的英文缩写表示，也称为助记符。例如，数据传送指令 MOV（Move），压栈指令 PUSH（Push onto the stack），逻辑左移指令 SHL（Shift logical left）。

操作数是指令的操作对象，分为数据操作数和转移地址操作数两类。本节主要分析数据操作数的寻址方式。

数据操作数按照操作数位置的不同分为立即数操作数、寄存器操作数、存储器操作数和 I/O 端口操作数 4 种。立即数是指令中使用的常数，直接位于指令中，CPU 读取指令的同时也将操作数读取。寄存器操作数位于 CPU 内部的寄存器中，是访问最快的操作数。存储器操作数位于内存中，指令系统为其提供了 5 种寻址方式，使用操作非常灵活。I/O 端口操作数位于接口电路的 I/O 端口中，只能用 IN 和 OUT 两条指令访问。

不同指令中数据操作数的给出方式不同：对于双操作数指令，操作数 1 通常为目的操作数，操作数 2 通常为源操作数，运算处理结果送入目的操作数，例如，指令"ADD AH,8AH"；单操作数指令的操作数可能是指令中的一个操作数，而另一个操作数隐含表示，也可能既为目的操作数又作为源操作数，例如"PUSH BX"中的"BX"作为源操作数，"INC CX"中的"CX"既作为目的操作数又作为源操作数；另外，有些无操作数指令实际上操作数是隐含表示的，例如，指令 XLAT、CBW、CLC。指令系统中只有很少的指令没有操作数如 NOP、HLT。

转移地址操作数用在控制转移类指令中，用于提供指令转移或调用的目标地址，分为立即数操作数、寄存器操作数和存储器操作数 3 种。

3.1.2　数据操作数的寻址方式

寻址方式是指如何确定操作数或操作数存放地址的方式。8086 指令系统为操作数提供了立即数寻址、寄存器寻址、直接寻址、寄存器间接寻址、寄存器相对寻址、基址变址寻址和相对基址变址寻址共 7 种寻址方式。其中，CPU 内部寄存器的访问只能采用寄存器寻址方式，后 5 种寻址方式用于内存单元的访问。掌握寻址方式的用法是正确使用指令以及汇编语言编程的关键。

1. 立即数寻址

指令中用到的常数可以在指令中直接写出，称为立即数，这种寻址方式称为立即数寻址方式。立即数通常以十六进制形式给出，也可以采用其他进制或字符的形式，十六进制数字必须加后缀"H"。

立即数用于对通用寄存器或内存单元赋值，也可作为运算指令的一个操作数。立即数只能作为源操作数，不能作为目的操作数。立即数作为指令的一部分位于代码段中，读取指令的同时也读取了操作数，不占用总线周期，执行速度快。

立即数可为 8 位或 16 位常数，当为 16 位数时，低字节存在低地址单元，高字节存在高地址单元，即按照"低对低，高对高"的原则存放。例如：

```
MOV AX,8020H        ;立即数 8020H 送入 AX 寄存器，寻址方式示意图如图 3-1 所示
MOV BH,1FH          ;立即数 1FH 送入 BH 寄存器
MOV WD1,182AH       ;立即数 182AH 送入 WD1 字存储单元
MOV BT1,3EH         ;立即数 3EH 送入 BT1 字节存储单元
```

2. 寄存器寻址

操作数存放在 CPU 内部寄存器中，指令中用寄存器的名字表示，称为寄存器寻址方式。寄存器寻址的操作数在 CPU 内部，指令执行时不占用总线周期，访问速度快，编程时优先选择寄存器寻址方式的操作数。

寄存器寻址操作数的位数应与寄存器位数一致。寄存器寻址可用的 8 位寄存器有 AL、AH、BL、BH、CL、CH、DL 和 DH；16 位寄存器有 AX、BX、CX、DX、SI、DI、SP、BP 和段寄存器等。

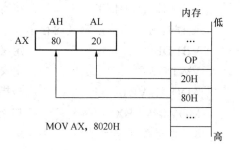

图 3-1　立即数寻址方式示意图

寄存器寻址方式既适用于源操作数，也适用于目的操作数，还可同时用于源和目的操作数。例如：

```
MOV AX,1000H        ;立即数 1000H 送入 AX 寄存器
MOV CL,80H          ;立即数 80H 送入 CL 寄存器
ADD VW1,BX          ;字变量 VW1 与 BX 的内容相加，结果送入 VW1 变量
MOV BX,AX           ;AX 寄存器内容送入 BX 寄存器
MOV AL,BH           ;BH 寄存器内容送入 AL 寄存器
```

有些指令中的寄存器操作数是隐含的，例如：

```
PUSHF               ;标志寄存器 FLAGS 的内容压入堆栈
CBW                 ;字节 AL 符号扩展为字 AX
```

3. 直接寻址

操作数在内存单元中，指令中直接给出操作数的有效地址 EA（偏移地址），称为直接寻址方式。直接寻址方式可在 64KB 内存段内寻址。为了与立即寻址区分，直接寻址的有效地

址必须加中括号"[ ]"。

直接寻址方式的操作数默认在数据段中，其物理地址由数据段寄存器 DS 和指令中的有效地址直接形成。

【例 3-1】 已知（DS）＝1000H，（11C60H）＝A2F3H，分析指令 MOV AX,[1C60H]的执行结果。

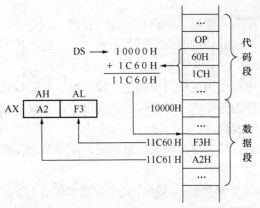

图 3-2　直接寻址方式示意图

CPU 读取指令时将源操作数的有效地址 1C60H 同时读入，源操作数默认在数据段，地址加法器将数据段寄存器 DS 的内容 1000H 乘以 16 后与 1C60H 相加，得到源操作数物理地址 11C60H，然后到内存中读取该地址单元的字数据 A2F3H 送入 AX 寄存器。指令执行过程如图 3-2 所示。

直接寻址操作数若不在默认数据段，必须在有效地址前加上形式为"段寄存器名："的段超越前缀，以说明操作数所在段。操作数若在数据段，前缀"DS："可省略。例如：

MOV BX,ES:[200H]　　　　；将附加段 200H 地址的字数据送入 BX 寄存器
MOV ES:[50H],CL　　　　　；将寄存器 CL 的内容送入附加段 50H 地址单元

编程时通常用变量定义内存单元，用内存变量名代替直接地址。例如：

VB1 DB？　　　　　　　　；定义字节变量 VB1
VW1 DW？　　　　　　　　；定义字变量 VW1
ADD AL,VB1　　　　　　　；与指令 ADD AL,[VB1]等价，源操作数均为直接寻址
MOV VW1,BX　　　　　　　；与指令 MOV [VW1],BX 等价，目的操作数均为直接寻址

4. 寄存器间接寻址

操作数在内存单元中，将操作数的有效地址存入寄存器，通过寄存器间接访问存储单元，这种寻址方式称为寄存器间接寻址方式。可以作为间址寄存器的有基址寄存器 BX、BP 和变址寄存器 SI、DI。为了与寄存器寻址区分，间址寄存器必须加中括号。间接寻址操作数的有效地址为间址寄存器的内容，即

$$EA=\begin{cases}(BX)\\(BP)\\(SI)\\(DI)\end{cases}$$

间址寄存器为 BX、SI 或 DI 时，操作数默认在 DS 数据段，物理地址为

$$PA＝（DS）×16＋（BX）/（SI）/（DI）$$

例如，设（DS）＝1000H，（BX）＝2300H，则指令 MOV CX, [BX]执行时将 12300H 和 12301H 内存单元的内容送入 CX 寄存器。

间址寄存器为 BP 时，操作数默认在堆栈段，物理地址为

$$PA＝（SS）×16＋（BP）$$

例如：

MOV DX, [BP]　　　　　　　　；将堆栈段中 BP 指向的数送入 DX 寄存器

若间接寻址操作数不在默认段，应使用段超越前缀指定操作数所在段。例如：

MOV BX,ES:[SI]　　　　　　　；将附加段中 SI 指向的数送入 BX 寄存器

MOV DX,DS:[BP]　　　　　　　；将数据段中 BP 指向的数送入 DX 寄存器

5. 寄存器相对寻址

操作数在内存单元中，由一个基址寄存器（BX、BP）或变址寄存器（SI、DI）的内容与指令中提供的偏移量之和作为操作数所在存储单元的有效地址，称为寄存器相对寻址方式。偏移量是用补码表示的 8 位或 16 位带符号数。其有效地址为

$$EA= \begin{cases} (BX) \\ (BP) \\ (SI) \\ (DI) \end{cases} + \begin{cases} 8位偏移量 \\ 16位偏移量 \end{cases}$$

寄存器相对寻址操作数所在段的规定与寄存器间接寻址方式相同：采用 BX、SI 或 DI 寄存器时操作数默认在 DS 数据段，使用 DS 计算物理地址；若采用 BP 寄存器，则操作数默认在 SS 堆栈段；若操作数不在默认段，可用段超越前缀指定操作数所在段。

操作数为寄存器相对寻址时，寄存器和偏移量可以都写在中括号里，两者顺序任意。偏移量也可以写在括号外，这时偏移量必须在寄存器前面，但是寄存器不能写在括号外。例如，下面 3 条指令的功能是相同的：

MOV AX,200H [BX]

MOV AX, [200H+BX]

MOV AX, [BX+200H]

【例 3-2】　已知（ES）＝3000H，（DI）＝2000H，（32600H）＝F48CH，分析指令 MOV BX，ES:［DI＋600］的执行结果。

源操作数的有效地址为

EA＝（DI）＋600H＝2000H＋600H＝2600H。

段超越前缀 ES: 指定源操作数位于附加段，物理地址为：

PA＝（ES）×16＋EA＝3000H×16＋2600H＝32600H

指令执行时将内存 32600H 地址开始的一个字 F48CH 送入 BX 寄存器。指令执行过程如图 3-3 所示。

6. 基址变址寻址

操作数在内存单元中，由一个基址寄存器（BX、BP）与一个变址寄存器（SI、DI）内容之和作为操作数的有效地址，称为基址变址寻址方式。有效地址中包含 BP 时默认

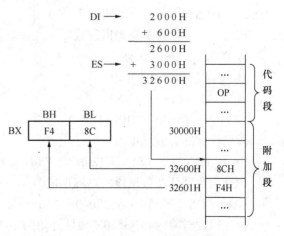

图 3-3　寄存器相对寻址方式示意图

在 SS 堆栈段，没有 BP 时默认在 DS 数据段；操作数若包含段超越前缀，由段超越决定所在段。其有效地址为

$$EA = \begin{Bmatrix} (BX) \\ (BP) \end{Bmatrix} + \begin{Bmatrix} (SI) \\ (DI) \end{Bmatrix}$$

【**例 3-3**】　已知（DS）=1500H，（BX）=3200H，（SI）=10H，分析指令 MOV AX，[BX+SI] 的执行结果。

这条指令也可写成 MOV AX，[BX] [SI]，两种表示形式相同。

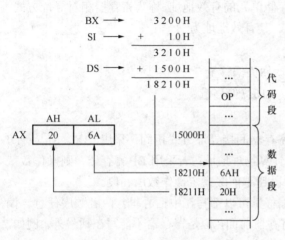

图 3-4　基址变址寻址方式示意图

源操作数的有效地址为

EA＝（BX）＋（SI）=3200H＋10H=3210H

源操作数默认在数据段，根据 DS 和 EA 计算物理地址，即

PA＝（DS）×16＋EA=1500H×16＋3210H=18210H

指令执行时将内存 18210H 地址的字 206AH 送入 AX 寄存器。指令执行过程如图 3-4 所示。

7. 相对基址变址寻址

操作数在内存单元中，由一个基址寄存器（BX、BP）的值、一个变址寄存器（SI、DI）的值以及 8 位/16 位偏移量三部分之和作为操作数的有效地址，称为相对基址变址寻址方式。有效地址中包含 BP 时默认在堆栈段，没有 BP 时默认在数据段，操作数若包含段超越前缀由段超越决定所在段。其有效地址为

$$EA = \begin{Bmatrix} (BX) \\ (BP) \end{Bmatrix} + \begin{Bmatrix} (SI) \\ (DI) \end{Bmatrix} + \begin{Bmatrix} 8\text{位偏移量} \\ 16\text{位偏移量} \end{Bmatrix}$$

【**例 3-4**】　已知（DS）=8000H，（BX）=3200H，（SI）=200H，分析指令 MOV AX，[BX+SI+120H] 的执行结果。

该指令的源操作数还可以写成以下几种等价的表示形式：

MOV AX,120H [BX+SI]

MOV AX,120H [BX][SI]

MOV AX,120H [SI][BX]

MOV AX, [120H +SI][BX]

源操作数的有效地址为

EA＝（BX）＋（SI）＋120H=3200H＋200＋120H=3520H

源操作数默认在数据段，物理地址为

PA＝（DS）×16＋EA=8000H×16＋3520H=83520H

指令执行时将内存 83520H 地址开始的字 1234H 送入 AX 寄存器。指令执行过程如图 3-5 所示。

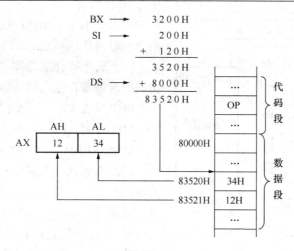

图 3-5　相对基址变址寻址方式示意图

相对基址变址寻址方式是内存操作数最复杂的一种寻址方式，使用灵活，功能强大。其他 4 种内存操作数寻址方式可以看做是相对基址变址寻址的变形：相对基址变址寻址操作数省略偏移量即为基址变址寻址，保留一个寄存器和偏移量为寄存器相对寻址，只保留一个寄存器为寄存器间接寻址，只保留偏移量为直接寻址方式。

3.2　指 令 系 统

8086 微处理器指令系统共有 133 条基本指令，按功能可分为以下 6 类：

① 数据传送指令

② 算术运算指令

③ 逻辑运算与移位指令

④ 控制转移指令

⑤ 串操作指令

⑥ 处理器控制指令

掌握指令的使用是编写汇编语言程序的前提，本节分类介绍指令功能及用法，一条指令应从指令功能、指令格式、操作数寻址方式、对标志位的影响等方面学习理解。

3.2.1　数据传送指令

数据传送指令用于实现 CPU 内部寄存器之间，寄存器与存储器之间，累加器与 I/O 端口之间的数据传送，及对寄存器或存储器的直接赋值。这类指令只有 SAHF 和 POPF 两条影响标志寄存器。

1. 通用数据传送指令 MOV

格式：MOV dst，src

功能：将源操作数的内容送入目的操作数，源操作数不变。dst 表示目的操作数，src 表示源操作数。

MOV 指令是编程时使用最频繁的指令，源操作数可以是立即数、通用寄存器、存储器或段寄存器，目的操作数可以是通用寄存器、存储器或段寄存器（CS 除外）。源和目的操作

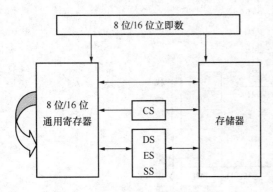

图 3-6　MOV 指令数据传送示意图

数的组合比较多，使用灵活，功能强大。MOV 指令的数据传送示意如图 3-6 所示。

（1）通用寄存器之间的数据传送。两个位数相同的通用寄存器之间可以直接传送数据。例如：

MOV BX,AX	；AX 的内容送入 BX 寄存器
MOV AH,AL	；AL 的内容送入 AH 寄存器
MOV SP,BP	；BP 的内容送入 SP 寄存器

（2）立即数送入通用寄存器。立即数只能作为源操作数，不能作为目的操作数。立即数可以送入通用寄存器或存储器。例如：

MOV CX,1000	；立即数 1000 送入 CX 寄存器
MOV BH,2FH	；立即数 2FH 送入 BH 寄存器
MOV DX, −100H	；立即数−100H 送入 DX 寄存器

（3）立即数送入存储器。存储器操作数采用有效地址表示时，有效地址既可以表示字节存储单元的地址，也可以表示字存储单元的地址。由于立即数不能确定字或字节类型，立即数向内存单元赋值时，存储器操作数前必须用 PTR 关键字指定有效地址所表示的存储单元类型，BYTE 为字节类型，WORD 为字类型。例如：

MOV WORD PTR [BX],12H	；立即数 12H 送入地址为 DS:BX 的字存储单元
MOV BYTE PTR [BX],12H	；立即数 12H 送入地址为 DS:BX 的字节存储单元
MOV WORD PTR [1000H],2300H	；立即数 2300H 送入地址为 DS:1000H 的字存储单元
MOV BYTE PTR [BP],8AH	；立即数 8AH 送入地址为 SS:BP 的字节存储单元

（4）通用寄存器与存储器之间的数据传送。例如：

MOV AX,[200H]	；内存地址为 DS:200H 的 1 个字送入 AX
MOV BX,ES:[DI]	；内存地址为 ES:DI 的 1 个字送入 BX
MOV [BX＋110H],BH	；BH 的内容送入内存 DS:(BX＋110H)地址单元
MOV [80H],AX	；AX 的内容送入内存 DS:80H 地址单元
MOV CX,VW1	；字内存变量 VW1 送入 CX
MOV CL,VB1	；字节内存变量 VB1 送入 CL

（5）CS 段寄存器内容送入通用寄存器或存储器。CS 段寄存器具有只读特性，可将其内容传送到通用寄存器或存储器。例如：

MOV AX,CS	；CS 的内容送入 AX 寄存器
MOV [BX],CS	；CS 的内容送入内存 DS:BX 地址单元

（6）DS、SS、ES 与通用寄存器或存储器之间的数据传送。段寄存器可与通用寄存器或存储器交换数据，段寄存器之间不能直接传送。例如：

MOV ES,AX	；AX 的内容送入 ES 段寄存器
MOV [BX＋SP],DS	；DS 的内容送入内存 DS:[BX＋SP]地址单元

立即数不能直接送入段寄存器，向段寄存器赋值时可采用通用寄存器中转，例如：

MOV AX,2000H	
MOV DS,AX	；将 2000H 送入 DS

段寄存器之间不能直接传递数据，但可由通用寄存器中转实现，例如：

MOV AX,ES

MOV DS,AX　　　　　　　　; 将 ES 的内容送入 DS

2. 交换指令 XCHG

格式：XCHG opr1，opr2

功能：第一操作数 opr1 与第二操作数 opr2 交换数据，两操作数类型必须一致，即同时为 8 位或 16 位操作数。两操作数没有源和目的之分，指令执行后两操作数内容都发生变化。

交换指令可实现两个通用寄存器之间、通用寄存器与存储单元之间的数据交换。指令中必须有一个操作数为通用寄存器，不能同时为存储单元，也不能使用段寄存器。

例如：

XCHG BL,BH　　　　　　　; BL 与 BH 寄存器交换字节数据

XCHG AX,BX　　　　　　　; AX 与 BX 寄存器交换字数据

XCHG CH,[2300H]　　　　; CH 寄存器与 DS:2300H 地址内存单元交换字节数据

XCHG [BX+40H],DX　　　; DS:（BX+40H）地址内存单元与 DX 寄存器交换字数据

【例 3-5】　已知（AX）=8900H，（DS）=1000H，（BX）=200H，（10200H）=2F81H，分析指令 XCHG AX，［BX］的执行结果。

指令功能是 AX 寄存器与 BX 指向的字存储单元交换数据，第二操作数的地址为 PA=DS×16+EA=10000H+200H=10200H，10200H 地址存放的字数据为 2F81H，指令执行后，（AX）=2F81H，（10200H）=8900H。

3. 换码指令 XLAT

格式：XLAT

或　　　XLAT label

功能：从 BX 作为表头的字节数据表中找到偏移量为 AL 的数据送入 AL，即 AL←（BX+AL），换码指令用于各种代码的转换，也称为查表转换指令。例如 BCD 码与 ASCII 码的转换，数字与 LED 显示器七段代码的转换，一些不规则代码采用 XLAT 指令转换也非常方便。

换码指令通过查表方式实现代码转换，使用前必须在内存中建立转换代码的字节数据表，将表格首地址送入 BX 寄存器，查找代码距离表首的字节数（偏移量）送入 AL 寄存器，换码指令执行后转换代码就送入 AL 寄存器。

换码指令的操作数隐含且不可改变，指令第二格式中的 label 为表格首字节的符号地址，该地址可以提高指令的可读性，但指令执行并不使用，通常可以省略。

【例 3-6】　用换码指令查找 TAB1 表格的第 8 个数据。

MOV BX,OFFSET TAB1　; 表格首地址偏移量送入 BX

MOV AL,8　　　　　　　; 查找数据距表格首址的字节数送入 AL

XLAT TAB1　　　　　　; 查表置换，结果送入 AL。也可省略 TAB1

4. 堆栈操作指令

堆栈是存储器中按照"先进后出"原则存取数据的存储区域，8086 系统堆栈操作在堆栈段中进行，并设置了专用于堆栈操作的寄存器 SS 和 SP，堆栈段寄存器 SS 用于存放段地址，堆栈指针寄存器 SP 存放栈顶单元的偏移量。

堆栈操作分为入栈和出栈两种，主要用于子程序返回地址及中断处理断点地址的保护与

恢复，现场数据的保护，数据的暂存，参数传递等。

8086 堆栈组织是从高地址向低地址方向生长的，入栈向低地址单元进行，出栈向高地址单元进行。8086 入栈或出栈指令的操作数可以是通用寄存器、存储器或段寄存器，且必须为字操作数，不能以 B 为单位。另外，CS 寄存器的内容可以压入堆栈，但不能将栈顶单元弹出到 CS 中，即"POP CS"是错误的，这一点跟 MOV 指令中 CS 的用法一致。

（1）入栈指令 PUSH。

格式：PUSH src

功能：将源操作数 src 压入堆栈。指令分两步执行：首先，SP 减 2 送入 SP；然后，源操作数压入 SP 所指向的栈顶单元。

例如：

PUSH AX   ；将 AX 的内容压入堆栈

PUSH DS   ；将 DS 的内容压入堆栈

PUSH CS   ；将 CS 的内容压入堆栈

PUSH [BX+SI]   ；将 DS：（BX+SI）地址的内存字数据压入堆栈

（2）出栈指令 POP。

格式：POP dst

功能：将栈顶字数据弹出到 dst 目的操作数单元。指令分两步执行：首先，SP 所指向的栈顶字数据弹出到目的操作数；然后，SP 加 2 送入 SP，出栈顺序与入栈正好相反。

例如：

POP BX   ；将栈顶字数据弹出到 AX

POP ES   ；将栈顶字数据弹出到 ES

POP [150H]   ；将栈顶字数据弹出到 DS:150H 内存单元

【例 3-7】 已知：（AX）=32A5H，（SP）=238H，（SS）=6100H，分析下列堆栈操作指令的执行结果。

PUSH AX

POP BX

指令 PUSH AX 执行时，SP 减 2，指向 61236H 地址单元，AX 中的数据送入栈顶，使（61236H）=32A5H。指令 POP BX 执行时，栈顶的一个字 32A5H 弹出到 BX，然后 SP 加 2，变为 61238H。堆栈操作示意如图 3-7 所示。

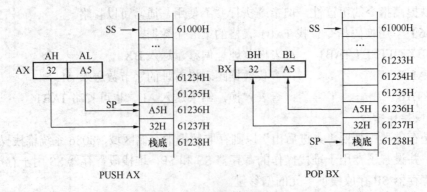

图 3-7　堆栈操作示意图

5. I/O 端口传送指令

8086 系统采用存储器与 I/O 端口独立编址方式，两者地址重叠，用不同的指令访问，对 I/O 端口的访问必须用 IN 和 OUT 指令。

（1）端口输入指令 IN。

格式：IN AL,port

　　　 IN AX,port

　　　 IN AL, DX

　　　 IN AX, DX

功能：读取指定端口数据送入 AL 或 AX 寄存器。

源操作数为访问的端口地址，I/O 端口操作数有直接与间接寻址方式，当端口地址在 0～255（00H～FFH）范围内时可以采用直接寻址，即在指令中直接给出端口的 8 位地址 port（注意与内存直接寻址表示形式不同，指令中端口地址不加中括号）。

端口间接寻址的范围是 0～65 536（0000H～FFFFH），即所有端口都可用间接寻址。间接寻址时应先将端口地址送入 DX 寄存器。间接寻址寄存器只能用 DX，不能用其他寄存器代替。

目的操作数为累加器 AL 或 AX，使用 AL 表示将一个 8 位端口的数据读到 AL 中，使用 AX 表示将两个连续 8 位端口的数据读到 AX 中。CPU 只能通过累加器 AL 或 AX 对端口进行读写操作，不能用其他寄存器，访问 8 位端口时也不能用 AH 寄存器。

例如：

IN AL,80H　　　　　　　　；将 80H 端口的 1 字节数据读入 AL

IN AX,80H　　　　　　　　；将 80H、81H 端口的 2B 数据读入 AX

MOV DX,38FH

IN AL,DX　　　　　　　　 ；将 38FH 端口的 1B 数据读入 AL

MOV DX,2F8H

IN AX,DX　　　　　　　　 ；将 38FH、390H 端口的 2B 数据读入 AX

（2）端口输出指令 OUT。

格式：OUT port ,AL

　　　 OUT port , AX

　　　 OUT DX ,AL

　　　 OUT DX , AX

功能：将 AL 或 AX 寄存器中的数据输出到指定端口。

OUT 指令的两个操作数正好与 IN 指令相反，源操作数为累加器 AL 或 AX，目的操作数为端口地址 port 或间址寄存器 DX，两操作数的用法与 IN 指令完全相同。

例如：

OUT 0C5H,AL　　　　　　 ；将 AL 中的数据输出到 C5H 端口

OUT 0F2H,AX　　　　　　 ；将 AX 中的数据输出到 F2H、F3H 两个 8 位端口

MOV DX,100H

OUT DX,AL　　　　　　　 ；将 AL 中的数据输出到 100H 端口

MOV DX,230H

OUT DX,AX　　　　　　　 ；将 AX 中的数据输出到 230H、231H 两个 8 位端口

6. 地址传送指令

地址传送指令用于传送逻辑地址到寄存器，有 LEA、LDS 和 LES 三条，编程常用的是 LEA 指令。

（1）取有效地址指令 LEA。

格式：LEA reg16,mem

功能：将源操作数的有效地址传送到目的操作数。源操作数只能为存储单元 mem，目的操作数只能为 16 位通用寄存器。

例如：

LEA BX,[8F00H]　　　；将源操作数的有效地址 8F00H 送入 BX 寄存器

LEA DX,[SI+BP]　　　；将源操作数的有效地址（SI）＋（BP）送入 DX 寄存器

LEA SP,[100H]　　　；将 100H 送入堆栈指针 SP

（2）地址指针装入 DS 和另一寄存器指令 LDS。

格式：LDS r16,mem

功能：从源操作数 mem 指向的内存地址开始连续读取 4B（地址指针），前 2B 送入 16 位通用寄存器 r16，后 2B 送入 DS。

LDS 可为访问非当前数据段作准备，传送的双字通常是程序或变量的 32 位逻辑地址。

例如：

已知（DS）＝2000H，内存中从 20860H 地址开始连续存放 2FH、49H、00H、82H，指令 LDS SI, [861H]执行时先将 20860H 地址的字送入 SI 寄存器，再将 20862H 地址的字送入 DS 寄存器，执行结果是（SI）＝492FH，（DS）＝8200H。指令传送的地址指针为 8200H：492FH。

（3）地址指针装入 ES 和另一寄存器指令 LES。

格式：LES r16,mem

功能：从源操作数 mem 指向的内存地址开始连续读取 4B（地址指针），前 2B 送入 16 位通用寄存器 r16，后 2B 送入 ES。LES 与 LDS 指令功能相似，区别是 LES 将第二个字送入 ES。

例如：

LES DI, ［BX］　　　；将 DS:BX 地址的字送入 DI，将 DS:（BX＋2）地址的字送入 ES

7. 标志传送指令

标志传送指令用于对标志寄存器 FLAGS 读写或堆栈操作，所有标志传送指令的操作数均隐含表示。

（1）取标志指令 LAHF。

格式：LAHF

功能：将标志寄存器低字节送入 AH，即将 SF、ZF、AF、PF 和 CF 状态位送到 AH 的对应位。执行示意如图 3-8 所示。

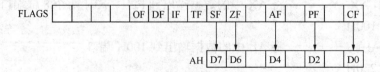

图 3-8　LAHF 执行示意图

（2）置标志指令 SAHF。

格式：SAHF

功能：该指令功能与 LAHF 正好相反，用于将 AH 内容送入标志寄存器低字节，标志寄存器的 SF、ZF、AF、PF 和 CF 状态位被赋予 AH 对应位的值。执行示意图如图 3-9 所示。

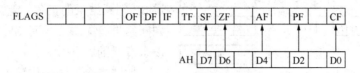

图 3-9　SAHF 执行示意图

（3）标志入栈指令 PUSHF。

格式：PUSHF

功能：先使 SP 减 2，再将标志寄存器内容压入堆栈，不影响标志位。

（4）标志出栈指令 POPF。

格式：POPF

功能：该指令功能与 PUSHF 相反，先将栈顶内容弹出到标志寄存器，然后 SP 加 2，指令影响所有标志位。

PUSHF、POPF 指令通常用在子程序和中断处理程序的首尾，用于保护和恢复主程序的标志。

3.2.2　算术运算指令

算术运算指令进行二进制数或 BCD 码的加、减、乘、除运算。算术运算的操作数分为无符号数和有符号数两类，可进行字节或字的加法运算，两个操作数的类型、位数必须一致。

无符号数将所有数位都作为数据位，只有正数没有负数，8 位无符号数的范围是 0～256（00H～FFH），16 位无符号数的范围是 0～65 535（0000H～FFFFH）。

有符号数通常用补码表示，最高位作为符号位，0 表示正数，1 表示负数，8 位有符号数的范围是−128～127（80H～7FH），16 位有符号数的范围是−32 768～32 767（8000H～7FFFH）。

算术运算指令中除符号扩展指令外，均影响全部或部分状态位，使用算术运算指令除了分析运算结果，还应注意状态位的变化情况。

1. 加法指令

（1）不带进位加法指令 ADD。

格式：ADD dst,src

功能：源操作数和目的操作数相加，结果送入目的操作数，即 dst←dst＋src。

ADD 指令影响 AF、CF、OF、SF、ZF 和 PF 标志位。影响条件为

结果最高位产生进位时 CF＝1，否则 CF＝0；

结果低半字节有进位时 AF＝1，否则 AF＝0；

结果超出范围溢出（最高位和次高位不同时有进位）时 OF＝1，否则 OF＝0；

结果为 0 时 ZF＝1，否则 ZF＝0；

结果最高位为 1 时 SF＝1，否则 SF＝0；

结果低 8 位 1 的个数为偶数时 PF＝1，否则 PF＝0。

加法运算的操作数可以是无符号数、有符号数、BCD 码等，指令执行时 CPU 并不能区分操作数的类型，对任何操作数都会根据以上条件使各状态位置 1 或清 0。用户可根据参与

运算的操作数类型判断相关状态位。例如，有符号数可通过 OF 判断结果是否溢出，通过 SF 判断结果的正负；无符号数可通过 CF 判断结果有无进位，而 SF 对于无符号数是没有意义的。

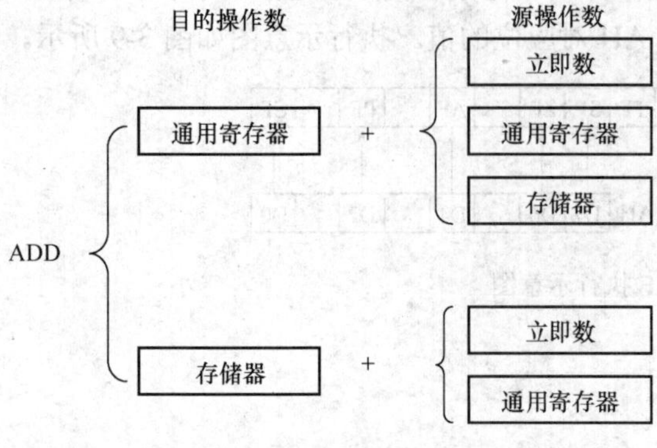

加法指令的源操作数可以是立即数、通用寄存器或存储单元，目的操作数可以是通用寄存器或存储单元。立即数不能作为目的操作数，操作数不能为段寄存器，两个操作数不能同时为存储单元。ADD 指令操作数的有效组合如图 3-10 所示。

图 3-10 ADD 指令操作数的有效组合

例如：

ADD AX,2F00H	; AX 内容与 2F00H 相加，结果送入 AX
ADD BL,8AH	; BL 内容与 8AH 相加，结果送入 BL
ADD SI,DI	; SI 与 DI 的内容相加，结果送入 SI
ADD DX,100H[BX]	; DX 与 DS：（BX＋100H）内存单元的内容相加，结果送入 DX
ADD BYTE PRT [BX＋SI],67H	; DS：（BX＋SI）内存单元的内容与 67H 相加，结果送内存
ADD ES:[3600H],DX	; ES:3600H 内存单元的内容与 DX 相加，结果送内存

（2）带进位加法指令 ADC。

格式：ADC dst,src

功能：源操作数、目的操作数和进位标志 CF 三者相加，结果送入目的操作数，即 dst←dst＋src＋CF。

ADC 指令除了两个操作数相加外，还要加进位 CF。多字节加法运算时，从第二字节开始都需要加上低字节的进位，因此，ADC 指令适用于多字节加法运算。ADC 指令操作数的组合及影响标志位情况与 ADD 指令相同。例如：

ADC AL,BL	; AL、BL 及 CF 内容相加，结果送 AL
ADC BX,2000H	; BX、2000H 及 CF 内容相加，结果送 BX
ADC DX,[BX]	; DX、DS:BX 内存单元及 CF 内容相加，结果送 DX
ADC [SI],BX	; DS:SI 内存单元、BX 及 CF 内容相加，结果送内存

【例 3-8】 内存数据段 8000H 和 A000H 地址分别存放两个 4B 无符号数，编程将两数相加，结果存入 8000H 开始的内存单元。

加法指令可进行字节或字的加法运算，4B 数若以 B 为单位需加 4 次，若以字为单位只需 2 次，以字为单位可以提高运算效率。低字相加时不能加进位 CF，选用 ADD 指令，高字相加必须加进位 CF，采用 ADC 指令。4B 加法程序如下：

MOV SI,8000H	; SI 指向一个加数
MOV DI,0A000H	; DI 指向另一个加数
MOV AX,[DI]	

```
ADD [SI],AX              ; 低字相加
MOV AX,[DI+2]
ADC [DI+2],AX            ; 高字相加
```

（3）加 1 指令 INC。

格式：INC opr

功能：操作数 opr 内容加 1 送回操作数，即 opr←opr+1。INC 指令也称为增量指令，通常在循环程序中修改地址指针和循环次数计数器。

opr 既是源操作数，又是目的操作数，可以是通用寄存器或存储器，不能为段寄存器。

INC 指令影响标志位 AF、OF、SF、ZF 和 PF，但不影响进位标志 CF。

例如：

```
INC CX                   ; CX 内容加 1 送入 CX
INC AL                   ; AL 内容加 1 送入 AL
INC BYTE PTR [BX]        ; 内存 DS:BX 字节单元内容加 1，结果送回原单元
INC WORD PTR [200H]      ; 内存 DS:200H 字单元内容加 1，结果送回原单元
```

2. 减法指令

（1）不带借位减法指令 SUB。

格式：SUB dst,src

功能：目的操作数减去源操作数，结果送入目的操作数，即 dst←dst−src。

SUB 指令可实现 1B 或 1 个字的减法运算，其操作数组合及影响标志位情况与 ADD 指令相同。例如：

```
SUB AX,BX                ; AX 的内容减去 BX 的内容，结果送入 AX
SUB AL,2FH               ; AL 的内容减去 2FH，结果送入 AL
SUB DI,2081H             ; DI 的内容减去 2081H，结果送入 DI
SUB [6AH],DX             ; 内存 DS:6AH 字单元内容减去 DX 内容，结果送入内存
SUB BL,[BP]              ; BL 减去内存 SS:BPH 字节单元内容，结果送入 BL
SUB WORD PTR [BX],60H    ; 内存 DS:BX 字单元内容减去 60H，结果送入内存
```

（2）带借位减法指令 SBB。

格式：SBB dst,src

功能：目的操作数减去源操作数和 CF，结果送入目的操作数，即 dst←dst−src−CF。

多字节减法运算时，从第二字节开始都要减去低字节的借位，而 CF 的值就是两数相减时向高位的借位，因此，SBB 指令适用于多字节减法运算。SBB 指令操作数的组合及影响标志位情况与 ADD 指令相同。例如：

```
SBB AX,BX       ; AX 的内容减去 BX 及 CF 的内容，结果送入 AX
SBB DX,[BX]     ; DX 的内容减去内存 DS:BX 字单元及 CF 的内容，结果送入 DX
```

（3）减 1 指令 DEC。

格式：DEC opr

功能：操作数内容减 1 送回操作数，即 opr←opr−1。DEC 指令也称为减量指令。

opr 可以是通用寄存器或存储器操作数，不能为段寄存器。

DEC 指令影响标志位 AF、OF、SF、ZF 和 PF，不影响进位标志 CF。

例如：

DEC CX　　　　　　　　　；CX 内容减 1 送入 CX

DEC BH　　　　　　　　　；BH 内容减 1 送入 BH

DEC WORD PTR [BX＋SI＋200H]　；DS:（BX＋SI＋200H）字单元内容减 1，结果送回原单元

（4）求补指令 NEG。

格式：NEG opr

功能：0 减去操作数并将结果送回操作数，即 opr←0－opr。opr 可以是通用寄存器或存储器操作数。

NEG 指令影响 6 个标志位 AF、CF、OF、SF、ZF 和 PF。当操作数为 0 时 CF＝0，否则 CF＝1。因为求补实际是被减数为 0 的减法运算，当操作数非 0 时运算一定产生借位，使 CF 置 1。若操作数为－128（80H）或－32 768（8000H），求补运算后结果不变，但 OF 置 1，否则 OF＝0。

【例 3-9】　已知（AL）＝3FH，（BX）＝A289H，分析以下求补指令的执行结果：

NEG AL

NEG BX

根据求补指令的运算规则，NEG AL 指令执行后 AL 的内容为 C1H，C1H 是－3FH 的补码。NEG BX 指令执行后 BX 的内容为 5D77H，A289H 是－5D77H 的补码。可见，求补指令执行后可得到操作数的负数。

（5）比较指令 CMP。

格式：CMP dst,src

功能：目的操作数减去源操作数，影响标志位。

CMP 与 SUB 指令的唯一的区别是 CMP 指令不送回结果，执行后两操作数内容不变，操作数类型及对标志位的影响与 SUB 指令完全相同。例如：

CMP SI,DI　　　　　　　；比较 SI 与 DI 寄存器的内容

CMP AL,0F5H　　　　　　；AL 的内容与立即数 F5H 作比较

CMP AX,ES:[BX]　　　　　；AX 与内存 ES:BX 字单元的内容作比较

CMP 指令通常用来比较两数大小，并通过条件转移指令实现程序的分支。例如：

CMP AX,0　　　　　　　　；AX 与 0 作比较

JGE NEXT　　　　　　　　；AX 大于等于 0 转到 NEXT

3. 乘法指令

乘法指令分为无符号乘法指令 MUL 和有符号乘法指令 IMUL 两种，MUL 指令将数据的最高位作为数值参与运算，IMUL 指令将最高位作为符号位参与运算。编程时应根据数据类型选择合适的乘法指令，加减运算则不区分数据类型。

（1）无符号数乘法指令 MUL。

格式：MUL opr

功能：两个 8 位/16 位无符号数相乘，乘积送入指定寄存器。

乘法指令中给出的操作数 opr 是乘数，可以是通用寄存器或存储器，不能是立即数或段寄存器。

　　被乘数只能是累加器 AL 或 AX，且隐含表示：当两个 8 位数相乘时被乘数为 AL，16 位乘积送入 AX，即 AX←AL×opr；当两个 16 位数相乘时被乘数为 AX，32 位乘积送入 DX-AX，DX 存放高 16 位，AX 存放低 16 位，即 DX-AX←AX×opr。乘数、被乘数和乘积的对应关系如表 3-1 所示。

表 3-1　　　　　　　　　　　　　　　　**乘数、被乘数和乘积的对应关系**

乘法类型	乘数 opr	被乘数（隐含）	乘积（隐含）
字节乘法	8 位寄存器或存储器	AL	AX
字乘法	16 位寄存器或存储器	AX	DX-AX

　　乘法指令影响 CF、OF，另外 4 个标志位不确定。若乘法运算结果的高半部分（字节相乘在 AH 中，字相乘在 DX 中）不为 0，则 CF=OF=1，否则 CF=OF=0。

　　例如：

MUL AL	；AL 与自身相乘，乘积送入 AX
MUL CH	；AL 与 CH 相乘，乘积送入 AX
MUL BX	；AX 与 BX 相乘，乘积送入 DX-AX
MUL BYTE PTR [420H]	；AL 与 DS:420H 字节单元内容相乘，乘积送入 AX
MUL WORD PTR [SI]	；AX 与 DS:SI 字单元内容相乘，乘积送入 DX-AX

　　（2）有符号数乘法指令 IMUL。

　　格式：IMUL opr

　　功能：两个 8 位/16 位有符号数相乘，乘积送入指定寄存器。

　　IMUL 指令的操作数类型和对标志位的影响与 MUL 指令完全相同，与 MUL 指令的唯一区别是两个操作数都必须为有符号数。

　　4. 除法指令

　　除法运算分无符号除法 DIV 和有符号数除法 IDIV 两种，分别适用于无符号和有符号数的除法运算。

　　（1）无符号数除法指令 DIV。

　　格式：DIV opr

　　功能：两个无符号数相除，商和余数分别送入指定寄存器。指令给出的操作数 opr 作为除数，其他操作数隐含。opr 可以是通用寄存器或存储器，不能是立即数或段寄存器。

　　除法运算分为字节除法和字除法两种，规定如下：

　　①字节除法：当 opr 为字节除数时，被除数为 16 位，由 AX 隐含表示。除法运算的商送入 AL，余数送入 AH，即 AL←AX/opr 的商，AH←AX/opr 的余数。

　　②字除法：当 opr 为字除数时，被除数为 32 位，由 DX-AX 隐含表示，高位字在 DX 中，低位字在 AX 中。除法运算的商送入 AX，余数送入 DX，即 AX←DX-AX/opr 的商，DX←DX-AX/opr 的余数。

　　除法指令中除数、被除数、商及余数的对应关系如表 3-2 所示。

　　除法指令执行后 6 个状态位都是随机的，状态不确定。除法运算的除数为 0，或商超出数据类型所能表示的范围时，8086 系统自动产生 0 号除法错中断。

除法类型	除数 opr	被除数（隐含）	商（隐含）	余数（隐含）
字节除法	8 位寄存器或存储器	AX	AL	AH
字除法	16 位寄存器或存储器	DX-AX	AX	DX

表 3-2   **除法指令除数、被除数、商和余数的对应关系**

例如：

DIV BH   ；AX 除以 BH，商送 AL，余数送 AH

DIV CX   ；DX-AX 除以 CX，商送 AX，余数送 DX

DIV BYTE PTR [BX]   ；AX 内容除以内存 DS:BX 字节单元，商送 AL，余数送 AH

DIV WORD PTR [BX]   ；DX-AX 内容除以内存 DS:BX 字单元，商送 AX，余数送 DX

（2）有符号数除法指令 IDIV。

格式：IDIV opr

功能：两个有符号数相除，商和余数分别送入指定寄存器。

字节除法：AL←AX/opr 的商，AH←AX/opr 的余数。

字除法：AX←DX-AX/opr 的商，DX←DX-AX/opr 的余数。

IDIV 指令操作数用法和对标志位的影响与 DIV 指令相同，但运算时将两个操作数都作为有符号数处理。

有符号数除法运算的商和余数也是有符号数。例如：–30 除以 8，可以得到商为–3，余数为–6，也可以得到商为–4，余数为＋2，两种结果都正确，但 8086 规定余数与被除数符号相同，因此，会得到第一个结果。

例如：

IDIV BX   ；DX-AX 除以 BX，商送 AX，余数送 DX

DIV BYTE PTR [BX＋SI]   ；AX 除以 DS:（BX＋SI）字节单元，商送 AL，余数送 AH

5. 符号扩展指令

8086 规定字节除法的被除数必须为 16 位，字除法的被除数必须为 32 位，否则除法运算会发生错误。若字节除法的被除数为 8 位，应将其送入 AL，并扩展到 AH；若字除法的被除数为 16 位，应将其送入 AX，并扩展到 DX。

无符号数除法运算对 AL 或 AX 的扩展只要将高字节 AH 或高字 DX 清 0 即可。有符号数除法运算对 AL 或 AX 的扩展应采用符号扩展方式，即将 AL 的最高位扩展到 AH 的 8 位，或将 AX 的最高位扩展到 DX 的 16 位。8086 指令系统专门提供了两条符号扩展指令 CBW 和 CWD，用于配合 IDIV 指令进行有符号数的除法运算。

（1）字节扩展为字指令 CBW。

格式：CBW

功能：将 AL 中有符号数的符号位扩展到 AH。若 AL 的最高位为 0，则 AH 为 00H；若 AL 的最高位为 1，则 AH 为 FFH。

CBW 指令用在 IDIV 指令前，不影响任何标志位。

例如：有符号 93H 除以 2AH 的程序段为

MOV BL,2AH

MOV AL,93H

CBW

IDIV BL

（2）字扩展为双字指令 CWD。

格式：CWD

功能：将 AX 中有符号数的符号位扩展到 DX。若 AX 的最高位为 0，则 DX 为 0000H；若 AX 的最高位为 1，则 DX 为 FFFFH。

CWD 指令用在 IDIV 指令前，不影响任何标志位。

例如：有符号数 82C6H 除以 6F7H 的程序段为

MOV SI,6F7H

MOV AX,82C6H

CWD

IDIV SI

6. 十进制调整指令

十进制数在计算机中用 BCD 码表示，BCD 码有压缩 BCD 码和非压缩 BCD 码两种形式。8086 指令系统没有提供 BCD 码的算术运算指令，但可以通过二进制算术运算指令按二进制规则运算后，再由十进制调整指令转换为正确的 BCD 码结果。压缩 BCD 码的调整指令有 DAA、DAS，非压缩 BCD 码调整指令有 AAA、AAS、AAM 和 AAD。十进制调整指令在实际编程时使用较少，只需简单了解。

（1）压缩 BCD 码加法十进制调整指令 DAA。

格式：DAA

功能：将 AL 中的和调整为压缩 BCD 码，操作数 AL 隐含。调整规则为

若 AL 低 4 位大于 9 或 AF＝1，将 AL 加 06H 调整，并将 AF 置 1；

若 AL 高 4 位大于 9 或 CF＝1，将 AL 加 60H 调整，并将 CF 置 1。

两个压缩 BCD 码通过 ADD/ADC 指令加法运算后，应保证运算结果在 AL 中，其后跟一条 DAA 指令对运算结果进行调整。DAA 指令影响 AF、CF、SF、ZF 和 PF 标志位，OF 不确定。

例如：

MOV AL,47H

MOV BL,38H

ADD AL,BL   ；（AL）＝7FH，非压缩 BCD 码

DAA   ；十进制调整，（AL）＝85H

（2）压缩 BCD 码减法十进制调整指令 DAS。

格式：DAS

功能：将 AL 中的差调整为压缩 BCD 码，操作数 AL 隐含。调整规则为：

若 AL 低 4 位大于 9 或 AF＝1，将 AL 减 06H 调整，并将 AF 置 1；

若 AL 高 4 位大于 9 或 CF＝1，将 AL 减 60H 调整，并将 CF 置 1。

两个压缩 BCD 码通过 SUB/SBB 指令减法运算后，应保证运算结果在 AL 中，其后跟一条 DAS 指令对运算结果进行调整。DAS 指令影响 AF、CF、SF、ZF 和 PF 标志位，OF 不确定。

例如：

MOV AL,96H

SUB AL,29H 　　　；（AL）＝6DH，非压缩 BCD 码

DAS 　　　　　　　；十进制调整，（AL）＝67H

（3）非压缩 BCD 码加法十进制调整指令 AAA。

格式：AAA

功能：若 AL 低 4 位大于 9 或 AF＝1，则将 AL 加 06H，AL 高 4 位清 0，AH 加 1，AF 和 CF 置 1；否则将 AL 高 4 位清 0，AF 和 CF 清 0。调整后加法结果在 AX 中，操作数 AL 和 AH 均隐含。

两个非压缩 BCD 码通过 ADD/ADC 指令加法运算后，应保证运算结果在 AL 中，其后跟一条 AAA 指令对运算结果进行调整。AAA 指令影响 AF 和 CF 标志位，SF、ZF、PF 和 OF 不确定。

例如：

MOV AX,0607H

MOV CL,09H

ADD AL,CL 　　　；（AL）＝10H，（AF）＝1

AAA 　　　　　　；（AX）＝0706H，AF＝CF＝1

AAA 指令可对数字 ASCII 码（30H～39H）的加法结果进行调整，得到非压缩 BCD 码结果，并存放到 AX 中。例如：

MOV AX,0036H

MOV BL,37H

ADD AL,BL 　　　；（AL）＝6DH，AF＝0

AAA 　　　　　　；（AX）＝0103H，AF＝CF＝1

（4）非压缩 BCD 码减法十进制调整指令 AAS。

格式：AAS

功能：若 AL 低 4 位大于 9 或 AF＝1，则将 AL 减 06H，AL 高 4 位清 0，AH 减 1，AF 和 CF 置 1；否则将 AL 高 4 位清 0，AF 和 CF 清 0。调整后减法结果在 AX 中，操作数 AL 和 AH 均隐含。

两个非压缩 BCD 码通过 SUB/SBB 指令减法运算后，应保证运算结果在 AL 中，其后跟一条 AAS 指令对运算结果进行调整。AAA 指令影响 AF 和 CF 标志位，SF、ZF、PF 和 OF 不确定。

例如：

MOV AX,0206H 　　；十进制数 26 的非压缩 BCD 码 0206H 送入 AX

MOV BL,08H 　　　；

SUB AL, BL 　　　；（AL）＝FEH，（AH）＝02H

AAS 　　　　　　；（AX）＝0108H，AF＝CF＝1

（5）非压缩 BCD 码乘法十进制调整指令 AAM。

格式：AAM

功能：将 AL 中的两个非压缩 BCD 码乘积进行调整，调整方法是将 AL 除以 0AH，商送

入 AH，余数送入 AL。操作数 AL、AH 隐含。

BCD 码总是作为无符号数使用，因此，非压缩 BCD 码相乘时应使用 MUL 指令，不能用 IMUL 指令，且 MUL 指令后应紧跟一条 AAM 指令对乘法结果进行调整，方能得到正确的非压缩 BCD 码结果。AAM 指令影响 SF、ZF 和 PF 标志位，AF、CF 和 OF 不确定。

（6）非压缩 BCD 码除法十进制调整指令 AAD。

格式：AAD

功能：两个非压缩 BCD 码除法运算前，先用 AAD 指令调整 AX 中的被除数，再用 DIV 指令进行除法运算，得到非压缩 BCD 码形式的商和余数。

调整方法是 AL←AL＋（AH）×10，AH←0。例如（AX）=0605H，执行 AAD 指令后（AX）=0041H。

AAD 指令影响 SF、ZF 和 PF 标志位，AF、CF 和 OF 不确定。

3.2.3 逻辑运算与移位指令

逻辑运算指令包括逻辑与、或、异或、非运算及测试指令，移位指令包括算术移位、逻辑移位、循环移位及带进位循环移位指令。这类指令都是按位运算的，分析指令功能时可先将其转换为二进制形式，再按指令功能分析结果。

1. 逻辑运算指令

（1）与运算指令 AND。

格式：AND dst,src

功能：源操作数与目的操作数按位相与，结果送入目的操作数。

AND 指令操作数的组合与加法指令完全相同，源操作数可以是立即数、通用寄存器或存储单元，目的操作数可以是通用寄存器或存储单元。与运算影响 SF、ZF 和 PF，CF=OF=1，AF 不确定。

操作数的任意位与 0 相与被屏蔽（清 0），与 1 相与不变。利用与运算的这个特点可屏蔽操作数的部分位或全部位。例如：

AND AL,0F0H	；屏蔽 AL 的低 4 位，高 4 位不变
AND CX,07H	；屏蔽 CX 的高 13 位，低 3 位不变
AND AX,BX	；AX 与 BX 按位相与
AND SI,[150H]	；SI 与内存 BX:150H 字单元按位相与
AND ES:[BX],CL	；内存 ES:BX 字节单元与 CL 按位相与

（2）或运算指令 OR。

格式：OR dst,src

功能：源操作数与目的操作数按位相或，结果送入目的操作数。OR 指令操作数组合、对标志位的影响与 AND 指令相同。

操作数的任意位与 1 相或被置 1，与 0 相或不变。利用或运算的这个特点可将操作数的某些位置 1。

例如：

OR BX,0FF00H	；将 BX 的高 8 位置 1，其他位不变
OR BH,03H	；将 BH 的低 2 位置 1，其他位不变
OR AL,AH	；AL 与 AH 按位相或

OR CX,[SI+20H]　　　　　；CX 与内存 BX:（SI+20H）字单元按位相或

（3）异或运算指令 XOR。

格式：XOR dst,src

功能：源操作数与目的操作数按位相异或，结果送入目的操作数。XOR 指令操作数组合、对标志位的影响与 AND 指令相同。

操作数的任意位与 1 相异或变反，与 0 相异或不变。利用异或运算的这个特点可将操作数的某些位变反。例如：

XOR BX,0FH　　　　　　　；将 BX 的低 4 位变反，其他位不变

XOR BH,0C0H　　　　　　　；将 BH 的 D7、D6 位变反，其他位不变

通用寄存器与其自身作异或运算可将寄存器及 CF、OF 清 0，例如：

XOR AL,AL　　　　　　　　；将 AL 及 CF、OF 清 0

XORCX,CX　　　　　　　　；将 CX 及 CF、OF 清 0

（4）非运算指令 NOT。

格式：NOT opr

功能：操作数按位取反并送回，指令执行不影响任何标志位。操作数可以是通用寄存器或存储器，不能为立即数或段寄存器。例如：

NOT AL　　　　　　　　　　；AL 按位取反并送回 AL

NOT SI　　　　　　　　　　；SI 按位取反并送回 SI

NOT BYTE PTR [BX]　　　　；内存 DS:BX 字节单元按位取反并送回

NOT WORD PTR [2000H]　　；内存 DS:2000H 字单元按位取反并送回

（5）测试指令 TEST。

格式：TEST opr1,opr2

功能：源操作数与目的操作数按位相与，影响标志位。

TEST 和 AND 指令执行时都是将两个操作数按位相与，区别是 TEST 指令不保存与运算结果，指令执行后两操作数内容不变。操作数组合、影响标志位情况与 AND 指令完全相同。

TEST 与 CMP 指令的区别是影响标志位的方法不同：TEST 指令通过两操作数按位相与改变标志位，用于比较操作数的部分位；CMP 指令通过两操作数相减改变标志位，只能比较整个操作数。

TEST 指令常与条件转移指令配合实现操作数某些位的测试并转移。例如：

TEST AL,81H　　　；检测 AL 的 D_7、D_0 位是否都为 0，若为 0，则 ZF=1，否则 ZF=0

JZ NEXT　　　　　；ZF=1 转到 NEXT，否则向下执行

2．移位指令

（1）算术移位指令。

① 算术左移指令 SAL。

格式：SAL opr,1/CL

功能：操作数向左移动指定位数，每左移 1 位，最低位补 0，最高位移入 CF。SAL 左移操作示意如图 3-11 所示。

指令中 opr 为需移位的操作数，可为通用寄存器或存储器。1/CL 为移位次数，移 1 位时直接在指令中写 1，移多位时应先将移位次数送入 CL 寄存器，不能用其他寄存器代替。

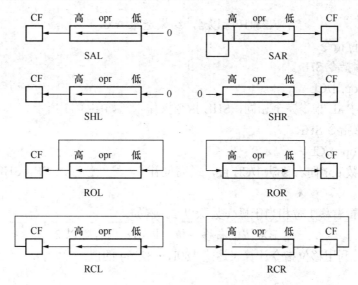

图 3-11 移位指令操作示意图

CF、SF、ZF 和 PF 根据 SAL 执行结果变化，AF 不确定。当移位次数为 1 且移位完成后，若操作数的最高位与 CF 不同，则 OF＝1，否则 OF＝0，以表示移位前后符号是否相同。若移位次数大于 1，OF 不确定。

其他移位指令的操作数用法，对标志位的影响与 SAL 指令相同，后面不再重述。

例如：

SAL AH,1　　　　　　　；AH 左移 1 位

SAL BX,1　　　　　　　；BX 左移 1 位

MOV CL,5

SAL WORD PTR [SI],CL　；内存 DS:SI 字单元左移 5 位

左移运算结果未超出操作数表示范围时，每左移 1 位相当于操作数乘以 2。例如：

MOV AX,240H

MOV CL,3

SAL AX,CL　　　　　　；240H 乘以 8，结果送入 AX

② 算术右移指令 SAR。

格式：SAR opr,1/CL

功能：操作数 opr 向右移动 1/CL 位，最高位不变，最低位移入 CF。SAR 右移操作示意如图 3-11 所示。

例如：

SAR AL,1　　　　　　　；AL 右移 1 位

MOV CL,8

SAR SI,CL　　　　　　　；SI 右移 8 位

有符号数算术右移 1 位相当于操作数除以 2。例如：

MOV AX,0A281H

MOV CL,2

SAR AX,CL　　　　　　　　；A281H 除以 4，结果送入 AX

（2）逻辑移位指令。

① 逻辑左移指令 SHL。

格式：SHL opr,1/CL

SHL 指令与 SAL 指令完全相同，SHL 指令操作示意如图 3-11 所示。

② 逻辑右移指令 SHR。

格式：SHR opr,1/CL

功能：操作数 opr 向右移动 1/CL 位，最高位补 0，最低位移入 CF。SHR 右移操作示意如图 3-11 所示。

无符号数逻辑右移 1 位相当于操作数除以 2。例如：

SHR BX，1　　　　　　　；BX 按位右移 1 位，即 BX 内容除以 2

【例 3-10】　利用移位指令计算表达式 180H÷32×4 的值。

程序如下：

```
MOV AX,180H
MOV CL,5
SHR AX,CL
MOV CL,2
SHL AX,CL
```

（3）循环移位指令。

① 循环左移指令 ROL。

格式：ROL opr,1/CL

功能：操作数 opr 循环左移 1/CL 位，每左移 1 位，最高位移入最低位，同时移入 CF。ROL 指令操作示意如图 3-11 所示。

【例 3-11】　将 BX 中的两位非压缩 BCD 码 0309H 转换成压缩 BCD 码 39H，并存入 AL。

程序如下：

```
MOV CL,4
ROL BH,CL        ;(BH)=30H
OR BH,BL         ;(BH)=39H
MOV AL,BH        ;(AL)=39H
```

② 循环右移指令 ROR。

格式：ROR opr,1/CL

功能：操作数 opr 循环右移 1/CL 位，每右移 1 位，最低位移入最高位，同时移入 CF。ROR 指令操作示意如图 3-11 所示。

（4）带进位循环移位指令。

① 带进位循环左移指令 RCL。

格式：RCL opr,1/CL

功能：操作数 opr 带进位 CF 循环左移 1/CL 位，每左移 1 位，最高位移入 CF，CF 移入最低位。与 ROL 指令不同的是循环中包含了 CF。RCL 指令操作示意如图 3-11 所示。

② 带进位循环右移指令 RCR。

格式：RCR opr,1/CL

功能：操作数 opr 带进位 CF 循环右移 1/CL 位，每右移 1 位，最低位移入 CF，CF 移入最高位。与 ROR 指令不同的是循环中包含了 CF。RCR 指令操作示意如图 3-11 所示。

【例 3-12】 将 BX 的最低位移入 AX 的最低位。

移位通过 CF 进行，选用带进位循环移位指令。程序如下：

```
RCR BX,1        ;BX 的 D₀ 位移出到 CF
RCL AX,1        ;CF 移入 AX 的最低位
```

3.2.4 串操作指令

串操作指令用于对存储器中连续存储单元的操作，分为串传送、取串、存串、串比较和串扫描指令，为了对串数据重复操作，指令系统还提供了三个串操作重复前缀。串操作的特点有：

（1）串操作指令的源操作数和目的操作数都在存储器中，操作数均以寄存器间接寻址方式访问。

（2）源串必须在数据段 DS 中，使用 SI 间接寻址，隐含指针为 DS:SI。

（3）目的串必须在附加段 ES 中，使用 DI 间接寻址，隐含指针为 ES:DI。

（4）一条串操作指令只能操作串中 1B 或字数据，若要处理多个数据，可在串操作指令前加串操作重复前缀。

（5）每条串操作指令完成后，CPU 自动修改地址指针 SI/DI，指向上一个或下一个数据。地址修改方向由方向标志 DF 决定：若 DF＝1，SI/DI 自动减 1（字节操作）或减 2（字操作）；若 DF＝0，SI/DI 自动加 1（字节操作）或加 2（字操作）。

（6）串传送和串比较是指令系统中仅有的源和目的操作数都在存储器中的指令。

1. 串传送指令

格式：   MOVS dst,src

　　　　 MOVSB

　　　　 MOVSW

功能：将源串指针 DS:SI 指向的字节或字数据传送到目的串指针 ES:DI 所指向的内存单元，并根据 DF 使 SI 和 DI 自动增减。指令执行不影响标志位。

格式 1 中的操作数为目的串和源串的符号地址，由其隐含说明串的类型，这种格式使用较少。后两种格式分别是字节传送和字传送格式，无操作数，是常用格式。其他串操作指令的操作数用法类似。

2. 取串指令

格式：   LODS src

　　　　 LODSB

　　　　 LODSW

功能：将源串指针 DS:SI 指向的内存单元字节或字数据送入 AL/AX，并根据 DF 使 SI 自动增减。指令执行不影响标志位。

3. 存串指令

格式：   STOS dst

　　　　 STOSB

　　　　 STOSW

功能：将 AL/AX 中的数据送入目的串指针 ES:DI 所指向的内存单元，并根据 DF 使 DI 自动增减。指令执行不影响标志位。

4. 串比较指令

格式：　　CMPS dst,src

　　　　　CMPSB

　　　　　CMPSW

功能：将源串指针 DS:SI 指向的单元减去目的串指针 ES:DI 所指向的单元，不保存结果，影响 AF、CF、OF、PF、SF 和 ZF 标志位，并根据 DF 使 SI 和 DI 自动增减。

5. 串扫描指令

格式：　　SCAS dst

　　　　　SCASB

　　　　　SCASW

功能：AL/AX 减去目的串指针 ES:DI 所指向的单元，不保存结果，影响 AF、CF、OF、PF、SF 和 ZF 标志位，并根据 DF 使 DI 自动增减。

6. 串操作重复前缀

串操作重复前缀共有 3 个：无条件重复前缀 REP，条件重复前缀 REPE/REPZ 及 REPNE/REPNZ。重复前缀不是单独的指令，必须置于串操作指令前，与指令用空格分隔，使一条串操作指令执行若干次。

串操作重复执行计数器隐含为 CX 寄存器，带有重复前缀的串操作指令前必须先将重复次数送入 CX，每执行一次串操作指令后，CX 自动减 1，直至 CX＝0 结束。对于带有条件重复前缀的指令，循环条件除了 CX 外，还包含对 ZF 做判断。

（1）无条件重复前缀 REP。

格式：REP

功能：重复条件为 CX 的值。若 CX≠0，则 CX←CX−1，并执行串操作指令，执行完后继续判断 CX；若 CX＝0，结束串重复操作，执行下一条指令。

（2）条件重复前缀 REPE/REPZ。

格式：REPE/REPZ

功能：重复判断条件为 CX、ZF 的值。若 CX≠0 且 ZF＝1，则 CX←CX−1，并执行串操作指令，执行完后继续判断；若条件不成立，结束串重复操作，执行下一条指令。

（3）条件重复前缀 REPNE/REPNZ。

格式：REPNE/REPNZ

功能：重复判断条件为 CX、ZF 的值。若 CX≠0 且 ZF＝0，则 CX←CX−1，并执行串操作指令，执行完后继续判断；若条件不成立，结束串重复操作，执行下一条指令。

【例 3-13】　编程将数据段 ADR1 开始存放的长度为 1000B 的字符串传送到附加段 ADR2 地址开始的单元。

程序如下：

```
MOV CX,1000      ;传送字节数送入 CX
CLD              ;DF=0
LEA SI,ADR1
```

```
LEA DI,ADR2
REP MOVSB                    ;重复传送
```

【例 3-14】　编程将附加段 0000H 地址开始的 4000B 内存单元全部清 0。

程序如下：

```
MOV AX, 0
MOV CX,2000             ;传送字数送入 CX
CLD                     ;DF=0
LEA DI,0                ;DI 指向附加段首单元
REP STOSW               ;重复存串
```

【例 3-15】　有一长度为 50B 的字符串 STR1，编程查找其中是否包含字符 "D"，若找到，将其在字符串中的位置送入 DX。

程序如下：

```
MOV AL,'D'              ;查找字符送入 AL
MOV CX,50              ;串处理字节数送入 CX
MOV DX,CX             ;字符串长度送入 DX
MOV BX,SEG STR1
MOV ES,BX              ;字符串首址的段地址送入 ES
MOV DI,OFFSET STR1    ;字符串首址的偏移量送入 DI
CLD                    ;DF=0
REPNZ SCASB            ;串扫描
JNZ NFD               ;未查找到转 NFD
SUB DX,CX
DEC DX                 ;查找字符在串中位置存 DX
        ...
NFD:
        ...
```

3.2.5 控制转移指令

控制转移指令分为无条件转移指令、条件转移指令、循环指令、子程序调用与返回指令、中断指令等，用于实现程序的分支、循环以及子程序和中断服务程序的编写。

1. 无条件转移指令

无条件转移指令执行时无条件转到操作数指定的内存单元执行指令，指令执行不影响标志位。无条件转移按照转移范围分为三种：短（Short）转移，偏移量是 8 位带符号补码，转移范围是 $-128 \sim 127$；近（Near）转移，偏移量是 16 位带符号补码，转移范围是 $-32\,768 \sim 32\,767$；远（Far）转移，转移范围是整个 1MB 内存空间。

短转移和近转移可实现段内转移。远转移将目标单元的段地址送入 CS，偏移量送入 IP，可实现不同段间的转移。

无条件转移指令的操作数为转移目标地址，可以是标号、寄存器或存储器，按照操作数的类型不同，又分为直接转移和间接转移两种。

（1）段内直接短转移。

格式：JMP SHORT label

功能：转移 IP 地址由当前 IP 加 8 位偏移量形成，可向前或向后转移，转移范围是段内 $-128 \sim 127$B，可默认 SHORT。例如：

JMP SHORT NXT1

JMP NXT2

（2）段内直接近转移。

格式：**JMP NEAR PTR label**

功能：转移 IP 地址由当前 IP 加 16 位偏移量形成，转移范围是整个代码段。例如：

```
JMP NEAR PTR LOOP1    ;转到段内 LOOP1
JMP LOOP2             ;转到段内 LOOP2,省略 NEAR PTR
JMP 2800H
```

（3）段内间接转移。

格式：**JMP WORD PTR reg16/mem16**

转移 IP 地址由指令中 16 位通用寄存器或 16 位存储器操作数提供，转移范围是整个代码段。例如：

```
JMP CX
JMP SI
JMP WORD PTR [BX]
JMP WORD PTR [120H]
```

（4）段间直接转移。

格式：**JMP FAR PTR label**

Label 标号指定的转移目标地址的段地址送入 CS，偏移量送入 IP，可在不同代码段间转移，标号必须定义 FAR 属性。例如：

```
JMP FAR PTR NS1       ;转到 NS1
JMP 1000H:2400H       ;转到 1000H:2400H 地址
```

（5）段间间接转移。

格式：**JMP DWORD PTR mem32**

操作数即为转移的目标地址，可以是标号、寄存器或存储器方式给出。指令中指定的 32 位存储器操作数 mem32 提供转移的目标地址，其高位字送入 CS，低位字送入 IP，可在不同代码段间转移。例如：

```
JMP DWORD PTR [SI+100H]
```

2. 条件转移指令

条件转移指令是编程经常使用的重要指令，它根据一个或多个标志位的状态决定是否转移，指令系统提供了丰富的条件转移指令满足不同的转移需要，编程时可根据需要灵活选用。

条件转移指令以标志寄存器的状态位作为转移条件，在条件转移指令前通常用 CMP 或 TEST 指令形成转移的条件，根据条件决定是否转移。

条件转移指令只能使用段内直接短转移，指令中的 label 标号为目标指令的符号地址。所有条件转移指令都不影响标志位。

条件转移指令分为单标志位条件转移指令、无符号数条件转移指令和有符号数条件转移指令三类，下面分类说明其功能。

（1）单标志位条件转移指令。

单标志位条件转移指令的转移条件为 CF、OF、ZF、SF 及 PF 中的某一标志位，条件满

足则转移，否则执行下一条指令。指令格式及功能为

JC label	; 有进位/借位转移，转移条件为 CF=1
JNC label	; 有进位/借位转移，转移条件为 CF=0
JZ/JE label	; 结果为 0/相等转移，转移条件为 ZF=1
JNZ/JNE label	; 结果不为 0/不相等转移，转移条件为 ZF=0
JS label	; 结果为负数转移，转移条件为 SF=1
JNS label	; 结果为正数转移，转移条件为 SF=0
JO label	; 有溢出转移，转移条件为 OF=1
JNO label	; 无溢出转移，转移条件为 OF=0
JP/JPE label	; 偶校验转移，转移条件为 PF=1
JNP/JPO label	; 奇校验转移，转移条件为 PF=0

例如：

```
CMP AX,BX
JE NXT1                 ; AX 和 BX 相等转 NXT1，不相等向下执行
ADD AL,[1500H]
JC NXT2                 ; 加法运算有进位转 NXT2
```

（2）无符号数条件转移指令。

两个无符号数通过 CMP 指令或减法指令减法运算后，可用无符号数条件转移指令比较两数大小并产生转移。无符号数条件转移指令用 Above（高于）、Below（低于）和 Equal（等于）表示两数的大小。共有 4 条指令，每条指令有两个功能相同的助记符。指令格式及功能为

JA/JNBE label	; 高于/不低于且不等于（$A > B$）转移，转移条件为 CF=0 且 ZF=0
JAE/JNB label	; 高于等于/不低于（$A \geqslant B$）转移，转移条件为 CF=0 或 ZF=1
JB/JNAE label	; 低于/不高于且不等于（$A < B$）转移，转移条件为 CF=1 且 ZF=0
JBE/JNA label	; 低于等于/不高于（$A \leqslant B$）转移，转移条件为 CF=1 或 ZF=1

【例 3-16】 编程计算两个 16 位无符号数 NUM1、NUM2 差的绝对值 $|NUM1 - NUM2|$。

程序如下：

```
MOV AX,NUM1
CMP AX,NUM2                ;比较两数大小
JA L1
XCHG AX,NUM2              ;两数交换
L1: SUB AX,NUM2          ;计算绝对值
```

（3）有符号数条件转移指令。

两个有符号数比较大小，也要先通过 CMP 指令或减法指令减法运算，后跟一条有符号数条件转移指令比较并产生转移。有符号数条件转移指令用 Greater（大于）、Less（小于）和 Equal（等于）表示两数的大小。共有 4 条指令，每条指令也有两个功能相同的助记符。指令格式及功能为

JG/JNLE label	; 大于/不小于且不等于（$A > B$）转移，转移条件为 SF=OF 且 ZF=0
JGE/JNL label	; 大于等于/不小于（$A \geqslant B$）转移，转移条件为 SF=OF 或 ZF=1

JL/JNGE label　　　；小于/不大于且不等于（$A<B$）转移，转移条件为 SF≠OF 且 ZF=0

JLE/JNG label　　　；小于等于/不大于（$A≤B$）转移，转移条件为 SF≠OF 或 ZF=1

【例 3-17】　编程比较两个 16 位有符号数 NUM1、NUM2 的大小，将小数送入 MIN 单元。

程序如下：

```
MOV AX,NUM1
CMP AX,NUM2          ;比较两数大小
JL L1
MOV AX,NUM2
L1: MOV MIN,AX       ;小数送入 MIN 单元
```

3. 循环指令

指令系统提供了专用于循环结构的循环指令，可以更方便地构成循环结构程序。所有循环指令以 CX 寄存器作为循环次数计数器，循环程序前必须先将循环次数送入 CX。另外，有的循环指令还通过检测 ZF 标志位状态决定是否提前退出循环。

汇编语言的循环指令位于循环体后面，循环程序执行时先执行一次循环体，然后使循环计数器 CX 减 1，再检测是否满足循环条件，满足条件则向上转移，否则退出循环。循环指令只能是短转移，循环指令的执行不影响标志位。循环指令的格式及功能如下。

（1）循环指令 LOOP。

格式：LOOP label

功能：CX←CX-1，若 CX≠0，转到标号 label 执行，否则退出循环。

【例 3-18】　编程计算 1+2+3+…+100 的累加和。

```
    XOR AX,AX           ;AX 清 0
    MOV CX,100          ;设置计数器
NXT:ADD AX,CX           ;累加
    LOOP NXT            ;循环
```

（2）结果为 0 或相等循环指令 LOOPZ/LOOPE。

格式：LOOPZ/LOOPE label

功能：CX←CX-1，若 CX≠0 且 ZF=1，转到标号 label 执行，否则退出循环。

（3）结果不为 0 或不相等循环指令 LOOPNZ/LOOPNE。

格式：LOOPNZ/LOOPNE label

功能：CX←CX-1，若 CX≠0 且 ZF=0，转到标号 label 执行，否则退出循环。

【例 3-19】　内存从 DAT 地址开始有一长度为 200 字节的字符串，编程查找其中的第一个 "*" 字符，并将其地址送入 ADR 单元。

程序如下：

```
    MOV SI OFFSET DAT  ;SI 指向数据首址
    MOV CX,200         ;设置计数器
    MOV AL,'*'         ;查找字符的 ASCII 送入 AL
    DEC SI
L1: INC SI
    CMP AL,[SI]        ;比较
    LOOPNZ L1          ;未找到则循环
```

```
        JNZ L2
        MOV ADR,SI
L2:     RET
```

（4）CX 为 0 循环指令 JCXZ。

格式：JCXZ label

功能：若 CX＝0，转到标号 label 执行。

4. 子程序调用与返回指令

汇编语言程序设计时，通常将程序按功能分为若干程序模块，这些模块称为子程序（过程）。程序运行时，由调用程序（也称为主程序）通过调用指令 CALL 调用子程序完成相应的功能，子程序完成后，由返回指令 RET 返回调用程序继续执行。调用程序可在段内调用子程序，也可在段间调用子程序。子程序调用和返回指令均不影响标志位。

（1）子程序调用指令 CALL。

CALL 指令可通过段内直接调用、段内间接调用、段间直接调用和段间间接调用 4 种方式调用子程序。

① 段内直接调用。

格式：CALL NEAR PTR label

功能：先将断点地址（子程序的返回地址，即调用程序中 CALL 指令的下一条指令地址）的 IP 压入堆栈，再将子程序的相对偏移量加到当前 IP 中，根据 IP 转到子程序执行。

例如：

```
CALL  DISP            ;段内直接调用 DISP 子程序,DISP 是子程序名
CALL 8200H            ;直接给出调用地址 8200H
```

② 段内间接调用。

格式：CALL reg16/mem16

功能：先将断点地址的 IP 压入堆栈，再将子程序的地址偏移量送入 IP，根据 IP 转到子程序执行。子程序的地址偏移量为指令中给出的 16 位通用寄存器或存储器内容 reg16/mem16。

例如：

```
CALL  BX             ;BX 的内容是子程序的偏移量
CALL  WRD            ;WRD 是字变量,其值是子程序的偏移量
CALL  WORD PTR [SI] ;SI 所指内存字单元的值是子程序的偏移量
```

③ 段间直接调用。

格式：CALL FAR PTR label

功能：先将断点地址的 CS 和 IP 分别压入堆栈，再将子程序的段地址送入 CS，偏移量送入 IP，根据 CS:IP 转到子程序执行。

例如：

```
CALL FAR PTR SUB1    ;段间直接调用 SUB1 子程序,SUB1 是子程序名
```

④ 段间间接调用。

格式：CALL DWORD PTR mem32

功能：先将断点地址的 CS 和 IP 依次压入堆栈，再将指令中的双字内存操作数 mem32

的第一个字送入 IP，第二字送入 CS，根据 CS:IP 转到子程序执行。

例如：

```
CALL  DWD1              ;DWD1 是双字变量，其值是子程序的偏移量和段地址
CALL  DWORD PTR [BX]    ;BX 所指内存双字单元的值是子程序的偏移量和段地址
```

（2）子程序返回指令 RET。

返回指令 RET 一般位于子程序末尾，子程序结束时由其返回调用程序断点处继续执行。返回地址在调用子程序时由 CALL 指令压入堆栈保存。RET 指令通过出栈操作恢复断点地址并实现子程序返回。

格式：RET

　　　　RET n

功能：返回指令分为段内返回（近返回）和段间返回（远返回）两种方式，汇编程序能根据调用方式自动确定并产生不同的机器码。若是段内返回，从栈顶弹出一个字送入 IP，段地址 CS 不变，返回段内调用程序继续执行。若是段间返回，先从栈顶弹出一个字送入 IP，再从栈顶弹出一个字送入 CS，返回段间调用程序继续执行。

格式 1 为不带偏移量的返回，是常用格式。格式 2 为带偏移量 n 的返回，执行时除了包含格式 1 的功能外，还使 SP←SP＋n，适用于调用程序利用堆栈向子程序传递参数的情况。

5. 中断指令

8086 中断系统分为内部中断和外部中断两种：外部中断由中断源随机向 CPU 发出中断请求，当满足中断响应条件时自动转入中断服务程序；内部中断需由中断指令转入中断服务程序进行中断处理。任何中断服务结束后都要由中断返回指令返回断点地址。

（1）中断指令 INT。

格式：INT n

　　　　INT

功能：先将标志寄存器、CS、IP 依次压入堆栈，并使 IF＝0，TF＝0，再将 n 乘以 4 得到中断向量地址，并从此地址读取 4B 中断服务程序入口地址依次送入 IP 和 CS，转到中断服务程序执行。

操作数 n 为中断类型号，取值范围是 00H～FFH，可以是常数或常数表达式。第二种无操作数格式隐含的中断类型号为 3，相当于中断指令 INT 3。

（2）溢出中断指令 INTO。

格式：INTO

功能：若 OF＝1，产生一个中断类型号为 4 号的溢出中断，相当于中断指令 INT 4，其中断响应过程与 INT n 指令相同；若 OF＝0，指令不起作用。该指令可用在算术运算指令后，运算溢出时执行中断服务程序。

（3）中断返回指令 IRET。

格式：IRET

功能：执行 3 次出栈操作，将堆栈中保存的断点地址及状态信息依次弹出到 IP、CS 及标志寄存器，返回被中断程序继续执行。

3.2.6 处理器控制指令

处理器控制指令分为标志位操作指令、外同步指令和空操作指令等。

1. 标志位操作指令

指令系统提供了对 CF、DF、IF 三个标志位的操作指令，这些指令均隐含操作数，指令及功能为：

（1）CLC ；进位标志 CF 清 0

（2）STC ；进位标志 CF 置 1

（3）CMC ；进位标志 CF 求反

（4）CLD ；方向标志 DF 清 0

（5）STD ；方向标志 DF 置 1

（6）CLI ；中断允许标志 IF 清 0

（7）STI ；中断允许标志 IF 置 1

2. 外同步指令

（1）等待指令 WAIT。

格式：WAIT

功能：使微处理器进入等待状态，并不断检测 TEST 引脚，若为高电平继续等待，若为低电平退出等待状态。

（2）总线封锁指令前缀 LOCK。

格式：LOCK 指令

功能：LOCK 是指令前缀，用在其他指令前面，使指令执行期间封锁总线，维持总线控制权不被其他处理器占用。

（3）交权指令 ESC。

格式：ESC opr,reg/mem

功能：也称为换码指令，使用 8087、80287、80387 等协处理器时，可以通过 ESC 指定由协处理器执行的指令。指令的第一个操作数 opr 为指定的操作码，第二个操作数 reg/mem 为指定的操作数，可为寄存器或存储器。

从 80486 开始，浮点处理部件已集成到 CPU 内部，系统支持协处理器指令，ESC 指令已成为未定义指令，程序运行时如果遇到 ESC 指令会引起异常处理。

3. 其他处理器控制指令

（1）停机指令 HLT。

格式：HLT

功能：使微处理器暂停工作，直到有复位或外部中断到来，复位或中断服务结束后退出停机状态，继续执行后面的指令。

（2）空操作指令 NOP。

格式：NOP

功能：使 IP 加 1，不执行任何操作，执行时需 3 个时钟周期，主要用于程序的延时。调试程序时也可用 NOP 指令占用部分存储空间，正式运行时用其他指令代替。

习 题

1. 说明下列指令功能及操作数的寻址方式。

（1）MOV AH,AL　　　　　　　（2）MOV BX,2F00H

（3）ADD [120H],AX　　　　　　（4）MOV AX,[BX＋SI]

（5）MOV ES:[SI＋10],CX　　　　（6）IN AL,3FH

（7）OUT DX,AX　　　　　　　　（8）XCHG AX,[BX＋SI＋200H]

（9）MOV DS,AX　　　　　　　　（10）PUSH DX

2．判断下列指令是否正确，如有错误说明原因并改正。

（1）MOV AX,CH　　　　　　　　（2）MOV 1000H,CX

（3）MOV CS,2F0AH　　　　　　　（4）MOV DS,SS

（5）MOV [1F0H],[BX]　　　　　　（6）MOV BL,[BX][SI]

（7）MOV DS,1523H　　　　　　　（8）XCHG BX,2800H

（9）MOV AX,CS　　　　　　　　（10）PUSH AL

（11）MOV [BX],1000H　　　　　　（12）RCL AX,5

（13）MOV IP,CX　　　　　　　　（14）MUL 23H

（15）CMP BX,12H　　　　　　　（16）POP CS

（17）IN AX,2FFH　　　　　　　　（18）SHL AX,BX

（19）INT 256　　　　　　　　　（20）MUL DX,123H

3．已知（DS）＝1500H，（ES）＝5C00H，（SS）＝2A00H，（BX）＝1400H，（BP）＝2450H，（DI）＝200H，（SI）＝300H，LIST 偏移量为 130H，分析下列指令访问内存单元的物理地址。

（1）MOV AX,[BX]　　　　　　　（2）MOV BX,[8F0AH]

（3）MOV ES:[BP],CL　　　　　　（4）MOV AL,[BX＋SI]

（5）MOV LIST[SI]，12FAH　　　　（6）MOV AX,[DI]

（7）MOV CX，[BP＋SI＋100H]　（8）MOV BX,[BX＋25]

4．已知（AX）＝83C6H，CF＝1，分析下列指令的执行结果。

（1）ADD AX,0A472H　　　　　　（2）ADC AX,0F87H

（3）DEC AX　　　　　　　　　　（4）SBB AX,8530H

（5）AND AX,7FC2H　　　　　　　（6）OR AX,1201H

（7）SAL AX,1　　　　　　　　　（8）RCR AX,1

5．分析下列程序段中每条指令的执行结果及标志位的变化。

```
MOV   BX,23ADH
ADD   BL,09CH
MOV   AX,68F5H
ADD   BH,AL
SBB   BX,AX
ADC   AX,16H
SUB   BH,-8
```

6．已知（SS）＝2400H，（SP）＝1000H，（AX）＝1234H，（BX）＝5678H，执行下列程序段，分析指令执行结果及堆栈指针 SP 的变化情况，并画出堆栈操作示意图。

```
PUSH AX
PUSH BX
```

```
POP BX
POP AX
```

7．选择合适的指令实现下列要求。

（1）AX 与数据段 1800H 地址单元交换数据。

（2）将 STR 字符串的首地址送入 SI 寄存器。

（3）若 ZF＝1，转到 NEXT 处执行。

（4）将 BX 中的 D0～D5 位清 0，D6～D12 位置 1，D13～D15 位取反。

（5）检查 AX 中的 D2、D5 和 D9 位中是否有 1 位为 1。

（6）检查 CX 中的 D1、D6 和 D11 位是否同时为 1。

（7）检查 SI 中的 D0、D2、D9 和 D15 位中是否有 1 位为 0。

（8）检查 DI 中的 D1、D3、D8 和 D13 位是否同时为 0。

（9）将 AX 右移 5 位，并把 0 移入最高位。

（10）将 BH 左移 1 位，将 0 移入最低位。

（11）将 BX 循环右移 8 位。

（12）将 AL 带进位循环左移 4 位。

8．说明下列 3 条数据传送指令的区别。

MOV AX, 1234H

MOV AX, [1234H]

MOV AX, OFFSET [1234H]

9．堆栈操作的特点有哪些？进栈和出栈操作有什么区别？什么情况下有堆栈操作？

10．编写程序段，将 AL 中的压缩 BCD 码分解为非压缩 BCD 码并存入 AX，例如：AL＝28H，程序执行后 AX＝0208H。

11．编写程序段，将 SDT 存储区域的 100B 数据传送到 DDT 存储区域。

第4章　汇编语言程序设计

汇编语言是面向机器的低级语言，用汇编语言编写的汇编语言程序是机器语言的符号表示形式。汇编语言具有易于使用，程序执行速度快，占用内存空间小，可直接操作硬件，实时性好等特点。本章介绍汇编语言语句及表达式，常用伪指令的用法，汇编语言程序的基本结构、程序设计技术，上机操作及 DEBUG 调试程序的用法。

4.1　汇编语言语句

4.1.1　汇编语言语句分类

语句是汇编语言程序的基本组成单位，语句按功能可分为指令语句和伪指令语句两类。

1. 指令语句

指令语句即 8086/8088 指令系统中的指令在程序中构成的可执行语句，汇编程序对源程序汇编时，每一条指令语句都能产生对应的机器码，程序运行时完成预定的功能。指令语句是程序的核心组成部分。

例如：

STAR:MOV AX,BX　　　　　　　;指令语句

2. 伪指令语句

伪指令语句也称为指示性语句，汇编时不产生机器码，仅用于控制汇编程序的汇编，向汇编程序提供汇编所需的信息，例如，说明段的类型，定义符号、变量、过程，为变量分配内存单元等。

例如：

TAB DB 30H,31H,32H,33H,34H,35H,36H,37H,38H,39H　　　　;伪指令语句

4.1.2　汇编语言语句格式

汇编语言的指令语句和伪指令语句都由标识符、助记符、操作数和注释 4 部分组成，一般格式如下：

[标识符] 助记符 [操作数] [;注释]

助记符是一条语句不可缺少的部分，其他 "[ ]" 括号内的部分是可选项。

1. 标识符

汇编语言的标识符是由字母、数字和专用字符（?、—、•、$、@）组成，由字母或专用字符开头，长度不超过 31 个字符的字符序列。标识符不区分字母大小写，不能与系统规定的保留字重名。

指令语句的标识符是指令标号，即指令的符号地址。标号可作为转移指令或调用指令的操作数，指令加上标号便于其他指令转移到该指令执行。标号后必须加冒号 ":" 与助记符分隔。

伪指令语句的标识符是变量名、过程名、段名等，多数情况下为变量名。不同的伪指令

对标识符要求不同，有的伪指令必须有标识符，有的伪指令不能有标识符，有的伪指令标识符可选。与指令标号不同，伪指令语句的标识符后不能加冒号 ":"。

标号和变量有段、偏移和类型 3 种属性。

（1）段属性。标号的段属性定义了标号处指令所在程序段的段基值，其段基值放在 CS 寄存器中。变量的段属性是变量所代表的内存数据所在数据段的段基值，其段基值通常在 DS、ES 中。

（2）偏移属性。偏移属性表示标号和变量相距所在段的段起始地址字节数，偏移量是一个 16 位无符号数。

（3）类型属性。标号有 NEAR 和 FAR 两种类型属性。NEAR 标号可以在段内被引用，地址指针为 2 个字节，FAR 标号可以在其他段被引用，地址指针为 4B。如果定义一个标号时后跟冒号，则汇编程序确认其类型为 NEAR。

变量有 BYTE（B）、WORD（字）、DWORD（双字）、QWORD（4 字）、TBYTE（10B）等类型属性，表示变量的字节长度，变量的类型属性由定义变量的伪指令确定。

2. 助记符

助记符是语句的主体，表示指令执行的功能。指令语句中是 CPU 指令的助记符，伪指令语句中是伪指令的定义符。

3. 操作数

操作数是指令的操作对象，操作数可以是常数、寄存器、标号、变量和表达式等形式，当语句中有两个或两个以上的操作数时，各操作数之间用逗号 "," 分隔。操作数使用非常灵活，是正确合理使用语句的关键。

4. 注释

注释是对语句功能的简要说明，注释不影响程序的执行，但给主要指令加上注释可以增强程序的可读性，便于程序的阅读和修改调试。注释必须以分号 ";" 开头。

4.1.3 数值表达式及运算符

表达式由常数、变量、标号、寄存器及各种运算符和操作符组成，按功能不同分为数值表达式和地址表达式两种。

数值表达式是由几个常数通过算术运算符、逻辑运算符和关系运算符组成的式子，其结果也是常数，只有数值大小，没有属性。

1. 常数

常数是直接写在指令中的固定数据，在程序运行过程中保持不变。常数在指令语句中作为立即数或偏移量使用。在伪指令语句中用于给变量赋初值。程序中多次使用的常数通常定义为符号常量，便于使用及修改。例如：

MOV AX,180AH

MOV SI,[BX+10H]

DW 8050H,13A2H

DB '18AFGK'

汇编语言中使用的常数有以下几种类型。

（1）二进制数。由数字 0 和 1 组成，以字母 B 结尾的数字序列，例如：1100B、1001110B。

（2）八进制数。由数字 0～7 组成，以字母 Q 或 O 结尾的数字序列，例如：18Q、2760Q、

45O。

（3）十进制数。由数字 0～9 组成，以字母 D 结尾（通常省略 D）的数字序列，例如：12D、8923。

（4）十六进制数。由数字 0～9 和字母 A～F 组成，以字母 H 结尾的数字序列。例如：FF8AH、1AH。

指令中以字母开头的十六进制数前必须加数字 0，否则汇编时作为标识符处理。例如：A2H 在指令中应写成 0A2H。

（5）实数。实数常用十进制浮点数表示，由整数、小数和指数三部分组成，其一般格式如下：

±整数.小数 E±指数

整数和小数组成实数的数值部分，称为尾数，指数符号 E 后面为指数部分，表示数值的大小。例如：2.28E–2、–6.83E9。

（6）字符串常数。字符串常数是由单引号 ' ' 括起来的一个或多个字符，字符串最大长度为 255 个字符。汇编时字符均以其对应 ASCII 码的形式存放在内存单元中。例如：'1' 的 ASCII 码为 31H，'ABC' 的 ASCII 码为 41H、42H、43H，'abc' 的 ASCII 码为 61H、62H、63H。

汇编语言规定除用 DB 定义的字符串常数外，单引号中字符个数不能超过两个。

2. 算术运算符

算术运算符包括+（加）、–（减）、*（乘）、/（除）和 MOD（取模）。算术运算符要求参与运算的数为整数，结果也为整数，其中/运算结果为两整数相除的商，MOD 运算结果为两整数相除的余数。

算术运算符可用于数值或地址表达式中，用于地址表达式时，只能对同一段的地址进行加减运算，否则得不到有效地址。

例如：

MOV AX,（20+62）*510　　　　　　　；等价于 MOV AX, 0A35CH
MOV CL, 27 MOD 4　　　　　　　　　；等价于 MOV CL, 3
ADD BX, 210*8/17　　　　　　　　　　；等价于 ADD BX,62H

3. 逻辑运算符

逻辑运算符包括 AND（逻辑与）、OR（逻辑或）、NOT（逻辑非）、XOR（逻辑异或）、SHL（左移）和 SHR（右移）。逻辑运算符可对二进制数按位进行逻辑操作，并得到一个数值结果。

逻辑运算符与 8086 指令系统中的逻辑指令功能相似，它们的区别是，逻辑运算符是汇编时由汇编程序对数据进行逻辑运算并得到结果，而逻辑指令是 CPU 执行程序时进行相应的逻辑运算。

例如：

SUB AH,NOT（2FH AND 31H）　　　　；等价于 SUB AH,0DEH
OR AX,1234H OR 0FFH　　　　　　　　；等价于 OR AX,12FFH
MOV CH,2 SHL 3　　　　　　　　　　 ；等价于 MOV CH,10H
AND BX,NOT 8000H　　　　　　　　　；等价于 AND BX,7FFFH

4. 关系运算符

关系运算符包括 EQ（等于）、NE（不等于）、LT（小于）、GT（大于）、LE（小于或等于）、GE（大于或等于）。

关系运算符必须对相同类型的操作数进行关系运算，例如，都是数值或同一段内的偏移地址。关系运算的结果是逻辑值，关系成立时结果为真，用全 1 表示，关系不成立时结果为假，用全 0 表示。例如：

```
MOV BX,12FAH EQ 2000H        ; 等价于 MOV BX,0000H
MOV AX,6780H GT 2310H        ; 等价于 MOV AX,0FFFFH
MOV CL 5 LE 8                ; 等价于 MOV CL,0FFH
```

4.1.4　地址表达式及操作符

地址表达式是由常数、标号、变量、寄存器通过操作符组成的式子，其结果表示存储单元的地址，而不是普通的常数或存储单元的内容。地址表达式有段、偏移量和类型 3 种属性。操作符分为数值回送操作符和属性操作符等。

1. 数值回送操作符

数值回送操作符包括 OFFSET、SEG、TYPE、LENGTH 和 SIZE。用于将标号或变量所在存储单元的地址或某一特征作为数值回送，可作为指令的操作数使用。

（1）OFFSET 操作符。

格式：OFFSET 变量或标号

功能：汇编时回送变量或标号的偏移地址，相当于 LEA 指令。例如：

```
MOV BX,OFFSET TAB1           ; 等价于 LEA BX,TAB1
```

（2）SEG 操作符。

格式：SEG 变量或标号

功能：汇编时回送变量或标号的段地址。例如：

```
MOV BX,SEG TAB1             ; 将 TAB1 所在段的段地址送入 BX
MOV DS,BX                   ; 段地址送入 DS
```

（3）TYPE 操作符。

格式：TYPE 变量或标号

功能：若操作数是变量，汇编时回送该变量以字节数表示的类型，变量类型取决于变量定义采用的伪指令，DB 定义的变量为 1，DW 为 2，DD 为 4，DQ 为 8，DT 为 10。

若操作数是标号，汇编时回送该标号类型的数值，NEAR 类型为−1，FAR 类型为−2。例如：

```
VAR1 DW 12A0H,8611H
MOV AX,TYPE VAR1           ; 汇编时形成 MOV　AX,2
```

（4）LENGTH 操作符。

格式：LENGTH 变量

功能：用于计算重复操作符 DUP 定义的变量数组包含的变量个数。变量定义时若第一个表达式使用了 DUP，汇编时返回 DUP 的重复次数，若有嵌套的 DUP 只返回最外层重复数；其他情况返回 1。例如：

```
VB1 DB 10H,2FH,83H
```

VW1 DW 50 DUP （?），5C02H,6700H

VW2 DW 1F00H,13 DUP（0）

MOV AL,LENGTH VB1　　　　　　　; 汇编时形成 MOV AL,1

MOV BL,LENGTH VW1　　　　　　　; 汇编时形成 MOV BL,50

MOV SI,LENGTH VW2　　　　　　　; 汇编时形成 MOV SI,1

（5）SIZE 操作符。

格式：SIZE 变量

功能：汇编时回送分配给变量的字节数，SIZE 是 LENGTH 和 TYPE 的乘积。例如：

MOV AX,SIZE VB1　　　　　　　　; 汇编时形成 MOV AX,1

MOV AX,SIZE VW1　　　　　　　　; 汇编时形成 MOV AX,100

MOV AX,SIZE VW2　　　　　　　　; 汇编时形成 MOV AX,2

2. 属性操作符

属性操作符包括 PTR 和 THIS 两个，用于为存储器地址操作数建立一个新的类型属性。

（1）PTR 操作符。

格式：类型　PTR　地址表达式

功能：临时指定地址表达式的类型属性为 PTR 前的类型。类型可以是 BYTE、WORD、DWORD、NEAR、FAR 等，地址表达式可以是标号、作为地址指针的寄存器、变量和常数的组合。

PTR 操作符仅在当前指令中有效，不能改变地址表达式的定义属性，指令执行完后地址表达式将恢复原属性。

例如：

MOV BYTE PTR [200H],8AH　　　; 将立即数 8AH 送入 DS:200H 字节内存单元

MOV WORD PTR [200H],8AH　　　; 将立即数 008AH 送入 DS:200H 字内存单元

DEC BYTE PTR [BX][SI]　　　　; 将 DS:（BX+SI）字节内存单元内容减 1

B1　DB 2,5　　　　　　　　　　; 定义字节变量 B1

W1 DW 1234H, 5678H　　　　　　; 定义字变量 W1

D1　DD　23456789H　　　　　　; 定义双字节变量 D1

...

MOV AX, WORD PTR B1　　　　　; 将 B1 开始的 2B 拼接成 1 个字送入 AX,（AX）=0502H

MOV BH, BYTE PTR W1　　　　　; 将字 W1 的低字节送入 BH,（BH）=34H

MOV CH, BYTE PTR W1+1　　　　; 将字 W1 的高字节送入 CH,（CH）=12H

MOV WORD PTR D1,12H　　　　　; 将双字 D1 的低字改成 0012H,（D1）=23450012H

（2）THIS 操作符。

格式：THIS 类型

功能：指定从 THIS 语句开始的下一个可分配存储单元的类型，类型可以是 BYTE、WORD、DWORD、NEAR、FAR 等。THIS 操作符常与 EQU 伪指令一起使用。

THIS 也称为存储单元别名操作符，相当于为内存单元另起了一个类型与原定义类型不同，而段地址和偏移量相同的别名。THIS 操作符具有长期性，程序中可以方便地以不同类型访问该存储单元，避免了 PTR 操作符每条指令都需要重复定义的麻烦，适用于经常以多种类

型属性访问的存储单元。

例如:

VD1 EQU THIS DWORD

VW1 EQU THIS WORD

VB1 DD 40 DUP（?）

变量 VB1 为字节类型, VW1 为字类型, VD1 为双字类型, 由于前两条语句不分配存储单元, 可分配存储单元从 VD1 开始, 因此这三个变量都表示从同一地址开始的 40B 数据区, 在程序中以不同类型访问这些存储单元, 不用再加 PTR 操作符。

LBF EQU THIS FAR

LBN:MOV SI,[BX+10H]

MOV 指令前的 LBN 标号（有冒号）具有 NEAR 属性, 可用于段内转移到该指令执行。LBF 也是这条 MOV 指令的标号, 但具有 FAR 属性, 可用于段间转移。

3. 其他操作符

（1）段超越操作符 “:”。

格式: 段寄存器名: 地址表达式

功能: 操作符 “:” 与段寄存器名组成段超越前缀, 指定存储器操作数的段属性。存储器操作数加上段超越前缀后其默认段属性将失效。例如:

MOV CX,ES:[BX]   ; 源操作数默认在数据段, 加上前缀 ES:后在附加段

MOV BH,DS:[BP+SI] ; 源操作数默认在堆栈段, 加上前缀 DS:后在数据段

（2）SHORT 操作符。

SHORT 操作符用于指定 JMP 指令的转移地址为短属性, 即目标地址在下一条指令的－128～127 字节范围内。使用短标号的指令比使用默认的近标号指令机器码少 1B。

例如:

JMP 3IIORT NXT1

（3）HIGH、LOW 操作符。

格式: HIGH/LOW 表达式

功能: HIGH 和 LOW 称为字节分离操作符, 用于取出 16 位数据或地址表达式的高字节（HIGH）或低字节（LOW）。例如:

...

NUM1 EQU 8090H   ; 定义符号常量 NUM1

MOV AL,LOW NUM1   ; 汇编时形成 MOV AL,90H

MOV AH,HIGH NUM1   ; 汇编时形成 MOV AH,80H

...

VB1 DB 2FH,41H,8AH,90H   ; 定义字节变量 VB1,设其地址为 3000H:1A65H

MOV BH,HIGH OFFSET VB1 ; 汇编时形成 MOV BH,1AH

MOV BL,LOW OFFSET VB1   ; 汇编时形成 MOV BL,65H

...

4. 运算符和操作符的优先级

汇编过程中, 汇编程序首先计算指令中表达式的值, 当一个表达式中有多个运算符和操

作符时，按照优先级由高到低的顺序依次计算，优先级相同时按照从左到右的顺序计算。运算符和操作符的优先级顺序如表 4-1 所示。

表 4-1 运算符和操作符的优先级

优先级	运 算 符	优先级	运 算 符
1	LENGTH、SIZE、WIDTH、MASK、( )、[ ]、< >	8	+、—（二元运算符）
2	（结构变量名后的运算符）	9	EQ、NE、LT、GT、LE、GE
3	:（段超越运算符）	10	NOT
4	PTR、OFFSET、SEG、TYPE、THIS	11	AND
5	HIGH、LOW	12	OR、XOR
6	+、—（一元运算符）	13	SHORT
7	*、/、MOD、SHL、SHR		

4.2 伪 指 令

伪指令是汇编语言程序不可缺少的组成部分，汇编程序根据源程序中的伪指令进行数据定义、分配存储区、定义段等操作，汇编成可被机器直接执行的机器码。MASM 宏汇编程序提供了几十种伪指令，下面介绍常用伪指令的格式及功能。

4.2.1 符号定义伪指令

程序中经常需要多次使用某些常数或表达式，如果将它们直接写在指令中，不仅可读性差，而且需要修改时还必须逐个进行，程序调试维护很不方便。

符号定义伪指令可以用符号名表示这些操作数，指令中直接用符号名代替，改善了程序的可读性，修改时只需更改伪指令中的一个操作数即可，减少了调试维护程序的工作量。常用的符号定义伪指令有 EQU、＝（等号）和 LABEL，下面分别介绍。

1. 等价伪指令（EQU）

格式：符号名 EQU 表达式

功能：将表达式的值赋给一个符号名，其后可以用这个名字代替表达式。表达式可以是常数、标号、变量名、过程名，寄存器名、表达式等各种指令操作数或助记符。

例如：

NUM1 EQU 1F20H	; 定义符号常数 NUM1
NUM2 EQU NUM1+100H	; 数值表达式
JANFA EQU SUB	; 助记符
AD1 EQU [BX+SI+200H]	; 地址表达式
VA1 EQU ASCII-TABLE	; 变量
DR EQU DX	; 寄存器
STR1 EQU "ABCDEF"	; 字符串

定义以上符号后，在指令中可以随时引用，例如：

MOV CX,NUM1	; 等价于 MOV CX,1F20H
JANFA AX,3B01H	; 等价于 SUB AX,3B01H

ADD DR,AD1　　　　　　　　　　　; 等价于 ADD DX, [BX+SI+200H]

EQU 伪指令还有以下特点：

①EQU 仅为表达式定义替代符号，汇编时不占用存储空间。

②程序中不能用 EQU 伪指令对同一符号重复定义。

③表达式中的符号必须先定义后使用。

2. 等号伪指令（＝）

格式：符号名＝数值表达式

功能：等号伪指令用于定义符号常数，右边的表达式只能是数值表达式，不能是地址表达式。用等号伪指令定义的符号可以重复定义。例如：

X=200H

MOV CX,X　　　　　　　　　　; 等价于 MOV CX,200H

…

X=X+1F00H

MOV BX,X　　　　　　　　　　; 等价于 MOV BX,2100H

3. 符号名定义伪指令（LABEL）

格式：符号名 LABEL 类型

功能：定义一个符号名，使其与下面紧跟存储单元的段地址和偏移量相同，但具有类型参数所指定的新类型属性。变量类型可以是 BYTE、WORD、DWORD 等，标号类型可以是 NEAR、FAR。LABEL 伪指令与 THIS 操作符功能相似。例如：

LP1 LABEL FAR

LP2:MOV AH,AL

标号 LP1 和 LP2 都是 MOV AH,AL 指令的符号地址，LP1 是 FAR 类型，可用于段间转移，LP2 是 NEAR 类型，可用于段内转移。

BUF1 LABEL BYTE

BUF DW 200 DUP （?）

…

MOV AH,BUF1

MOV BX,BUF

…

变量 BUF1 和 BUF 指向相同的内存单元，但 BUF1 是字节类型，BUF 是字类型，程序中访问更灵活方便。

4.2.2　数据定义伪指令

编写程序时，对存储器数据的读/写方法有两种：一种方法是通过存储单元的有效地址（偏移量）访问，另一种方法是给存储单元定义一个变量名，用变量名访问内存单元，这种方法更直观方便，而且不会因程序改动使偏移量变化而出错，是优先使用的内存数据访问方式。

数据定义伪指令用于定义内存变量，分配存储区，将程序需要的数据预先存入指定存储单元。数据定义伪指令的一般格式为

［变量名］数据定义符　初值 1［，初值 2，…，初值 n］［注释］

变量名是用户定义的标识符，变量名后不能加冒号“：”。变量名可以省略，但没有变量

名只能用偏移量访问，因此定义变量时最好保留变量名。

数据定义符用于确定内存单元的数据类型，定义符有 DB（Define Byte）、DW（Define Word）、DD（Define Doubleword）、DF（Define Farword）、DQ（Define Quadword）和 DT（Define Tenbytes）等，本节只介绍常用的 DB、DW 和 DD，DF（定义 3 字变量）、DQ（定义 4 字变量）和 DT（定义 10 字节变量）的用法与其相似，且使用较少，这里不再介绍。

初值可以是常数，表达式或字符串等，初值不能超过所定义数据类型的范围，例如 DB 定义的字节变量范围是 00H～FFH，DW 定义的字变量范围是 0000H～FFFFH。若某个变量不需预置初值，可用一个问号"？"代替，汇编时仅保留存储单元。

1. 字节变量的定义

DB 伪指令用于定义字节变量，每个初值占用 1B 存储单元。汇编程序在汇编时将各初值从低地址到高地址依次存放。

【例 4-1】　画出字节变量 BT1、BT2 在内存中的存储分配。

BT1 DB 5,?,2FH,100,5*3-6,?　　　; 6B 内存变量

BT2 DB 1,'1',0AH,'A','a','*'　　　; 6B 内存变量

字节变量在内存中的存储情况如图 4-1（a）所示，初值表达式不管是什么类型，汇编时都转移为二进制存入内存单元，图中用十六进制表示，两个没有预置初值的单元内容不确定。

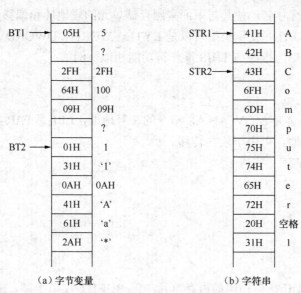

（a）字节变量　　　　　（b）字符串

图 4-1　字节变量存储示意图

变量名 BT1 仅代表 05H 所在的字节单元，BT2 仅代表 01H 所在的字节单元，这两个单元可直接用 BT1 和 BT2 变量名访问，其他 10B 单元没有变量名，但可以通过这两个变量名加偏移量的方法访问，例如：

MOV AL,BT1　　　　　　　;（AL）=05H

MOV AH,BT1+3　　　　　　;（AH）=64H

MOV BL,BT2-2　　　　　　;（BL）=09H

MOV BL,BT2　　　　　　　;（BL）=01H

```
MOV CL,BT2+4                    ;（CL）=61H
MOV CL,BT1+10                   ;（CL）=61H
```

最后两条指令功能相同，都是访问字符 "a" 所在的内存单元，可见，若定义变量时没有起变量名，也可通过相邻的其他变量名访问。

DB 伪指令还可定义初值为字符串的变量，字符串必须用单引号或双引号括起来，长度不超过 255 个字符，汇编时各字符的 ASCII 码依次存入内存字节变量。

【例 4-2】 画出字符串 STR1、STR2 在内存中的存储分配。

```
STR1 DB 'AB'
STR2 DB "Computer 1 "
```

STR1 和 STR2 字符串在内存中的存储情况如图 4-1（b）所示。

定义内存变量时若初值重复多次，将初值逐个列出非常麻烦，可采用变量的重复操作符 DUP 表示，功能相当于在高级语言中定义数组。DUP 的一般格式如下：

n DUP（初值 1[, 初值 2, …, 初值 n])

n 是重复次数，括号内是重复 n 次的初值，括号内也可以包含其他 DUP 表达式，构成 DUP 嵌套结构。例如：

```
BUF0 DB 200 DUP(?),50 DUP (0FFH),50 DUP (0)
BUF1 DB 8FH,35H,120 DUP('ABCDE')
BUF2 DB 20 DUP(10H, 80 DUP(1,2,3),60H,'GHJK')
```

2. 字变量的定义

DW 伪指令用于定义字变量，每个初值占用 2B 连续存储单元，按低低高高的原则存放，初值不足 2B 时高位补 0。DW 伪指令中字符串的长度不能超过 2 字符。

【例 4-3】 画出字变量 WD1、WD2 在内存中的存储分配。

```
WD1 DW 2F38H,10,-2
WD2 DW 'AB',?, 'C'
```

字变量 WD1、WD2 的初值存放情况如图 4-2（a）所示。注意字符串 'AB' 存储方式与 DB 定义的区别：DW 伪指令将字符串 'AB' 作为一个完整的字处理，因此字符 'B' 的 ASCII 码 42H 作为低字节存低地址单元，字符 'A' 的 ASCII 码 41H 作为高字节存高地址单元。DB 伪指令将字符串 'AB' 中的每个字符作为独立字符处理，存放时从低地址开始依次存放，因此两者存放顺序正好相反。

DW 伪指令的初值表达式也可以是变量或标号，汇编时将其偏移地址作为初值存入存储单元，例如：

```
...
VA1 DB 14H,8AH,20H
...
LPA:INC CX
...
VAR DW VA1          ;将变量 VA1 的偏移地址送入字变量 VAR
LBAR DW LPA         ;将标号 LPA 的偏移地址送入字变量 LBAR
```

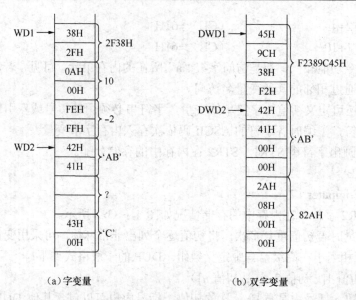

图 4-2　字、双字变量存储示意图

3．双字变量的定义

DD 伪指令用于定义双字变量，每个初值占用 4B 连续存储单元，按低低高高的原则存放，初值不足 4B 时高位补 0。DD 伪指令中字符串的长度不能超过 2 字符。

【例 4-4】　画出双字变量 DWD1、DWD2 在内存中的存储分配。

DWD1 DD 0F2389C45H

DWD2 DD 'AB', 82AH

双字变量 WWD1、WWD2 的初值存放情况如图 4-2（b）所示。

DW 伪指令的初值表达式也可以是变量或标号，汇编时将其偏移地址和段地址作为初值依次存入存储单元，例如：

…

VA2 DB '123ghk'

…

DVR DD VA2　　　　　　　；将变量 VA2 的偏移地址和段地址送入双字变量 DVR

4.2.3　段定义伪指令 SEGMENT/ENDS

汇编语言程序采用分段结构，段定义伪指令用于定义程序中的逻辑段，指定段的名称和范围，说明段的定位类型，组合类型及类别。完整段定义伪指令 SEGMENT/ENDS 适用于各版本的 MASM 汇编程序，一般格式如下：

段名　SEGMENT　　［定位类型］　　　［组合类型］　　　［'类别'］

…

段名　ENDS

SEGMENT 表示段的开始，ENDS 表示段结束，SEGMENT 和 ENDS 必须成对使用，它们之前使用相同的段名，段名代表段的段地址。SEGMENT 之间 ENDS 是段的语句部分，汇编后其机器码存放在同一逻辑段中。

段名是由用户定义的标识符，程序中的段名可以是唯一的，也可以与其他段同名。复杂的汇编语言程序通常由若干模块组成，一个模块又包含若干逻辑段，同一模块中如果有两个段同名，则后者被认为是前段的后续，这样，它们就属同一段。

不同模块的段之间，以及同一模块的各段之间会存在一些联系，这些联系通过段的 3 个参数说明。当同一模块出现两个同名段时，则后者的参数要么与前者相同，要么不写而选用前者的参数。单模块程序中多数参数可省略，汇编时将采用默认方式。下面介绍各参数的作用。

1. 定位类型

定位类型表示当前段的边界在存储器中的位置，连接程序（link.exe）进行段定位时根据定位类型确定段的起始地址。定位类型有以下 4 种。

① BYTE：表示逻辑段从字节的边界开始，即可以从任何地址开始，本段的起始地址紧接前一段的末尾。

② WORD：表示逻辑段从字的边界开始，段起始地址最低位必须为 0，即为偶地址。

③ PARA：表示逻辑段从一节的边界开始，16B 为一节，段起始地址低 4 位必须为 0，即×××× 0H。PARA 是默认定位类型，适用于所有段类型的定位。

④ PAGE：表示逻辑段从页边界开始，256B 为一页，段起始地址低 8 位必须为 0，即×××00H。

2. 组合类型

组合类型用于告诉连接程序如何将不同模块中段名相同的段组合起来。组合类型有以下 6 种。

① NONE：在逻辑上独立于其他段，有自己的基地址，是默认的组合类型。

② PUBLIC：与其他模块中同段名且具有 PUBLIC 类型的段组合成一个段，组合顺序由连接程序中目标模块的排列次序决定。由于后续段要按定位类型定位，故组合时两个段之间可能有间隔。

③ STACK：表示该段是堆栈段，组合方法与 PUBLIC 类型相同。STACK 仅限于堆栈区域的逻辑段使用。

④ COMMON：表示该段与其他模块中的同名段的段起始地址相同，前段的数据被后段覆盖，组合后的段长是同名段的最大长度。

⑤ MEMORY：几个段连接时，连接程序将该段定位在其他段前面，即地址最高的位置。如果连接时有多个 MEMORY 类型段，连接程序只把首先遇到的段作为 MEMORY 段，其他作为 COMMON 段处理。

⑥ AT 表达式：表达式的值作为当前段的定位段地址。例如，AT 2345H，表示当前段的段地址为 2345H，偏移量 0000H，则从 23450H 物理地址开始装入当前段。

3. 类别

连接时具有相同类别名的逻辑段按出现的顺序装入连续的内存单元。类别名必须加单引号，例如：‘CODE’，‘STACK’，‘DATA’。

4.2.4　段寄存器说明伪指令 ASSUME

格式：ASSUME　段寄存器名:段名［，段寄存器名:段名，…］

功能：指定逻辑段使用的段寄存器，段寄存器是 CS、DS、ES、SS，段名可以是在段定义语句中定义的段名、组名、NOTHING 关键字、标号或变量前加上 SEG 操作符构成的表达式。

汇编语言程序中建立的每个段都要通过 ASSUME 伪指令与某一个段寄存器建立对应关系，ASSUME 伪指令告诉汇编程序，将某一个段寄存器设置为某一个逻辑段的段地址，指出了程序中逻辑段与物理段的关系。汇编程序汇编一个段时，就可以利用相应的段寄存器寻址该逻辑段中的指令或数据。

例如：CS 对应代码段 CODE1，DS 对应数据段 DATA1，SS 对应堆栈段 STACK1 的语句为：

```
ASSUME  CS:CODE1, DS:DATA1,SS:STACK1
```

源程序中 ASSUME 语句应放在代码段开头首先说明段寄存器与段之间的对应关系，代码段中也可以多次使用 ASSUME 语句，则最后设置的对应关系将取代以前的设置。例如：

```
ASSUME  ES:EDT1      ; ES 对应附加段 EDT1
…
ASSUME  ES:EDT2      ; ES 对应附加段 EDT2
…
```

ASSUME 语句还可用关键字 NOTHING 说明一个段寄存器不与任何段相对应，以前建立的对应关系也被取消。例如：

```
ASSUME  ES:EDT3      ; ES 对应附加段 EDT3
…
ASSUME  ES:NOTHING   ; 段寄存器 ES 不与任何段对应
…
```

ASSUME 伪指令只是用来告诉汇编程序段寄存器与逻辑段的对应关系，并没有给段寄存器赋初值，因此程序运行时必须将需要使用逻辑段的段地址装入对应段寄存器。各段寄存器装入段地址的方法如下。

1. CS 的装载

代码段寄存器 CS 不能在程序中用指令赋值，CS 的装载是操作系统完成的，编写程序时，要在程序末尾用 END 伪指令的参数说明程序运行时第一条可执行指令的位置，操作系统将程序装入内存后，将此位置的段地址装入 CS，偏移地址装入 IP，开始运行程序。

2. DS、ES 的装载

数据段和附加段使用前用指令将段地址装入 DS 或 ES 寄存器，段地址不能直接送入段寄存器，可通过通用寄存器传送。例如：

MOV AX,DAT1	; 段名 DAT1 相当于该段的段地址
MOV DS,AX	; DAT1 段的段地址送入 DS
MOV BX,DAT2	
MOV ES,BX	; DAT2 段的段地址送入 ES

3. SS 的装载

SS 的装载方法有两种。

（1）编程时用指令装载堆栈段寄存器 SS 和堆栈指针 SP，例如：

MOV AX,STAK1	
MOV SS,AX	; STAK1 段的段地址送入 DS
MOV SP,2000H	; 设置堆栈指针

（2）定义堆栈段时，指定 STACK 组合类型，表示该段为堆栈段。程序装入内存时，DOS 操作系统自动将这个堆栈段的段地址装入 SS，并将栈底的偏移量加 1 送入 SP，使 SS:SP 指向堆栈段。该方法比第一种使用方便，是编程常用的 SS 装载方式。

4.2.5 模块定义与连接伪指令

模块定义与连接伪指令用于大规模汇编语言程序中模块的定义，各模块之间的连接，变量传送，相互访问等。

1. 模块定义伪指令（NAME）

格式：NAME 模块名

功能：用于给源程序汇编得到的目标程序指定模块名，供连接程序使用。NAME 前不能再加标号。

NAME 伪指令可以省略，若省略则取 TITLE 伪指令（属于列表伪指令）后面标题名中的前 6 个字符作为模块名。若也没有 TITLE 伪指令，则取源程序文件名为模块名。

2. 组定义伪指令（GROUP）

格式：组名　GROUP　段名 1 ［，段名 2,…］

功能：将段名表中列出的段组合在一个 64KB 的物理段中，并定义一个组名。

组名与段名相同，也表示该组的段地址。定义组时最好将同类型段设为一组，例如代码段一组，数据段一组。使用组能得到紧凑的目标代码，还可将有些段间转移转换为段内转移。

3. 包含伪指令（INCLUDE）

格式：INCLUDE　模块名

功能：模块汇编时，将另一模块插入 INCLUDE 伪指令处一起汇编。

4. 程序结束伪指令（END）

格式：END ［标号］

功能：表示源程序到此结束，指示汇编程序停止汇编，对于 END 后面的语句不再处理。

标号表示程序执行的启动地址，END 伪指令将标号的段地址和偏移地址分别提供给 CS 和 IP 寄存器。如果源程序中有多个模块，只有主模块的 END 语句后使用标号，非主模块不能带标号，但所有模块后的 END 伪指令不能省略。

5. 公用符号伪指令（PUBLIC）

格式：PUBLIC 符号名 ［，符号名,…］

功能：被 PUBLIC 定义的符号可供其他模块使用。符号可以是本模块中定义的变量、标号、过程名或常数等。PUBLIC 伪指令可在源程序的任何位置。

6. 外部符号伪指令（EXTRN）

格式：EXTRN 符号名 1：类型 ［，符号名 2：类型,…］

功能：本模块可引用 EXTRN 说明的其他模块定义的外部符号，这些符号必须在其他模块中用 PUBLIC 定义。

符号名是其他模块中已经用 PUBLIC 定义的符号，类型必须与这些符号的原类型一致，如变量为 BYTE、WORD 或 DWORD 等类型，标号和过程为 NEAR 或 FAR 类型。

4.2.6 地址计数器与对准伪指令

1. 地址计数器（$）

8086 宏汇编语言中将字符"$"作为偏移地址计数器使用。汇编程序对段定义处理过程中，每遇到一个新段名就将其填入段表，同时为该段设置一个初值为 0 的位置计数器。汇编该段时，对申请分配存储器及产生目标代码的语句，汇编程序都将其占用的存储单元字节数累加到该段对应的位置计数器中，汇编过程中位置计数器的值不断变化。字符"$"表示的就是位置计数器的当前值（偏移地址）。

编写程序时，可将"$"用在数值表达式中，其值为下一个可分配存储单元的偏移地址。

2. 偏移地址设定伪指令（ORG）

格式：ORG 数值表达式

功能：用于设定程序或数据在存储器中存放的起始偏移地址。汇编时该 ORG 伪指令后面的内存变量或指令从数值表达式所指定的偏移地址开始分配。数值表达式的取值范围为 0000H～FFFFH。例如：

```
        ORG 200H
SADR:   MOV AX,[SI]        ; SADR 的偏移地址是 200H
        …
```

【例 4-5】　分析 DATA 数据段在存储器中的分配情况。

```
DATA SEGMENT
    ORG 2
    B1 DB 2BH,80H
    CNT EQU $-B1           ; CNT=$-B1=4-2=2，即变量 B1 占用 2B 内存空间
    W1 DW $                ; $=4,W1=0004H
    ORG $+3
    B2 DB 0FAH,61H,68H
DATA ENDS
```

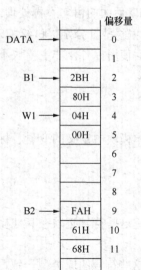

图 4-3　变量存储示意图

变量存储示意如图 4-3 所示。伪指令 ORG 2 使变量 B1 从偏移地址 2 开始存放。符号 CNT 不占内存空间，符号定义语句 CNT EQU $-B1 用于计算变量 B1 的长度，当变量较长时比较方便。变量 W1 后面的$代表的偏移地址为 4，因此其初值为 0004H，定义完 W1 后，$加 2 变为 6，下一条 ORG $+3 使变量 B2 从偏移地址 9 开始存放。

3. EVEN 伪指令

格式：EVEN

功能：使下一个地址为偶数，保证字数据从偶地址开始存放（对准字）。例如：

```
        EVEN
VARW    DW   2F00H，8CFFH，0A23H  ; 使字变量 VARW 从
                                      偶地址开始
```

4.2.7　子程序定义伪指令 PROC/ENDP

程序中多次重复执行的程序段可以定义为子程序（也称为过程），在需要的地方用 CALL 指令调用，以缩短源程序长度，节省存储空间。子程序定义伪指令的一般格式如下：

```
子程序名  PROC  类型
  …
  …          ;子程序体
  …
子程序名 ENDP
```

子程序的定义有以下规定：

① 子程序名是用户定义的标识符，前后必须一致。

② 子程序定义伪指令 PROC 和 ENDP 必须成对出现，PROC 表示子程序开始，ENDP 表示子程序结束。

③ 子程序名代表子程序的入口地址。子程序名有段、偏移量和类型 3 个属性。

④ 子程序有 NEAR 和 FAR 两种类型，缺省类型是 NEAR 类型。若子程序要被其他代码段的程序调用，应定义为 FAR 类型。若子程序只被同段程序调用，可以定义为 NEAR 类型。

⑤ 子程序中至少有一条 RET 指令用于返回调用程序，RET 一般位于子程序体的最后，但也可以在其他位置。

4.2.8 结构定义伪指令 STRUC/ENDS

结构定义伪指令 STRUC/ENDS 用于将不同数据类型的变量数据组合起来，构成一种用户定义的新数据类型。

1. 结构的定义

用伪指令 STRUC 和 ENDS 将相关的一组数据变量定义语句组合起来，就构成了一个结构。其一般格式如下：

```
结构名  STRUC
    …
    …                      ; 数据定义语句序列
    …
结构名  ENDS
```

结构名是用户定义的标识符，代表整个结构类型，前后两个结构名必须一致。伪指令 STRUC 和 ENDS 必须成对出现，分别表示结构的开始与结束。结构定义只是增加了一种新的数据类型，汇编程序并不为其分配内存。

结构内的每个数据定义语句为 1 个结构字段，变量名即为结构字段名。字段可以有字段名，也可以没有字段名，有字段名的字段直接用字段名访问，没有字段名的字段可用该字段在结构中的偏移量访问。例如：

```
STU STRUC                ; 结构名 STU
    NO DW 1              ; 字段名 NO
    NAME1 DB 'ZHANG'     ; 字段名 NAME
    NUM DW 2000          ; 字段名 NUM
STU ENDS
```

2. 结构变量的定义

定义了结构后，就可以定义该结构类型的变量，并在程序中使用该结构变量。汇编程序为定义的各结构变量分配内存单元。结构变量的定义格式为

结构变量名　结构名　<字段值表>

结构变量名是用户定义的标识符，程序中可通过它操作结构变量。结构名是已经定义结构的名字。

字段值表为结构变量的字段赋初值，各字段之间用逗号"，"分隔，字段值表中字段的顺序及类型必须与结构定义一致。

若结构变量中的某字段采用结构定义的缺省值，可以省略字段值。若所有字段均采用结构定义的默认值，则可以省略字段值表，但尖括号"<>"必须保留。

例如使用前面定义的结构 STU 定义结构变量：

STU1 STU <100,'LIUX',1890>
STU2 STU <120,'YAOM', >　　　　　　; 字段 NUM 使用默认值
STU3 STU <121,,75FAH>　　　　　　　; 字段 NAME1 使用默认值
STU4 STU < , ,80>　　　　　　　　　　; 字段 NO、NAME1 使用默认值
STU5 STU < >　　　　　　　　　　　　; 各字段全部使用默认值

3. 结构变量的引用

结构变量定义后可在程序中引用，结构变量直接用变量名操作，结构变量字段的使用形式如下：

结构变量名.字段名

例如：

MOV CH,STU.NO
MOV AX,STU.NUM
MOV AL,STU.NAME1
MOV AH,STU.NAME1+3

另外，也可用字段的偏移量间接引用，例如：

MOV DI,OFFSET STU
MOV BX,[DI]
MOV AL,[DI+2]
MOV AX,[DI].NO
MOV CH,[DI].NAME1

4.2.9 记录定义伪指令 RECORD

记录用于定义内存单元的位信息，可把 1～16 个二进制位分为几个长度不同的字段并定义字段名，以实现对开关量或位组合信息的处理。

1. 记录的定义

格式：记录名　RECORD <字段名:字段宽度 [＝初值表达式]，…>

记录名和字段名是用户定义的标识符，记录名代表该记录类型，一条语句可以定义多个字段。

字段宽度表示该字段所占的二进制位数，记录中所有字段宽度之和不能超过 16b，若记录总宽度为 1～8b，定义记录变量时系统为其分配 1B 内存空间，若超过 8b 则系统为其分配 2B 内存空间。用 RECORD 伪指令定义记录时系统不分配内存单元。

记录的最后一个字段排在所分配空间的最低位，然后对记录中的字段依次从右向左分配二进制位，左边没有分完的二进制位补 0。

初值表达式给出的是该字段的默认值。若初值超过了该字段的表示范围，汇编时将产生错误提示信息，若字段没有初值表达式，则其初值为 0。

【例 4-6】　定义记录 CTRL、SET，说明其中的字段在存储器中的分配。

CTRL RECORD C1:1=1,C2:1=1,C3:4,C4:2

SET RECORD S:4,E:6,K:3=5

记录 CTRL 中有 4 个字段 C1、C2、C3 和 C4，字段宽度分别是 1b、1b、4b 和 2b，记录总宽度 8b。记录 SET 中有 3 个字段 S、E 和 K，字段宽度分别是 4b、6b 和 3b，记录总宽度 13b。两个记录中各字段的二进制分配如图 4-4 所示。后面的例子将以这两个记录说明。

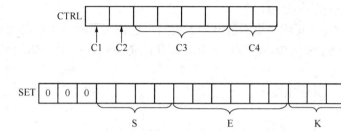

图 4-4　记录 CTRL、SET 的字段二进制位分配示意图

2. 记录变量的定义

记录变量是把字节或字变量按二进制位分成一个或多个字段的变量。程序中必须先说明记录类型，然后才能定义该记录类型的记录变量。记录变量的定义格式为

记录变量名　记录名　<字段值表>

记录变量名是用户定义的标识符，记录名必须是已经定义记录的名字。

字段值表中的数据将赋给记录变量中的字段，各字段之间用逗号“,”分隔，字段顺序必须与记录定义相同。字段值可以省略，若省略使用记录定义的缺省值，若没有缺省值则为 0。若所有字段都用缺省值，则可以省略所有字段值，但尖括号“<>”不能省略。

例如：

CTRL1 CTRL < 0 , 1 , 8 , 2 >,< 1 , , , 3 >,< >　　　; 定义 CTRL 型记录变量 CTRL1

SET1 SET <15, 34 , 1>,<6 , , >　　　　　　　　　; 定义 SET 型记录变量 SET1

3. 记录操作符

（1）操作符 WIDTH。

格式：WIDTH　　记录名（或记录字段名）

功能：返回记录或字段的宽度，即二进制位数。

例如：

MOV AL,WIDTH SET　　　;（AL）=13

MOV AH,WIDTH C1　　　;（AH）=1

MOV BH,WIDTH E　　　;（BH）=6

（2）操作符 MASK。

格式：MASK 记录名（或记录字段名）

功能：返回一个 8b 或 16b 二进制数，在这个二进制数中，被 MASK 操作符指定的记录

或字段对应位的值为 1，其他位为 0。

例如：

MOV AL,MASK C3	;（AL）=00111100B
MOV AX,MASK S	;（AX）=0001111000000000B
MOV BX,MASK SET	;（BX）=0001111111111111B

4.2.10　简化段定义伪指令

完整段定义伪指令 SEGMENT/ENDS 虽然可以控制段的各种属性，但程序员很少会这样做。MASM 5.0 及以上版本提供了简化的段定义方式，使定义段更简单，而且可方便地实现汇编模块与高级语言模块的连接。

简化段定义伪指令在说明一个新段开始的同时，也说明了上一个段的结束，因此在本段定义结束时不必用 ENDS 伪指令标识。另外，简化段定义隐含使用 ASSUME 和 GROUP 伪指令。

1. 段序伪指令（DOSSEG）

格式：DOSSEG

功能：用在主模块前标记简化段，各段顺序由系统安排。

2. 内存模式选择伪指令（.MODEL）

格式：.MODEL 存储模式 [,语言类型]

功能：说明内存使用模式，指示数据与代码允许使用的长度。存储模式有 TINY、SMALL、MEDIUM、COMPACT 和 LARGE 等。各存储模式的功能如表 4-2 所示。语言类型用于指定与源程序连接的高级语言类型，用关键字 C、BASIC、Pascal、FORTRAN 等指定，若不与高级语言连接可选择 SMALL 模式。

表 4-2　　　　　　　　　　　　　　存 储 模 式 的 功 能

存储模式	代码位距	数据位距	段宽度	功　　能
TINY	NEAR	NEAR	16 位	用于编写 COM 文件。数据段和代码段能合并
SMALL	NEAR	NEAR	16 位	所有数据变量在 1 个数据段内，所有代码也必须在 1 个代码段内，DS 内容保持不变，所有转移都是段内转移。编写独立汇编语言源程序常用此模式
COMPACT	NEAR	FAR	16 位	所有数据变量必须在 1 个数据段，代码段可有多个，DS 内容保持不变，转移可以是段间转移
MEDIUM	FAR	NEAR	16 位	数据段可以有多个，但代码段只能有 1 个
LARGE	FAR	FAR	16 位	数据段和代码段都可以有多个，1 个数组的字节数不能超过 64KB

3. 代码段定义伪指令（.CODE）

格式：.CODE [名字]

功能：定义一个代码段。只有一个代码段时，隐含段名@CODE，定位类型 WORD，组合类型 PUBLIC，类别表示符 'CODE'。若有多个代码段，需要用名字区别。

4. 堆栈段定义伪指令（.STACK）

格式：.STACK [堆栈字节数]

功能：定义一个堆栈段，并形成 SS 和 SP 的初值。省略参数时缺省值为 1024B，隐含段名@STACK，定位类型 PARA，组合类型 STACK，类别表示符 'STACK'。

5. 数据段定义伪指令（.DATA）

格式：.DATA

功能：定义一个具有 NEAR 属性的数据段，隐含段名@DATA，定位类型 WORD，组合类型 PUBLIC，类别表示符'DATA'。

汇编程序会自动将伪指令.STACK 和.DATA 定义的段组合成一个段组。如果定义一个不与其他段组合在一起的独立数据段，可用远程数据段定义伪指令.FARDATA。另外，还可以用.CONST 定义一个常数段，这几个伪指令使用较少。

6. 初始化段寄存器伪指令（.STARTUP）

格式：.STARTUP

功能：定义程序的初始入口点，自动初始化 DS、SS 和 SP，适用于 MASM6.0 版本。若程序中使用了此伪指令，则程序最后的 END 后不用再指定程序的入口标号。

若代码段中没有采用这个伪指令，代码段开头应首先用以下两条语句对 DS 寄存器初始化：

```
MOV AX,@DATA        ; 取数据段 DATA 的段地址
MOV DS,AX           ; 给段寄存器 DS 赋值,使其指向 DATA 段
```

7. 结束程序伪指令（.EXIT）

格式：.EXIT

功能：结束程序，返回 DOS 操作系统，适用于 MASM6.0 版本。该伪指令相当于 4CH 系统功能调用，即

```
MOV AH,4CH
INT 21H
```

4.2.11 宏指令

宏是宏汇编语言的基本功能，宏是将某一程序段用宏名表示，程序中需要实现此功能时用宏名代替相应的程序段，从而减少了重复代码的编写，提高了程序的可读性，使程序结构更加清晰。

1. 宏的定义

格式：宏名 MACRO　[形式参数表]

　　　　　宏体

　　　ENDM

宏定义有以下特点和规定。

① 宏名是用户定义的标识符，程序中通过宏名调用宏。宏名也可以与指令助记符，伪指令名相同，这时宏名优先，同名的指令和伪指令都失效，只有取消宏名定义后才能恢复其功能，因此编程时程序员最好自己定义宏名，尽量不要用保留字。

② 宏定义伪指令 MACRO 和 ENDM 必须成对出现，分别表示宏定义的开始和结束。ENDM 前没有宏名，这是与子程序或段定义的区别。

③ MACRO 和 ENDM 之间的宏体是宏所代表的程序段，由指令、伪指令等组成。宏体中也可以包含其他宏，构成宏的嵌套结构。

④ 宏定义时可以有若干形式参数，调用宏时将用实参数代替，并用来传递宏体运行的入

口和出口参数。参数可以是常数、寄存器、助记符、存储单元和表达式等。

【例4-7】　定义一个无参数宏，实现 AX、BX、CX、DX 及标志寄存器的压栈保护。

```
RPROT MACRO                   ; 宏名为 RPROT
        PUSH AX
        PUSH BX
        PUSH CX
        PUSH DX
        PUSHF
ENDM
```

【例4-8】　定义一个带参数宏，用于实现两个字节数据的逻辑与运算。

```
BAND MACRO BN1,BN2
        PUSH AL
        MOV AL,BN2
        AND BN1,AL
        POP AL
ENDM
```

宏 BAND 中包含两个入口参数 BN1、BN2，用于向宏体中传递运算数据，运算结果即出口参数为 BN1，也可以另外单独定义一个出口参数。

2. 宏的引用

宏定义后就可在程序中任何需要的位置用宏名（也称为宏指令）引用，汇编时汇编程序将源程序中的宏名用宏体代替（宏展开）。宏的引用格式为：

宏名［实参数表］

宏引用时，宏名要与宏定义时的宏名相同。各实参位置必须与宏定义时的形参对应，若实参个数多于形参个数，多余的实参被忽略，若实参个数少于形参个数，缺少的实参作为空白处理。

【例4-9】　在程序中引用宏 RPROT、BAND，并分析宏展开的结果。

宏引用：

```
...
RPROT                   ; 引用宏 RPROT 压栈保护寄存器
...
BAND B1,6CH             ; 引用宏 BAND 将字节变量 B1 和 6CH 相与,结果送 B1 变量。
...
```

宏展开的结果为

```
...
+       PUSH AX         ; 展开宏 RPROT
+       PUSH BX
+       PUSH CX
+       PUSH DX
+       PUSHF
...
+       PUSH AL         ; 展开宏 BAND
```

```
+        MOV AL,6CH
+        AND B1,AL
+        POP AL
...
```

＋表示宏展开的语句。

3. 宏的取消

格式：PURGE 宏名表

功能：取消宏名表中列出的宏。

4. 宏与子程序的区别

宏与子程序都可以简化程序的编写，两者的区别如下。

① 源程序中子程序通过 CALL 指令调用，宏通过宏名（宏指令）引用。

② 子程序的调用和返回均在程序运行时实现，需要占用 CPU 时间，汇编时汇编程序不对其处理。宏的引用在汇编时由汇编程序进行，宏展开后宏名即消失，不占用 CPU 运行时间。

③ 调用子程序既可以简化汇编源程序，也缩短了机器码，减少了程序占用内存的空间。引用宏仅能简化汇编源程序，不能缩短机器码。

④ 子程序通过寄存器、堆栈或存储单元传递参数，宏通过实参替换形参的方式实现参数传递。

4.3　DOS 和 BIOS 中断调用

4.3.1　DOS 系统功能调用

DOS 操作系统包含若干功能调用模块，用于完成对文件、设备、内存等的管理，对用户而言，这些功能模块就是几十个独立的中断服务程序，中断程序的入口地址已由系统置入中断向量表中，编写汇编语言程序时可用软中断指令直接调用。

DOS 使用的中断类型号为 20H～3FH，中断类型如表 4-3 所示。其中类型号为 21H 的中断程序称为 DOS 系统功能调用，按功能号不同又分为若干不同功能的子程序，具体分类如下。

① 00H～0CH：字符 I/O 管理。包括键盘、显示器、打印机、异步通信口的管理。

② 0DH～24H：文件管理。包括复位、选择磁盘，打开、关闭文件，查找目录项，删除文件，顺序读/写文件，建立文件，重新命名文件，查找驱动器分配表信息，随机读/写文件，查看文件长度。

③ 25H～26H：非设备系统调用。包括设置中断向量，建立新程序段。

④ 27H～29H：文件管理。包括随机块读/写，分析文件名。

⑤ 2AH～2EH：非设备系统调用。包括读取、设置日期、时间等。

⑥ 2FH～38H：扩充系统调用组，包括读取 DOS 版本号，中止进程，读取中断向量，读取磁盘空闲空间等。

⑦ 39H～3BH：目录组。包括建立目录，修改当前目录，删除目录项。

⑧ 3CH～46H：扩充文件管理组，包括建立、打开、关闭文件，从文件或设备读取数据。在指定目录中删除、移动、读/写文件，读取、修改文件属性，设备 I/O 控制等。

⑨ 47H：目录组，取当前目录。

⑩ 48H～4BH：扩充内存管理组，包括分配内存，释放已分配内存，分配内存块，装入或执行程序等。

⑪ 4CH～4FH：扩充系统管理组，包括中止进程，查询子进程返回代码，查找第一个及下一个相匹配文件。

⑫ 50H～53H：扩充系统调用，DOS 内部使用。

⑬ 54～62H：扩充系统调用，包括读取校验状态，重新命名文件，设置读取日期和时间。39H 以后的文件管理系统调用是为处理树形目录结构而提供的。

表 4-3　　　　　　　　　　　　　　　DOS 中 断 类 型

中断类型号	功　　能	中断类型号	功　　能
20H	程序结束	27H	结束并驻留内存
21H	系统功能调用	28H	键盘忙循环
22H	终止地址	29H	快速写字符
23H	"Ctrl+Break" 组合键退出	2AH	网络接口
24H	出错退出	2EH	执行命令
25H	读磁盘	2FH	多路转接接口
26H	写磁盘	30H～3FH	DOS 保留

DOS 系统功能通过软件中断调用，调用步骤如下：

① 设置入口参数，若没有入口参数可省略；

② 功能号送 AH 寄存器；

③ 执行系统功能调用指令 INT 21H。

本节仅介绍程序结束中断 INT 20H 和常用的系统功能调用 INT 21H，其他功能调用请参阅附录 B。

1. 键盘输入并回显（01H 系统功能调用）

入口参数：无

出口参数：AL＝键盘输入字符的 ASCII 码。

功能：系统扫描键盘并等待输入 1 字符，当有键按下时先检查是否是 "Ctrl＋Break"组合键，若是则退出，否则将字符的键值（ASCII 码）送入 AL 寄存器，并在屏幕上显示此字符。

例如：

```
MOV AH,1          ；功能号送入 AH
INT 21H           ；系统功能调用
```

2. 字符显示（02H 系统功能调用）

入口参数：DL＝显示字符的 ASCII 码

出口参数：无

功能：在屏幕上显示 1 个可显示字符，若是控制符则执行其功能。

例如：

```
MOV DL,'L'
MOV AH,2
```

```
INT 21H                    ；在屏幕上显示字符 L
MOV DL,0DH                 ；0DH 是回车的 ASCII 码
MOV AH,2
INT 21H                    ；执行回车功能
```

3. 异步通信口输入（03H 系统功能调用）

入口参数：无

出口参数：AL＝串口输入的字符

功能：从异步通信口 COM1 输入 1 个字符，送入 AL 寄存器。DOS 系统初始化此端口传输数据帧格式为 8 位数据，1 位停止，无奇偶校验位，其数据传输速率为 2400bps。

例如：

```
MOV AH,3
INT 21H
```

4. 异步通信口输出（04H 系统功能调用）

入口参数：DL＝从串口输出字符 ASCII 码

出口参数：无

功能：将 DL 中数据从异步通信口 COM1 输出。此功能调用与 BIOS 的 INT 14H 功能相似，但 14H 更方便。

例如：

```
MOV DL,'K'
MOV AH,4
INT 21H                    ；将字符 K 的 ASCII 码从 COM1 输出
```

5. 打印机输出（05H 系统功能调用）

入口参数：DL＝输出字符的 ASCII 码

出口参数：无

功能：将 DL 中的数据输出到打印机

例如：

```
MOV DL,'&'
MOV AH,5
INT 21H                    ；将字符&的 ASCII 码输出到打印机
```

6. 字符串显示（09H 系统功能调用）

入口参数：DS:DX＝字符串首地址，字符串以“$”为结束符（$不显示）。

出口参数：无

功能：将 DS:DX 所指向的内存缓冲区中的字符串送显示器显示。

【例 4-9】 编程在屏幕上显示字符串“One world,One dream！”。

```
DATA SEGMENT
      STRA DB 'One world,One dream!$'        ;定义字符串
DATA ENDS
CODE SEGMENT
      ASSUME DS:DATA,CS:CODE
START:  MOV AX,DATA
```

```
            MOV DS,AX                              ;数据段的段地址送入 DS
            MOV DX,OFFSET STRA                     ;偏移量送入 DX
            MOV AH,9
            INT 21H                                ;显示字符串
            MOV AH,4CH
            INT 21H
CODE ENDS
END START
```

7. 键盘输入字符串（0AH 系统功能调用）

入口参数：DS:DX＝输入缓冲区首地址。

出口参数：DS:DX+1＝缓冲区中输入字符数。

功能：将键盘输入的字符串送入内存缓冲区。

功能调用前，应首先在内存中定义一个输入缓冲区，缓冲区的首字节存放可接收最大字符数（不超过 255B），由程序在功能调用前给出。第二字节是用户通过键盘实际输入字符数，功能调用结束后由系统填入。从第三字节开始存放键盘输入的字符串，键盘输入以回车作为结束符，且回车符（0DH）也存在字符串的最后并占用 1B 空间。

若输入字符数小于缓冲区长度，其余空间补 0，若超过缓冲区长度，多余字符丢失且响铃警告。

【例 4-10】 编程从键盘接收字符串并存入内存缓冲区。

```
DATA SEGMENT
        INSTR1 DB 100
        DB ?
        DB 100 DUP （?）
DATA ENDS
CODE SEGMENT
        ASSUME DS:DATA,CS:CODE
START:  MOV AX,DATA
        MOV DS,AX
        MOV DX,OFFSET INSTR1
        MOV AH,0AH
        INT 21H
        MOV AH,4CH
        INT 21H              ;返回 DOS
CODE ENDS
END START
```

返回 DOS 也可以为：

```
MOV AX,4C00H
INT 21H                      ;返回 DOS
```

8. 程序结束中断 INT 20H

程序运行时，操作系统首先为其建立一个长度为 256B 的程序段前缀区 PSP，用于存放程序信息及程序和操作系统的接口，并自动在 PSP 开始处放置一条 INT 20H 指令（用于结束当前程序返回 DOS）。程序结束时应转到 PSP 开始处执行以返回 DOS。

DOS 建立 PSP 后，从磁盘读取 EXE 可执行文件，并将代码段、数据段和堆栈段从 PSP 后面依次装入内存，使 DS、ES 均指向 PSP 开始单元，即 INT 20H 指令，同时使 CS:IP 指向代码段第一条指令，SS:SP 指向堆栈段栈底，然后系统开始执行程序。

利用 PSP 中的中断指令返回 DOS 的代码段可采用以下结构编写：

```
CODE1 SEGMENT
  MAIN PROC FAR
        ASSUME CS:CODE1,DS:DATA1
START: PUSH DS               ;PSP 段地址入栈
       MOV AX,0
       PUSH AX               ;INT 20H 的偏移量入栈
       MOV AX,DATA1          ;初始化数据段
       MOV DS,AX
       …
       …
       RET                   ;最后一条指令
  MAIN ENDP
CODE1 ENDS
```

代码段 CODE1 中将主程序定义为 FAR 过程，代码段开始首先将 PSP 中 INT 20H 的段地址和偏移量压入堆栈，然后开始执行程序，代码段最后一条指令为 RET，由于主程序具有 FAR 属性，执行 RET 时，栈顶的两个字分别弹出到 CS 和 IP，转到 PSP 的 INT 20H 指令执行，结束当前程序返回到 DOS。

该结束程序返回 DOS 的方法与上面介绍的 4CH 系统功能调用相同，但使用较麻烦，编程时一般用 4CH 功能调用。

4.3.2 BIOS 中断调用

IBM-PC/XT 微机存储系统中，FE000H～FFFFFH 地址范围的 8KB EPROM（或 FLASH ROM）用于存放基本输入输出系统程序，即 BIOS（Basic Input Output System）程序。BIOS 程序用于系统加电自检、引导装入、I/O 设备及接口的操作控制。

BIOS 程序由若干功能模块组成，每个功能模块的入口地址都放在中断向量表中，通过软件中断指令 INT n 直接调用，每个中断类型号对应一种 I/O 设备的中断调用，每个中断调用又通过功能号实现对设备的不同操作。BIOS 中断类型如表 4-4 所示。

表 4-4 　　　　　　　　　　　　BIOS 中断类型

中断类型号	功能	中断类型号	功能
10H	显示器 I/O	17H	打印机 I/O
11H	取设备信息	18H	ROM BASIC
12H	取内存容量	19H	引导装入程序
13H	磁盘 I/O	1AH	时钟
14H	串行口 I/O	33H	鼠标 I/O
15H	磁带 I/O	40H	软盘 BIOS
16H	键盘 I/O		

BIOS 中断调用与 DOS 功能调用相似，也分为设置入口参数，功能号送入 AH，执行 INT n 中断调用。各中断调用的具体功能请参阅附录 C。

4.4 汇编语言程序设计

4.4.1 汇编语言程序设计步骤

汇编语言程序通常按照以下步骤设计。

1. 分析问题，建立数学模型

认真分析需要解决的问题或实现的功能，明确已知条件、输入输出信息、运算精度、控制对象等，对于复杂问题要建立数学模型。

2. 确定算法和编程思路

根据建立的数学模型确定最佳算法。解决同一问题可能有若干不同的算法，用这些算法编写的程序运行时间和占用存储空间均不相同，使用指令及程序结构也不一样，应根据实际需要选择合适的算法，以使程序运行能达到预期目标。

3. 画出流程图

流程图是用图形表示算法功能的框图，流程图能清晰描述算法的结构和解决问题的顺序，使解题的思路清晰，有利于帮助理解、阅读和编写程序，借助流程图编程能起到事半功倍的效果，可见编写复杂程序前最好画出流程图。

4. 分配存储空间和寄存器

根据程序占用资源的多少，合理规划分配存储器和寄存器资源，以节省存储空间，合理使用各类资源。

5. 编制程序

根据选定的算法和流程图编写程序。应严格按照汇编语言的规则编程，采用结构化程序设计方法，选择合适的指令和基本程序结构，重要指令增加简短注释，使程序结构合理，具有较好的可维护性和通用性。

6. 上机调试

程序编写完成后，首先检查有无语法错误，找出程序中存在的明显问题，然后借助 DEBUG 调试工具进一步对程序进行调试，通过反复调试修改，确认没有错误后，将源程序各功能模块连接组装起来，形成总体程序。

4.4.2 汇编语言程序结构

汇编语言程序采用分段结构，编程时需用段定义及其他伪指令组织程序和数据变量，构成可被 MASM、TASM 汇编程序识别并汇编的源程序。MASM5.0～6.11 还提供了简化段定义伪指令，使汇编语言程序的编写更简单。下面分别给出采用两种段定义伪指令构成的汇编语言程序结构框架，为后面的程序设计提供参考。

1. 完整段定义程序结构

完整段定义程序结构如下：

```
STACK1 SEGMENT STACK              ;定义堆栈段 STACK1
        DW 100 DUP(?)             ;开辟堆栈区域
STACK1 ENDS
DATA1 SEGMENT                     ;定义数据段 DATA1
...                              ;定义变量
...
```

```
DATA1 ENDS
DATA2  SEGMENT                    ;定义数据段 DATA2
…                                ;定义变量
…
DATA2 ENDS
CODE1  SEGMENT                    ;定义代码段 CODE1
       ASSUME DS:DATA1,ES:DATA2,SS:STACK1,CS:CODE1    ;段寄存器说明
START: MOV AX,DATA1
       MOV DS,AX                  ;DS 指向 DATA1
       MOV AX,DATA2
       MOV ES,AX                  ;ES 指向 DATA2
       …                          ;程序体
       …
       MOV AH,4CH
       INT 21H                    ;返回 DOS
CODE1 ENDS
       END START                  ;汇编结束
```

完整段定义程序结构有如下特点。

（1）汇编语言程序由若干代码段、数据段和堆栈段构成，段的数目根据需要确定。

（2）任何段都由伪指令 SEGMENT 和 ENDS 定义，各段的顺序任意，但数据段通常在代码段前面。

（3）代码段开始先要用 ASSUME 伪指令指定各段使用的段寄存器，并初始化 DS、ES。堆栈段定义时设置组合类型 STACK 可自动初始化 SS 和 SP。

（4）汇编语言程序中至少有一个启动标号，作为程序开始执行时目标代码的入口地址，启动标号常用 START、BEGIN 或 MAIN 等命名，汇编结束伪指令 END 后必须跟同名标号。

2. 简化段定义程序结构

简化段定义程序结构如下：

```
.MODEL SMALL        ;SMALL 模式
.STACK              ;定义堆栈段
.DATA               ;定义数据段
…                   ;定义变量
…
.CODE               ;定义代码段
.STARTUP            ;自动初始化 DS,SS 和 SP
…                   ;程序体
…
.EXIT               ;返回 DOS
END                 ;汇编结束
```

对比完整段定义可见，简化段定义结构要简单得多，但须注意的是这种结构的程序只能用 MASM5.0 以上版本汇编，且其中的.STARTUP 和.EXIT 伪指令只有 MASM6.0 以上版本才能识别。

4.4.3 顺序结构程序设计

汇编语言编程采用结构化程序设计方法，源程序由若干相对独立的功能模块组成，包含一个主模块和若干子模块，程序运行时，由主模块选择并调用子模块实现预定功能。任何复

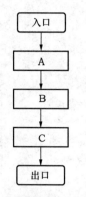

图 4-5 顺序结构流程图

杂的程序模块都是由顺序结构、分支结构和循环结构 3 种基本结构组成，每种基本结构只有一个入口和一个出口，整个程序也只有一个入口和一个出口。

结构化程序设计过程就像搭积木，编程时用基本结构编写不同功能的程序模块，最后将各功能模块组合成一个完整的程序。程序调试时可以先对各模块独立调试，然后统调。结构化程序设计使程序结构清晰，方便编程和阅读，易于调试，可靠性高。

顺序结构是最简单的程序结构，顺序结构程序按照指令顺序依次执行，没有分支和循环，只能完成简单的数据传送、运算等功能。顺序结构如图 4-5 所示。

【例 4-11】 从键盘输入 1 位数字，用查表法求其立方并将结果送入变量 Y。

```
DATA SEGMENT
        TAB DW 0,1,8,27,64,125,216,343,512,729      ;0～9 的立方表
        Y DW ?
DATA ENDS
CODE SEGMENT
        ASSUME CS:CODE,DS:DATA
START:  MOV AX,DATA
        MOV DS,AX
        MOV AH,1
        INT 21H                  ;读键盘
        AND AL,0FH               ;将数字的 ASCII 码转换为数字
        SHL AL,1                 ;数字乘以 2 为其立方距表首的偏移量
        MOV CL,AL                ;暂存入 CL
        MOV BX,OFFSET TAB        ;BX 指向立方表表首
        XLAT                     ;查表得到结果低字节
        MOV BYTE PTR Y,AL        ;结果低字节存入 Y 变量
        XCHG CL,AL
        INC AL                   ;结果高字节距表首的偏移量
        XLAT                     ;查表得到结果高字节
        MOV BYTE PTR Y+1,AL      ;结果高字节存入 Y 变量
        MOV AH,4CH
        INT 21H                  ;返回 DOS
CODE ENDS
    END START
```

【例 4-12】 字节变量 BCD1 中存放 1 位压缩 BCD 码，编程将其转换为非压缩 BCD 码，并将低位送入 BCD2 变量，高位送入 BCD3 变量。

程序如下：

```
DATA SEGMENT                          ;数据段 DATA
        BCD1 DB 28H
        BCD2 DB ?
        BCD3 DB ?
DATA ENDS
CODE SEGMENT                          ;代码段 CODE
        ASSUME CS:CODE,DS:DATA
START:  MOV AX,DATA
        MOV DS,AX
```

```
            MOV AL,BCD1
            AND AL,0FH              ;得到低位的 BCD 码
            MOV BCD2,AL            ;送入 BCD2
            MOV CL,4
            SHR BCD1,CL            ;得到高位的 BCD 码
            MOV AL,BCD1
            XCHG AL,BCD3           ;送入 BCD3
            MOV AH,4CH
            INT 21H               ;返回 DOS
    CODE ENDS
            END START
```

4.4.4 分支结构程序设计

分支结构也称为选择结构，分支结构中通过条件转移指令判断某个条件是否成立，并决定执行哪个分支。

分支结构分为单分支、双分支和多分支 3 种形式，分支结构流程示意如图 4-6 所示。单分支结构当条件不成立时执行 A 分支，条件成立时退出；双分支结构当条件成立时执行 A 分支，不成立时执行 B 分支；多分支结构的条件有 $0 \sim N$ 种可能，满足某一条件执行相应功能的分支。

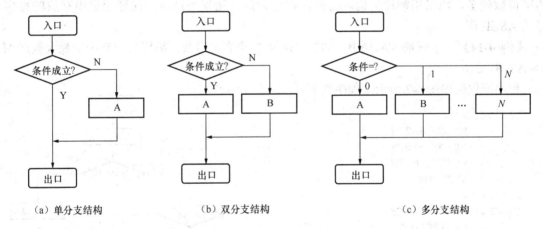

（a）单分支结构　　　　　（b）双分支结构　　　　　（c）多分支结构

图 4-6　分支结构流程图

【例 4-13】　CHAR1 中存放 1 个字母的 ASCII 码，若是大写字母转换为小写，若是小写字母转换为大写，并在屏幕上显示。

程序如下：

```
DATA1 SEGMENT
        CHAR1 DB 'L','d'
DATA1 ENDS
CODE1 SEGMENT
        ASSUME CS:CODE1,DS:DATA1
START:  MOV AX,DATA1
        MOV DS,AX
        MOV DL,CHAR1
        CMP DL,61H
        JAE NEXT1            ;是小写字母转 NEXT1
        ADD DL,20H           ;转换为小写字母
        JMP NEXT2
```

```
NEXT1:    SUB DL,20H              ;转换为大写字母
NEXT2:    MOV AH,2
          INT 21H                 ;显示第 1 个字母
          MOV DL,CHAR1+1
          CMP DL,61H
          JAE NEXT3               ;是小写字母转 NEXT1
          ADD DL,20H              ;转换为小写字母
          JMP NEXT4
NEXT3:    SUB DL,20H              ;转换为大写字母
NEXT4:    MOV AH,2
          INT 21H                 ;显示第 2 个字母
          MOV AH,4CH
          INT 21H                 ;返回 DOS
CODE1 ENDS
          END START
```

大写字母 A～Z 的 ASCII 码是 41H～5AH，小写字母 a～z 的 ASCII 码是 61H～7AH，任一个字母大写与小写 ASCII 码的差均为 20H，判断出大小写后，可通过加 20H 或减 20H 进行转换，用两分支结构实现。程序中对两个字符进行转换，采用顺序结构编写，若转换的字符数较多，应采用循环结构。另外，程序未进行错误处理，应保证变量中存放的为字母的 ASCII 码。

【例 4-14】　字变量 VA、VB、VC 中存放 3 个有符号数，编程找出其中的最大数送入 VMAX 单元。

程序流程图如图 4-7 所示。程序如下：

```
DATA SEGMENT
        VA DW 8A2FH
        VB DW 310CH
        VC DW 0C82H
        VMAX DW ?
DATA ENDS
STACK SEGMENT STACK
        DW 100 DUP (?)
STACK ENDS
CODE SEGMENT
        ASSUME CS:CODE,DS:DATA,SS:STACK
START:  MOV AX,DATA
        MOV DS,AX
        MOV AX,VA
        CMP AX,VB
        JG N2                    ;VA 大于 VB 转 N2
        MOV AX,VB
        CMP AX,VC
        JG N3                    ;VB 大于 VC 转 N3
N1:     MOV AX,VC
        JMP N3
N2:     CMP AX,VC
        JL N1                    ;VA 小于 VC 转 N1
N3:     MOV VMAX,AX
        MOV AH,4CH
```

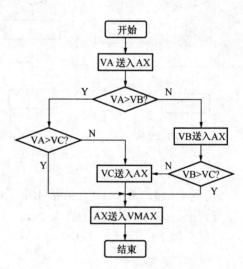

图 4-7　例 4-14 流程图

```
        INT 21H              ;返回 DOS
CODE ENDS
        END START
```

【例 4-15】 编程使大写字母 A～F 作为命令键，当按下某一命令键时执行相应功能的操作，按下其他键退出。

这是一个多分支程序，采用转移地址表与 JMP 指令实现多分支转移。将各按键处理程序段的首地址按顺序建立一转移地址表 ATAB，按收到命令按键后，将其 ASCII 码转换为在转移地址表中的偏移量，然后通过 JMP 指令转到对应的程序段执行。

程序如下：

```
DATA SEGMENT
ATAB DW PG_A,PG_B,PG_C,PG_D,PG_E,PG_F               ;按键命令程序地址表
DATA ENDS
CODE SEGMENT
        ASSUME CS:CODE,DS:DATA
START:  MOV AX,DATA
        MOV DS,AX
        MOV AH,1
        INT 21H              ;接收键盘输入字符
        CMP AL,'A'
        JB EXT               ;不是命令键退出
        CMP AL,'F'
        JA EXT               ;不是命令键退出
        SUB AL,'A'
        SHL AL,1             ;乘以 2 得到偏移量
        XOR AH,AH            ;使 AX 为地址表中对应按键的偏移量
        MOV BX,AX
        JMP ATAB[BX]         ;转到按键对应的程序段执行
PG_A:   ...                  ;命令 A 处理程序
        JMP EXT
PG_B:   ...                  ;命令 B 处理程序
        JMP EXT
PG_C:   ...                  ;命令 C 处理程序
        JMP EXT
PG_D:   ...                  ;命令 D 处理程序
        JMP EXT
PG_E:   ...                  ;命令 E 处理程序
        JMP EXT
PG_F:   ...                  ;命令 F 处理程序
EXT:    MOV AH,4CH
        INT 21H              ;返回 DOS
CODE ENDS
        END START
```

4.4.5 循环结构程序设计

循环结构用于重复执行某一程序段，适用于大量数据传送，多字节数据运算，搜索字符，排序等操作。循环结构分为两类：一类是先执行后判断结构，如果条件不成立则循环，条件成立则退出，循环体至少执行一次；另一类是先判断后执行结构，如果条件不成立则循环，条件

成立则退出，如果第一次判断时条件即不成立则循环体一次也不执行。循环结构的流程示意如图 4-8 所示。

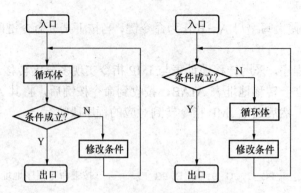

图 4-8　循环结构流程图

循环结构程序一般由初始化、循环体、参数修改和循环控制 4 部分组成。

1. 初始化

进入循环程序前首先进行初始化设置，包括设置循环计数器、地址指针初值，对存放运算结果的寄存器和存储单元初始化。

2. 循环体

循环体是循环程序的主体，通过若干次重复执行实现程序的预定功能。循环体的内容因程序功能而不同，其编写方法与一般程序相似。

3. 参数修改

循环体每执行一次后，都要修改计数器，地址指针等参数，为下一次循环作准备。

4. 循环控制

循环控制部分通过判断循环条件决定继续循环还是退出，对于已知循环次数的程序通过计数器控制，对于循环次数不定的程序可通过条件转移指令控制，也有的循环程序通过这两种方式的组合控制。

【例 4-16】　编程计算 $1+2+3+\cdots+N$ 的累加和，将结果存入变量 VAD 中。

程序如下：

```
DATA SEGMENT
        VAD DW ?                ;累加和结果存放单元
        N DB 100
DATA ENDS
CODE SEGMENT
        ASSUME DS:DATA,CS:CODE
START:  MOV AX,DATA
        MOV DS,AX
        MOV AL,N
        MOV AH,0
        MOV CX,AX               ;初值送入计数器 CX
        MOV BX,0                ;累加和寄存器 BX 初始化
NEXT:   ADD BX,CX
```

```
        LOOP NEXT
        MOV VAD,BX              ;结果存入 VAD
        MOV AH,4CH
        INT 21H
CODE ENDS
        END START
```

【例 4-17】　编程将 VBT1 开始的 2000 个字数据送入 VBT2 开始的单元。

程序如下：

```
DSEG1 SEGMENT
        VBT1 DW 2F00H,8012H,2AH,0C80H, …
DSEG1 ENDS
DSEG2 SEGMENT
        VBT2 DW 2000 DUP(?)
DSEG2 ENDS
CSEG SEGMENT
        ASSUME CS:CSEG,DS:DSEG1,ES:DSEG2
START:  MOV AX,DSEG1
        MOV DS,AX
        MOV AX,DSEG2
        MOV ES,AX
        MOV SI,0                ;设置指针初值
        MOV DI,0
        MOV CX,2000             ;计数器赋初值
LP1:    MOV AX,VBT1[SI]         ;传送数据
        MOV ES:VBT2[DI],AX
        INC SI                  ;修改指针
        INC DI
        LOOP LP1                ;未传送完则循环
        MOV AH,4CH
        INT 21H
CSEG ENDS
        END START
```

程序将源数据定义为 **DS** 数据段，目的单元定义为 **ES** 附加段，若两者在 64KB 地址范围内，也可都定义在同一 **DS** 数据段。传送数据个数已知，采用 LOOP 指令实现循环。

该数据传送还可用串操作指令重复操作实现，程序相对更简单一些，程序如下：

```
DSEG1 SEGMENT
        VBT1 DW 2F00H,8012H,2AH,0C80H,…
DSEG1 ENDS
DSEG2 SEGMENT
        VBT2 DW 2000 DUP(?)
DSEG2 ENDS
CSEG SEGMENT
        ASSUME CS:CSEG,DS:DSEG1,ES:DSEG2
START:  MOV AX,DSEG1
        MOV DS,AX
        MOV AX,DSEG2
        MOV ES,AX
        MOV SI,OFFSET VBT1  ;设置指针初值
```

```
          MOV DI,OFFSET VBT2
          MOV CX,2000          ;计数器赋初值
          CLD                  ;DF=0,地址递增
          REP MOVSW            ;串重复传送数据
          MOV AH,4CH
          INT 21H
CSEG ENDS
          END START
```

【例 4-18】　从变量 NUM1 单元开始连续存放 10 个无符号 8 位数,编程查找其中的最小数送入 MIN 单元。

先将第一个数送入 AL 寄存器,使 AL 与第二个数比较,若 AL 小不变,否则将第二个数送入 AL。然后 AL 再与第 3 个数比较,依次类推,经过连续 9 次比较后,最小数就在 AL 中。最后将 AL 中的结果送入 MIN 单元。

程序如下:

```
DSEG1 SEGMENT
          NUM1 DB 12,204,85,7,15,134,26,251,96,28
          MIN DB ?
DSEG1 ENDS
SSEG SEGMENT STACK
  DB 128 DUP(?)
SSEG ENDS
CSEG SEGMENT
          ASSUME CS:CSEG,DS:DSEG1,SS:SSEG
START:    MOV AX,DSEG1
          MOV DS,AX
          MOV AL,NUM1          ;第一个数送入 AL
          LEA BX,NUM1          ;数组首址送入 BX
          MOV CX,9             ;循环次数送入 CX
NXT:      INC BX               ;BX 指向下一个数
          CMP AL,[BX]
          JBE LP1
          XCHG AL,[BX]         ;小数送入 AL
LP1:      LOOP NXT             ;循环
          MOV MIN,AL           ;最小数送入 MIN 单元
          MOV AH,4CH
          INT 21H
CSEG ENDS
          END START
```

下面再给出用简化段定义伪指令编写的这个程序,请读者对比两者的区别。

```
          .MODEL SMALL         ;SMALL 存储模式
          .STACK 128           ;定义堆栈段
          .DATA                ;定义数据段
          NUM1 DB 12,204,85,7,15,134,26,251,96,28
          MIN DB ?
          .CODE                ;定义代码段
          .STARTUP             ;自动初始化 DS,SS 和 SP
          MOV AL,NUM1          ;第一个数送入 AL
```

```
           LEA BX,NUM1                 ;数组首址送入 BX
           MOV CX,9                    ;循环次数送入 CX
    NXT:   INC BX                      ;BX 指向下一个数
           CMP AL,[BX]
           JBE LP1
           XCHG AL,[BX]                ;小数送入 AL
    LP1:   LOOP NXT                    ;循环
           MOV MIN,AL                  ;最小数送入 MIN 单元
           MOV AH,4CH
           INT 21H
           .EXIT                       ;返回 DOS
           END                         ;汇编结束
```

【例 4-19】 用串操作指令编程查找字符串 STRING 中的"@"字符，若找到将其地址送入
SADR 单元，未找到将 0 送入 SADR 单元。

程序如下：

```
DATA SEGMENT
        STRING DB "ASDK@#&*LUVSF698"
        LSTR    EQU $-STRING            ;字符串 STRING 长度为 LSTR
        CADR DW ?
DATA ENDS
CODE SEGMENT
        ASSUME CS:CODE,DS:DATA,ES:DATA
START:  MOV AX,DATA
        MOV DS,AX
        MOV ES,AX                       ;DS 段和 ES 段重合
        LEA DI,STRING
        MOV CX,LSTR                     ;重复次数送 CS
        MOV AL,'@'
        CLD                             ;DF=0,地址递增
        REPNZ SCASB                     ;不等重复查找
        JZ FIND                         ;找到转 FIND
        MOV DI,1
FIND:   DEC DI
        MOV CADR,DI                     ;地址存 CADR
        MOV AH,4CH
        INT 21H
CODE ENDS
        END START
```

4.4.6　子程序设计

子程序也称为过程，是能独立完成某一功能的程序模块，合理使用子程序，用子程序代
替重复程序段，可以减少源程序和目标代码长度，使程序结构清晰，便于程序的移植和资源
共享，提高编程效率。子程序设计需要注意以下几个方面的问题。

1. 子程序说明

说明子程序的名称、功能、入口参数、出口参数及占用资源。说明部分是对子程序的注
释，不参与程序的执行，但通过说明可以很容易地了解子程序的功能特点，便于程序的维护
及共享。

2. 现场的保护与恢复

在调用子程序前正在使用的某些寄存器，进入子程序后可能也要使用并修改其内容，破坏了调用程序的运行结果，返回后不能正常运行。显然子程序开头应将其使用的寄存器压入堆栈保存起来，称为保护现场。

子程序执行完毕返回调用程序前，必须将现场数据弹出到原寄存器中，保证调用程序使用原先数据，称为恢复现场。

保护和恢复现场采用 PUSH 和 POP 堆栈操作指令进行，而且必须一一对应，否则子程序不能正常返回断点（调用程序中调用指令的下一条指令地址为子程序执行完后的返回地址，称为断点）。

3. 子程序的参数传递

调用程序在调用子程序前，经常需要向子程序传递数据，这些数据称为入口参数。子程序运行完后也要将执行结果等传给调用程序，这些数据称为出口参数。调用程序和子程序之间的双向数据传递称为参数传递。参数传递的方法有以下几种。

（1）寄存器传递参数。调用子程序前，先将需传递的参数送入 CPU 内部寄存器中，进入子程序后，子程序利用这些寄存器中的数据进行运算处理，并将运算结果也送入寄存器，返回调用程序后，调用程序可以从寄存器取得运算结果。寄存器传递参数使用方便，存取速度快，但寄存器数目有限，适用于传递参数较少的场合。

（2）存储器传递参数。在存储器中专门指定一部分存储区域用于存放入口参数和出口参数，子程序运行时从入口参数位置直接读取数据，并将运算处理结果送入存储器，子程序返回后调用程序从出口参数位置读取运算结果。存储器传递参数速度比寄存器传递慢，优点是能传送较多的参数。

（3）堆栈传递参数。调用子程序前将入口参数压入堆栈，进入子程序后通过 SP 指针获得压入堆栈的参数地址，取出参数进行运算处理，子程序运行完成后将结果压入堆栈，返回后调用程序通过出栈指令得到出口参数。使用堆栈传递参数不能破坏堆栈中保存的断点和现场信息，子程序返回时必须保证将断点弹出到 CS:IP 中，否则会使程序运行出错。堆栈传递参数适用于参数较多且子程序有嵌套、递归调用的场合。

4. 子程序的嵌套及递归

调用程序调用一个子程序后，该子程序还可以调用另外的子程序，称为子程序的嵌套调用。子程序可以有多层嵌套调用，程序运行时逐级调用逐级返回，每层嵌套调用都对应一个返回，调用和返回总是成对出现。

递归是一种特殊形式的嵌套调用，分为直接递归和间接递归两种：子程序调用其自身子程序形成的递归称为直接递归；子程序 A 调用子程序 B，子程序 B 又调用子程序 A 形成的递归称为间接递归。

【例 4-20】　编程接收从键盘输入的字符串并统计字符个数送入 TOTAL 单元，字符串以回车（ODH）作为结束符。

程序如下：

```
DATA SEGMENT
INSTR1  DB 255                ;定义字符串接收缓冲区
        DB ?
```

```
            DB  255 DUP (?)
            TOTAL DB ?
    DATA ENDS
    CODE SEGMENT
            ASSUME CS:CODE,DS:DATA
    START:  MOV AX,DATA
            MOV DS,AX
            MOV DX,OFFSET INSTR1
            MOV AH,0AH
            INT 21H                 ;接收键盘输入字符串
            MOV DX,OFFSET INSTR1+2
            CALL STRL               ;调用 STRL 子程序计算字符数
            MOV TOTAL,CL            ;字符数送入 TOTAL
            MOV AH,4CH
            INT 21H                 ;返回 DOS
    ;---------------------------------------------------------------
    ;子程序名: STRL
    ;子程序功能:计算字符串长度
    ;入口参数:DS:DX 存放字符串首地址,回车符 0DH:字符串结束标志
    ;出口参数:CL 存放该字符串的长度
    ;使用寄存器:AX、BX、DX、CL
            STRL    PROC
            PUSH    AX              ;保护现场
            PUSH    BX
            XOR     CL,CL           ;计数器清 0
            MOV     BX,DX
    LP:     CMP     [BX],0DH        ;字符与结束标志比较
            JE      EXT             ;是回车符退出
            INC     CL              ;计数器加 1
            INC     BX              ;指向下一字符
            JMP     LP
    EXT:    POP     BX              ;恢复现场
            POP     AX
            RET
        STRL ENDP
    CODE ENDS
            END START
```

4.4.7 中断服务程序设计

1. 中断服务程序的结构

编程时可直接调用 DOS 和 BIOS 提供的中断服务程序以实现设备控制等操作。另外,程序员还须编写专用的内部或外部中断服务程序。DOS 下的中断服务程序一般按照以下步骤编写。

① 保护现场:中断响应时 CPU 自动将标志寄存器和断点地址压入堆栈,保护现场是用 PUSH 指令将中断服务程序中使用的寄存器压入堆栈,如果程序中使用但不改变某一寄存器的值,则不需压栈保护。

② STI 指令开放中断:根据需要适时开放可屏蔽中断,以响应外设送来的高级中断请求。

③ 中断服务:中断服务程序的主体,用于完成中断服务要求的功能。

④ CLI 关中断：防止恢复现场过程中响应新的中断请求，不能正常返回。

⑤ 恢复现场：使用 POP 指令将保护的现场数据恢复到原寄存器。

⑥ IRET 中断返回：恢复标志寄存器，返回断点继续执行。IRET 和 RET 两条指令不能代换，中断服务程序最后不能用 RET 返回。

2. 中断服务程序的安装

由于中断响应时 CPU 要到中断向量表中读取中断服务程序入口地址，以转到相应的中断服务程序执行。因此程序运行时主模块要完成中断服务程序的安装，即将中断服务程序入口地址（中断向量）写入中断向量表。

中断向量可在程序中用 MOV 指令直接写入，也可用 DOS 系统功能调用实现，后一种方法更安全方便。与中断向量操作有关的 DOS 系统功能调用（INT 21H）有以下两个。

（1）设置中断向量（25H 系统功能调用）。

入口参数：DS:DX＝中断向量

　　　　　　AL＝中断类型号

出口参数：无

功能：将指定中断向量写入中断向量表。

（2）读取中断向量（35H 系统功能调用）。

入口参数：AL＝中断类型号

出口参数：ES:BX＝中断向量

功能：将指定中断类型号的中断向量从中断向量表中读取，并送入 ES:BX 内存单元。

在 256 个中断类型号中，60H～67H 是专为用户保留的中断，用户自己开发的中断一般应使用这些中断类型号。

【例 4-21】 编写在屏幕上显示字符"&"的中断服务程序，设置为 60H 中断，由主程序对其安装和调用。

程序如下：

```
CODE SEGMENT
            ASSUME CS:CODE
INT_DSP:    PUSH AX              ;中断服务程序 INT_DSP,显示"&"字符
            PUSH DX
            MOV DL,'&'
            MOV AH,2
            INT 21H
            POP DX
            POP AX
            IRET                 ;中断服务程序结束并返回
  START:    MOV AH,25H           ;功能号 25H
            MOV AL,60H           ;中断类型号 60H
            PUSH CS
            POP DS               ;中断服务程序段地址（在 CS 内）送入 DS
            LEA DX, INT_DSP      ;中断服务程序偏移量送入 DX
            INT 21H              ;中断向量装入中断向量表
            INT 60H              ;调用 60H 号中断
            MOV AH,4CH
            INT 21H              ;返回 DOS
  CODE ENDS
            END START
```

3. 中断服务程序驻留内存

上面的程序结束后其所占内存被 DOS 收回,中断服务程序变为不可用。若想让程序退出后中断服务程序所占内存仍然保留,为后续程序提供中断服务,必须让中断服务程序驻留内存。驻留内存可通过 DOS 的 31H 功能调用实现。

程序常驻退出(31H 系统功能调用)

入口参数:DX=(程序长度)

AL=退出码,若后续程序不用可任意设置

出口参数:无

功能:程序退出但常驻内存。

DX 是驻留内存的节数(1 节等于 16B),设驻留部分长度为 n 字节,计算公式为

$$DX=(n \div 16)+1+16$$

式中加 1 是为了防止 n 不是 16 整数倍时将余数部分考虑上,再加 16 是因为 DOS 在启动应用程序时会在程序前加上程序段前缀 PSP,PSP 需要和程序一块驻留内存,PSP 占 256B,正好是 16 节。

【例 4-22】 编写驻留内存的中断服务程序显示字符 "&"。

程序如下:

```
CODE SEGMENT
        ASSUME CS:CODE
INT_DSP:PUSH AX                 ;中断服务程序 INT_DSP,显示 "&" 字符
        PUSH DX
        MOV DL,'&'
        MOV AH,2
        INT 21H
        POP DX
        POP AX
        IRET                    ;中断服务程序结束并返回
START:  PUSH CS
        POP DS                  ;中断服务程序段地址(在 CS 内)送入 DS
        LEA DX, INT_DSP         ;中断服务程序的偏移量送入 DX
        MOV AH,25H
        MOV AL,05H              ;中断类型号 5
        INT 21H                 ;中断向量装入中断向量表
        MOV DX,START-INT_DSP    ;START-INT_DSP 为需要驻留部分长度
        MOV CL,4
        SHR DX,CL               ;DX 右移 4b,即除以 16
        ADD DX,11H              ;加上 17
        MOV AH,31H              ;功能号 31H
        INT 21H                 ;终止并驻留
CODE ENDS
        END START
```

程序运行时将自己驻留部分的地址写入中断向量表 5 号中断位置处,用 INT_DSP 中断服务程序替换系统原先 5 号中断服务程序。5 号中断为屏幕打印中断,当按键盘的 Print Screen

键时会触发这一中断，BIOS 提供的旧的中断服务程序的功能是将屏幕内容复制到打印机上，用该程序替换后，按 Print Screen 键时不再打印屏幕，而是在屏幕上显示一个"&"。

4.5 汇编语言程序的上机过程

汇编语言程序的上机过程分为编辑、汇编、连接和调试过程，常用的汇编语言编程环境有 Microsoft 公司的 MASM 宏汇编系统（包含 MASM.EXE、LINK.EXE 等文件）和 Borland 公司的 Turbo Assenmer（包含 TASM.EXE、TLINK.EXE、TD.EXE 等文件）。

4.5.1 上机过程

1. 编辑源程序

利用文本编辑工具建立汇编语言源程序文件，文件扩展名为 ASM，文件类型必须为纯文本格式，否则不能被汇编程序识别。源程序的编辑可用 DOS 或 WINDOWS 环境下的各种文本编辑工具。例如：PWB 中的编辑器，DOS 下的 EDIT，WINDOWS 下的记事本、写字板、WORD 等。

2. 汇编源程序

利用汇编程序 MASM 或 TASM 将汇编语言源程序编译生成扩展名为 OBJ 的目标代码文件。汇编程序有若干版本，版本越高功能越强，MASM 常用的版本有 MASM 5.0 和 MASM 6.11。

3. 连接目标程序

利用 LINK 或 TLINK 连接程序将目标代码程序和库函数连接起来，生成扩展名为 EXE 的可执行文件，EXE 文件可在操作系统中直接运行。

4. 调试可执行程序

若 EXE 可执行文件运行过程中出现错误，需利用调试工具对其进行动态调试，检查程序中存在的逻辑错误。经过调试修改的程序，必须重新编辑、汇编和连接后才能运行。

常用调试工具是 DOS 自带的 DEBUG。其他调试工具还有 Microsoft 公司的 CodeView，Borland 公司的 Turbo Debuger 等。

MASM 6.11 版本还提供了用户工作集成环境 PWB，在 PWB 环境中可完成源程序的编辑、汇编、连接和运行。另外，RadASM 等集成开发环境软件对于汇编语言源程序的上机操作也非常方便。

4.5.2 MASM 的使用

MASM 有命令行和 PWB 集成环境两种运行方式，下面采用 MASM 5.0，以例 4-9 的 DISP.ASM 源程序的汇编和连接为例介绍命令行方式的执行。

1. MASM 汇编

MASM 有 3 种使用格式，使用这 3 种格式对 DISP.ASM 的汇编过程如图 4-9 所示。汇编过程只能检查语法错误，若发现错误在后面列出出错语句行号、出错代码及原因，提示程序员检查并修改程序。

MASM 汇编程序在对源程序汇编时展开程序中的宏指令，检查语法错误，若没有错误汇编生成 OBJ 目标代码文件。还可生成 LST 列表文件和 CRF 符号索引文件，用来帮助程序员调试程序。

```
E:\masm50>masm          ←——— ;格式1, 不带参数
Microsoft (R) Macro Assembler Version 5.00
Copyright (C) Microsoft Corp 1981-1985, 1987.  All rights reserved.

Source filename [.ASM]: disp    ;输入要汇编的源程序文件名
Object filename [disp.OBJ]:      ;输入生成的目标文件名,缺省同源文件名
Source listing   [NUL.LST]: disp  }
Cross-reference [NUL.CRF]: disp   }  ;输入生成的 LST、CRF 文件名,缺省不建立

  49788 + 416804 Bytes symbol space free

     0 Warning Errors   }
     0 Severe  Errors   }  ;汇编结束,没有严重错误和警告错误

E:\masm50>masm disp,disp,disp,disp  ←——— ;格式2,参数为格式1需输入的4个文件名
Microsoft (R) Macro Assembler Version 5.00
Copyright (C) Microsoft Corp 1981-1985, 1987.  All rights reserved.

  49786 + 416806 Bytes symbol space free

     0 Warning Errors
     0 Severe  Errors

E:\masm50>masm disp; ←——— ;格式3,只生成 OBJ 文件,汇编过程不再提问
Microsoft (R) Macro Assembler Version 5.00
Copyright (C) Microsoft Corp 1981-1985, 1987.  All rights reserved.

  50872 + 415720 Bytes symbol space free

     0 Warning Errors
     0 Severe  Errors

E:\masm50>_
```

图 4-9 MASM 的执行格式

LST 列表文件给出源程序行,对应目标代码及其在段内存放偏移地址的对照表,及程序中用到的全部段组和符号的情况。下面是汇编生成 DISP.LST 文件的内容:

```
Microsoft (R) Macro Assembler Version 5.00    9/1/8      Page 1-1
  1 ;例 4-9 编程在屏幕上显示字符串 One world,One dream!。
  2 0000                DATA SEGMENT
  3 0000  4F 6E 65 20 77 6F 72   STRA DB 'One world,One dream!$' ,定义字符串
  4       6C 64 2C 4F 6E 65 20
  5       64 72 65 61 6D 21 24
  6 0015                DATA ENDS
  7 0000                CODE SEGMENT
  8                         ASSUME DS:DATA,CS:CODE
  9 0000  B8 ---- R    START:  MOV AX,DATA
 10 0003  8E D8                MOV DS,AX          ;数据段的段地址送入 DS
 11 0005  BA 0000 R            MOV DX,OFFSET STRA ;偏移量送入 DX
 12 0008  B4 09                MOV AH,9
 13 000A  CD 21                INT 21H            ;显示字符串
 14 000C  B4 4C                MOV AH,4CH
 15 000E  CD 21                INT 21H
 16 0010                CODE ENDS
 17                       END START
_Microsoft (R) Macro Assembler Version 5.00    9/1/8    Symbols-1
Segments and Groups:
              N a m e         Length Align  Combine Class
CODE . . . . . . . . . . . . . . .0010  PARA    NONE
```

```
DATA . . . . . . . . . .        0015    PARA    NONE
Symbols:
            N a m e              Type    Value   Attr
START . . . . . . . . . . . .    L NEAR  0000    CODE
STRA . . . . . . . . . . . .     L BYTE  0000    DATA
@FILENAME . . . . . . . . .      TEXT disp

    15 Source  Lines
    15 Total   Lines
     6 Symbols
 49786 + 416806 Bytes symbol space free
     0 Warning Errors
     0 Severe  Errors
```

2．LINK 连接

LINK 连接程序用于将若干目标代码（模块）连接成 EXE 可执行文件，连接的目标代码既可以是汇编程序产生的，也可以是其他语言编译产生的目标代码。

LINK 也有三种格式，用三种格式对目标文件 DISP.OBJ 的连接过程如图 4-10 所示。

```
E:\masm50>link  ◄────  ;格式 1，不带参数

Microsoft (R) Overlay Linker  Version 3.60
Copyright (C) Microsoft Corp 1983-1987.  All rights reserved.

Object Modules [.OBJ]: disp       ;输入要连接的目标代码文件名
Run File [DISP.EXE]:              ;输入生成的可执行文件名，缺省同源文件名
List File [NUL.MAP]: disp         ;输入生成的 MAP 内存映像文件名，缺省不建立
Libraries [.LIB]:                 ;是否要用库文件名，不需要直接回车
LINK : warning L4021: no stack segment

E:\masm50>link disp,disp,disp  ◄────;格式 2，参数为格式 1 输入的文件名

Microsoft (R) Overlay Linker  Version 3.60
Copyright (C) Microsoft Corp 1983-1987.  All rights reserved.

Libraries [.LIB]:
LINK : warning L4021: no stack segment

E:\masm50>link disp; ◄──;格式 3，直接生成可执行文件，不提问

Microsoft (R) Overlay Linker  Version 3.60
Copyright (C) Microsoft Corp 1983-1987.  All rights reserved.

LINK : warning L4021: no stack segment;警告提示：未定义堆栈段（可以不定义）

E:\masm50>_
```

图 4-10　LINK 的执行格式

生成的 MAP 映像文件说明各段的内存分配，最后一行说明程序执行的入口地址。DISP.MAP 文件的内容如下：

```
LINK : warning L4021: no stack segment
 Start  Stop   Length Name          Class
 00000H 00014H 00015H DATA
 00020H 0002FH 00010H CODE
Program entry point at 0002:0000
```

4.5.3 PWB 的使用

PWB（Programmer's WorkBench）是 MASM 6.11 提供的集成环境。在 PWB 环境下程序员可直接编辑、汇编、连接和运行程序。

1. 启动 PWB

设 PWB 文件位于 E:\MASM611\BIN 目录下，PWB 的启动有以下两种方法。

（1）E:\ MASM611\BIN>pwb

在 DOS 提示符后输入 PWB 并回车即可启动 PWB，新建或 编辑文件可在集成开发环境中打开。

（2）E:\ MASM611\BIN>pwb E:\disp.asm

PWB 后跟文件路径及文件名 E:\disp.asm，可直接打开源程序 Disp.asm。启动后的画面如图 4-11 所示。另外，还可用 E:\ MASM611\BIN>pwb/？查看 PWB 的详细使用方法。

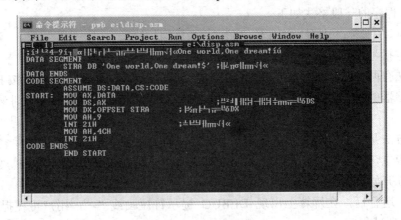

图 4-11   PWB 编辑窗口

2. 编辑源程序

PWB 的编辑功能与其他编辑器相似，有建立新文件、保存文件、另存为、光标移动、块操作、插入/删除操作、恢复操作、查找/替换操作、设置编辑器的功能键和各种颜色等。

3. 汇编和连接程序

集成开发环境下源程序的汇编和连接是一次性完成的。当汇编结束且没有错误信息时，连接程序立即开始连接工作。如果源文件有错，则显示所有错误位置和原因，连接程序不会被执行。浏览错误信息时，可用"Shife＋F3"组合键和"Shife＋F4"组合键定位前一个或后一个错误。

连接时如果需要库文件，可用 Options 菜单中的"Link Options"菜单项来设置，还可为程序设置一个缺省的堆栈段，其大小也可由用户决定。

当生成可执行文件需要多个模块连接时，需要建立一个 MAK 工程文件。当输入的文件名不在工程文件中，则把该源文件添加到工程文件中，所有源文件都添加到工程文件中后，按"Save List"菜单项保存该工程文件，此后就可用打开工程文件的方式来连接该工程中的文件。

4. 运行程序

运行程序时可设置命令行参数，可直接运行，或按调试方式运行、用 DOS 命令来运行等。

编写程序的初期一般用调试方式运行程序，选用这种方式时系统会自动进入 CV（Code View）调试环境。

5. 符号调试

PWB 支持源程序级的符号调试，调试时目标代码的执行就像源程序的执行，调试比较直观。符号调试前应告诉汇编程序和连接程序保留源程序中的各种符号信息，然后执行"Run"菜单中的"Debug"选项即可进行符号调试。

4.5.4 DEBUG 调试程序

DEBUG 调试程序是用于汇编语言程序调试的工具软件（DEBUG.EXE），可通过单步、断点、连续等方式调试源程序，查看、修改内存及寄存器的内容，对磁盘、端口进行读写操作等，是学习使用汇编语言必须掌握的工具。

1. 运行 DEBUG 程序

DEBUG 程序的一般格式如下：

```
C:\>DEBUG [盘符:][路径][文件名.扩展名][参数1][参数2]
```

格式中方括号内的参数是可选项，根据需要选择。

运行方法有两种：一种方法是在 DOS 提示符后直接输入 DEBUG，然后按 Enter 键。这时用当前存储器的内容进行工作，也可以用 DEBUG 的 N 和 L 命令将指定文件装入内存后，再进行调试。

另一种方法是在 DEBUG 命令后输入调试文件的文件名，直接将调试文件装入内存。输入文件名时应包含扩展名，当扩展名为.com 时从偏移地址 0100H 开始装入，扩展名为.exe 时从偏移地址 0 开始装入。

DEBUG 运行后，在屏幕上出现 DEBUG 提示符短画线"-"，用户可在提示符后输入 DEBUG 命令调试程序。

2. DEBUG 命令使用说明

（1）DEBUG 命令均为一个字母。命令后可带一个或多个参数，命令与参数之间可以有分隔符，也可以没有，但参数间必须有分隔符（空格、逗号等）。命令和参数不区分大小写，可以用大写、小写或大小写混合。

（2）地址参数为内存单元的逻辑地址，可用"段基值：偏移量"、"段寄存器：偏移量"或"偏移量"的形式。若缺省段基值，A、G、P、T、U、L 和 W 命令默认为 CS 段，D、E、F、C、M 和 S 命令默认为 DS 如：DS:1200、0800:0010、230。

（3）地址范围有两种表示方法。第一种表示方法是"起始地址　结束地址"的形式，结束地址必须大于起始地址，且只能指定偏移量，例如 D DS:0 100 的功能是显示 DS:0000～DS:0100 内存区域的内容，写成 D DS:0 DS:100 是错误的，屏幕会给出"^Error"错误提示。第二种表示方法是"起始地址 L 长度"，例如：D DS:0 L100，功能是显示从 DS:0000 地址开始 100H 字节内容，即 DS:0000～DS:00FF 内存区域的内容。

（4）DEBUG 命令显示及输入的数据都是十六进制数，且不带后缀 H。

（5）E、F、S 命令中的数据表参数可提供多个数据，数据可用 2 位十六进制数、字符串表示，多个十六进制数之间必须有分隔符，字符串必须用单引号或双引号引起来。例如：'123' "ABab"2F,80 FF。

（6）DEBUG 运行时，可以用"Ctrl＋C"或"Ctrl＋Break"组合键停止当前命令的执行，连续显示信息时可用 "Ctrl＋S" 组合键暂停屏幕显示。

3．DEBUG 命令的使用

（1）显示/修改寄存器内容命令 R（Register）。

格式 1：R

功能：显示 CPU 内部 14 个寄存器的内容，其中标志寄存器各标志位用符号按位显示，各位的符号定义如表 1 所示，不包含 TF 位。

R 命令共分 3 行显示，前两行显示寄存器内容，第 3 行显示当前 CS:IP 所指向的下一条要取的指令。如表 4-5 所示为 DEBUG 中标志寄存器符号含义。

表 4-5　　　　　　　　　　　　**DEBUG 中标志寄存器符号含义**

标志位	OF	DF	IF	SF	ZF	AF	PF	CF
置位（1）	OV	DN	EI	NG	ZR	AC	PE	CY
复位（0）	NV	UP	DI	PL	NZ	NA	PO	NC

格式 2：R 寄存器名

功能：显示并修改任一寄存器的内容。命令执行后显示指定寄存器的内容，并用 ":" 提示输入要修改的值，若不须修改可直接回车。

格式 3：RF

功能：显示并修改 FLAGS 寄存器各位的值，一次可修改所有位，也可修改部分位，各位输入时没有顺序要求，也可不用分隔符，显示和修改的位不包含 TF 位。

例：用 DEBUG 命令显示所有寄存器内容，将 CS 寄存器修改为 1000H，IP 寄存器修改为 1200H，FLAGS 寄存器修改所有位置位，然后再查看各寄存器是否修改成功。执行结果如图 4-12 所示。

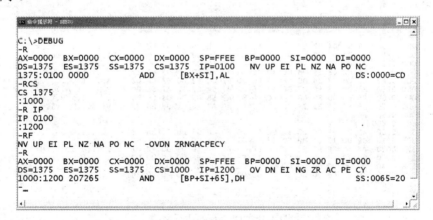

图 4-12　R 命令执行结果

（2）显示内存单元命令 D（Dump）。

格式 1：D［起始地址］

功能：显示指定地址开始的 80H 个字节内存单元内容，起始地址可以是偏移地址（隐含 DS 段），也可以是完整逻辑地址。起始地址也可以省略，若未指定起始地址则从 DS:0100H 地址开始显示，或紧接上一 D 命令的结束地址继续显示。

D 命令显示的信息分 3 列：左边为内存单元逻辑地址，中间为从逻辑址开始的 16B 内存单元内容，中间横线便于定位，右边为中间数据对应的 ASCII 字符，不可显示字符用“.”表示。

例如：执行 D 命令显示 1375:0100～1375:0170 单元的内容（DS 的值为 1375H）。D 1000:0 命令显示 1000:0000～1000:0070 内存单元内容。执行结果如图 4-13 所示。

```
C:\>DEBUG
-D
1375:0100  00 00 00 00 00 00 00 00-00 00 00 00 00 00 00 00   ................
1375:0110  00 00 00 00 00 00 00 00-00 00 00 34 00 64 13   ............4.d.
1375:0120  00 00 00 00 00 00 00 00-00 00 00 00 00 00 00 00   ................
1375:0130  00 00 00 00 00 00 00 00-00 00 00 00 00 00 00 00   ................
1375:0140  00 00 00 00 00 00 00 00-00 00 00 00 00 00 00 00   ................
1375:0150  00 00 00 00 00 00 00 00-00 00 00 00 00 00 00 00   ................
1375:0160  00 00 00 00 00 00 00 00-00 00 00 00 00 00 00 00   ................
1375:0170  00 00 00 00 00 00 00 00-00 00 00 00 00 00 00 00   ................
-D 1000:0
1000:0000  0D E8 24 FF 03 DA B0 5D-AA 89 1E 8B 56 C3 B0 2B   ..$....]....V..+
1000:0010  AA E8 D8 FE EB EE 8B 1E-0B 4A B8 42 58 EB BC 03   .........J.BX...
1000:0020  1E 15 4A B8 53 49 EB CD-E8 99 FD 98 03 06 83 56   ..J.SI.........V
1000:0030  92 8A C6 E8 C5 FE 8A C2-E9 C0 FE E8 86 FD 8A D0   ................
1000:0040  E8 81 FD 8A F0 03 16 83-56 EB E6 24 07 E8 02 FF   ........V..$....
1000:0050  B0 2C AA 32 C0 E9 FA FE-32 C0 E8 EB FE B0 2C AA   .,.2....2.....,.
1000:0060  B0 5B AA 33 DB C6 06 AA-56 03 EB A5 E8 F1 FF B0   .[.3....V.......
1000:0070  2C AA 32 C0 E9 D1 FE C6-06 A6 56 00 EB 05 C6 06   ,.2.......V.....
-
-
```

图 4-13　D 命令的执行结果之一

格式 2：D［地址范围］

功能：显示指定地址范围内存单元的内容。

例如：图 4-13 中执行 D1000:200 280 命令显示 1000:0200～1000:0280 地址范围的内容。执行命令 DCS:0 L60 显示从 1375:0000 地址开始的 60H 个字节内存单元的内容。执行结果如图 4-14 所示。

```
-d1000:200 280
1000:0200  06 B1 04 D2 E8 8A C8 50-FE C1 FE C9 74 07 AC 3C   .......P....t..<
1000:0210  24 74 F7 EB F9 AC 3C 24-74 0A 3C 40 75 03 58 EB   $t....<$t.<@u.X.
1000:0220  32 AA EB F1 58 C3 24 07-8A C8 E8 DA FF B0 09 AA   2...X.$.........
1000:0230  8A C2 C3 E8 0B 00 B0 46-AA 80 3E A9 56 03 8A C2   .......F..>.V...
1000:0240  C3 24 07 8A D0 E8 45 FC-D0 E2 D0 E2 D0 E2 0A C2   .$....E.........
1000:0250  8A D0 C3 5F C7 06 A4 56-2E 41 8A C2 BF A7 51 EB   ..._...V.A....Q.
1000:0260  03 E8 DD FF E8 94 FC 80-3E A9 56 03 74 08 C6 06   ........>.V.t...
1000:0270  A6 56 01 E9 24 FD B0 2C-AA A0 A7 56 24 07 E9 C7   .V..$..,...V$...
1000:0280  FC                                                .
-DCS:0 L60
1375:0000  CD 20 FF 9F 00 9A EE FE-1D F0 4F 03 D9 0D 8A 03   . ........O.....
1375:0010  D9 0D 17 03 D9 0D 27 04-01 01 01 00 02 FF FF FF   ................
1375:0020  FF FF FF FF FF FF FF FF-FF FF FF FF 91 0D 4E 01   ..............N.
1375:0030  99 12 14 00 18 00 75 13-FF FF FF FF 00 00 00 00   ......u.........
1375:0040  05 00 00 00 00 00 00 00-00 00 00 00 00 00 00 00   ................
1375:0050  CD 21 CB 00 00 00 00 00-00 00 00 00 00 20 20 20   .!..........
-
```

图 4-14　D 命令的执行之二

（3）修改内存单元命令 E（Enter）。

格式 1：E 起始地址［数据表］

功能：将数据表中的内容顺序写入指定地址开始的内存单元。数据也可以字符串的形式输入，E 命令自动将其转换为对应的 ASCII 码存放。

格式 2：E 起始地址

功能：从指定地址开始逐个字节单元显示并修改内存数据。

显示数据后有"."提示输入要修改的内容，输入完后按空格键显示下一地址单元内容，按"-"键显示前一地址单元内容，可以依次向低地址或高地址修改，修改完后按回车键结束。

（4）填写内存单元命令 F（Fill）。

格式：F　地址范围　数据表

功能：将数据表中内容填充到指定范围的内存中，若表字节数小于地址范围，表中数据重复写入内存直至指定范围被填满为止，若表中字节数大于地址范围，超出部分无效。

E 命令与 F 命令的应用举例如图 4-15 所示。

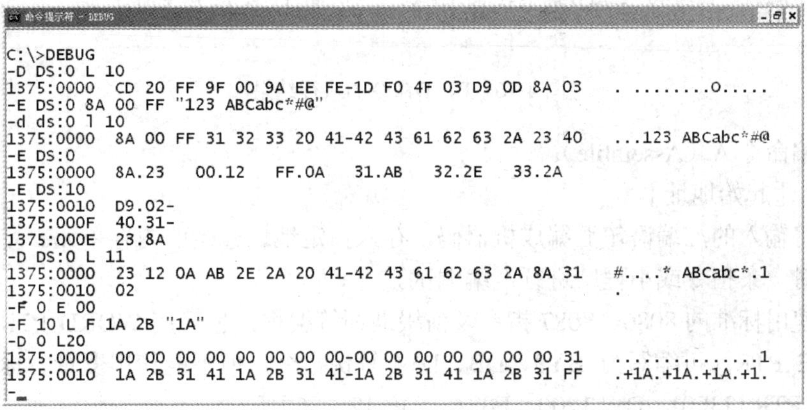

```
C:\>DEBUG
-D DS:0 L 10
1375:0000  CD 20 FF 9F 00 9A EE FE-1D F0 4F 03 D9 0D 8A 03    . ........O.....
-E DS:0 8A 00 FF "123 ABCabc*#@"
-d ds:0 l 10
1375:0000  8A 00 FF 31 32 33 20 41-42 43 61 62 63 2A 23 40    ...123 ABCabc*#@
-E DS:0
1375:0000  8A.23   00.12   FF.0A   31.AB   32.2E   33.2A
-E DS:10
1375:0010  D9.02-
1375:000F  40.31-
1375:000E  23.8A
-D DS:0 L 11
1375:0000  23 12 0A AB 2E 2A 20 41-42 43 61 62 63 2A 8A 31    #....* ABCabc*.1
1375:0010  02                                                 .
-F 0 E 00
-F 10 L F 1A 2B "1A"
-D 0 L20
1375:0000  00 00 00 00 00 00 00 00-00 00 00 00 00 00 00 31    ...............1
1375:0010  1A 2B 31 41 1A 2B 31 41-1A 2B 31 41 1A 2B 31 FF    .+1A.+1A.+1A.+1.
-▯
```

图 4-15　E、F 命令的执行结果

（5）运行命令 G（Go）。

格式：G［=起始地址］［断点地址［断点地址…］］

功能：从起始地址连续运行程序，当运行到任一断点时停止。起始地址前必须有"="，否则被认为是断点地址。起始地址省略时从当前 CS:IP 开始执行。

若程序中有多个分支可设置多个断点，断点地址最多 10 个，以分隔符隔开。断点地址也可以省略，这时程序中必须有使程序停止运行的指令。

例如：G=CS:0 8F00 命令从 CS:0000 开始运行程序，到 CS:8F00 地址结束。

G=100 命令从 CS:0100 开始运行程序，遇到停止指令结束。

G 1000 2000 F000 命令从当前 CS:IP 开始运行程序，遇到 3 个断点中的任一个结束。

（6）跟踪命令 T（Trace）。

格式：T［=起始地址］［指令数］

功能：从指定地址开始运行程序，每执行完一条指令都显示各寄存器内容及下一条要执行的指令，如果指令中有存储器操作数，也在指令后给出。

若省略起始地址，则从当前 CS:IP 开始运行程序。若省略指令数，一次仅执行一条指令。

（7）单步命令 P（Proceed）。

格式：P［=起始地址］［指令数］

功能：P 命令与 T 命令格式及功能相似，区别是当遇到 CALL 指令调用子程序时，T 命令能进入子程序，对其中的指令跟踪运行。而 P 命令将其作为一条普通指令一次执行完。

P 命令与 T 命令应用举例如图 4-16 所示。

```
AX=2400  BX=0000  CX=0000  DX=0000  SP=FFF2  BP=0000  SI=0000  DI=0004
DS=1375  ES=1375  SS=1375  CS=1000  IP=FF52  NV UP EI PL ZR NA PE NC
1000:FF52 0000        ADD      [BX+SI],AL                     DS:0000=2C
-T2

AX=2400  BX=0000  CX=0000  DX=0000  SP=FFF2  BP=0000  SI=0000  DI=0004
DS=1375  ES=1375  SS=1375  CS=1000  IP=FF54  NV UP EI PL NZ NA PO NC
1000:FF54 0000        ADD      [BX+SI],AL                     DS:0000=2C

AX=2400  BX=0000  CX=0000  DX=0000  SP=FFF2  BP=0000  SI=0000  DI=0004
DS=1375  ES=1375  SS=1375  CS=1000  IP=FF56  NV UP EI PL NZ NA PO NC
1000:FF56 0000        ADD      [BX+SI],AL                     DS:0000=2C
-P =50,2

AX=242C  BX=0000  CX=0000  DX=0000  SP=FFF2  BP=0000  SI=0000  DI=0004
DS=1375  ES=1375  SS=1375  CS=1000  IP=0052  NV UP EI PL NZ NA PO NC
1000:0052 AA          STOSB

AX=242C  BX=0000  CX=0000  DX=0000  SP=FFF2  BP=0000  SI=0000  DI=0005
DS=1375  ES=1375  SS=1375  CS=1000  IP=0053  NV UP EI PL NZ NA PO NC
1000:0053 32C0        XOR      AL,AL
-
```

图 4-16　P、T 命令的执行结果

（8）汇编命令 A（Assemble）。

格式：A［起始地址］

功能：将输入的汇编语句汇编成机器码，存入指定地址开始的内存单元。A 命令功能很弱，常用来对一条指令或小程序进行汇编调试。

A 命令使用标准的 8086、8087 指令及前缀助词符编程，也可用 WORD PTR（可缩写为 WO）、BYTE PTR（可缩写为 BY）、DB、DW 等伪指令，但不能使用变量、标号。例如：NEG WORD PTR [23F0]、DW 1200，F02A、DB 12，3C 等。

（9）反汇编命令 U（Unassemble）。

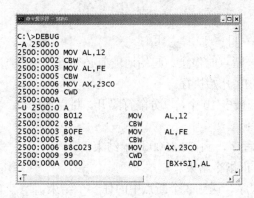

```
C:\>DEBUG
-A 2500:0
2500:0000 MOV AL,12
2500:0002 CBW
2500:0003 MOV AL,FE
2500:0005 CBW
2500:0006 MOV AX,23C0
2500:0009 CWD
2500:000A
-U 2500:0 A
2500:0000 B012        MOV      AL,12
2500:0002 98          CBW
2500:0003 B0FE        MOV      AL,FE
2500:0005 98          CBW
2500:0006 B8C023      MOV      AX,23C0
2500:0009 99          CWD
2500:000A 0000        ADD      [BX+SI],AL
```

图 4-17　A、U 命令的执行结果

格式 1：U［起始地址］

功能：从指定地址开始反汇编 32 字节内存单元。省略起始地址时从上一个 U 命令的结束处开始反汇编并显示。

格式 2：U 地址范围

功能：对指定地址范围的存储单元反汇编。屏幕显示逻辑地址、机器码及反汇编的指令。

A 命令和 U 命令应用举例如图 4-17 所示。

（10）命名命令 N（Name）。

格式：N 文件名

功能：指定 L 命令装入的文件名以及 W 命令将写入的文件名。L 命令和 W 命令运行前必须先用 N 命令指定读写的文件名。文件名前可加盘符、路径指定文件读写的位置。

例如：N D:\FILE1.TXT

（11）装入命令 L（Load）。

格式 1：L［地址］

功能：将磁盘上 N 命令指定的文件装入内存指定地址开始的区域，省略地址时装入到 CS：0100H 处。

文件名必须是包含扩展名的全名。扩展名为 EXE 和 COM 的文件不能指定装入位置。

文件装入后，其长度（字节数）包含在 **BX:CX** 寄存器中，BX 为高 16 位，CX 为低 16 位。

例如：L CS:2000

格式 2：L 地址 驱动器号 起始扇区号 扇区数

功能：将磁盘指定扇区的内容装入内存指定地址开始的区域，一次装入的最大扇区数为 80H。

驱动器号表示访问扇区所在的驱动器，0 表示 A 驱，1 表示 B 驱，2 表示 C 驱，3 表示 D 驱，依次类推。扇区号表示 DOS 逻辑扇区号，用于进行绝对磁盘读写，最多可以是 3 位十六进制数。

例如：L 6F0:100 2 20 55

该命令的功能是从 C 盘 20H 扇区开始读 55H 个扇区内容，装入内存 6F0:100 开始的区域中。

（12）写命令 W（Write）。

格式 1：W［地址］

功能：将指定地址开始的内存区域内容写入磁盘形成一个磁盘文件，省略地址时从 CS:0100H 开始。

文件名必须先用 N 命令指定，文件长度（32 位二进制数）必须先送入 BX:CX 寄存器，BX 为高 16 位，CX 为低 16 位。不能写入扩展名为 HEX 和 EXE 的文件。文件写完后可退回到 DOS 操作系统，用 DIR 命令查看。

格式 2：W 地址 驱动器号 起始扇区号 扇区数

功能：将指定地址开始的内存区域内容写入磁盘指定扇区中，各参数的用法与 L 命令相同。此命令绕过 DOS 的文件管理直接将数据写入磁盘，操作不当可能会破坏所有数据，应小心慎用。

建立文件、调用文件应用举例如图 4-18 所示。

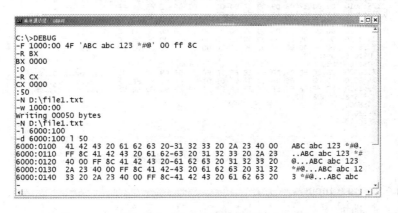

图 4-18 W 命令的执行结果

（13）比较命令 C（Compare）。

格式：C 范围 起始地址

功能：对指定范围的内存区域数据与指定地址开始的相同大小的区域比较，找出不相等的数据并显示其地址和内容。

例如：C 0 10 ES:80 命令用于比较 DS:0000～DS:0010 与 ES:0080～0090 两个内存区域的
数据是否相等，如图 4-19 所示。

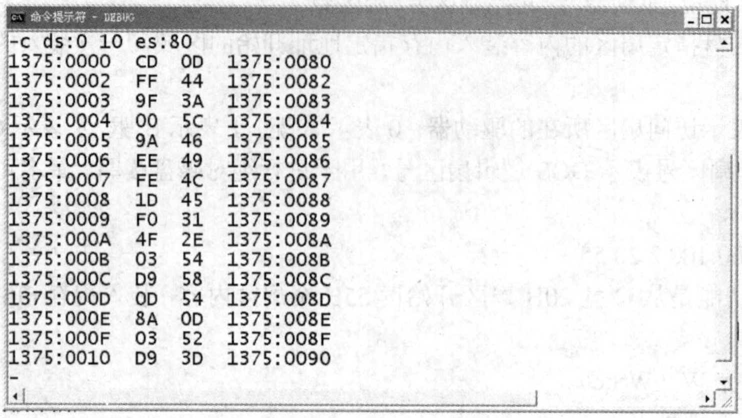

图 4-19　C 命令的执行结果

（14）移动命令 M（Move）。

格式：M 范围 起始地址

功能：将内存中指定范围的数据传送到起始地址开始的内存单元。

（15）搜索命令 S（Search）。

格式：S 范围 数据表

功能：在指定内存范围中搜索数据表中的数据，并显示所有找到数据的起始地址，找不
到不显示。M、S 命令应用举例如图 4-20 所示。

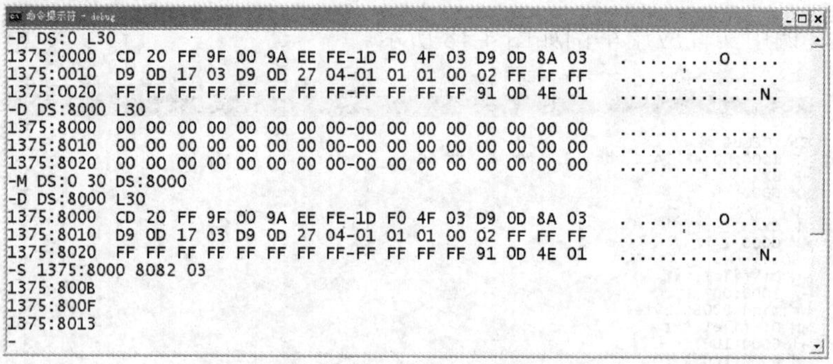

图 4-20　M、S 命令的执行结果

（16）输入命令 I（Input）。

格式：I 端口地址

功能：从指定端口输入 1B 数据并在屏幕上显示。端口地址为 8 位或 16 位，直接写在 I
命令后，不能用 DX 间接寻址。例如：

I 1F

I 2F8

（17）输出命令 O（Output）。

格式：O 端口地址字节数据

功能：将 1B 数据输出到指定端口。端口地址为 8 位或 16 位，直接写在 O 命令后，不能用 DX 间接寻址。例如：

O 20 FA

O 3F8 19

（18）十六进制算术运算命令 H（Hexarithmetic）。

格式：H　数值 1　数值 2

功能：也称为和、差命令，用于将两个十六进制数分别相加和相减，并在屏幕上显示和、差结果。

例如：执行命令 H 23 45 后，屏幕显示结果为 0068 FFDE。

（19）退出命令 Q（Quit）。

格式：Q

功能：退出 DEBUG 程序，返回操作系统。

【例 4-23】　用 DEBUG 命令建立一个可执行文件，存放在 E 盘根目录下，文件名为 dispch.com，文件功能为在屏幕上显示字符"*"（ASCII 码为 2AH）。并将建立的文件在 DEBUG 和 DOS 下调试运行。

COM 文件是 DOS 下的可执行文件（WINDOWS 中已取消），COM 文件只有一个段，代码、数据和堆栈都在这个段中，文件总长度不超过 64KB。建立文件时必须用伪指令 ORG 100H 使第一条指令的偏移地址为 100H，为 PSP 空出段的前 256 字节，并使 COM 文件从 CS:0100H 地址开始执行。用 DEBUG 建立 COM 文件时也应满足这些要求。

文件建立及运行的执行过程如图 4-21 所示。文件建立后，再用 U 命令将其反汇编，可以验证文件中各条指令是否正确。最后退回 DOS，在提示符后输入文件名运行程序，可以看到运行结果与要求的相同。

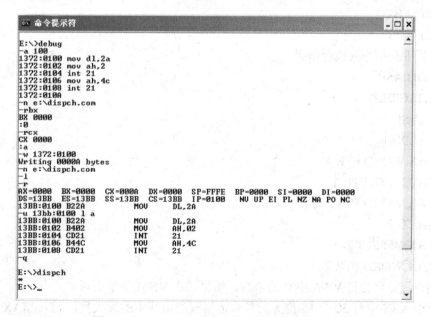

图 4-21　DEBUG 下建立文件及运行的执行过程

习　题

1．指令语句和伪指令语句有什么区别？

2．变量和标号有什么区别？它们有哪些属性？

3．用伪指令定义以下变量及数据区：

（1）1～9 的平方表 TAB1；

（2）字节变量 VB1，初值为 FCH，92H；

（3）字变量 VW1，初值为 2F00H；

（4）字符串 STR1，初值为"COMPUTER"；

（5）长度为 250B 的数据区 VB2，初值全部为 FFH。

4．说明下列语句的功能：

DAT1 DW 1000

DAT2 EQU 1000

MOV CX,DAT1

MOV CX,DAT2

MOV CX,[DAT2]

5．说明以下数据段 DSEG 各变量及符号的内容，并画出在内存中的分布图。

DSEG SEGMENT

　　V1 DB 2AH,3FH,0A6H

　　V2 DW 28A5H,'12'

　　C1 EQU 1846H

　　C2 EQU $-V1

V3 DW 'AB',-1

DSEG ENDS

6．分析下列指令的执行结果。

X DB 80,0A5H

Y DW,2AC0H,28

Z DB 'abcd'

MOV AL,X+1

MOV AX,WORD PTR X

MOV AL,BYTE PTR Y

MOV AX,WORD PTR Z+3

LEA AX,Z+2

MOV AX,OFFSET Z

MOV AX,WORD PTR Z

7．编程统计字变量 VWA 中 0 的个数，结果送入 VNM 字节变量。

8．数组 ARY 中有 50 个 16 位无符号数，编程找出其中的最大数，送入 MAX 字变量。

9．字符串 STR 中存有若干字符，以"$"结束。编程统计其中大写字母的个数，并将结果送入 NUM 字变量。

10. 对于字节变量 VB1，编程实现如下功能：

（1）若 VB1 为正数，屏蔽其高 4 位；

（2）若 VB1 为负数，对其求补；

（3）若 VB1 为 0，将其置 1。

11. X、Y 是有符号字变量，编程计算下列函数的值。

$$Y=\begin{cases} X+2800H & (X<0) \\ X \times 2FH & (0 \leqslant X \leqslant 2000H) \\ X-56A2H & (X>2000H) \end{cases}$$

12. 有一长度为 200 字的无符号数据缓冲区 DBF，编程计算最大值和最小值，并分别存入 MAX 和 MIN 字节变量。

13. 编程将 W1 字变量中的 16 位二进制数转换为非压缩 BCD 码，按由高到低的顺序存放到 VBD 开始的字节单元，并在屏幕上显示对应的十进制数。

14. 寄存器 AX 中存放 4 位 BCD 码，编程将其转换为 4 个非压缩 BCD 码，分别存入 BL，BH，CL，CH 寄存器中。

15. 比较长度为 500 字符串 STRA 和 STRB 中的字符是否完全相同，若相同屏幕只显示一个字符串，否则同时显示两个字符串。

16. 从键盘输入一字符串，分别统计其中数字、大字字母、小字字母的个数，并在屏幕上显示出来。

17. 编写 N 个字节数的加法运算子程序。

18. 编写回车换行子程序。

第5章 存储器及接口

存储器是微型计算机系统的重要组成部分，用于存储微机运行所需的程序、数据等信息。微机中使用的存储器种类很多，不同类型存储器的结构、存储原理、存取速度、存储容量都有很大差别。本章介绍微机存储器的类型、结构原理、内外部特性及使用方法，并重点分析半导体存储器与微处理器的接口技术。

5.1 存储器概述

5.1.1 存储系统体系结构

1. 存储系统结构

微机系统中的存储器按照与微处理器的连接方式不同可分为内存储器和外存储器两大类。内存储器也称为主存储器，简称内存或主存，内存通过三总线直接与 CPU 连接，用于存放 CPU 正在运行的程序和读/写的数据，CPU 可以直接访问内存的所有存储单元。内存具有读写速度快、存储容量较小、价格高的特点。内存采用各种不同类型的半导体存储器芯片作为存储器件，内存芯片位于主机内部，通过内存条等形式连接在主板上。

外存储器也称为辅助存储器，简称外存或辅存，外存通过 I/O 接口电路与 CPU 连接，属于微机的外部设备，用于存储 CPU 当前不使用的大量程序和数据，CPU 不能直接访问外存，外存中的信息需调入内存后才能由 CPU 使用。外存具有存储容量大、价格低、断电后不丢失数据、运行速度慢的特点。常用的外存有软盘、硬盘、光盘和闪存盘等。

CPU 运行速度要比内存的访问速度快，由于 CPU 运行过程中不断读/写内存，内存限制了 CPU 性能的发挥。为了进一步提高 CPU 运行速度，减少读写存储器的等待时间，微机系统中又在 CPU 和内存之间设置了高速缓冲存储器（Cache）。高速缓存采用高速 SRAM 芯片，或直接集成在 CPU 内部，用于暂存正在执行的指令和读/写的数据。由高速缓存-内存-外存构成的三级微机存储系统具有速度快、容量大、价格低的特点，达到了最优的性价比，是目前微机系统广泛采用的存储体系结构。微机存储系统结构如图 5-1 所示。

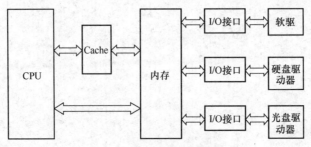

图 5-1 微机存储系统结构

2. 内存分区结构

微机系统可配置内存的最大容量取决于 CPU 地址线的位数，例如，20 位地址线的 8086/8088

最大内存容量为 2^{20}B＝1MB，32 位地址线的 80386 最大内存容量为 2^{32}B＝4GB。内存空间采用分区结构组织和使用，以利于软件编写和内存管理。内存分为基本内存区、高端内存区、扩充内存区和扩展内存区域 4 部分。

（1）基本内存区。基本内存区是 00000H～9FFFFH 地址范围的 640KB 内存区域，用于存放各种操作系统都要使用的中断向量表，DOS 操作系统及 DOS 运行所需的数据、驱动程序及用户程序等。从 8086 到 Pentium 的各种微处理器对基本内存区的功能规定都相同。

（2）高端内存区。高端内存区是 A0000H～FFFFFH 地址范围的 384KB 内存区域，用于系统 ROM 及外设接口缓冲区。按功能又分为以下几部分。

A0000H～BFFFFH：128KB 的显示缓冲区，用于存储显示信息，位于显卡的 VRAM。

C0000H～DFFFFH：128KB 的 I/O 卡保留区，用于显卡扩展驱动 ROM、网卡缓冲区及硬盘缓冲区等。

E0000H～EFFFFH：64KB 的保留区。

F0000H～FFFFFH：64KB 的系统 ROM 区，包括 8KB 的 BIOS 程序，32KB 的 BASIC 解释程序等。

（3）扩充内存区。16 位微机系统只能直接寻址 1MB 内存，通过插在主板上的内存扩充卡可以增加最大容量为 32MB 的内存，这部分存储空间称为扩充内存区。

扩充内存通过扩充内存管理程序 emm 进行管理，emm 利用高端内存区中地址范围为 E0000H～EFFFFH 的 64KB 保留区以映射方式管理扩充内存。将保留区分为 4 个容量为 16KB 的页，扩充内存区也分为若干容量为 16KB 的页，每 4 页作为一个页组；访问扩充内存时，emm 将一个页组映射到高端内存的 4 页中，就可以间接访问扩充内存区中的信息。

32 位微机系统可直接访问的内存非常大，不再使用扩充内存卡。对于采用扩充内存机制编写的软件，运行时可通过 emm386.exe 将部分扩展内存空间仿真为扩充内存。

（4）扩展内存区。32 位微机系统中将 1MB 基本内存区以上的直接寻址内存称为扩展内存区。扩展内存从 10000H 地址开始，最高地址取决于地址线的条数，例如：32b 地址线的 CPU 最高地址为 FFFFFFFFH，最大容量为 4GB。而实际扩展内存区的容量取决于具体微机系统配置，不同微机根据需要配置不同容量的内存。

5.1.2 半导体存储器的分类

微机存储系统按存储介质的不同分为半导体存储器、磁表面存储器和光表面存储器三类。半导体存储器用于高速缓存和内存，根据内部结构和使用特点又分为多种类型，如图 5-2 所示。

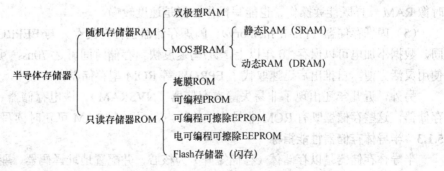

图 5-2 半导体存储器分类

1. 随机存取存储器

随机存取存储器（RAM）又称为读/写存储器，CPU 运行时可随时对 RAM 进行读操作或写操作。断电后 RAM 中存储的数据全部丢失，RAM 适合存放程序运行时的临时数据和中间结果。

RAM 分为双极性 RAM 和 MOS 型 RAM 两类，MOS 型 RAM 又分为静态 RAM（SRAM）和动态 RAM（DRAM）。微型计算机中广泛应用 MOS 型 RAM 作为存储器。

（1）双极型 RAM。双极型 RAM 分为 TTL 型、ECL 型等不同的类型，其特点是存取速度快，通常存储时间在几纳秒或几十纳秒，但集成度低、功耗大、价格高，主要用于速度要求较高的计算机中或一些特殊应用场合。

（2）静态 RAM。SRAM 存储器利用双稳态触发器作为存储单元，一个双稳态触发器存储 1b 二进制数据。SRAM 存储的信息只要不断电就不会丢失，不需要刷新电路。SRAM 主要作为微机中的高速缓存 Cache。

（3）动态 RAM。DRAM 利用电容存储电荷的原理存储信息，电容充电状态作为 1，放电状态作为 0。DRAM 电路简单，最简单的 DRAM 存储单元只需 1 个晶体管，具有集成度高、功耗低的优点。DRAM 中电容的容量很小，而且由于泄漏电流的放电电荷逐渐减少，高电平的持续时间只有几毫秒，为了保存信息，需另配刷新电路定时对存储单元刷新，电路结构复杂，主要用作微机的内存。

2. 只读存储器

只读存储器（ROM）只能读出不能写入，断电后存储的信息不丢失。ROM 在微机中主要作为 BIOS 程序存储器使用，主要有以下类型。

（1）掩膜 ROM。掩膜 ROM 由芯片厂家生产芯片时将程序和数据通过掩膜工艺写入，用户只能读取内部存储的信息，不能修改或删除。掩膜 ROM 在大批量应用时价格很便宜。

（2）可编程 ROM。可编程 ROM（PROM）由用户将调试好的程序和数据通过编程器一次性写入，写入后不能修改，只能读取，也称为一次性可编程 ROM（OTP ROM）。PROM 成本较低，在大批量应用中使用较多。

（3）可擦除可编程 ROM（EPROM）。掩膜 ROM 和 PROM 中的信息不能擦写，EPROM 存储器可以弥补这些缺点。EPROM 利用电信号编程写入信息，通过紫外线照射可以擦除并写入新的数据，具有多次擦写功能。

（4）电可擦除可编程 ROM（EEPROM）。EEPROM 也称为 E^2PROM，其编程与擦除都用电信号进行，编程电压和擦除电压与计算机的 5V 工作电压相同，不需另加编程电压。使用时像 RAM 一样既能读操作，也能写操作，但是速度较慢。

（5）闪烁存储器（Flash memory）。闪烁存储器也称为闪存，与 EEPROM 的使用方法相同，数据不加电可以保存 10 年以上，读/写速度快，存储时间可达 70ns，可擦写几十万次，使用灵活方便，自推出后迅速取代了 EPROM 等 ROM 型存储器。

另外，近几年还出现了非易失静态存储器（NVSRAM）、铁电存储器（FRAM）等新型存储器，这些存储器既有 ROM 非易失性的特点，又具有 RAM 可随时读写的功能。

5.1.3　半导体存储器性能指标

半导体存储器是以存储体（存储矩阵）为核心，并配置地址译码器、驱动器、读/写电路和读/写控制电路，集成在一起构成的大规模集成电路芯片。半导体存储器的主要性能指标有

以下几个:

1. 存储容量

存储容量是存储器芯片存储的二进制信息总位数。存储容量等于芯片的存储单元数 M 与每个存储单元位数 N 的乘积。即

$$存储容量＝M\times N$$

存储单元是访问存储器的基本单位，CPU 每次可对存储芯片中的一个存储单元进行读写操作。不同存储芯片的存储单元位数不同。例如：芯片容量为 2K×8b 表示有 2×1024＝2048 个存储单元，每个存储单元可存储 8 个二进制位。芯片容量为 64K×1b 表示有 64K 个存储单元，每个存储单元可存储 1 个二进制位。

存储器芯片的存储单元数与其地址线有关，其关系为

$$存储单元数＝2^n（n 为地址线条数）$$

存储单元数与存储器芯片的数据线有关，存储单元数一般等于数据线条数。例如：2732 芯片的容量为 4K×8，有 12 条地址线，8 条数据线。

2. 存取速度

半导体存储器的存取速度用存取时间和存取周期两个参数表示。存取速度的单位为 ns（纳秒），高速存储器的存取速度可达到几纳秒。

（1）存取时间。存取时间是启动一次存储器读/写操作到完成该操作所需的时间，即存储器收到寻址地址到送出或存入数据所需的时间。

（2）存取周期。存取周期是连续两次存储器操作的最小时间间隔。存取周期等于存取时间与存储器恢复时间之和，存取周期稍大于存取时间。

3. 功耗

功耗是指存储器芯片的每个存储单元消耗的功率。单位是 μW/存储单元。也可用存储器芯片的总功率表示，单位为 mW/芯片。

4. 可靠性

可靠性是指存储器芯片对电磁场、温度等外界因素的抗干扰能力。一般用平均无故障时间表示。存储器系统的可靠工作是微机系统可靠运行的前提，微机启动运行前都要通过 BIOS 程序的自检功能对存储器进行检测，存储器没有错误才向下运行。

5. 性价比

性能价格比简称性价比，是衡量存储器芯片的综合性指标，性能包括芯片的存储容量、存储速度、可靠性等。 各方面性能越好、价格越低的芯片性价比越高，实际选用时，不同用途对存储器的性能要求不同，例如：有的侧重于存储容量，有的侧重于存储速度。

5.2　RAM 结构及典型芯片

5.2.1　SRAM 存储单元的结构原理

SRAM 采用双稳态触发器存储 1 位二进制位信息 0 或 1，若干个位存储单元组合在一起构成存储器芯片的存储体。典型 SRAM 芯片位存储单元的内部结构如图 5-3 所示，一个位存储单元由 6 个 MOS 管 $T_1 \sim T_6$ 组成，$T_1 \sim T_4$ 组成双稳态触发器，用来存储 1 位信息，T_3、T_4 分别作为 T_1、T_2 的负载管，T_1 截止时 $\overline{Q}$ 端为高电平，$\overline{Q}＝1$ 使 T_2 导通，T_2 导通使 Q 端为低电

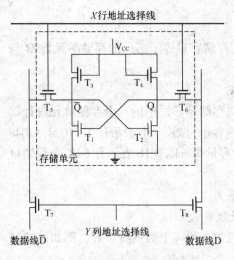

图 5-3　SRAM 存储单元的内部结构图

平，Q＝0 又使 T_1 可靠截止，T_1 和 T_2 保持稳定状态。与此相同，当 T_1 导通 T_2 截止时又保持 $\overline{Q}$ ＝0，Q＝1 的另一种稳定状态。双稳态触发器就是利用这两种不同的稳定状态表示所储存的信息为 0 和 1。

T_5、T_6 为该存储单元的开关管，由行地址信号控制，T_7、T_8 为一列存储单元公用的开关管，由列地址信号控制。当行列地址线为高电平时，开关管导通，触发器的 $\overline{Q}$ 和 Q 端与数据线 D 和 $\overline{D}$ 连通，数据可以输入或输出。对存储单元的读操作采用单边读取方式，Q 端一边的信息通过 T_6、T_8 送到数据线 D。对存储单元的写操作由数据线 D 和 $\overline{D}$ 双边写入，当写入 0 时，D＝0，$\overline{D}$ ＝1，通过开关管送到触发器使 Q＝0，$\overline{Q}$ ＝1，T_1 截止，T_2 导通，当地址及写信号撤除后开关管截止，T_1、T_2 仍保持这一状态不变，直到写入新的不同数据。当写入 1 时，D＝1，$\overline{D}$ ＝0，通过开关管送到触发器使 Q＝1，$\overline{Q}$ ＝0，T_1 导通，T_2 截止，当地址及写信号撤除后 T_1、T_2 仍保持不变。

SRAM 芯片的存储单元在不断电情况下存储的信息不会丢失，不需刷新电路，外围电路简单，存取速度快。其缺点是存储单元包含的 MOS 管数量较多，集成度较低。双稳态触发器中的 T_1 和 T_2 总有一个处于导通状态，芯片的功耗较大，价格较高。

5.2.2　SRAM 典型芯片

常用 SRAM 芯片有 2114（1K×4b）、6116（2K×8b）、6264（8K×8b）、62256（32K×8b）、62512（64K×8b）、HM28128（128K×8b）、HM628128（512K×8b）等。

6116 是 CMOS 型静态 RAM 芯片，采用 24 引脚双列直插式封装，其引脚图及各引脚功能如图 5-4 所示。6116 存储器的存储容量为 2K×8 位，片内共有 16 384 个位存储单元排成 128×128 的存储矩阵，11 条地址线 A_{10}～A_0 用于对存储单元寻址，8 条数据线 D_7～D_0 用于发送或接收数据，3 条控制线用于控制 6116 的工作方式，如表 5-1 所示。

引脚符号	引脚名称
A_{10}～A_0	地址输入端
D_7～D_0	数据输入/输出端
$\overline{CE}$	片选端
$\overline{WE}$	写允许端
$\overline{OE}$	输出允许端
V_{CC}	+5V 电源
GND	地

图 5-4　6116 引脚图

表 5-1 6116 的 工 作 方 式

$\overline{CE}$	$\overline{WE}$	$\overline{OE}$	工作方式	$\overline{CE}$	$\overline{WE}$	$\overline{OE}$	工作方式
0	1	0	读操作	1	×	×	未选通
0	0	×	写操作				

注 0—低电平；1—高电平；×—任意值，可为 0 或 1。

6264 是容量为 8K×8b 的静态 SRAM，采用 28 引脚 DIP 双列直插式封装，其引脚图及引脚功能如图 5-5 所示，工作方式如表 5-2 所示。

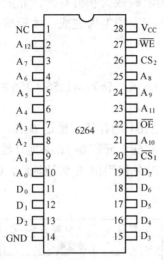

引 脚 符 号	引 脚 名 称
$A_{12} \sim A_0$	地址输入端
$D_7 \sim D_0$	数据输入/输出端
$\overline{CS_1}$、CS_2	片选端
$\overline{WE}$	写允许端
$\overline{OE}$	输出允许端
V_{CC}	+5V 电源
GND	地
NC	未连接

图 5-5 6264 引脚图

表 5-2 6264 的 工 作 方 式

$\overline{CS_1}$	CS_2	$\overline{WE}$	$\overline{OE}$	工作方式	$\overline{CS_1}$	CS_2	$\overline{WE}$	$\overline{OE}$	工作方式
0	1	0	×	写操作	1	1	×	×	高阻
0	1	1	0	读操作	1	0	×	×	高阻
0	0	×	×	高阻					

5.2.3 DRAM 存储单元的结构原理

DRAM 芯片的 1b 存储单元按照使用 MOS 管的数量可分为单管、三管和四管存储单元等类型。单管存储单元由于集成度高，在大容量 DRAM 电路中使用较多，下面以单管电路为例介绍动态存储单元的结构及原理。

单管动态存储单元电路如图 5-6 所示。存储单元利用 MOS 管 V 的栅极对衬底的寄生电容 C_S 存储的电压高低表示存储的位信息，当电容充电有电压时表示 1，当电容放电电压为 0 时表示 0。写入数据时，字选线为高电平使 V 导通，数据线（位线）的信息通过 V 存入 C_S；读取数据时，字选线为高电平使 V 导通，C_S 的信息通过 V 送到数据线上，通

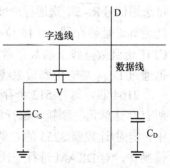

图 5-6 单管动态存储单元电路

过放大器放大后输出。

电容 C_S 储存的电荷很少,电容漏电及读操作都会使电容端电压下降。为了保持电容存储的信息不丢失,必须周期性地对所有存储单元进行刷新。DRAM 芯片没有刷新功能,可通过外接专用的刷新控制器电路(DRAM 控制器)进行刷新,常用的 DRAM 控制器有 Intel 公司的 8203、8207、8209 等。

刷新过程实际上是 DRAM 进行读取、放大、再写入的过程。刷新时存储体的列地址无效,每当一个行地址信号有效时选中一行,这一行的所有存储单元都与读出放大电路连通,在定时信号的控制下,读出放大电路对该行进行读取、放大和再写入,完成该行的刷新,然后再开始刷新下一行。对一个芯片的刷新必须在刷新周期内完成,才能保证存储信息的正确。

5.2.4 DRAM 典型芯片

常用的 DRAM 芯片有 2164(64K×1b)、4164(64K×1b)、41256(256 K×1b)、21010(1M×1b)等。下面以 2164 芯片为例介绍其特性。

2164 芯片的引脚图及引脚功能如图 5-7 所示。2164 的存储容量是 64K×1b,共有 64K 存储单元,每个存储单元存储 1 位信息。寻址 64K 存储单元需要 16 条地址线,为了减少芯片引脚数量,2164 内部增加了行、列地址锁存器,对外仅引出 8 条地址线,CPU 分两次将 16 位地址送入芯片内部。

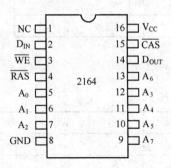

引脚符号	引脚名称
$A_7 \sim A_0$	地址输入端
D_{IN}	数据输入端
D_{OUT}	数据输出端
$\overline{WE}$	写允许端
$\overline{RAS}$	行地址选通
$\overline{CAS}$	列地址选通
V_{CC}	电源
GND	地

图 5-7 2164 引脚图

2164 芯片的内部结构如图 5-8 所示。64K 存储单元分成 4 个 128×128 的存储阵列,每个存储阵列有 128 个读出放大器。CPU 对 2164 读/写操作时,先送 8 位行地址,并发出行地址选通信号 $\overline{RAS}$,选通行地址锁存器锁存行地址,再送 8 位列地址,发出列地址选通信号 $\overline{CAS}$,选通列地址锁存器,由 16 位行列地址通过行列地址译码器选中访问存储单元。当 $\overline{WE}=0$ 时,CPU 送到数据线上的数据通过 D_{IN} 端写入选中存储单元;当 $\overline{WE}=1$ 时,选中存储单元的数据通过 D_{OUT} 端输出到数据线上被 CPU 读取。

2164 芯片每行 512 个存储单元,共 128 行,刷新周期是 2ms。为保证在刷新周期内完成所有存储单元的刷新,每行刷新间隔时间应小于 $2000\mu \div 128 = 15.625\mu s$。在 IBM-PC/XT 机中,定时/计数器 8253 的 CNT_1 设置为定时方式,每隔 $15.12\mu s$ 控制 8237 的通道 0 执行 DMA 读操作,对 DRAM 进行一次刷新。

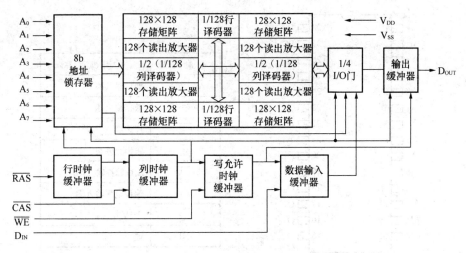

图 5-8   2164 内部结构框图

5.3   ROM 结构及典型芯片

5.3.1   ROM 存储单元的结构原理

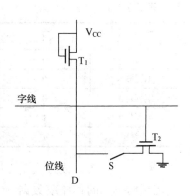

图 5-9   ROM 存储单元

ROM 存储芯片主要由存储单元矩阵、地址寄存器、地址译码器、输出缓冲器及片选逻辑等组成。ROM 中的位存储单元结构如图 5-9 所示。当字线上有高电平选中信号时，T_2 导通，若电子开关 S 断开，位线输出高电平；若开关 S 闭合，位线通过开关 S 和 T_2 接地，输出低电平。ROM 按照结构和操作方式的不同又分为多种类型，不同类型的 ROM 其存储单元的结构也有所不同。例如 PROM 存储电路中的电子开关为一段采用多晶硅或镍铬丝为材料的熔丝，当某位需存储 1 时，用编程器向熔丝通过 20～50mA 的电流将其烧断；当某位存储 0 时保持熔丝为接通状态。由于熔丝烧断后不可恢复，因此 PROM 写入数据后不可更改，只能一次性编程。而 EPROM、E^2PROM 和闪存可以通过紫外线或电信号多次控制"开关"的通断，并通过电信号多次写入信息，具有多次擦写的特点，使用起来比掩膜 ROM、PROM 要方便得多。

5.3.2   EPROM 典型芯片

EPROM 工作时只能读操作，不能修改或写入信息，在微机系统中通常作为 BIOS 程序存储器使用。27 系列是常用的 EPROM 芯片，包括 2716、2732、2764、27128、27256 和 27512 等型号，下面以 2764 为例说明 EPROM 的特性。

1. 2764 引脚功能

2764 的引脚排列及功能如图 5-10 所示，2764 的容量是 8K×8b，13 条地址线 A_{12}～A_0 用于选择存储单元，8 条数据线 O_7～O_0 在读操作时用于输出选中存储单元的信息，编程时输入信息。编程时由 $\overline{PGM}$ 端输入编程负脉冲，读操作时保持高电平，编程电压输入端编程时加 25V 编程电压，数据输出时为 +5V。

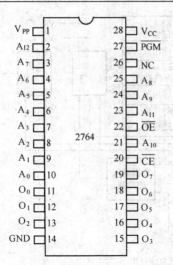

引脚符号	引脚名称
$A_{12} \sim A_0$	地址输入端
$O_7 \sim O_0$	数据输出端
$\overline{CE}$	片选端
$\overline{OE}$	输出允许端
$\overline{PGM}$	编程脉冲输入端
V_{PP}	编程电压输入端
V_{CC}	＋5V 电源
GND	地

图 5-10　2764 引脚图

2. 2764 工作方式

2764 的工作方式如表 5-3 所示，主要工作方式如下。

表 5-3　　　　2764 的 工 作 方 式

工作方式＼引脚	$\overline{CE}$	$\overline{OE}$	$\overline{PGM}$	V_{PP}	$O_7 \sim O_0$
读	0	0	1	＋5V	数据输出
编程输入	0	1	0	＋25V	数据输入
编程校验	0	0	1	＋25V	数据输出
编程禁止	1	×	×	＋25V	高阻
未选中	1	×	×	＋5V	高阻

（1）读方式。读方式是 2764 的正常工作方式，CPU 发出地址和读控制信号，读取片内选定存储单元的程序或数据。

（2）编程输入。使编程电压输入端 $V_{PP}=+25V$，将地址和数据送相应引脚，在 $\overline{PGM}$ 端加上宽度为 52ms 的负脉冲，就能将数据写入地址选中的存储单元。

（3）编程校验。编程完成后可通过编程校验将 2764 中的信息读出，与写入的信息比较，以确定写入的内容是否正确。编程校验方式与读方式的控制信号相同，但 V_{PP} 端为 25V 编程电压。

（4）禁止编程。编程时若有多个 2764 芯片引脚并联，各片存储单元写入数据不同时，可将不想写入数据的片选端置为高电平，使其处于编程禁止状态，不接收送到数据线上的数据。

（5）未选中。当片选端 $\overline{CE}$ 为高电平时 2764 处于未选中状态，数据线为高阻态，片内数据不能输出。

5.3.3　E^2PROM 典型芯片

Intel 28 系列是常用的并行 E^2PROM 芯片，有 2816A（2KB）、2817A（2KB）、2864A（8KB）等型号。这些芯片的编程和擦除只需＋5V 电压，不用外加编程电压和写入脉冲。

写入数据之前自动擦除原数据，不需专门的擦除设备和擦除操作，使用非常方便。2816A 的引脚功能如图 5-11 所示，工作方式如表 5-4 所示。

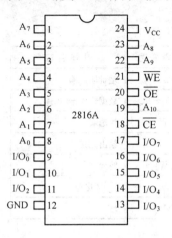

引 脚 符 号	引 脚 名 称
$A_{10}\sim A_0$	地址输入端
$I/O_7\sim I/O_0$	数据输入/输出端
$\overline{CE}$	片选端
$\overline{OE}$	输出允许
$\overline{WE}$	写允许
V_{CC}	＋5V 电源
GND	地

图 5-11　2816A 引脚图

表 5-4　　　　　　　　　**2816A 的 工 作 方 式**

工作方式　　引脚	$\overline{CE}$	$\overline{OE}$	$\overline{WE}$	$I/O_7\sim I/O_0$
读操作	0	0	1	数据输出
写操作	0	1	0	数据输入
维持或写禁止	1	×	×	高阻

5.3.4　Flash 存储器典型芯片

Flash 存储器具有可读/写操作、读写速度快、掉电不丢失数据等优点，逐渐取代 EPROM 等 ROM 型存储器。Flash 存储器种类比较多，常用的有 Atmel 公司的 AT29C 系列，包括 AT29C256（32KB）、AT29C512（64KB）等型号。Winbond 公司的 W29EE 系列，包括 W29EE256（32KB）、W29EE512（64KB）等型号。

AT29C256 引脚图及引脚功能如图 5-12 所示。AT29C256 是单 5V 供电的系统可编程可擦除 Flash 存储器，存储容量 32KB，快速读访问时间 70ns，功耗 275mW，待机电流小于 100μA。擦除次数大于 10 000 周期，编程时不需专用编程电压，只需＋5V 电源电压即可。

AT29C256 的主要功能如下。

（1）读操作：读操作与 E^2PROM 类似，当 $\overline{CE}=0$，$\overline{OE}=0$，$\overline{WE}=1$ 时，地址选定存储单元的数据通过 8 位数据线输出。

（2）字节装载：用于装入每一扇区待编程的 64B 数据或用于数据保护的软件代码。

（3）编程：AT29C256 芯片的全部存储空间划分成为若干个扇区（存储阵列），以扇区为单位再编程，每次编程一个扇区。不同型号的扇区容量和扇区数不同，AT29C256 共分为 512 个扇区，每个扇区 64B。准备好数据和扇区号后，只需 3 条写保护数据命令即可写入数据。3 条命令之后是编程写入等待时间。

（4）软件数据保护：AT29C256 有软件控制的数据保护功能，软件保护功能可由用户开启或禁止，要开启软件数据保护，必须对带有指定数据的指定地址执行 3 个编程命令。开启软件数据保护后，必须用同样的 3 个编程指令启动每个编程周期才能进行编程。

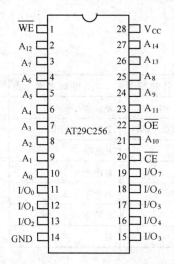

引 脚 符 号	引 脚 名 称
$A_{14} \sim A_0$	地址输入端
$I/O_7 \sim I/O_0$	数据输入/输出端
$\overline{CE}$	片选端
$\overline{OE}$	输出允许
$\overline{WE}$	写允许
V_{CC}	+5V 电源
GND	地

图 5-12　AT29C256 引脚图

5.4　半导体存储器接口

5.4.1　存储器的扩展

不同型号存储器芯片存储单元的位数不同，有 1 位、4 位和 8 位等类型，而 CPU 访问存储器的基本单位是字节，如果用存储单元位数不足 8 位的芯片构成存储系统，必须若干片同时工作，构成以字节为读/写单位的存储器，这种扩展方式称为存储器的数据宽度扩展，也称为位扩展。例如：用 $64K \times 1b$ 的 2164 芯片扩展存储系统，需要 8 片一组将数据宽度扩展到 8 位，一组的存储容量为 $64K \times 8b$。

存储器扩展时，单片容量通常达不到系统总容量的要求，这就需要采用多片存储器以扩展存储容量，即字节数扩展。例如：用容量为 $4K \times 8b$ 的 2732 扩展 16KB 的存储系统，共需要 4 片 2732 芯片。另外，有些存储系统还要进行数据宽度和字节数的同时扩展，具体扩展方法取决于芯片容量、芯片存储单元位数和扩展容量。

当采用多片存储器扩展存储系统时，所用片数为扩展总容量除以单片容量，例如：采用 $1K \times 4b$ 的芯片扩展 $16K \times 8$ 的存储空间，所需片数为（$16K \times 8b$）÷（$1K \times 4b$）=32 片。

两种扩展方法中地址线、数据线及控制线的连接方法不同，掌握三总线的连接特点是正确进行存储器扩展的关键，下面分别举例说明。

1. 存储器的数据宽度扩展

存储器数据宽度扩展的连线方法及特点如下。

（1）数据宽度扩展的一组存储芯片的数据引脚与系统数据总线分别相连，保证 8b 数据总线均能传送数据。

（2）各片的地址引脚、片选信号、读/写控制信号分别并联到一起，保证读/写操作时同时选中各片的一个存储单元并输出或输入数据。

（3）数据宽度扩展使存储器数据位数增加，但存储单元数不变。

【例 5-1】　采用 SRAM 芯片 2114（1K×4b）扩展 1KB 的 RAM 存储器。

由于 2114 芯片一个存储单元的位数是 4b，一次只能读/写 4 位数据，可以采用 2 片作为一组将数据宽度扩展到 8 位，满足 CPU 的访问要求。扩展电路如图 5-13 所示。

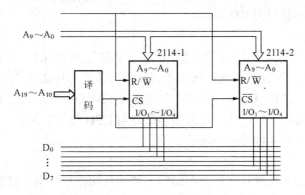

图 5-13　2114 扩展电路

1 号片的 4 位数据引脚 $I/O_1 \sim I/O_4$ 分别与数据总线的低 4 位 $D_0 \sim D_3$ 相连，2 号片的 4 位数据引脚 $I/O_1 \sim I/O_4$ 分别与数据总线的高 4 位 $D_4 \sim D_7$ 相连。两片的地址引脚 $A_9 \sim A_0$ 并联起来与地址总线 $A_9 \sim A_0$ 对应相连。两片的片选信号并联后与译码器的一个输出端相连，使 CPU 访问存储器时这两个芯片同时被选中，其他高位地址线 $A_{19} \sim A_{10}$ 控制译码器的输入和使能端。两片的读写信号并联后由 CPU 的读/写信号控制。

2. 存储器的字节数扩展

存储器字节数扩展的连线方法及特点如下。

（1）各存储芯片的 8b 数据引脚并联起来，与系统数据总线依次连接。

（2）各存储芯片的地址引脚对应并联起来，与系统地址总线对应连接。

（3）各片的片选信号分别由不同的高位地址线或译码器输出线控制，以保证在某一时刻只有一片被选中工作。

（4）各片的读/写控制引脚并联，由 CPU 的读/写信号控制。

【例 5-2】　采用 EPROM 芯片 2764（8K×8b）扩展 16KB 的 ROM 存储器。

2764 芯片的存储单元位数是 8b，不需数据宽度扩展，只需用 2 片进行字节数的扩展。扩展电路如图 5-14 所示。

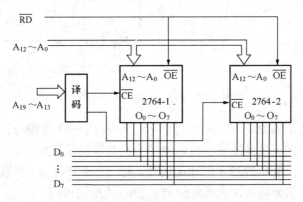

图 5-14　2764 的字节数扩展电路

两片 2764 的数据引脚 $O_7 \sim O_0$ 并联在一起且与 8 位数据总线 $D_7 \sim D_0$ 分别相连，地址引脚 $A_{12} \sim A_0$ 并联在一起与地址总线的 $A_{12} \sim A_0$ 对应相连。其他高位地址线 $A_{19} \sim A_{13}$ 控制译码器，译码器的两个输出端分别控制两片 2764 的片选端 $\overline{CE}$，使两片分时选中。输出允许信号 $\overline{OE}$ 连在一起由 CPU 的读信号 $\overline{RD}$ 控制。

5.4.2 存储器片选方法

CPU 访问存储器时，某一时刻只能选中存储单元位数为 8b 的一片或通过数据宽度扩展至 8b 的一组，芯片选择是由高位地址线直接或间接向芯片的片选端 $\overline{CE}/\overline{CS}$ 发送低电平信号实现的。存储器片选方法按照片选信号的产生方法不同可分为线选法、部分地址译码法和全地址译码法 3 种。片选电路的设计和连接是存储器与 CPU 接口的关键，下面通过 8088 微处理器与存储器的接口介绍 3 种片选方法的实现。

1. 线选法

线选法是指用高位地址线直接作为存储器芯片的片选信号。当存储系统容量不大，存储芯片数量不多时可用线选法。线选法具有电路简单，不需译码器等复杂逻辑电路等优点；缺点是存在地址重叠和地址不连续。地址重叠是由于若干条地址线没使用而导致的一个芯片有多个地址范围、一个存储单元有多个地址的现象。而各芯片之间地址不连续又会造成大量地址空间的浪费，毕竟 CPU 寻址存储空间的能力有限。

【例 5-3】 采用 2732 扩展 12KB 存储系统，线选法进行片选，设计接口电路并分析各片的地址范围。

2732 的单片容量是 4K×8b，需要 3 片通过字节数扩展到 12KB 存储空间，接口电路如图 5-15 所示。3 片 2732 的数据引脚 $O_0 \sim O_7$ 并联后与系统数据总线 $D_7 \sim D_0$ 相连。地址引脚 $A_{11} \sim A_0$ 与系统地址总线 $A_{11} \sim A_0$ 相连，CPU 送来 12 位地址编码选中芯片内部的一个存储单元，这 12 条地址线称为片内线。其余的 8 条高位地址线 $A_{19} \sim A_{12}$ 可直接作为存储芯片的片选信号，为 8 个芯片提供片选信号。在芯片地址没有要求的情况下，片选信号可以从多余的高位地址线中任意选取，但选择地址线不同，芯片的地址范围也会发生变化。图中选取 A_{12}、A_{13}、A_{14} 分别与 3 片 2732 的片选端 $\overline{CE}$ 相连，其余 5 位地址线未用。

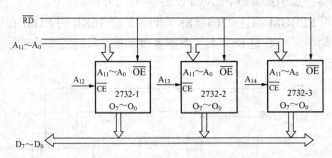

图 5-15　2732 线选法接口电路

各片 2732 的地址范围如表 5-5 所示。20 位地址按功能分为 3 部分：12 位片内地址线、3 位片选线和 5b 未连接的无关地址线。片内地址线的取值范围是全 0 到全 1，对于 2732 来说就是 000H～FFFH。A_{12} 作为 2732-1 的片选信号，对于这个芯片 A_{12} 应该保持为 0，而其他芯片 A_{12} 就应该保持 1，另外两条片选地址线 A_{13}、A_{14} 的用法相同。

表 5-5　　　　　　　　　　　　**2732 地 址 分 配 表**

地址 芯片	未用地址线					片选线			片内地址线											
	A_{19}	A_{18}	A_{17}	A_{16}	A_{15}	A_{14}	A_{13}	A_{12}	A_{11}	A_{10}	A_9	A_8	A_7	A_6	A_5	A_4	A_3	A_2	A_1	A_0
2732-1	×	×	×	×	×	1	1	0	0	0	0	0	0	0	0	0	0	0	0	0
	×	×	×	×	×	1	1	0	1	1	1	1	1	1	1	1	1	1	1	1
2732-2	×	×	×	×	×	1	0	1	0	0	0	0	0	0	0	0	0	0	0	0
	×	×	×	×	×	1	0	1	1	1	1	1	1	1	1	1	1	1	1	1
2732-3	×	×	×	×	×	0	1	1	0	0	0	0	0	0	0	0	0	0	0	0
	×	×	×	×	×	0	1	1	1	1	1	1	1	1	1	1	1	1	1	1

高 5 位地址线 $A_{19} \sim A_{15}$ 未连接，其状态可为 0 也可为 1，对片选及存储单元的选择没有影响。由于 5 位二进制产生的组合有 $2^5 = 32$ 个，因此这 3 个芯片都有 32 个不同的地址范围。设未用地址都为 0，可得到各芯片的其中一个地址范围：

2732-1：06000H～06FFFH

2732-2：05000H～05FFFH

2732-3：03000H～03FFFH

从地址范围可见，1 号、2 号芯片组成连续的 8KB 存储空间，3 号芯片是独立的 4KB 存储空间。该存储系统存在存储地址重叠和地址不连续的问题，这些问题可以通过后面介绍的全地址译码法得到解决。

2. 全地址译码法

全地址译码法是将除片内地址线外的所有高位地址线全部参与译码，由译码输出作为各存储器芯片的片选信号。全译码法不会产生地址重叠，每个存储芯片有唯一的地址范围，每个存储单元有唯一的地址，通过合理连线还可以使所有存储芯片构成一个连续的存储空间。全地址译码是微机系统中对存储器及 I/O 接口片选的常用方法。

译码器是地址译码电路的主要器件，扩展存储器和 I/O 接口时采用译码器可以用较少的地址线产生更多的片选信号。译码器芯片有 3-8 译码器 74LS138、双 2-4 译码器 74LS139、4-16 译码器 74LS154 等。常用译码器 74LS138 芯片的引脚排列如图 5-16 所示，真值表如表 5-6 所示。

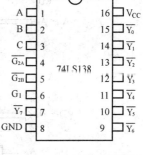

图 5-16　74LS138 引脚图

表 5-6　　　　　　　　　　　　**74LS138 真 值 表**

使 能 端			选择输入端			$\overline{Y_7}$	$\overline{Y_6}$	$\overline{Y_5}$	$\overline{Y_4}$	$\overline{Y_3}$	$\overline{Y_2}$	$\overline{Y_1}$	$\overline{Y_0}$
G_1	$\overline{G_{2A}}$	$\overline{G_{2B}}$	C	B	A								
0	×	×	×	×	×	1	1	1	1	1	1	1	1
×	1	×	×	×	×	1	1	1	1	1	1	1	1
×	×	1	×	×	×	1	1	1	1	1	1	1	1
1	0	0	0	0	0	1	1	1	1	1	1	1	0
1	0	0	0	0	1	1	1	1	1	1	1	0	1
1	0	0	0	1	0	1	1	1	1	1	0	1	1

续表

使　能　端			选择输入端			$\overline{Y_7}$	$\overline{Y_6}$	$\overline{Y_5}$	$\overline{Y_4}$	$\overline{Y_3}$	$\overline{Y_2}$	$\overline{Y_1}$	$\overline{Y_0}$
G_1	$\overline{G_{2A}}$	$\overline{G_{2B}}$	C	B	A								
1	0	0	0	1	1	1	1	1	1	0	1	1	1
1	0	0	1	0	0	1	1	1	0	1	1	1	1
1	0	0	1	0	1	1	1	0	1	1	1	1	1
1	0	0	1	1	0	1	0	1	1	1	1	1	1
1	0	0	1	1	1	0	1	1	1	1	1	1	1

74LS138 的引脚有 3 个使能端 G_1、$\overline{G_{2A}}$ 和 $\overline{G_{2B}}$，3 个选择输入端 A、B、C，8 个输出端 $\overline{Y_7}\sim\overline{Y_0}$。3 个使能端同时有效时 74LS138 对输入端数据译码输出，否则输出全为高电平。使能端有效时 CBA 的 8 种组合使对应输出端发出低电平。例如：当 CBA＝111 时，$\overline{Y_7}$ 输出低电平，其他 7 个输出端均为高电平，即译码器任何时刻只能有一个输出低电平，能满足 CPU 在某一时刻只能访问一个或一组存储器芯片的要求。

【例 5-4】　微机系统中 8088 微处理器工作于最小模式，用 2732 芯片扩展 8KB ROM 存储器，用 6116 芯片扩展 4KB RAM 存储器。全地址译码法进行片选，设计接口电路并分析各片的地址范围。

全地址译码接口电路如图 5-17 所示。存储系统由 2 片 2732 和 2 片 6116 组成。系统数据总线 $D_7\sim D_0$ 与各片数据引脚相连，读信号 $\overline{RD}$ 与 4 片存储器的 $\overline{OE}$ 相连，写信号 $\overline{WR}$ 与 2 片 6116 的 $\overline{WE}$ 相连。

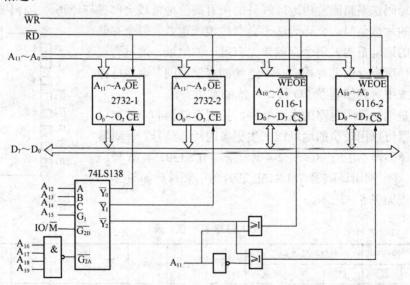

图 5-17　存储器全译码接口电路

地址总线 $A_{11}\sim A_0$ 作为 2732 的片内地址线，$A_{10}\sim A_0$ 作为 6116 的片内地址线，用于选择片内存储单元。$A_{12}\sim A_{14}$ 控制译码器 74LS138 的选择输入端，A_{15} 控制 G_1，$A_{16}\sim A_{19}$ 通过与门控制 $\overline{G_{2A}}$，$IO/\overline{M}$ 控制 $\overline{G_{2B}}$。

译码器的输出 $\overline{Y_0}$ 作为 2732-1 的片选信号，$\overline{Y_1}$ 作为 2732-2 的片选信号。为了使两片 6116

也为全译码方式，$\overline{Y_2}$ 和 A_{11} 通过门电路产生两个片选信号控制 6116。

各存储芯片的地址范围如表 5-7 所示。对于每个芯片，除了片内地址线外其他高位地址线都参与了片选信号的地址译码，这些地址线有唯一的状态，各芯片只有一个地址范围，每个存储单元有唯一的存储地址，不会出现地址重叠现象。

表 5-7　　　　　　　　　　　　　存 储 器 地 址 分 配 表

地址 芯片	片　选　线								片　内　地　址　线											
	A_{19}	A_{18}	A_{17}	A_{16}	A_{15}	A_{14}	A_{13}	A_{12}	A_{11}	A_{10}	A_9	A_8	A_7	A_6	A_5	A_4	A_3	A_2	A_1	A_0
2732-1	1	1	1	1	1	0	0	0	0	0	0	0	0	0	0	0	0	0	0	0
	1	1	1	1	1	0	0	0	1	1	1	1	1	1	1	1	1	1	1	1
2732-2	1	1	1	1	1	0	0	1	0	0	0	0	0	0	0	0	0	0	0	0
	1	1	1	1	1	0	0	1	1	1	1	1	1	1	1	1	1	1	1	1
6116-1	1	1	1	1	1	0	1	0	0	0	0	0	0	0	0	0	0	0	0	0
	1	1	1	1	1	0	1	0	0	1	1	1	1	1	1	1	1	1	1	1
6116-2	1	1	1	1	1	0	1	0	1	0	0	0	0	0	0	0	0	0	0	0
	1	1	1	1	1	0	1	0	1	1	1	1	1	1	1	1	1	1	1	1

各芯片的地址范围为

2732-1：F8000H～F8FFFH

2732-2：F9000H～F9FFFH

6116-1：FA000H～FA7FFH

6116-2：FA800H～FAFFFH

4 个芯片组成了一个完整的 12KB 存储空间 F8000H～FAFFFH，避免了存储空间的地址不连续。

3. 部分地址译码法

部分地址译码法与全地址译码法相似，区别是用部分高位地址线参与地址译码，由于还有一条或几条地址线未用，会出现地址重叠和存储空间的地址不连续。存储系统扩展时，若对地址范围没有严格要求或为了简化译码电路，可选用此方法。

例如：图 5-17 接口电路中，若将 $\overline{Y_2}$ 直接控制 6116-1 的片选端，$\overline{Y_3}$ 直接控制 6116-2 的片选端，A_{11} 地址线不用，状态任意，这时两片 6116 即为部分地址译法方式，会出现地址重叠，每片各有两个地址范围。

当 $A_{11}=0$ 时，地址范围为

6116-1：FA000H～FA7FFH

6116-2：FB000H～FB7FFH

当 $A_{11}=1$ 时，地址范围为

6116-1：FA800H～FAFFFH

6116-2：FB800H～FBFFFH

从以上地址范围可见，两片 6116 的地址空间不再连续。但这时两片 2732 仍为全地址译码方式，其片选状态并未发生变化。

5.4.3　16 位微机系统的内存组织

1．16 位内存结构

8086、80286 等 16 位 CPU 具有 16 位数据总线 $D_{15} \sim D_0$，CPU 在访问内存时，除了对字节存储单元的读/写操作外，还要能够通过 16 位数据线同时传送数据，即一次完成字数据的读/写操作。为了满足这个要求，8086 的内存组织采用了奇偶分体的结构，如图 5-18 所示。

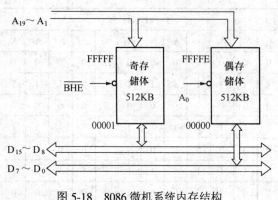

图 5-18　8086 微机系统内存结构

奇偶分体是将 8086 微机系统的 1MB 内存从物理结构上分成两个容量为 512KB 的存储体，称为奇存储体和偶存储体。地址线 $A_{19} \sim A_1$ 作为两个存储体公用的片内和片选地址线，低 8 位数据线 $D_7 \sim D_0$ 与偶存储体相连，高 8 位数据线 $D_{15} \sim D_8$ 与奇存储体相连，A_0 作为偶存储体的体选信号，$\overline{BHE}$ 作为奇存储体的体选信号，A_0 和 $\overline{BHE}$ 都是低电平有效。存储体可以由 1 个或多个存储芯片组成，奇存储体中的所有存储单元均为奇地址，偶存储体中的所有存储单元均为偶地址。

2．16 位内存的访问

8086 对内存的访问有偶地址字节、奇地址字节、偶地址字和奇地址字 4 种方式，不同方式所用数据线和体选信号不同，如表 5-8 所示。

表 5-8　　　　　　　　　　　　16 位 内 存 操 作 类 型

$\overline{BHE}$	A_0	使用数据总线	操 作 类 型	$\overline{BHE}$	A_0	使用数据总线	操 作 类 型
1	0	$D_7 \sim D_0$	偶地址字节	0	0	$D_{15} \sim D_0$	偶地址字（规则字）
0	1	$D_{15} \sim D_8$	奇地址字节	0 1	1 0	$D_{15} \sim D_8$ $D_7 \sim D_0$	奇地址字（不规则字）

（1）偶地址字节的访问。当 $A_0 = 0$，$\overline{BHE} = 1$ 时，CPU 访问偶存储体中的 1 个偶地址字节单元，数据通过低 8 位数据线 $D_7 \sim D_0$ 传送，数据传送需 1 个总线周期。例如：指令 MOV AL，[1200H]；MOV [8000II]，CH。

（2）奇地址字节的访问。当 $\overline{BHE} = 0$，$A_0 = 1$ 时，CPU 访问奇存储体中的 1 个奇地址字节单元，数据通过高 8 位数据线 $D_{15} \sim D_8$ 传送，数据传送需 1 个总线周期。例如：指令 MOV AL，[6AF5H]；MOV [21H]，BL。

（3）偶地址字的访问。当 $\overline{BHE} = 0$，$A_0 = 0$ 时，CPU 访问偶地址字，该字的低字节在偶存储体中，高字节在奇存储体中，地址线及两个体选信号同时选中这两个字节单元，在 1 个总线周期中可实现对该字的读/写操作。这种地址为偶的字称为对准字或规则字。例如：指令 MOV AX，[1200H]；MOV [8000H]，CX。

（4）奇地址字的访问。奇地址字的低字节在奇存储体中，高字节在偶存储体中，由于 2B 单元的高 19b 地址不同，CPU 不能通过地址线和体选信号同时选中 2B 单元，这时 CPU 自动在两个总线周期中完成其读/写操作。第一个周期 CPU 发出低字节的奇地址，使 $\overline{BHE} = 0$，$A_0 = 1$，通过高 8 位数据线传送低字节数据；下一周期 CPU 发出高字节的偶地址，使 $\overline{BHE} = 1$，

$A_0 = 0$，通过低 8 位数据线传送高字节数据。这种地址为奇的字称为未对准字或不规则字。例如：指令 MOV AX，[6AF5H]；MOV [6821H]，BX。

不规则字的访问占用 CPU 时间长，不能发挥 16 位微机的优越性，编程时应尽量将字数据定义为规则字。

5.4.4 32b 微机系统的内存组织

从 80386 到 Pentium4 系列 32 位微处理器中，不同型号芯片的地址线和数据线条数都不相同，其内存容量和内存结构也不相同，但其内存组织形式与 8086 微机系统的 16 位存储结构类似。下面以 80386 为例说明 32 位微机系统的内存结构。

80386 微机系统的内存结构如图 5-19 所示。80386 具有 32 位地址总线，其中 $A_{31} \sim A_2$ 直接输出，A_1 和 A_0 由内部电路编码输出 4B 允许信号 $\overline{BE_0} \sim \overline{BE_3}$。可扩展最大内存空间为 4GB，地址范围是 00000000H～FFFFFFFFH。具有 32 位数据总线，为了能进行字节到双字的读写操作，4GB 内存分为 4 个容量为 1GB 的存储体，地址总线与各存储体相连，每个存储体分别与 8 位数据线相连，字节允许信号 $\overline{BE_0} \sim \overline{BE_3}$ 分别作为各存储体的体选信号，用于控制存储体的工作。

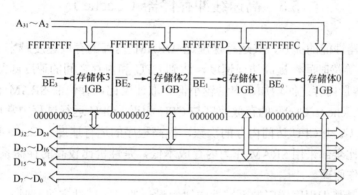

图 5-19　32 位微机系统内存结构

32 位内存的操作类型如表 5-9 所示。通过字节允许信号 $\overline{BE_0} \sim \overline{BE_3}$ 控制可实现字节、字、3 字节及双字的读/写操作。其中，当 $D_{23} \sim D_{16}$ 传送次高字节数据时，$D_7 \sim D_0$ 也传送与其相同的字节数据；当 $D_{31} \sim D_{24}$ 传送高字节数据时，$D_{15} \sim D_8$ 也传送与其相同的字节数据；当 $D_{31} \sim D_{16}$ 传送高字数据时，$D_{15} \sim D_0$ 也传送与其相同的字数据。

表 5-9　　　　　　　　　　　　　32 位内存操作类型

$\overline{BE_3}$	$\overline{BE_2}$	$\overline{BE_1}$	$\overline{BE_0}$	使用数据总线	操 作 类 型
1	1	1	0	$D_7 \sim D_0$	低字节
1	1	0	1	$D_{15} \sim D_8$	次低字节
1	0	1	1	$D_{23} \sim D_{16}$（$D_7 \sim D_0$）	次高字节
0	1	1	1	$D_{31} \sim D_{24}$（$D_{15} \sim D_8$）	高字节
1	1	0	0	$D_{15} \sim D_0$	低字
1	0	0	1	$D_{23} \sim D_8$	字
0	0	1	1	$D_{31} \sim D_{16}$（$D_{15} \sim D_0$）	高字

续表

$\overline{BE_3}$	$\overline{BE_2}$	$\overline{BE_1}$	$\overline{BE_0}$	使用数据总线	操 作 类 型
0	0	0	1	$D_{31} \sim D_8$	3 字节
1	0	0	0	$D_{23} \sim D_0$	3 字节
0	0	0	0	$D_{31} \sim D_0$	双字

　　32 位内存的访问也分为对准和未对准状态，若用奇地址访问字、双字，或用不是 4 的倍数的地址访问双字都是未对准状态，需要 2 个总线周期完成字或双字的传送。为了提高数据传输效率，编程时最好以对准状态访问字或双字。

　　Pentium 具有 32 位地址总线，64 位外部数据总线，4GB 内存分为 8 个容量为 512MB 的存储体，$\overline{BE_0} \sim \overline{BE_7}$ 作为各存储体的体选信号，一个总线周期可传送 8B 数据。Pentium 4 具有 36 位地址总线，最大可扩展 64GB 内存，有 64 位外部数据总线，内存分为 8 个容量为 8GB 的存储体。

5.5　高速缓冲存储器（Cache）

　　随着微处理器性能的提升，其运行速度比 DRAM 内存的存取速度越来越高，为了减少 CPU 访问内存的等待时间，提高访问速度，达到 CPU 和内存之间的速度匹配，32 位微机系统在 CPU 和大容量内存之间增加了容量较小但存取速度比内存快的 SRAM 存储器，称为高速缓冲存储器（Cache）。Cache 的存取速度与 CPU 相近，CPU 运行过程中常用的程序和数据调入 Cache，可以减少 CPU 访问内存的次数，提高程序的运行速度。Cache 技术提高了微机系统的性能，又比全部采用 SRAM 作为内存成本低，是性价比较高的存储系统结构。

5.5.1　Cache 工作原理

　　Cache 技术是基于程序访问的区域性定律而设计的，区域性定律有时间区域性和空间区域性两个方面：时间区域性是存储器中某个数据被存取后可能很快又被存取；空间区域性是存储器中的某个数据被存取后，其附近的数据也很快被存取。根据这个特点可将存储系统采用不同类型的存储器组成层次性结构，最接近 CPU 的 Cache 容量小速度高，用于存放当前运行指令附近的部分程序和数据，供 CPU 在一段时间内运行。

　　CPU 访问存储器时首先到 Cache 中查找，如果访问信息在 Cache 中，就能快速完成访问，称为命中 Cache。Cache 的命中率反映了 CPU 访问存储器的速度，命中率与 Cache 的容量、Cache 控制算法、Cache 组织方式及运行程序等因素有关。CPU 命中 Cache 后，若是读操作，CPU 直接从 Cache 中读取数据，不需访问内存；若是写操作，需要向 Cache 和内存都写入相同的数据。写入的方法有直通存储法和"写回发"两种：直通存储法是将数据同时送入 Cache 和内存的相应存储单元；"写回发"是只将数据写入 Cache，同时用一个标志位作为标志，当有标志位的信息块从 Cache 中移去时再修改相应的内存单元，将修改信息一次写回内存。

　　如果数据没有从内存调入 Cache，称为未命中 Cache，这时 CPU 直接对内存进行读/写操作。若是读操作，将内存中的信息块送入 Cache，同时直接将所需数据送入 CPU，不需等到将整个信息块全部装入 Cache；若是写操作，将数据直接写入内存。

5.5.2 Cache 组织方式

为了便于将内存中的数据调入 Cache，Cache 和内存的存储区均分为若干区块，32 位微机系统中一个区块长度为 4B。Cache 和内存之间以区块作为数据交换的基本单位，若 CPU 访问的字节不在 Cache 中，Cache 会将此字节所在的区块全部复制到 Cache 中。同一区块在 Cache 中的地址和在内存中的地址并不相同，但两者具有一定的对应关系，其关系通过地址映像函数反映出来，地址变换机构根据相应的地址映像函数将内存地址自动转换为 Cache 地址。按照 Cache 和内存之间的映像关系，Cache 有 3 种组织方式。

1. 全相连方式

全相连方式中内存的一个区块可以映像到 Cache 的任何位置。Cache 中保持很多互不相关的数据块，Cache 存储每个块和块自身的地址，当 CPU 请求数据时，Cache 将请求地址与自身所存储的所有地址加以比较，以确认访问单元。该方式的优点是命中率高，缺点是比较所需时间较长，速度低。

2. 直接映像方式

直接映像方式中内存的一个区块可以映像到 Cache 的一个对应位置。直接映像方式下每个内存块在 Cache 中只有一个位置，只需比较一次。具体地说，为 Cache 的每个区块位置分配一个索引字段，用标签（Tag）字段区分 Cache 中的不同块，把内存分为若干页，每一页与 Cache 的大小相同，匹配的内存偏移量可直接映像为 Cache 偏移量。直接映像方式比全相连方式速度快，但内存的组之间频繁调用时必须多次转换。

3. 组相连方式

组相连方式中内存的一个区块可以映像到 Cache 的有限位置，是介于全相连和直接映像之间的一种方式。这种方式使用几组直接映像的块，一个索引号对应几个块位置，增加了命中率。

5.6　外 部 存 储 器

外部存储器用于存储大量的程序和数据，其中的信息先调入内存才能被 CPU 执行和使用。常用的外部存储器有软盘、硬盘、光盘及闪存盘等。

5.6.1 软盘存储器

软盘存储器简称软盘，自 20 世纪 70 年代推出以来，成为微机系统中必备的标准外部存储器，近年来随着大容量硬盘、光盘、可移动硬盘及优盘等各类高性能外存的广泛应用，软盘已退出了微机市场。软盘的存储盘片是在圆形聚酯薄膜基片上涂上磁性材料制成的，软盘按照盘片直径可分为 5.25 英寸和 3.5 英寸，按存放数据面可分为单面盘和双面盘，按存储密度可分为单密度盘、双密度盘和高密度盘。常用的是 3.5 英寸，容量为 1.44MB 的双面高密度盘。

1. 软盘的主要技术指标

（1）磁道（Track）。软盘的盘片划分为若干同心圆磁道用来存储信息，不同规格软盘的磁道数不同。例如 3.5 英寸盘共有 80 个磁道，磁道从外向里编号，最外面的是 0 磁道，最里面的是 79 磁道。

（2）扇区（Sector）。每个磁道划分为若干个扇区，低密度盘每道分为 15 个扇区，高密度盘每道分为 18 个扇区。每个扇区存放 512B 数据，系统对数据读写时以扇区为基本单位，一个扇区中必须写入同一文件的数据。

一张新软盘在使用前必须进行格式化操作，即将磁盘按标准格式划分扇区，每个扇区还要按记录格式要求填写地址信号，定义存储字节数。

（3）存储容量。存储容量是一张软盘能记录的二进制数据的总和，单位为 KB 或 MB。软盘格式化后其存储容量可按下式计算：

$$存储容量＝记录面数×磁道数/面×扇区数/道×字节数/扇区$$

例如 3.5 英寸双面高密度盘的存储容量为

$$2 面×80 磁道/面×18 扇区/道×512B/扇区＝1\ 474\ 560B＝1440KB≈1.44MB$$

（4）数据传输率。数据传输率是指软盘驱动器与主机之间每秒钟交换二进制数据的位数，单位是位/秒（bit/s）或千位/秒（Kb/s）。

2. 软盘驱动器

软盘驱动器（Floppy Disk Drive，FDD）由软盘驱动机构和读/写控制电路组成，用于对软盘进行读/写操作。软盘驱动机构包括盘片定位机构、软盘驱动装置、磁头寻道定位部件和状态检测部件，读/写控制电路由读出放大电路、写电路和抹电路等组成。

软盘插入软盘驱动器后，盘片在驱动电机的带动下以 360r/min 的速度旋转，使磁头与磁盘表面产生相对运动，磁头又能通过步进电机的驱动作径向运动，磁头可定位不同的磁道，并对磁道的各扇区进行读/写操作。

3. 软盘控制器

软盘控制器（Floppy Disk Controller，FDC）是主机与软盘驱动器之间的可编程接口电路，常由 FD1771、FD1791 等 FDC 芯片构成，软盘控制器的组成及各部分的功能如下。

（1）数据总线缓冲器：用于传送 8 位并行数据。FDC 与主机之间通过低 8 位数据总线传输数据，读操作时 FDC 将驱动器读取的串行数据转换为并行数据送主机，写操作时 FDC 将主机送来的数据转换为串行数据送驱动器，并写入软盘。

（2）读/写 DMA 控制逻辑：用于读/写控制和 DMA 控制。当采用 DMA 方式传送数据时，产生数据请求信号 DRQ，由 DMA 控制器向 CPU 申请总线，CPU 出让总线控制权后，进入 DMA 数据传输过程。

（3）内部寄存器：用于存放 FDC 芯片的状态、命令、数据等信息。

（4）串行接口控制器：用于控制读/写的各种信号，当采用双密记录方式写入数据时引入补偿电路，读出时引入锁相电路，分离数据。

（5）驱动器接口控制器：控制输入/输出的各种信号。

以 FDC 为核心的软盘接口如图 5-20 所示。

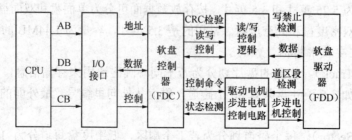

图 5-20　软盘接口框图

5.6.2 硬盘存储器

硬盘是微机系统中最重要的外部存储设备，操作系统、应用软件及各种文件都存放在硬盘中。硬盘主要由盘片、磁头、磁头控制器、控制电机、数据转换器及缓冲器等组成。盘片是由非磁性铝合金材料表面涂上磁性材料制成的，盘面由外向里分布的很多同心圆磁道用来存储数据。硬盘工作时，盘片在电机的带动下以几千转/分的速度旋转，磁头在步进电路的带动下做径向运行，寻找目标磁道并进行读/写操作。

1. 硬盘的特点

IBM 公司在美国加州坎贝尔市温彻斯特大街的研究所研制成功了硬磁盘技术，并于 1973 年应用于 IBM 3340 硬盘中，当前微机系统中的硬盘仍然使用这一技术，因此硬盘也称为温盘机。硬盘的主要特点如下。

（1）硬盘存储器中多个盘片安装在一个主轴上，盘片与磁头关系固定，每一个磁头读取的就是它自己写入的数据，避免了磁头换盘的位置调整，提高了道密度。

（2）将盘片组、磁头、磁头定位部件、主轴电路等密封在一个组合体中，防尘效果好，可靠性高。

（3）采用接触/浮动式磁头。主轴电机不转时磁头接触盘面，盘片运转时盘面上形成一个气垫使磁头浮起，与盘面形成 $0.1\sim0.3\mu m$ 的间隙，不会使磁头和盘面产生磨损，延长了硬盘的使用寿命。另外，硬盘还设置了专门的启停区，盘片停止运转时使磁头停在启停区，这样就不会对数据区产生损害，进一步提高了硬盘的可靠性。

（4）硬盘采用柱面-磁道-扇区机制。一块硬盘中有多个盘片，每个盘片有两个记录面，每个记录面划分为若干磁道，最外圈是 0 道，最内圈是 684 道，在高序号磁道的里圈还保留约 10 个未编号的磁道。每个磁道分为 38 个扇区，每个扇区可存放 512B 数据。

各盘片中相同半径的磁道组成一个柱面，写入数据时，当一个磁道存满后，其他数据将存入同一柱面的其他磁道，只有存满一个柱面的所有磁道后磁头才移动到另外的柱面，这种操作方式可以减少磁头的移动，提高数据写入速度。

（5）硬盘扇区采用交叉编号格式，可以在硬盘高速运转时提高系统的数据吞吐率。

2. 硬盘驱动器

硬盘驱动器主要由盘片组、磁头定位机构、主轴电机、控制电路及读/写电路等组成。CPU 向硬盘写入数据时，由控制器将数据送到写入电路，磁头选择电路选择磁头，由磁头定位机构将选定的磁头定位在要写入的磁道，在写控制电路的作用下将数据写入选定柱面的磁道及扇区。CPU 从硬盘读取数据时，由磁头选择电路选择磁头，由磁头定位机构将选定的磁头定位在要读取的磁道，在读控制电路的作用下将相应磁道扇区的信息输出。

3. 硬盘控制器

硬盘控制器是主机和硬盘驱动器之间的接口。硬盘控制器由 I/O 接口电路、智能控制器、状态控制电路及读/写控制电路组成。I/O 接口电路用于和 CPU 相连，实现 CPU 和控制器之间的信息传送；智能控制器由 1 个 CPU 芯片、1 个 DMA 芯片和专用硬盘控制器芯片组成，用于对硬盘的智能控制和各种信号的传送与处理；状态控制电路是智能控制器的外围电路，读/写控制电路控制 CPU 对硬盘的读/写操作。

控制器的主要功能有：接收 CPU 送来的命令和数据，并转换为驱动器的控制命令和可以接受的数据格式，并控制驱动器的读/写操作；向 CPU 发送硬盘驱动器执行结果；将内存送来的并行数据转换为串行数据送到硬盘驱动器；将硬盘送出的串行数据转换为并行数据送到内存；对磁盘格式化，定义硬盘驱动器的参数。

　　4. 硬盘数据保护技术

　　硬盘中通常保存用户的大量重要数据，若硬盘出现故障，数据丢失将会造成巨大损失。因此，硬盘数据保护是一项非常重要的技术。主要硬盘保护技术如下。

　　（1）S.M.A.R.T 技术。S.M.A.R.T 技术通过硬件检测电路和检测软件共同对硬盘的磁头、盘片、驱动电路和控制电路的运行状况进行检测，并将检测结果与安全值比较，若某一项超出安全范围，立即发出警告信息，降低硬盘转速，将重要数据转存到备用扇区。

　　（2）DL 技术。DL 技术是在硬盘中保留 5% 的空间作为备用存储区，硬盘空闲时间每隔一段时间自动检测扇区的状态，若有坏扇区则将其中的数据转存到备用区，并修复坏扇区，若不能修复则做出标记，防止其他数据存入。

　　（3）DPS 技术。DPS 技术是保留 300MB 硬盘空间，专门用来存放操作系统和应用软件，并且建立一个 DPS 启动盘。当系统出现故障时 DPS 会自动进行检测和修复。

　　（4）ECC 技术。ECC 技术用于传输过程的数据保护，写入数据时用一种特殊编码算法 ECC 获得一个校验位，并将 ECC 校验位和原码共同写入硬盘。读取数据时，边解码边与原码比较，如果出现错误则进行修复并再次读取。

　　（5）DFT 技术。DFT 是一个独立于操作系统的检测软件，在硬盘上划出一个独立的存储空间用于存放 DFT 软件。当硬盘或操作系统出现问题后，运行 DFT 软件，由其对硬盘扫描检测，并以图形方式显示检测结果。

5.6.3　光盘存储器

　　光盘存储器是利用激光束照射盘片的存储介质实现数据读写的一种存储方式，光盘具有存储容量大、读/写速度快、不易损坏、数据存储时间长、易于携带、性价比高等特点，是微机系统主要的外存形式之一。

　　1. 光盘的种类

　　光盘按照读/写方式的不同可分为只读光盘、一次性写入光盘和可擦写光盘 3 类。

　　（1）只读光盘。只读光盘是生产厂家利用母盘大批量压制出来的光盘，一张母盘可以压制几千张或更多的光盘，光盘生产出来后存储介质发生永久性物理变化，存储的信息只能读取，不能修改或再次写入。

　　只读光盘又分为作为微机外存的 CD-ROM、存储数字化视频和音频信息的 VCD、数字视盘 DVD 和数字唱盘 CD-DA 等类型。

　　（2）一次性写入光盘。一次性写入光盘由用户通过专用的光盘刻录机写入信息，写入后只能读取，不能修改或再次写入。一次性写入光盘可由用户根据需要存入数据，价格低，是最理想的大容量外存，得到了广泛的应用。常用的一次性写入光盘有 CD-R 和 DVD＋R 等类型，CD-R 可存储信息为 700MB/80min，DVD＋R 可存储信息为 4.7GB/120min。

　　（3）可擦写光盘。可擦写光盘能多次擦除或写入，使用与硬盘一样方便。其盘片用特殊的相变材料作为存储介质，在激光照射下，相变材料可以在结晶和非结晶状态之间转换。存储信息时，通过激光照射使记录层的相变材料由非结晶状态变为结晶状态，从而记录下数字信息。当需要擦除时，再通过激光照射使记录层又变为非结晶状态。

　　可擦写光盘有 MO 光盘、PD 光盘、CD-RW 光盘等类型，这类光盘存储和修改数据方便，但相对于其他光盘的价格也较高。

2. 光盘系统的结构原理

光盘系统的结构如图 5-21 所示，光盘存储系统主要由光盘控制器和光盘机两部分组成。光盘控制器包括输入缓冲器、输出缓冲器、记录格式器和格式控制器。光盘机包括编码器、解码器、光路控制部件、激光读取部件、激光头和光盘等。

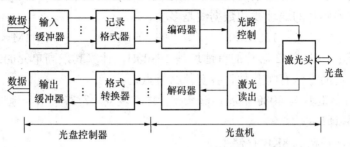

图 5-21　光盘系统的结构

主机向光盘写入数据时，CPU 先将数据送到输入缓冲器，输入缓冲器接收数据后用数据组的形式将数据送到记录格式器，这种数据组称为子块。记录格式器对子块数据进行错误检测，并加上奇偶校验位，然后将子块组合起来，加上地址信息形成地址数据块。地址数据块送到编码器后，由编码器转换为加上同步字符的记录码并送到光路控制部件，同步字符的作用是在读取数据时用来识别地址数据块和每个子块的起始位置。

光路控制部件将激光源发出的激光聚集为直径 1μm 的光束，在编码信号的控制下对光束本身和光束在光盘上的落点进行控制，在光盘上刻出与光束直径相当的凹坑，1 个凹坑的位置表示二进制数字 1，没有凹坑的位置表示二进制数字 0。光盘在电机的带动下高速运转，激光头就可以在光盘上连续存储数字信息。

光盘存储信息的轨道不像软盘和硬盘一样采用同心圆磁道，而是由里向外逐渐扩展的螺旋形单一轨道，刻录数据时也是从里向外刻录，刻录通常采用恒线速度（CLV）方式、恒角速度（CAV）方式或区域恒角速度（PCAV）方式。CLV 方式光盘的数据密度均匀分布，内层轨道存储数据少，外层轨道数据多，光驱要用恒定的线速度读/写光盘，为了使线速度恒定，激光头从内向外移动时，要保证单位时间读取的弧线长度相同，这要通过不断改变主轴电机的速度实现，只适用于低速光驱。CAV 方式每层轨道存储数据量相同，其存储容量比 CLV 方式要低，操作时光驱转速恒定。PCAV 方式兼有 CLV 和 CAV 两种方式的优点，访问内层轨道时用 CAV 方式，访问外层时用 CLV 方式，存储容量大，也缓解了主轴电机不断变速的缺点，当前高速光驱大多采用 PCAV 方式。

主机从光盘读取数据时，激光头在做径向运动寻找目标轨道，光盘机中的激光读出电路检测光盘的反射光，并将其转换成光盘中存储的数字信息，经放大电路放大后送到解码器，由解码器去除同步符号得到地址数据块，再由格式转换器去除地址信息，进行奇偶校验并去掉奇偶校验位，然后通过输出缓冲器将数据送到主机。

习　　　题

1. 微机存储系统的存储器是如何组织的？

2．半导体存储器有哪些类型？各有什么特点和用途？

3．SRAM 和 DRAM 有什么区别？

4．EPROM、E^{2}PROM 和 Flash 存储器如何写入信息？

5．16 位微机存储器的结构有什么特点？

6．什么是对准字、未对准字？8086 访问这两种字有什么不同？

7．下列存储器芯片的地址线和数据线是多少？

（1）8K×8　　　　（2）128K×1　　　　　（3）64K×4　　　　（4）1M×1

8．微机系统中一片 2732 芯片的首地址是 2F800H，计算其最高单元的地址。

9．存储器片选的方法有哪几种？各有什么特点？

10．用下列存储芯片为 8088 扩展存储系统，共需多少片？若采用全地址译码方式，需多少地址线作为片外译码线？

（1）1K×4b 芯片构成 8KB 存储系统

（2）8K×8b 芯片构成 32KB 存储系统

（3）64K×1b 芯片构成 256KB 存储系统

（4）128K×8b 芯片构成 512KB 存储系统

11．利用 2164 芯片通过数据宽度扩展方式连接 64KB 存储器。

12．利用 SRAM 芯片 6264 为 8086 微机系统扩展 256KB 存储空间，8086 为最小模式，全地址译码方式，设计存储系统接口电路，并分析各存储芯片的地址范围。

13．32 位存储系统的内存组织方式有什么特点？在一个总线周期中可传送多少位数据？

14．什么是高速缓存？高速缓存与内存是否相同？

15．硬盘与光盘存储数据有什么区别？

第6章　微机总线技术

　　总线是微处理器内部，微机系统各部件之间，微机与外设之间以及微机系统之间传递地址、数据及状态控制信息的公共信号线，有时也将微机系统各模块的物理接口标准称为总线。总线将微机各部件连接起来，构成一个协调工作的整体，总线也为不同微机系统之间的通信提供了条件。

　　总线的结构和性能直接关系到微机系统整体性能的发挥，可见，高性能总线及总线接口标准是微机系统技术设计与开发的重要组成部分。本章主要介绍微机中常用的几类总线，随着微机技术的发展，还会有更多高性能的总线推出和使用。

6.1　总线技术概述

6.1.1　总线的分类

　　总线按照传递信息的不同可分为地址总线、数据总线和控制总线，即微机系统的三总线结构。微机系统通常根据总线在系统中所处位置的不同设计不同功能特点的总线和接口标准。按照总线在微机中所处位置的不同，总线可分为以下几类。

　　1. 片内总线

　　片内总线是微处理器芯片内部各部件之间的连接总线。片内总线将 CPU 内部的寄存器、指令队列、运算器、控制器、地址加法器及其他功能单元连接起来，用于微处理器内部信息的传送。片内总线在 CPU 指令的控制下自动传送相应的信息，一般不需要用户关注。

　　2. 系统总线

　　系统总线用于微机系统中各扩展插件板卡之间的相互连接，也称为板级总线。微机主机中的显卡、网卡、声卡、MODEM 等接口电路通常做成板卡的形式，通过系统总线插槽可以与主板构成一个整体。微机系统中常用的系统总线有 PC 总线、ISA 总线、EISA 总线、STD总线等。

　　3. 局部总线

　　视频、图形及网络等高速外设接口传输数据量非常大，而系统总线的传输能力有限，若直接将其接在系统总线上会使总线负担加重，数据传输延迟增加，即使采用高档 CPU 性能也发挥不出来，造成 I/O 数据传输的瓶颈效应。为了解决这个矛盾，在高档微机中普遍采用局部总线技术。

　　局部总线是在微处理器和高速外设之间直接连接的信息通道，局部总线的两侧通过桥接电路连接，分别面向片内总线和系统总线。使用局部总线后，系统内构成多条不同级别的总线并形成分级总线结构。局部总线减轻了系统总线的压力，提高了高速外设的数据传输速率及整机系统的整体性能。微机系统中使用的局部总线有 VL 总线、PCI 总线、AGP 总线等。

　　4. 外部总线

　　外部总线也称为通信总线，是微机系统之间或微机与各种外设之间传输信息的通道。根据数据传输格式的不同，通信总线又分为并行通信总线和串行通信总线。例如：串行总线 RS-232 和 RS-422/485，通用串行总线 USB，用于并行打印机的 Centronics 总线，用于硬盘连接的 IDE 总线和 SCSI 总线。

　　Pentium PC 的总线结构如图 6-1 所示。该微机系统中使用了 PCI 总线、AGP 总线、ISA 总线、RS-232 串行总线、USB 通用串行总线接口、Centronics 并行总线、SCSI 接口、IDE 接口等。

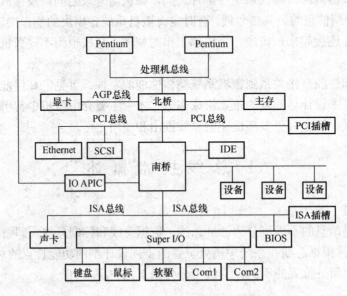

图 6-1　Pentium PC 的总线结构

6.1.2　总线的性能指标

　　微机中不同类型的总线有不同的制定标准，以适应不同应用场合的需要。但可从总线宽度、总线频率和数据传输速率 3 个方面衡量比较各类型总线的性能高低。

　　1. 总线宽度

　　总线宽度是指总线中数据总线的位数，单位是位（bit,b）。总线宽度也表示一次可同时传输的数据位数。例如，PC 总线宽度为 8 位，ISA 总线宽度为 16 位，EISA 总线宽度为 32 位，PCI 总线宽度为 32 位或 64 位。

　　2. 总线频率

　　总线频率是总线传送数据的工作频率，单位是 MHz。例如，ISA 和 EISA 总线的频率为 8MHz，PCI 总线的频率为 33MHz 或 66MHz。总线频率是影响数据传输速率的主要因素之一，总线频率越高，数据传输速率越快。

　　3. 数据传输速率

　　数据传输速率是总线每秒传输数据的字节数，单位是 MB/s。

　　总线宽度越宽、总线频率越高，总线的数据传输速率就越高，它们之间的关系：

$$数据传输速率＝总线宽度÷8×总线频率$$

例如：当 PCI 总线宽度为 64b，总线频率为 66 MHz 时，其数据传输速率为

$$数据传输速率＝64÷8×66MB/s＝528MB/s$$

6.2　系　统　总　线

微机系统中常用的系统总线有 PC 总线、ISA 总线、EISA 总线、STD 总线等。下面介绍几种典型系统总线的特点。

6.2.1　PC 总线

PC 总线是 IBM PC/XT 微机中使用的 8 位系统总线，PC/XT 机使用 8088 微处理器，PC 总线并不是 8088 CPU 引脚的简单引出线，而是通过 8282 锁存器、8286 数据收发器、8288 总线控制器、8259A 中断控制器、8237 DMAC 等接口电路重新锁存、驱动和组合产生，也称为 I/O 通道。

PC 总线共有 62 条信号线，按功能可分为地址总线、数据总线、控制总线、时钟线和电源线。IBM PC/XT 微机主板上共有 8 个 PC 总线插槽，分为 A、B 两排，A 面为元件面，B 面为焊接面，插槽引脚定义如表 6-1 所示。各引脚信号的功能如下。

表 6-1　　　　　　　　　　　　PC 总线引脚信号定义

元　件　面			焊　接　面		
引脚号	信号名称	功　　能	引脚号	信号名称	功　　能
A_1	$\overline{IOCHCK}$	I/O 校验，输入	B_1	GND	地
A_2	D_7		B_2	RESET DRV	复位
A_3	D_6		B_3	+5V	电源
A_4	D_5		B_4	IRQ_2	中断请求 2，输入
A_5	D_4	数据，双向	B_5	−5V	电源
A_6	D_3		B_6	DRQ_2	DMA 通道 2 请求，输入
A_7	D_2		B_7	−12V	电源
A_8	D_1		B_8	$\overline{CARD\ SLCTD}$	插件板选中
A_9	D_0		B_9	+12V	电源
A_{10}	I/O CHRDY	I/O 准备好，输入	B_{10}	GND	地
A_{11}	AEN	地址允许，输出	B_{11}	$\overline{MEMW}$	存储器写，输出
A_{12}	A_{19}		B_{12}	$\overline{MEMR}$	存储器读，输出
A_{13}	A_{18}		B_{13}	$\overline{IOW}$	I/O 接口写，双向
A_{14}	A_{17}		B_{14}	$\overline{IOR}$	I/O 接口读，双向
A_{15}	A_{16}		B_{15}	$\overline{DACK_3}$	DMA 通道 3 响应，输出
A_{16}	A_{15}		B_{16}	DRQ_3	DMA 通道 3 请求，输入
A_{17}	A_{14}		B_{17}	$\overline{DACK_1}$	DMA 通道 1 响应，输出
A_{18}	A_{13}	地址，输出	B_{18}	DRQ_1	DMA 通道 1 请求，输入
A_{19}	A_{12}		B_{19}	$\overline{DACK_0}$	DMA 通道 0 响应，输出
A_{20}	A_{11}		B_{20}	CLK	系统时钟，输出
A_{21}	A_{10}		B_{21}	IRQ_7	
A_{22}	A_9		B_{22}	IRQ_6	
A_{23}	A_8		B_{23}	IRQ_5	中断请求，输入
A_{24}	A_7		B_{24}	IRQ_4	

元 件 面			焊 接 面		
引脚号	信号名称	功　能	引脚号	信号名称	功　能
A_{25}	A_6		B_{25}	IRQ_3	中断请求，输入
A_{26}	A_5		B_{26}	$\overline{DACK_2}$	DMA 通道 2 响应，输出
A_{27}	A_4		B_{27}	T/C	计数结束，输出
A_{28}	A_3	地址，输出	B_{28}	ALE	地址锁存允许，输出
A_{29}	A_2		B_{29}	+5V	电源
A_{30}	A_1		B_{30}	OSC	振荡信号，输出
A_{31}	A_0		B_{31}	GND	地

1. 地址总线 $A_{19} \sim A_0$

20 条地址总线为单向输出总线，用于传送内存单元或 I/O 端口的地址。在系统总线周期中由 CPU 驱动，在 DMA 传送周期中由 DMA 控制器 8237A 驱动。

存储器寻址时使用全部地址线，寻址范围是 00000H～FFFFFH，共 1MB 的内存空间。IBM PC/XT 微机使用 10 条地址线 $A_9 \sim A_0$ 对 I/O 端口寻址，寻址范围为 000H～3FFH，共 1K 端口地址，其中系统板上寻址范围为 000H～0FFH，共 256 个端口地址，扩展槽上寻址范围为 100H～3FFH，共 768 个端口地址。

2. 数据总线 $D_7 \sim D_0$

数据总线为 8b 双向线，作为 CPU、内存及 I/O 端口之间传送数据、指令代码的通道。对存储器的读/写用 $\overline{MEMW}$ 和 $\overline{MEMR}$ 信号控制，对接口电路中 I/O 端口的读写用 $\overline{IOW}$ 和 $\overline{IOR}$ 信号控制。

3. 控制总线

（1）ALE：地址锁存允许信号，输出，高电平有效。ALE 信号由总线控制器 8288 发出，其下降沿控制地址锁存器将 CPU 送出的地址信息锁存，实现地址和数据的分离。

（2）AEN：地址允许信号，输出，高电平有效。AEN 信号由 DMA 控制器 8237A 发出，当 AEN＝1 时，由 8237A 取得总线控制权进行 DMA 传送；当 AEN＝0 时，CPU 控制总线进行系统总线周期的操作。

（3）$\overline{IOW}$：I/O 端口写信号，输出，低电平有效。将数据总线上的数据写入选中 I/O 端口；CPU 总线周期中由地址线选中 I/O 端口；DMA 传送周期由 $\overline{DACK}$ 信号选择 I/O 设备。

（4）$\overline{IOR}$：I/O 端口读信号，输出，低电平有效。将选中 I/O 端口的数据送到数据总线上。CPU 总线周期中由地址线选中 I/O 端口；DMA 传送周期由 $\overline{DACK}$ 信号选择 I/O 设备。

（5）$\overline{MEMW}$：存储器写信号，输出，低电平有效。将数据总线上的数据写入存储器的选中存储单元。该信号由总线控制器 8288 或 DMA 控制器 8237A 发出。

（6）$\overline{MEMR}$：存储器读信号，输出，低电平有效。使存储器选中存储单元的数据输出到数据总线上。该信号由总线控制器 8288 或 DMA 控制器 8237A 发出。

（7）$IRQ_7 \sim IRQ_2$：中断请求信号，输入，高电平有效。IRQ_2 的优先级最高，IRQ_7 的优先级最低。外设通过该引脚向系统板上的中断控制器 8259A 发出中断请求，8259A 对送来的所有中断请求进行优先级判别后，响应最高级的中断请求并向 CPU 申请中断服务。

（8）$DRQ_3 \sim DRQ_1$：DMA 请求信号，输入，高电平有效。其中 DRQ_1 的优先级最高，

DRQ_3 的优先级最低。I/O 设备的 DMA 请求通过 DRQ 信号线送到 DMA 控制器 8237A。8237A 的通道 0 专用于 DRAM 的定时刷新，其 DMA 请求信号 DRQ_0 没有引入 PC 总线。

（9）$\overline{DACK_3} \sim \overline{DACK_0}$：DMA 响应信号，输出，低电平有效。由 DMA 控制器 8237A 输出送到外设接口，用于响应外设的 DMA 请求。

（10）T/C：DMA 计数结束信号，输出，高电平有效。DMA 传送完规定字节数后，从 T/C 发出一个正脉冲，结束数据块的传送。

（11）RESET DRV：复位驱动信号，高电平有效。微机开机上电或按下复位按键时，该信号为高电平，对总线上的接口电路进行复位，当电源电压达到规定值时，电源好信号 POWER GOOD＝1，该信号变为低电平，系统开始正常工作。微机运行过程中若电源电压下降到一定幅度，POWER GOOD＝0，该信号又变为高电平。

（12）$\overline{CARD\ SLCTD}$：PC 卡选中信号，低电平有效。只用于 PC/XT 主板的第 8 个扩展槽中的 PC 卡。

（13）$\overline{IOCHCK}$：I/O 通道奇偶校验信号，输入，低电平有效。$\overline{IOCHCK}$＝0 时，表示插在 PC 扩展槽上的存储卡或 I/O 设备产生奇偶校验错，向微处理器发出 NMI 不可屏蔽中断请求。

（14）I/O CHRDY：I/O 通道准备好信号，输入，高电平有效。若插在 PC 扩展槽上的存储卡或 I/O 设备速度较慢，不能在一个读/写总线周期中完成操作，将向该引脚送一个低电平信号，表示没有准备好；CPU 或 DMA 控制器检测到后在读/写周期中插入若干等待周期，当 I/O CHRDY＝1 时表示准备好，一次数据传送周期结束。

4. 电源线、地线、时钟线

（1）电源线：PC 总线中提供 2 条＋5V 电源线，1 条−5V 电源线，1 条＋12V 电源线，1 条−12V 电源线。

（2）GND：PC 总线中提供 3 条地线。

（3）OSC：晶体振荡信号。频率为 14.318MHz，周期为 70ns，占空比为 50%。

（4）CLK：系统时钟信号。CLK 是由 OSC 振荡脉冲信号三分频输出得到，频率为 4.77MHz，周期为 210ns，占空比为 33%。CLK 信号用于总线周期同步。

6.2.2　ISA 总线

ISA（Industrial Standard Architecture）总线即工业标准体系结构总线，是 IBM PC/AT 微机使用的 16 位系统总线，又称为 AT 总线，是针对 AT 微机使用的 16 位微处理器 80286 设计的。ISA 总线使数据总线宽度增加到 16 位，可同时进行 16 位数据的传送，地址总线增加到 24b，可寻址 16MB 的内存空间，工作频率为 8MHz，数据传输率最高为 8MB/s。

为了与 8b PC 总线兼容，使各种功能的 PC 卡能继续用在 AT 机上，ISA 总线并没有做全新的设计，而是在 PC 总线的基础上作了扩充，又增加了一个 36 引脚的 AT 插槽，由两个插槽共同组成 ISA 总线。36 引脚插槽分为 C、D 两面，C 为元件面，D 为焊接面。36 条引脚信号定义如表 6-2 所示。

36 个新增引脚信号的功能如下。

（1）$LA_{23} \sim LA_{17}$：地址信号线，是 80286 的地址引脚 $A_{23} \sim A_{17}$ 经过总线发收器 74LS245 缓冲后的非锁存地址信号，其中 PC 总线中的 $A_{19} \sim A_{17}$ 与 $LA_{19} \sim LA_{17}$ 重复，这是为了使 ISA 总线与 PC 总线兼容。

表 6-2　　　　　　　　　**ISA 总线新增 36 条引脚信号定义**

元　件　面			焊　接　面		
引脚号	信号名称	功　　能	引脚号	信号名称	功　　能
C_1	$\overline{\text{SBHE}}$	高字节允许，双向	D_1	$\overline{\text{MEMCS}_{16}}$	存储器 16b 片选，输入
C_2	LA_{23}		D_2	$\overline{\text{IOCS}_{16}}$	I/O 接口 16b 片选，输入
C_3	LA_{22}		D_3	IRQ_{10}	
C_4	LA_{21}		D_4	IRQ_{11}	
C_5	LA_{20}	地址，输出	D_5	IRQ_{12}	中断请求，输入
C_6	LA_{19}		D_6	IRQ_{14}	
C_7	LA_{18}		D_7	IRQ_{15}	
C_8	LA_{17}		D_8	$\overline{\text{DACK}_0}$	
C_9	$\overline{\text{SMEMR}}$	存储器读，双向	D_9	DRQ_0	
C_{10}	$\overline{\text{SMEMW}}$	存储器写，双向	D_{10}	$\overline{\text{DACK}_5}$	
C_{11}	SD_8		D_{11}	DRQ_5	DMA 请求，输入
C_{12}	SD_9		D_{12}	$\overline{\text{DACK}_6}$	DMA 响应，输出
C_{13}	SD_{10}		D_{13}	DRQ_6	
C_{14}	SD_{11}	数据总线高字节，双向	D_{14}	$\overline{\text{DACK}_7}$	
C_{15}	SD_{12}		D_{15}	DRQ_7	
C_{16}	SD_{13}		D_{16}	+5V	电源
C_{17}	SD_{14}		D_{17}	$\overline{\text{MASTER}}$	主控，输入
C_{18}	SD_{15}		D_{18}	GND	地

（2）$SD_{15} \sim SD_8$：高 8 位双向数据总线，与 PC 总线中的低 8 位共同组成 16 位数据总线，可同时传送 16 位数据。

（3）$\overline{\text{SBHE}}$：数据总线高字节允许信号，低电平有效。当 $\overline{\text{SBHE}} = 0$ 时，数据总线缓冲器打开，使 $SD_{15} \sim SD_8$ 与 CPU 高 8 位数据总线连通。

（4）$\overline{\text{SMEMR}}$：存储器读信号，输出，低电平有效。访问全部 16MB 存储器有效，$\overline{\text{MEMR}}$ 信号只用于访问低 1MB 内存空间。

（5）$\overline{\text{SMEMW}}$：存储器写信号，输出，低电平有效。访问全部 16MB 存储器有效，$\overline{\text{MEMW}}$ 信号只用于访问低 1MB 内存空间。

（6）$\overline{\text{MEMCS}_{16}}$：存储器的 16 位片选信号，输入，低电平有效。若总线上的某一存储卡要传送 16 位数据，必须使 $\overline{\text{MEMCS}_{16}} = 0$，以通知主板实现 16 位数据传送。该信号由 $LA_{23} \sim LA_{17}$ 高位地址译码产生利用三态门或集电极开路门驱动。

（7）$\overline{\text{IOCS}_{16}}$：I/O 接口电路的 16 位片选信号，输入，低电平有效。该信号由接口电路的地址译码电路产生，用于通知主板进行 16 位接口的数据传送。

（8）$\overline{\text{MASTER}}$：主控信号，输入，低电平有效。该信号有效时，可以使 ISA 总线卡上的设备成为总线主模块，控制总线的操作。

（9）$IRQ_{10} \sim IRQ_{15}$：5 个中断请求信号，输入，上升沿触发。AT 微机采用 2 片 8259A 级联的中断系统，可管理 15 级中断源，AT 插槽引出了 5 个，其中 IRQ_{13} 供数据协处理器 80287 使用，没有引出到总线上。

（10）DRQ$_0$、DRQ$_5$～DRQ$_7$：4 个 DMA 请求信号，输入，高电平有效。AT 微机主板上采用了两片 DMA 控制器 8237A，接成主从级联结构，可提供 7 个 DMA 通道。

6.2.3 EISA 总线

EISA（Extended Industrial Standard Architecture）总线即扩展工业标准体系结构总线，是扩展的 ISA 总线。EISA 总线是 1989 年 Compaq、HP、AST、AT&T、NEC 等 9 家公司在 ISA 总线的基础上扩展推出的 32 位系统总线，引脚数从 ISA 总线的 98 条扩展到 198 条。

EISA 总线的主要特点如下。

（1）具有 32 位数据总线，可同时传输 32 位数据，最大数据传输速率可达 33MB/s。

（2）支持 32 位地址总线寻址，可寻址 4GB 内存空间，同时支持 64KB 的 I/O 端口寻址能力。

（3）采用同步数据传送协议，除了支持普通的一次传送外，还支持突发方式传送。

（4）支持多处理器结构，支持多主控制总线设备，具有更强的 I/O 接口扩展能力和总线负载能力。具有自动配置功能，可自动配置系统板和扩展卡。

EISA 总线插槽兼容 ISA 板卡，采用了双层结构，上层包含 ISA 总线的全部信号，下层包含新增的信号线。EISA 总线增加的主要信号线功能如下：

（1）LA$_{31}$～LA$_{24}$、LA$_{16}$～LA$_2$：地址线，输出。与 LA$_{23}$～LA$_{17}$ 和 $\overline{BE_3}$～$\overline{BE_0}$ 共同实现对 4GB 内存地址空间的寻址。这些地址线不需锁存，速度较快。

（2）D$_{63}$～D$_{32}$：高 32 位双向数据总线，用于传送 64 位数据的高 32 位。

（3）D$_{31}$～D$_{16}$：16 位双向数据总线，用于传送 32 位数据的高 16 位。

（4）$\overline{BE_3}$～$\overline{BE_0}$：字节允许信号，输出，低电平有效。作为 4 个存储体的体选信号，4 个信号线的组合控制数据传送的类型。例如，4 个信号全为 0 时进行 32 位数据的读/写操作，$\overline{BE_1}$ 和 $\overline{BE_0}$ 为 0 时通过低 16 位数据线读/写低字节，只有 $\overline{BE_0}$ 为 0 时通过低 8 位数据线读/写低字节。

（5）BALE：地址锁存允许信号，输出，高电平有效。该信号有效时表示有效地址出现在 I/O 通道。

（6）BCLK：总线时钟信号，输出，时钟频率为 8.33MHz。

（7）$\overline{CMD}$：命令信号，输出，低电平有效。有效时表示总线控制器与时钟的重新同步。

（8）$\overline{EX_{16}}$：执行 16 位操作信号，输入，低电平有效。表示进行 16 位数据总线操作。

（9）$\overline{EX_{32}}$：执行 32 位操作信号，输入，低电平有效。表示进行 32 位数据总线操作。

（10）EXRDY：准备好信号，输入，高电平有效。EXRDY＝1 表示系统准备就绪。

（11）$\overline{LOCK}$：总线锁定信号，输出，低电平有效。$\overline{LOCK}$＝0 时封锁总线，防止其他总线主模块抢占总线。

（12）M/$\overline{IO}$：存储器及 I/O 接口控制信号，输出。若 M/$\overline{IO}$＝1 访问存储器；若 M/$\overline{IO}$＝0 访问 I/O 接口电路。

（13）$\overline{MACK}$：主模块确认信号，低电平有效。有效时表示超出总线的使用时限。

（14）$\overline{MREQ}$：主模块请求信号，低电平有效。有效时表示请求对系统总线的控制。

（15）$\overline{MSBURST}$：主模块成组信号，低电平有效。有效时表示执行主模块成组传送周期。

（16）$\overline{\text{SLBURST}}$：从模块成组信号，低电平有效。有效时表示执行从模块成组传送周期。

（17）$\overline{\text{START}}$：开始信号，输出，低电平有效。表示 EISA 总线一个周期的开始。

（18）W/$\overline{\text{R}}$：读/写控制信号，输出。若 W/$\overline{\text{R}}$ ＝1，表示进行写操作；若 W/$\overline{\text{R}}$ ＝0，表示进行读操作。

6.2.4　STD 总线

STD 总线是美国 PROLOG 公司于 1978 年推出的工业控制微机标准系统总线。STD 总线板卡采用小板结构，高度模块化设计，抗干扰能力强，使用该总线构成的工控机可在恶劣环境中长期可靠工作。早期的 STD 总线是 8 位总线。结构简单，只有 56 条信号线，支持多处理器系统。主要用在 8 位的 Z80 微处理器构成的系统中，为了适应 16b 微处理器的需求，又推出了具有 16 位数据线、24 位地址线的 16bSTD 总线。1989 年美国 EAITECH 公司还推出了 32 位的 STD32 总线，可用于 32 位微处理器构成的微机系统。

6.3　局　部　总　线

6.3.1　PCI 总线

PCI（Peripheral Component Interconnect，外部设备互连）总线是 1991 年 Intel 公司联合 IBM、HP、DEC、Apple、Compaq 等 100 多家公司成立 PCI 集团，共同建立、发展和推广的总线标准，当前已成为微机系统中广泛使用的局部总线。

1．PCI 总线的特点

（1）数据传输速率高。PCI 总线传输数据宽度为 32 位，时钟频率为 33MHz，数据传输速率为 132MB/s。也可扩展到 64 位，时钟频率为 66MHz，数据传输速率为 528MB/s，比 ISA 总线的 16MB/s 快得多，为高速图形、视频及网络传输提供了高速数据通道，解决了数据传输的瓶颈效应。

（2）兼容性好，允许多总线共存。PCI 总线是独立于微处理器的局部总线标准，支持多种不同型号和系列的微处理器，处理器升级时只需更换不同的 CPU，不影响系统中接口电路和各种外设的正常工作。允许多总线共存。

（3）即插即用功能。在 PCI 接口电路中包含了一系列寄存器，这些寄存器的地址位于 PCI 接口中的 256B 存储器中，内部存储了扩展卡的配置信息。将 PCI 卡插入系统后，CPU 自动从扩展卡的寄存器中读取该卡的信息，根据系统实际情况为扩展卡分配存储地址、端口地址、中断类型码等配置信息，实现自动配置。而不用再像以前通过设置开关和跳线进行配置，为用户安装配置微机系统提供了方便。

（4）多主能力。PCI 总线支持多主设备系统，允许任何 PCI 主设备和从设备之间实现点对点的存取，实现了设备之间操作的灵活性。

（5）负载能力强，易于扩展。PCI 总线的负载能力比较强，可以连接多个 PCI 设备，PCI 总线上还可再连接 PCI 总线控制器，构成多级 PCI 总线结构，每级 PCI 总线上都可连接若干 PCI 设备。

（6）多种类型可供选择。PCI 总线有多种类型可供选择，不同类型的总线宽度、总线频率及数据传输速率都不相同。各总线类型的特点如表 6-3 所示。

表 6-3   PCI 总线类型

PCI 总线类型	总线宽度（位）	总线频率（MHz）	总线带宽（MB/s）
PCI	32	33	133
PCI 66MHz	32	66	266
PCI 64bit	64	33	266
PCI 66MHz/64b	64	66	533
PCI-X	64	133	1066

2. PCI 总线系统结构

当前微机系统中全部采用以 PCI 总线为主的层次化总线结构，还包括 CPU 总线、ISA/EISA 总线和 AGP 总线。PCI 总线系统结构如图 6-2 所示。

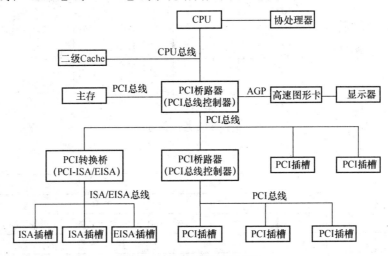

图 6-2 PCI 总线系统结构

微机系统中 CPU 总线直接与 CPU 交换信息，是速度最快的总线。PCI 总线控制器一端与 CPU 总线相连，另一端与 PCI 总线设备相连，起一个桥梁作用，用于协调 CPU 和各种外设之间的数据传输，并提供总线接口信号，通常称为 PCI 桥路器或 PCI 桥。PCI 总线上还可连接下一级的 PCI 桥路器，扩展多级 PCI 总线，使系统可以连接更多的 PCI 接口卡。

速度较快的高速图形适配器与 AGP 总线相连。PCI 总线信号还通过 PCI 转换桥转换为 ISA/EISA 总线信号，并通过 ISA/EISA 插槽与 ISA/EISA 接口卡相连。这种转换的主要目的是为了兼容大量各种类型的 ISA 板卡，不至于因总线技术升级造成浪费，但随着 PCI 技术的广泛应用，ISA 总线将逐步退出市场。

3. PCI 总线信号

PCI 总线信号如图 6-3 所示。各总线信号的功能如下。

（1）地址/数据线。

① $AD_{31} \sim AD_0$：地址/数据复用总线。当总线周期信号有效时，传送 32 位地址信息；当主设备准备好信号和从设备准备好信号都有效时，传送 32 位数据信息。

② $C/\overline{BE}_3 \sim C/\overline{BE}_0$：总线命令/字节允许信号。当总线上传送数据时，这 4 个信号为字节允许信号；当总线传送地址时，这 4 个信号的组合编码为 CPU 或其他总线主设备向从设备

发送的命令，4 位编程对应的总线命令功能如表 6-4 所示。

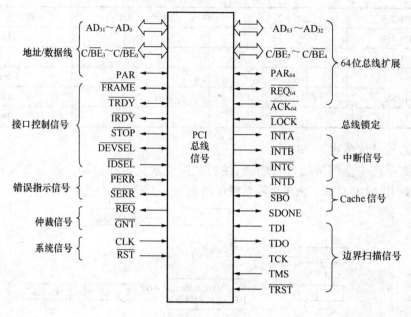

图 6-3 PCI 总线信号

表 6-4 总 线 命 令

C_3	C_2	C_1	C_0	命 令
0	0	0	0	中断响应
0	0	0	1	特殊周期命令，总线上提供广播式传输机制
0	0	1	0	读 I/O 命令
0	0	1	1	写 I/O 命令
0	1	1	0	读存储器命令
0	1	1	1	写存储器命令
1	0	1	0	读总线主设备的配置空间
1	0	1	1	写总线主设备的配置空间
1	1	0	0	在 $\overline{FRAME}$ 有效时重复读存储器，以实现流水线式数据传输
1	1	0	1	传送 64 位地址
1	1	1	0	读 Cache 命令
1	1	1	1	写 Cache 命令

③ PAR：奇偶校验信号，双向。PAR 是对 $AD_{31} \sim AD_0$ 和 $C/\overline{BE_3} \sim C/\overline{BE_0}$ 做奇偶校验得到的校验码，读操作时送 CPU，写操作时送存储器或外设。

（2）接口控制信号。

① $\overline{FRAME}$：帧数据总线周期信号，低电平有效。表示正在进行一个总线周期实现数据传输。

② $\overline{TRDY}$：总线从设备准备好信号，低电平有效。表示总线从设备准备好传输数据。

③ $\overline{IRDY}$：总线主设备准备好信号，低电平有效。表示总线主设备准备好传输数据。

④ $\overline{\text{STOP}}$：停止信号，低电平有效。由从设备发出，表示从设备要求主控设备停止当前的数据传输过程。

⑤ $\overline{\text{DEVSEL}}$：设备选择信号，低电平有效。该信号有效时，用来通知总线主设备，总线从设备已经选中。

⑥ $\overline{\text{IDSEL}}$：初始化设备选择信号。是 PCI 总线对即插即用的 PCI 卡进行配置时的选择信号，每次只有一个 PCI 槽上的 $\overline{\text{DEVSEL}}$ 信号有效，用来选中系统中唯一的一个 PCI 卡。

（3）错误指示信号。

① $\overline{\text{PERR}}$：数据奇偶校验错信号。低电平时表示出现奇偶校验错误。

② $\overline{\text{SERR}}$：系统出错信号，低电平有效。表示出现了地址奇偶校验错、数据奇偶校验错、命令格式错等错误。

（4）总线仲裁信号。

① $\overline{\text{REQ}}$：总线请求信号，低电平有效。当总线主设备要使用总线时，使该信号有效，$\overline{\text{REQ}}$ 信号送到总线判优控制器。

② $\overline{\text{GNT}}$：总线请求允许信号，低电平有效。$\overline{\text{GNT}}$ 是对 $\overline{\text{REQ}}$ 的响应信号，表示该总线主设备获得总线控制权。

（5）系统信号。

① CLK：时钟信号。CLK 为 PCI 总线的时钟信号，时钟频率为 PCI 总线的工作频率。

② $\overline{\text{RST}}$：复位信号，低电平有效。$\overline{\text{RST}}$ 为低电平时 PCI 总线的所有输出端均为高阻状态。

（6）64 位总线扩展信号。

① $AD_{63} \sim AD_{32}$：扩展的地址/数据信号。当总线周期信号有效时，传送高 32 位地址信息；当主设备准备好信号和从设备准备好信号都有效时，传送 32 位数据信息。

② $C/\overline{BE}_7 \sim C/\overline{BE}_4$：高 32 位总线命令/字节允许信号。当总线上传送数据时，这 4 个信号为高 32 位的字节允许信号；当总线传送地址时，这 4 个信号的组合编码为 CPU 或其他总线主设备向从设备发送的命令高 32 位。

③ PAR_{64}：奇偶校验信号，双向。PAR_{64} 是对 $AD_{63} \sim AD_{32}$ 和 $C/\overline{BE}_7 \sim C/\overline{BE}_4$ 做奇偶校验得到的校验码，读操作时送 CPU，写操作时送存储器或外设。

④ $\overline{\text{REQ}}_{64}$：64 位传送请求信号，低电平有效。该信号是总线主设备要求进行 64 位数据传送发出的信号。

⑤ $\overline{\text{ACK}}_{64}$：64 位传送应答信号，低电平有效。有效的 $\overline{\text{ACK}}_{64}$ 信号是对 $\overline{\text{REQ}}_{64}$ 传送请求的应答信号。

（7）总线锁定信号。

$\overline{\text{LOCK}}$：总线锁定信号，低电平有效。当 $\overline{\text{LOCK}} = 0$ 时，阻止总线上的其他设备中断当前的总线周期，确保总线主设备完成当前数据传送。

（8）中断信号。

$\overline{\text{INTA}} \sim \overline{\text{INTD}}$：4 个中断请求信号。通常将 $\overline{\text{INTA}}$ 分配给单功能的 PCI 设备，将 $\overline{\text{INTB}}$、$\overline{\text{INTC}}$、$\overline{\text{INTD}}$ 分配给多功能的 PCI 设备。

（9）Cache 信号。

① $\overline{\text{SBO}}$：测试 Cache 后返回信号，低电平有效。$\overline{\text{SBO}} = 0$ 表示对已修改的 Cache 进行

查询测试，从而支持 Cache 的通写或回写操作。

② SDONE：Cache 测试完成信号。该信号有效则表示对 Cache 的查询测试完成。

（10）边界扫描信号。

① TDI：对输入数据进行测试。

② TDO：对输出数据进行测试。

③ TCK：对时钟信号进行测试。

④ TMS：对方式选择进行测试。

⑤ $\overline{\text{TRST}}$：对 RESET 复位信号进行测试。

6.3.2 AGP 总线

AGP（Accelerated Graphics Port）加速图形端口是 Intel 公司开发的高速图形接口标准，也称为 AGP 总线。AGP 推出之前，显示适配器通常插在 PCI 插槽上，通过 PCI 总线传输图像等大量数据。在显示高质量的图像时，图像中的影像数据、纹理数据及 Alpha 变换数据等大量数据要在显存和主存之间快速交换，传输带宽达到每秒几百兆字节，而当前 PC 机中 PCI 总线的带宽最高仅有 133MB/s。因此，PCI 总线成为图形数据传送的瓶颈，并严重影响了系统的速度。AGP 总线在主存和显存之间提供了一条直接传送数据的高速通道，三维图形数据不用再通过 PCI 总线，而是由主存直接送入显存，解决了 PCI 总线传送大量图像数据的瓶颈效应。

AGP 总线是对 PCI 总线某些性能的增强和补充，是在 PCI 总线的基础上采用了一些新技术扩展而来。其主要功能是为了显示高性能的三维图像，在微机中主要用于连接显卡，实现图像数据的高速传输，而不是为了取代 PCI 总线。AGP 总线的主要特点如下。

① AGP 总线采用双时钟技术，使时钟信号的上升沿和下降沿都能存取数据。例如，时钟频率为 66.6MHz 时，相当于使用 133MHz 的时钟传送数据。当数据总线为 32b 时，有效数据传输速率可达到 532MB/s。

② AGP 总线允许图形控制器直接访问主存，能在主存和显存之间直接传送数据。有的图形数据可以直接在内存中执行，而不用将数据全部传送到显存后再进行处理，减少了内存和显存之间的数据传输量。

③ AGP 总线采用流水线技术对内存进行读/写操作，减少了等待内存的寻址时间及总线阻塞，提高了处理的速度。

④ AGP 总线采用多路信号分离技术，将总线上的地址和数据分离开，通过使用边带寻址 SBA 总线提高随机内存的访问速度。

⑤ 采用 DIME 技术，将纹理数据放在帧缓冲区之外的系统内存中，让出帧缓冲区和带宽供其他功能使用，以获得更高的屏幕分辨率，或者允许 Z 缓冲产生更大的屏幕面积。

6.4 外 部 总 线

6.4.1 Centronics 总线

Centronics 总线是常用的 8 位并行通信总线，由 36 条信号线组成，能进行 8 位数据的并行传送，采用扁平电缆或多芯电缆传送数据，传输距离小于 2m。由于 Centronics 总线未经标准化组织确定，不同产品在使用该总线时对信号线的定义并不完全相同。目前微机中采用的都是简化的具有 25 条信号线的 Centronics 总线，即微机主板上的 25 引脚并行口。该接口主要用于微机与打印机等外设的并行通信，通常称为打印口，而打印机一端采用 36 引脚的 D 型插座。36 线 Centronics 总线信号定义如表 6-5 所示，微机 25 孔 D 型插座各引脚信号定义如表 6-6 所示。

表 6-5　　　　　　　　　　　　　　**Centronics 总线信号定义**

引脚号	信号名称	功　能	引脚号	信号名称	功　能
1	$\overline{\text{STROBE}}$	选通信号	19	GND	
2	DATA_0		20	GND	
3	DATA_1		21	GND	
4	DATA_2		22	GND	
5	DATA_3	8 位并行数据	23	GND	
6	DATA_4		24	GND	地
7	DATA_5		25	GND	
8	DATA_6		26	GND	
9	DATA_7		27	GND	
10	$\overline{\text{ACKNLG}}$	应答信号	28	GND	
11	BUSY	忙信号	29	GND	
12	PAPER END	纸走尽信号	30	GND	
13	SLCT	选中联机状态	31	$\overline{\text{INIT}}$	初始化信号
14	$\overline{\text{AUTO FEED XT}}$	自动走纸信号	32	$\overline{\text{ERROR}}$	出错信号
15	NC	不用	33	GND	地
16	GND	地	34	NC	不用
17	CHASSIC GND	机壳地	35	+5V	电源
18	NC	不用	36	$\overline{\text{SLCT IN}}$	选择输入信号

表 6-6　　　　　　　　　　　　**微机 25 孔 D 型插座各引脚信号定义**

引脚号	信号名称	功　能	引脚号	信号名称	功　能
1	$\overline{\text{STB}}$	选通信号	14	$\overline{\text{AFD}}$	自动走纸信号
2	DATA_0		15	$\overline{\text{ERROR}}$	出错信号
3	DATA_1		16	$\overline{\text{INIT}}$	初始化信号
4	DATA_2		17	$\overline{\text{SLIN}}$	选择输入信号
5	DATA_3	8 位数据	18	GND	
6	DATA_4		19	GND	
7	DATA_5		20	GND	
8	DATA_6		21	GND	地
9	DATA_7		22	GND	
10	$\overline{\text{ACK}}$	应答信号	23	GND	
11	BUSY	忙信号	24	GND	
12	PE	纸走尽信号	25	GND	
13	SLCT	打印机能工作			

Centronics 总线主要信号的功能如下。

（1）DATA$_7$～DATA$_0$：与微机相连的 8 位并行数据。

（2）$\overline{\text{ACK}}$：打印机向微机发出的回答信号，表示已接收完微机发送来的数据，请求接收下一个数据。

（3）$\overline{\text{STB}}$：数据选通信号，由微机送到打印机，使打印机控制器接收 CPU 送来的数据。

（4）$\overline{\text{AFD}}$：自动走纸的控制信号。

（5）$\overline{\text{ERROR}}$：出错状态信号。低电平时表示打印机出现故障，故障可能是字车越界，或打印机内部产生故障。

（6）$\overline{\text{INIT}}$：初始化信号。由微机送入打印机，对打印机进行初始化操作，打印机接通电源时也能自动进行初始化操作。

（7）SLCT：联机状态信号。该信号线为高电平时，表示打印机被选中处于联机状态，允许接收 CPU 送来的数据。脱机状态下，打印机仅能接收功能码 DC$_1$（联机选择）。按下 SLCT 按键或打印机收到 DC$_1$ 码都能使打印机由脱机状态变为联机状态。打印机由联机状态变为脱机状态的原因有以下几方面：按下 SLCT 键、接收到 DC$_3$ 码（脱机）、打印机出错、无纸报警、打印上盖打开。

（8）BUSY：忙状态信号。表示打印机处于忙状态，不能接收 CPU 送来的数据。打印机忙有以下几种情况：打印机脱机、打印机正在接收处理数据、打印机产生故障。

（9）PE：纸尽信号。表示打印纸已用完，这时打印机缓冲器中仍保留打印数据，当重新装好纸后，按 SLCT 键可使打印机继续打印。

6.4.2　IDE 和 EIDE 总线

IDE 总线接口是 Compaq 公司和 Western Digital 公司专门为主机和硬盘的连接而设计的总线接口标准。由于 IDE 总线的信号线基本与 AT 总线相对应，也将 IDE 接口称为 ATA 接口。通常情况下 IDE 的数据传输速率为 8.33Mb/s，每个硬盘的最大容量为 528MB。

IDE 接口通过 40 芯的扁平电缆将主机和硬盘或光驱连接起来，采用 16b 并行数据传输，除了数据线外，还有 DMA 请求与应答信号、中断请求信号、I/O 读/写信号、复位信号和地信号等。由于 40 线 IDE 电缆不包含电源线，IDE 另外用一个 4 芯电缆将主机的电源送往硬盘或光驱。

微机系统中一般设置 2 个 IDE 接口，每个 IDE 接口最多可连接 2 个 IDE 设备：第一个 IDE 接口的端口地址为 1F0H 和 1F7H，用 IRQ$_{14}$ 中断请求线；第二个 IDE 接口的端口地址为 17F0H 和 177H，用 IRQ$_{15}$ 中断请求线。

硬盘在 IDE 总线电缆上的连接方式有 3 种：只接一个硬盘时为单盘模式（Spare），接 2 个硬盘时第一个为主盘模式（Master），第二个为从盘模式（Slave）。实际使用时可根据需要设置合适的模式。

EIDE 总线接口是增强型 IDE，在 Pentium 系列微机主板上都配有 2 个 EIDE 接口，最多可连接 4 个 IDE 设备。EIDE 总线信号定义如表 6-7 所示。EIDE 采用了双沿触发数据传输方式，以提高数据传输速率，数据传输速率为 18Mb/s，传输带宽为 16 位，并可扩展到 32 位，支持最大硬盘容量为 8.4GB。EIDE 也称为 ATA-2，以后又推出了传输速率更高的 ATA-3、ATA-4、ATA-5、ATA-6 和 SERIAL ATA 等新标准。

表 6-7   **EIDE 总线信号定义**

引 脚 号	符 号	引 脚 号	符 号
1	RESET	21	DRQ_3
2	GND	22	GND
3	DD_7	23	$\overline{IOW}$
4	DD_8	24	GND
5	DD_6	25	$\overline{IOR}$
6	DD_9	26	GND
7	DD_5	27	IOCHRDY
8	DD_{10}	28	ALE
9	DD_4	29	$DACK_3$
10	DD_{11}	30	GND
11	DD_3	31	IRQ_{14}
12	DD_{12}	32	$\overline{IOCS_{16}}$
13	DD_2	33	A_1
14	DD_{13}	34	GND
15	DD_1	35	A_0
16	DD_{14}	36	A_2
17	DD_0	37	$\overline{CS_0}$
18	DD_{15}	38	$\overline{CS_1}$
19	GND	39	ACTIVATE
20	KEY	40	GND

6.4.3   USB 通用串行总线

USB（Universal Serial Bus）即通用串行总线，是采用通用 4 线连接器，支持即插即用功能的新型串行总线接口标准。USB 总线的数据传输速率可达到 12Mb/s，比 RS-232 标准串行接口快得多，正以其良好的性能和易用性逐步取代串行接口、并行接口等传统总线接口，成为键盘、鼠标、打印机、扫描仪、数码相机、优盘等外设的主要接口。

1. USB 总线的特点

USB 总线具有如下特点。

（1）支持 PNP（Plug and Play）即插即用功能。USB 设备插入 USB 接口后，CPU 能自动检测外设类型，通过加载相应的驱动程序对设备进行配置。

（2）支持热插拔。在微机开机正常工作时可随时接入或断开 USB 设备，使用非常方便，不用断电后再安装配置设备。

（3）USB 总线传输数据的同时也能向 USB 设备供电，不用另外提供电源线。USB 传输线能提供＋5V，100mA 的电源，带电源的 USB HUB 可以为每个 USB 接口提供＋5V，500mA 的电源。

（4）USB1.0 标准提供 1.5Mb/s 的低速模式和 12Mb/s 的全速模式，USB2.0 标准提供 480Mb/s 的高速模式。USB 总线既可连接鼠标、键盘等低速设备，也能支持视频、移动硬盘等高速设备。

（5）扩充能力强，USB 总线最多可支持 127 个设备，当 USB 设备较多时，可通过 USB HUB 增加分支，USB HUB 最多可达 7 层。

（6）USB 总线支持控制传输、同步传输、中断传输和批量传输 4 种信息传输方式，适用于多种外设的不同需要。

（7）所有 USB 设备采用通用的 4 针接口，每个设备可与微机系统提供的任何一个 USB 接口相连，设备连接使用方便，彻底解决了原先键盘、鼠标、打印机等外设具有不同的总线插头，连接使用不方便的问题。

2．USB 总线的拓扑结构

USB 总线的拓扑结构如图 6-4 所示。USB 总线采用层次型星状拓扑结构，最顶层是主机（Host），主机中嵌入根 HUB（集线器），根 HUB 下可连接多个结点（Node）和第 2 层 HUB，结点用于连接 USB 功能设备。第 2 层 HUB 可以连接多个结点和第 3 层 HUB，第 3 层 HUB 可继续向下扩展。USB 总线从根 HUB 开始最多可配置 7 层，主机和结点设备之间的通信路径最多支持 5 个非根 HUB，总线中最多可连接 127 个结点设备。

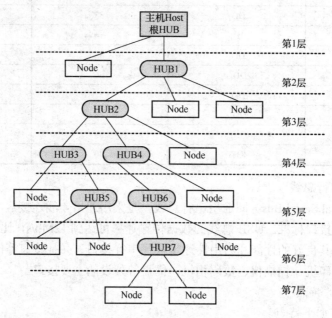

图 6-4　USB 总线拓扑结构

在以 PC 微机作为 USB 主机的 USB 拓扑结构中，微机控制 USB 总线上所有信息的传输，在集线器的作用下，每个 USB 功能设备在逻辑上相当于直接挂在主机上。USB 总线允许拓扑结构作动态变化，当有 USB 功能设备连接到总线上或从总线上拆除时，HUB 的状态位将反映其变化。当接入一个 USB 功能设备时，主机可通过查询 HUB 获取状态位，并为其分配一个唯一的端口地址；当一个 USB 功能设备从总线上拆除时，HUB 向主机提供设备已拆除的状态信息，并由相应的 USB 系统软件进行拆除的操作。当拆除一个 HUB 时，USB 系统软件同时拆除该 HUB 上挂接的所有 USB 功能设备。

3．USB 系统的硬件构成

USB 系统的硬件由 USB 主机和 USB 设备组成，USB 设备按功能又分为集线器 HUB 和

USB 功能设备两类。各部分之间通过 USB 串行总线相连，USB 总线用于传输数据、状态和控制信息，同时向各 USB 设备提供＋5V 电源。

（1）USB 主机。USB 主机由 USB 主控制器和根 HUB 组成。主控制器由硬件和控制器驱动程序等组成，构成了 USB 系统与微机的接口。根 HUB 集成在主机内部，用于扩展下层 HUB 和连接更多的 USB 设备。

USB 主机的主要功能有：检测 USB 设备的插入和拨出；实现主机和 USB 设备之间的数据传输；接收 USB 设备的状态与活动信息；管理主机与 USB 设备之间的控制信息，实现对 USB 设备的管理。

（2）集线器（HUB）。HUB 具有一个上行端口和多个下行端口，上行端口用于连接主机或上层 HUB，下行端口用于连接下层 HUB 和 USB 功能设备。每个 HUB 与连接外设构成端口，每个端口有唯一的地址，HUB 可以对每个下行端口进行连接和断开操作，并为下行设备提供工作电源。除根 HUB 外，最多可连接 5 层 HUB。

（3）USB 功能设备。USB 功能设备是具有 USB 接口的各种 I/O 设备，常用的 USB 功能设备有键盘、鼠标、优盘、移动硬盘、数码相机、手机等。具有 USB 接口的设备都支持 USB 协议，能接收识别并响应 USB 总线的各种操作命令，并根据设置的方式传输数据。

4. USB 信息传输方式

USB 总线的数据传送有 4 种传输方式：控制传输方式、同步传输方式、中断传输方式和批量传输方式，不同类型的设备可采用不同的方式。

（1）控制传输方式。控制传输方式双向传送状态控制信号而不是数据。USB 设备安装好后，主机利用 USB 系统软件设置设备参数、发送控制命令、查询设备的当前状态等操作。控制传输方式主要用于主机和 USB 设备之间的端点之间的传输，传输数据量小，实效性要求不高。

（2）同步传输方式。同步传输方式要求发送方与接收方保持同步，双方以确定的速率连续发送和接收信息，保证了传送信息的连续性。同步传输方式适用于对传送数据正确性要求不高，但对实时性要求较高的应用，例如网络电话等应用场合。当数据传输发生错误时，USB 并不处理这些错误，而是继续传送其他数据，保证了数据传输的实时性。

（3）中断传输方式。中断传输方式适用于数据量较少、数据传输时间不确定，但对实时性要求较高的场合，例如键盘、鼠标等设备。USB1.0 标准规定中断方式只能输入主机的单向传输方式，USB2.0 标准中既可输入也能输出。

（4）批量传输方式。批量传输方式主要用于传输大批量数据，为了保证传输数据的正确性，传输过程中没有带宽和时间间隔的要求，因此传输数据的实时性不高，传输速度较慢。例如，打印机、扫描仪、数码相机、优盘等设备就可采用批量传输方式。

5. USB 总线的信息包

USB 信息包是 USB 总线信息传送的基本单位，按功能可分为标志包、数据包和握手包。USB 信息包的格式如图 6-5 所示。

（1）标志包（Token）。标志包由主机发出，表示信息传输的开始，所有的信息交换都以标志包开头。标志包分为帧开始包（SOF）、发送包（OUT）、接收包（IN）和设置包（SETUP）4 种类型。标志包由 5 个域组成，格式如图 6-5（a）所示，各部分的功能如下。

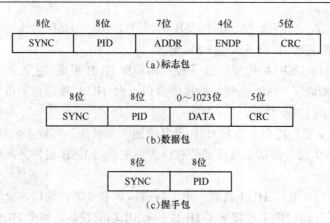

图 6-5　USB 信息包的格式

① SYNC：同步域。所有信息包都以 SYNC 开头，接收设备接收 SYNC 实现同步，然后开始接收后面的数据。

② PID：包的类型码。PID 的低 4 位表示包的类型，高 4 位用于错误校验。包的类型码与类型的关系如表 6-8 所示。

表 6-8   信 息 包 的 类 型

PID$_3$	PID$_2$	PID$_1$	PID$_0$	PID 名称	包 类 型
0	0	0	1	OUT	标志包
1	0	0	1	IN	
0	1	0	1	SOF	
1	1	0	1	SETUP	
0	0	1	1	DATA$_0$	数据包
1	0	1	1	DATA$_1$	
0	0	1	0	ACK	握手包
1	0	1	0	NAK	
1	1	1	0	STALL	
1	1	0	0	PRE	特殊包

③ ADDR：设备地址域。包发送目标设备的地址，共 128 个地址，复位时地址为 0。

④ ENDP：端点域。包要传送的目标设备的端点号，一个设备有 16 个端点号。

⑤ CRC：校验域。用于 ADDR 和 ENDP 两个域的检验。

（2）数据包（Data）。主机向设备发送数据时，先发送一个发送包到目标设备的某一个端点，目标设备将接收数据；主机请求设备发送数据时，先发送一个接收包到目标设备的某一个端点，目标设备将发出数据包。数据包由 SYNC、PID、DATA 和 CRC 共 4 个域组成，格式如图 6-5（b）所示。

（3）握手包（Handshake）。握手包用于交换双方的状态信息，握手包由 SYNC 和 PID 两个域组成，其格式如图 6-5（c）所示。握手包分为 ACK、NAK 和 STALL 3 种类型：ACK 是应答包，表示接收方接收到正确的数据；NAK 是无应答包，表示不能接收到数据，或没有数据发送给对方；STALL 是挂起包，表示设备不能完成数据传输，需要由主机对其处理，以恢复正常工作状态。

（4）特殊包（Special）。特殊包由一个 SYNC 和一个全速传送的 PID 域组成，当主机在低速方式下与低速设备通信时，应先发送一个特殊包，然后才能与设备通信。

6. USB 总线的电气与机械特性

以下介绍 USB 总线的电气与机械特性。

（1）电气特性。USB 总线通过 4 芯电缆传送数据和电源，4 条线分别是 V_{BUS}（电源线）、D_-（数据线）、D_+（数据线）和 GND（地线）。D_- 和 D_+ 是发送及接收数据的半双工差分信号线，时钟信号也被编码在数据线中传输，时钟采用不归零翻转编码（NRZI），编码时按数据分组头的同步字段进行时钟恢复。V_{BUS} 用于向 USB 设备提供＋5V 电源。

（2）机械特性。USB 有 A 系列和 B 系列两种不同形状的连接器，连接器的外观如图 6-6 所示，连接器的引脚定义如表 6-9 所示。A 系列用于和主机的连接，B 系列用于 USB 设备，采用不同的连接器结构可避免连接错误。

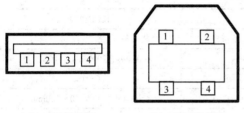

（a）A系列连接器　（b）B系列连接器

图 6-6　USB 连接器

表 6-9　　　　　　　　　　　　　　　　USB 连接器引脚定义

引　脚　号	信　　　号	电 缆 颜 色	引　脚　号	信　　　号	电 缆 颜 色
1	V_{BUS}	红色	3	D_+	绿色
2	D_-	白色	4	GND	黑色

4 芯 USB 总线电缆由一对双绞线传送数据，一对非双绞线传送电源，为了便于区分各信号线的功能，4 条线分别用不同的颜色区分：电源线 V_{BUS} 为红色，数据线 D_+ 为绿色，数据线 D_- 为白色，地线 GND 为黑色。

6.4.4　IEEE1394 总线

IEEE1394 是 IEEE 于 1994 年推出的高速串行总线，又称为"火线"（Fire Wire），其数据传输速率为 100Mb/s 以上，适用于网络、硬盘、视频会议系统、数码相机等需要较高带宽的应用场合。IEEE1394 的主要特点如下。

（1）数据传输速率高。IEEE1394 的数据传输速率为 100Mb/s、200Mb/s 和 400Mb/s。目前市场上使用的 IEEE1394 总线均支持 400Mb/s 的数据传输速率，能很好地满足实时视频、图像数据传输的要求。

（2）实时数据传输。IEEE1394 可采用同步和异步两种数据传输模式。同步传输具有固定的带宽、比特间隔和起始时间，适合实时传送语音及视频信号。

（3）高效的拓扑结构。IEEE1394 接口允许结点菊花链和树状结构混合连接，一个接口最多可连接 63 个不同的设备。通过协议时序优化可实现更高效率的网络结构。

（4）支持即插即用和热插拔。当网络上增加设备或撤销结点设备时，能够自动实现网络重构和自动分配 ID，用户使用操作非常方便。

（5）IEEE1394 总线提供电源。IEEE1394 总线为 6 芯电缆，2 对双绞信号线用于传输数据，另外 2 条作为电源线，向总线设备提供 4～10V，1.5A 电源。总线上的设备不用另备电源。

（6）任何两个具有 IEEE1394 接口的设备可以直接连接，不需通过微机控制。例如两台具有 IEEE1394 接口的 DVD 播放机和数字电视机通过 IEEE1394 直接连接起来就能正常播放 DVD 光盘。

USB 与 IEEE1394 总线接口都是近几年推出的新型串行总线接口，USB 主要用于微机系统，用来连接中低速外设，IEEE1394 还可用于连接高速外设和信息家电设备。USB 与 IEEE1394 的性能比较如表 6-10 所示。

表 6-10   **USB 与 IEEE1394 的性能比较**

性 能	USB	IEEE1394
信号线条数	共 4 条，2 条电源，2 条信号	共 6 条，2 条电源，4 条信号
数据传输速率	1.5Mb/s、12Mb/s	100Mb/s、200Mb/s、400Mb/s
最大结点数	127 个	63 个
结点距离	5m（全速电缆）	4.5m（可延长至 50～100m）
编码方式	NRZI	DSLink
同步传送模式	支持同步传送	支持同步传送

习 题

1. 什么是总线？总线分哪几类？各有什么特点？
2. 总线有哪 3 个主要性能指标？
3. PC 总线与 ISA 总线有什么区别和联系？这两个总线各用在什么微机中？
4. ISA 总线与 EISA 总线有什么区别？
5. PCI 总线有什么特点？简述 PCI 总线的系统结构。
6. Centronics 总线的主要用途是什么？简要说明主要状态控制线的功能。
7. USB 总线的主要特点是什么？
8. 简述 USB 总线的拓扑结构。
9. USB 总线有哪几种数据传输方式？各有什么特点？
10. USB 总线的信息包分为哪几类？各有什么功能？
11. IEEE1394 总线有哪些特点？

第7章　I/O 接口与中断系统

本章包括 I/O 接口和中断系统两部分内容：I/O 接口即输入/输出接口，是 CPU 与外围设备之间的连接电路，I/O 接口是本课程的重点研究对象，各种不同功能的接口电路在后面各章介绍。本章首先介绍 I/O 接口的基本概念，微机系统的数据传送方式，然后重点分析8086/8088 中断系统和中断控制器 8259A。

7.1　I/O 接口概述

输入/输出（I/O）设备是微机系统实现人机交互及信息输入/输出的主体，常用的输入设备有键盘、鼠标、扫描仪、话筒、摄像头等，输出设备有显示器、打印机、音箱、绘图仪等。这些不同功能的输入/输出设备统称为外部设备，简称外设。

不同外设不仅功能及数据传输方向不同，其结构、工作原理、数据格式、信号电平、驱动方式及传输速度等都存在很大的差别，如果某一设备与 CPU 系统总线直接相连，就会影响甚至使 CPU 不能正常运行，因此微机系统中所有外设都要通过相应的接口电路与 CPU 连接，CPU 与外设之间的所有信息传递都通过其接口电路进行，这就解决了 CPU 与外设速度、信号电平、数据格式等方面不匹配的问题。

7.1.1　I/O 接口的结构

I/O 接口电路与 CPU 和 I/O 设备的连接示意图如图 7-1 所示。接口电路中包含一组功能不同的寄存器，按存储信息的不同可分为数据寄存器、状态寄存器和控制寄存器 3 类，这些寄存器通常称为 I/O 端口，即数据（端）口、状态（端）口和控制（端）口。

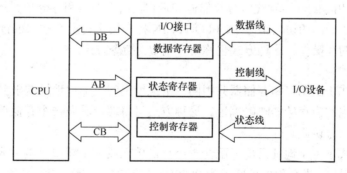

图 7-1　I/O 接口电路结构

数据口存放 CPU 送往外设或外设送往 CPU 的数据，对传送的数据起缓冲作用；状态口存放外设或接口电路的状态，CPU 通过读取状态口的状态信息可以判断外设及接口的当前状态，为访问外设提供条件；控制口也称为命令口，存放 CPU 发出的命令，控制外设及接口的工作。

CPU 与外设之间通过接口电路联系，CPU 对外设的访问实质上是对接口电路中端口的读写操作。与内存访问方式类似，端口是用端口地址区分并寻址的，CPU 通过端口地址实现对不同端口的访问。接口电路中一个或几个端口使用一个端口地址，对于地址相同的不同端口，通过端口中设置的标志位或严格的读/写顺序加以区分。

I/O 接口电路一边与系统三总线相连，CPU 发出端口地址选中要访问的端口，并通过读/写控制信号对选中端口进行读/写操作，读/写数据由数据总线传送。另一边通过数据线、状态线和控制线与外设交换信息。

7.1.2　端口的编址方式

微机系统中根据端口地址与内存地址之间的关系，I/O 端口分为统一编址和独立编址两种编址方式，不同 CPU 采用不同的编址方式，例如：8086/8088 采用独立编址方式，MCS-51 系列单片机采用统一编址方式。I/O 端口编址方式如图 7-2 所示。

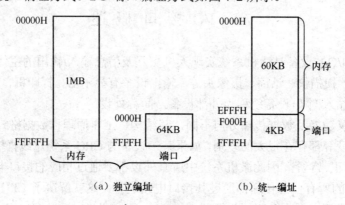

图 7-2　I/O 端口编址方式

1. 独立编址

独立编址方式是指 I/O 端口和存储器单独编址，两者具有独立的，互不影响的地址空间。例如：8086 系统内存地址空间是 00000H～FFFFFH（1MB），端口地址空间是 0000H～FFFFH（64KB）。CPU 利用 M/$\overline{\text{IO}}$ 控制线区分存储器和端口，由于端口和存储单元地址重叠，指令系统中为端口设置了专门的访问指令 IN 和 OUT，IN 指令用于对所有端口的读操作，OUT 指令用于对所有端口的写操作。这种方式也称为专用 I/O 指令方式。

2. 统一编址

统一编址方式 I/O 端口和存储器共用同一个地址空间，端口地址映射到存储空间作为存储器的一部分，也称为存储器映射编址。这种方式可将端口看做一个存储单元，两者采用相同的指令和控制信号访问。

统一编址方式下 1 个地址只能分配给 1 个存储单元或 1 个端口，端口或存储器资源的扩展会影响对方，例如，当全部地址空间为 0000H～FFFFH（64KB）时，若扩展 60KB 存储器，占用了 0000H～EFFFH 地址空间，则最多还可扩展 4KB 端口，且只能使用其余的地址空间 F000H～FFFFH。扩展时彼此相互影响是这种方式的缺点，优点是存储器的访问指令都可用于端口的操作，端口访问形式灵活。

7.1.3　系统端口地址分配

IBM PC/XT/AT 微机系统中仅使用低 10 位地址线 A_9～A_0 参与端口地址译码，可寻址 1024 个 8 位 I/O 端口，端口地址范围是 000H～3FFH，其中 000H～0FFH（256 个）专供主板上的 I/O 接口芯片使用,具体地址分配如表 7-1 所示,100H~3FFH 供 I/O 扩展槽上的接口芯片使用,具体地址分配如表 7-2 所示。

表 7-1　　　　　　　　　　　　　　主板接口芯片端口地址分配

接口电路	PC/XT	PC/AT	接口电路	PC/XT	PC/AT
DMA 控制器 1	000H~00FH	000H~01FH	并行接口	060H~063H	
DMA 控制器 2	—	0C0H~0DFH	键盘控制器		060H~06FH
DMA 页面寄存器	080H~083H	080H~09FH	RT/CMOS RAM		070H~07FH
中断控制器 1	020H~021H	020H~03FH	NMI 屏蔽寄存器	0A0H	0A0H~0BFH
中断控制器 2	—	0A0H~0BFH	协处理器		0F0H~0FFH
定时器	040H~043H	040H~05FH			

表 7-2　　　　　　　　　　　　　　扩展槽接口控制卡端口地址分配

接口电路	PC/XT	PC/AT	接口电路	PC/XT	PC/AT
硬盘驱动器控制卡	320H~32FH	1F0H~1FFH	用户使用端口	300H~31FH	300H~31FH
游戏控制卡	200H~20FH	200H~20FH	同步通信卡 1	3A0H~3AFH	3A0H~3AFH
扩展器/接收器	210H~21FH		同步通信卡 2	380H~38FH	380H~38FH
并行口控制卡 1	370H~37FH	370H~37FH	单显 MDA	3B0H~3BFH	3B0H~3BFH
并行口控制卡 2	270H~27FH	270H~27FH	彩显 CGA	3D0H~3DFH	3D0H~3DFH
串行口控制卡 1	3F8H~3FFH	3F8H~3FFH	彩显 EGA/VGA	3C0H~3CFH	3C0H~3CFH
串行口控制卡 2	2F0H~2FFH	2F0H~2FFH	软驱控制卡	3F0H~3F7H	3F0H~3F7H

用户设计 I/O 接口电路时,不能使用系统分配的端口地址,以免运行时发生地址冲突,通常可选用供用户使用的端口地址 300H~31FH 或其他系统未使用的地址。

7.2　数　据　传　送　方　式

微机系统运行过程中,CPU、内存及 I/O 设备之间不断进行各类数据(数据、状态及控制信息)的传送,数据传送方式可分为程序控制传送方式、中断传送方式和 DMA 传送方式 3 类。

7.2.1　程序控制传送方式

程序控制传送方式是在指令的控制下,CPU 主动实现对外设的读写操作,完成数据的传送,根据 CPU 与外设之间有无联络信号可分为无条件传送方式和查询传送方式。

1.　无条件传送方式

无条件传送方式下 CPU 与外设之间只通过数据线传送数据,没有状态/控制联络信号,CPU 对外设读/写操作时不需检测外设的状态,直接向外设发送数据或读取外设的数据。无条件传送要求访问的外设能随时准备好发送或接收数据,即 CPU 与外设应同步才能保证读/写操作正常进行,所以无条件传送方式又称为同步传送方式,例如对键盘、LED 显示器等简单外设的操作。若外设发送或接收数据需要一段时间,其速度比 CPU 运行速度低,则每次读/写过程中可通过软件延时等待外设操作完成。无条件传送是最简单的数据传送方式,所需硬件电路及程序都较少,但是操作过程中若需等待,会使 CPU 的效率降低。

　　无条件传送方式通常使用简单接口芯片作为外设的接口电路。对于输出设备，由于 CPU 向设备发送数据的时间非常短，要求输出接口具有锁存功能，接收锁存 CPU 送来的数据并持续向外设传送，可选择 8b 锁存器芯片如 74LS373、74LS273、74LS377 等。对于输入设备，为避免设备数据引脚对系统数据总线产生影响，数据引脚不能与数据总线直接相连，要求输入接口具有缓冲功能，可选择 8b 缓冲器芯片如 74LS244、74LS245 等。

　　74LS373 是具有三态缓冲输出的 8D 锁存器。可用来锁存地址信号或扩展并行输出口，由于其输出端具有缓冲功能，还可用来扩展并行输入口。74LS373 的引脚及真值表如图 7-3 所示。

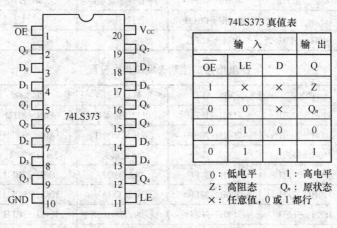

图 7-3　74LS373 引脚与逻辑功能

　　74LS373 内部结构主要由 8 个 D 触发器和 8 个三态门组成，有 8 个输入端 $D_0 \sim D_7$，8 个输出端 $Q_0 \sim Q_7$，锁存使能端 LE 用于打开 D 触发器锁存送到输入端的 8 位数据，输出允许端 $\overline{OE}$ 控制打开三态门将锁存的数据输出。

　　由真值表可见，当 LE 为高电平且 $\overline{OE}$ 为低电平时，输入数据送到输出端；当 LE 和 $\overline{OE}$ 都为低电平时输出端输出锁存数据，输入端状态不会影响输出端；当 $\overline{OE}$ 为高电平时输出端保持高阻态。

　　【例 7-1】　使用锁存器 74LS373 作为 8 只发光二极管 LED 的输出接口，无条件方式编程控制 LED 发光。

　　接口电路如图 7-4 所示。锁存器输出端 $Q_0 \sim Q_7$ 的输出信号通过驱动器驱动后控制 $LED_1 \sim LED_8$，位线为低电平 LED 亮，为高电平 LED 灭。输入端与数据总线相连，译码器输出与写信号相与后控制锁存器的 LE 端。设端口地址为 4A2H，使 8 只 LED 全部发光和全部熄灭的程序如下：

```
MOV DX,4A2H
MOV AL,00H
OUT DX,AL          ;LED 全部发光
MOV AL,FFH
OUT DX,AL          ;LED 全部熄灭
```

　　CPU 只要通过 AL 直接向锁存器端口发送不同的数据，就能使 LED 按要求发光或熄灭，不必检测 LED 状态，是典型的无条件传送方式。

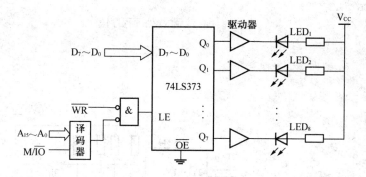

图 7-4 无条件输出接口

74LS244 是三态输出 8 缓冲和驱动器，引脚图及真值表如图 7-5 所示。74LS244 的核心是 8 个三态门，可对 8 路数据缓冲和驱动。缓冲器分为 A 和 B 两组，分别用 1$\overline{\text{G}}$ 和 2$\overline{\text{G}}$ 两个门控端控制，当门控端输入低电平时对应的 4 路缓冲器打开，输入端数据送到输出端，当门控为高电平时输出端为高阻态。微机系统中扩展并行输入口时需同时对 8b 数据缓冲和驱动，因此通常将 74LS244 的两个门控端连到一起，用一条控制线控制 8b 缓冲器。

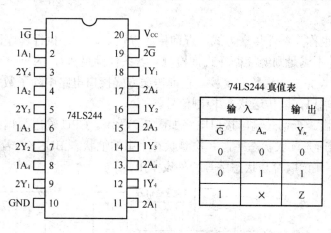

74LS244 真值表

输入		输出
$\overline{\text{G}}$	A_n	Y_n
0	0	0
0	1	1
1	×	Z

图 7-5 74LS244 引脚与逻辑功能

【例 7-2】 缓冲器 74LS244 作为 8 只开关组成的线性键盘的接口电路，无条件方式编程读取开关状态，并执行相应的处理。

接口电路如图 7-6 所示。8 只开关 $K_1 \sim K_8$ 与缓冲器输入端 $1A_1 \sim 1A_4$、$2A_1 \sim 2A_4$ 相连，缓冲器输出端与数据总线相连，开关闭合输入低电平，开关断开输入高电平。设端口地址为 4A2H，读操作程序如下：

```
MOV DX,4A2H
IN AL,DX              ;将开关状态读到 AL 寄存器
TEST AL,01H
JZ K1                ;K₁ 闭合转到 K₁ 处理程序段
TEST AL,02H
JZ K2                ;K₂ 闭合转到 K₂ 处理程序段
...
```

```
        TEST AL,80H
        JZ K8                       ;K8 闭合转到 K8 处理程序段
K1: …
K2: …
K8: …
```

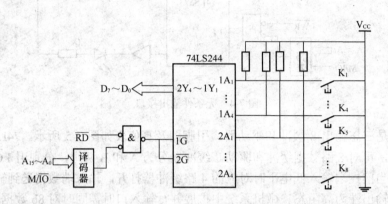

图 7-6　无条件输入接口

2. 查询传送方式

查询传送方式也称为条件传送方式。查询传送方式下，CPU 执行程序读取并检测外设状态（条件），若条件不满足则继续循环查询检测，若条件满足执行 IN 或 OUT 指令对接口进行读/写操作，与外设完成一次数据交换。查询传送方式接口电路中除了数据端口外，还要设置状态端口和控制端口，以传送状态/控制信号。

（1）查询式输出。查询式输出接口电路如图 7-7 所示。CPU 输出数据的工作过程如下：

CPU 输出数据前先读取状态字，并检测状态字中的忙状态 BUSY，若 BUSY=1 说明外设忙，这时 CPU 不断读取检测状态字等待外设空闲。

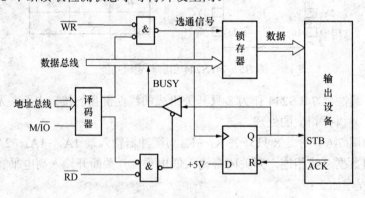

图 7-7　查询式输出接口

当 BUSY=0 外设空闲可以接收数据时，CPU 向接口输出数据，在选通信号的控制下，使锁存器接收数据并锁存，同时使 D 触发器输出端 Q 输出 1，Q 端高电平信号有两个作用：一是向外设送入 STB=1 的联络信号，通知外设接收数据；二是使三态门的输入端置 1，表示外设处于忙状态，阻止 CPU 继续发送数据。

当外设读取数据后，发出低电平响应信号送 D 触发器的复位端 R，使触发器输出 0，则三态门的输入端变为 0，表示外设空闲可以接收数据，这时 CPU 可以开始下一个数据的发送过程。

【例 7-3】　在如图 7-7 所示输出接口电路中，设数据端口地址（使锁存器片选端有效）为 80H，状态端口地址（使三态门控制端有效）为 81H，外设忙状态信号 BUSY 与数据总线的 D_7 相连，查询方式编程将内存 DAT1 字节变量的数据送外设。

数据输出程序如下：

```
        IN AL,81H        ;读状态口
WAT:    TEST AL, 80H
        JNZ WAT          ;外设忙则查询等待
        MOV AL,DAT1      ;取数据
        OUT 80H,AL       ;输出数据
```

由于接口电路中数据端口只能写操作，状态端口只能读操作，锁存器和三态门也可用译码器的一条输出线控制，使两个端口地址相同，通过读/写信号加以区分。

（2）查询式输入。查询式输入接口电路如图 7-8 所示。CPU 输入数据的工作过程如下：

输出设备发出一个 8 位数据，同时发出 STB＝1 的选通信号，选通信号一方面控制锁存器打开锁存数据并输出到缓冲器输入端，另一方面使 D 触发器 Q 端输出 1，送到三态门的输入端，表示外设已准备好数据。

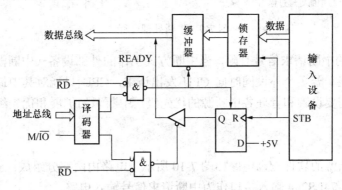

图 7-8　查询式输入接口

CPU 接收数据前先读状态口，检测 READY 状态位是否为 1，若 READY＝0 表示外设没有准备好数据，CPU 继续查询等待，若 READY＝1 表示外设准备好数据，CPU 发出 IN 指令，使缓冲器打开读取数据，同时向 D 触发器的复位端送复位信号 0，使 Q＝0 撤除准备好信号，表示外设没有准备好数据。

【例 7-4】　在如图 7-8 所示的输入接口电路中，设数据口地址为 80H，状态口地址为 81H，外设准备好信号 READY 与数据总线的 D_1 相连，查询方式编程读取外设数据，并存入内存 DAT2 字节变量中。

数据输入程序如下：

```
        IN AL,81H        ;读状态口
WAT:    TEST AL,02H
        JZ WAT           ;未准备好查询等待
        IN AL,80H        ;输入数据
        MOV DAT2,AL      ;存数据
```

7.2.2　中断传送方式

程序传送方式通过等待或查询使 CPU 与外设协调工作，等待或查询期间 CPU 不能进行有效的工作，浪费了大量时间，而且不能对其他外设进行服务，使 CPU 利用率很低，各外设不能并行工作，实时性差。为了提高 CPU 的利用率，实时响应外设的请求，优先处理重要事件，使各外部设备并行工作，CPU 通常以中断方式与外设交换数据。

中断是指 CPU 在执行程序过程中有更重要的事件发生时，CPU 暂停当前程序的执行，将断点地址压入堆栈保存，转去执行重要任务的处理程序，完成后再返回主程序断点处继续执行的过程。中断处理过程如图 7-9（a）所示。在中断处理过程中，若有更高级的中断请求，在中断允许的情况下，CPU 还可以转去执行更高级的中断服务，这个过程称为中断嵌套，如图 7-9（b）所示。

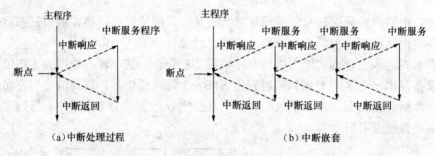

图 7-9　中断处理过程

CPU 可接收的中断请求信号有限，当中断方式工作的外部设备（中断源）较多时，需要进行中断源的扩展。若多个外设同时向 CPU 发出请求，CPU 只能对其中最重要的一个设备进行服务，这就需要设置和管理各中断源的优先级。中断源的扩展和优先级管理主要有以下 3 种方法。

1. 软件查询

扩展 8 个中断源的软件查询电路如图 7-10 所示。电路由两部分组成：8 输入端或门作为中断源扩展电路；74LS244 输入接口作为中断请求信号输入电路。

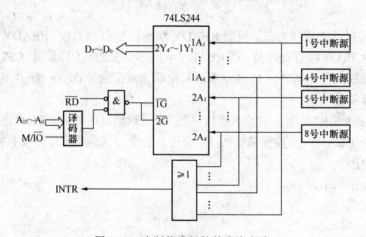

图 7-10　中断优先级软件查询电路

8 个中断源的中断请求信号均为高电平有效，各中断请求信号通过 8 输入端或门合为一路输出，没有中断请求时或门输出低电平。当任一个或几个中断源发出请求信号时，或门向 CPU 发送高电平中断请求。

CPU 收到中断请求后并不能确认中断源，进入中断服务程序后首先读取输入口，得到 8 个中断源的请求信号，然后逐位判断是否为 1，若某位为 1 则对相应中断源进行服务，其他中断源不予响应。

软件查询方式只要改变程序中各位的查询顺序就能改变各中断源的优先级。例如：设读取数据为 01000001B，说明 1 号和 7 号中断源同时发出请求，若检测顺序为 $D_0 \rightarrow D_7$，1 号优先级最高，8 号最低，会对 1 号设备进行服务。若检测顺序为 $D_7 \rightarrow D_0$，8 号优先级最高，1 号最低，会对 7 号设备进行服务。

软件查询电路结构简单，但中断响应占用时间较长，功能较弱，适用于要求不高的中断系统。

2. 菊花链电路

菊花链电路是扩展中断源和判断中断优先级的简单硬件电路，是在各中断源上连接逻辑电路构成菊花链结构，由菊花链控制中断回答信号的通路。菊花链电路具有两个基本功能：一是当有两个以上中断源同时申请中断时，能响应最高级中断，屏蔽低级中断；二是当响应低级中断时若有更高级的中断，能暂停低级中断服务，转去执行高级中断处理，即实现中断嵌套。

3. 专用硬件电路

利用专用的可编程中断控制器扩展和管理中断源，CPU 通过程序控制中断控制器的工作方式，可以设置中断触发方式、优先级管理方式、屏蔽某些中断源、中断结束方式等，这种电路具有功能全面、操作方便、中断响应迅速等优点，在微机系统中得到了广泛应用。8086/8088 微机采用的就是可编程中断控制器芯片 8259A。

7.2.3 DMA 传送方式

外设与内存之间传送数据时，若采用程序控制方式或中断方式，数据都要通过 CPU 的累加器中转，另外还需要查询、等待、保护恢复现场等辅助操作，使每个字节的传送都要几微秒甚至上百微秒，当传输数据量很大时，传输效率很低。

直接存储器存取（DMA）方式是提高数据传送效率的有效方法，其特点是在 DMA 控制器（DMAC）的控制下，实现外设和内存之间数据的直接传送。DMA 传送方式下，CPU 将系统总线出借给 DMAC，由 DMAC 发出存储器和 I/O 接口的读/写控制信号和存储器的地址，控制存储器和外设之间的数据交换。

DMA 传送方式的结构如图 7-11 所示。数据传送过程为：

外设向 DMAC 发出 DMA 请求信号 DREQ，请求开始一次 DMA 传送。DMAC

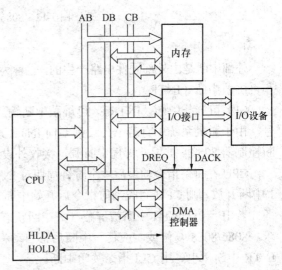

图 7-11 DMA 传送方式的结构框图

收到请求后，向 CPU 的 HOLD 引脚发出总线保持请求，请求取得总线控制权。

CPU 在每个时钟周期的上升沿都要检测 HOLD 引脚，当检测到高电平请求信号，若此时正处于总线空闲周期，CPU 将三总线引脚置为高阻态释放总线，同时从 HLDA 引脚向 DMAC 发出高电平响应信号。

DMAC 收到 CPU 送来的应答信号后开始 DMA 传输过程。向外设送出 DACK 作为对 DMA 请求的响应，同时作为外设的数据选通信号，向系统总线送出控制信号和地址信号，选中访问的存储单元。DMA 传送完成后，DMAC 撤销 HOLD 请求信号，CPU 检测到后撤除总线高阻态，收回总线，并使 HLDA=0。

7.3 8086/8088 中断系统

中断系统是 8086/8088 微机系统的重要组成部分，I/O 设备通过中断方式向 CPU 发出请求，CPU 在中断服务程序中对外设进行操作，既提高了 CPU 的效率，又能使各外设并行工作，是微机中外设的主要工作方式。

7.3.1 8086/8088 的中断源

8086/8088 中断系统可以处理 256 种不同的中断源，按照中断源位置和中断请求方式的不同可分为内部中断和外部中断两类，如图 7-12 所示。

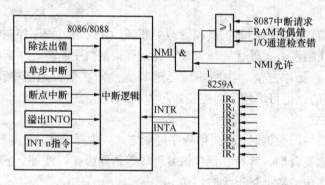

图 7-12 8086/8088 中断源

1. 外部中断

外部中断是由外部硬件电路产生的，也称为硬件中断。外部中断分为不可屏蔽中断（NMI）和可屏蔽中断（INTR）。

（1）可屏蔽中断（INTR）。可屏蔽中断输入端（INTR）用于接收外设送来的中断请求信号，由于微机系统中有若干外设都要向 INTR 发出中断请求，在 IBM PC 机中通过可编程中断控制器 8259A 扩展并管理中断源，接收外设送来的请求信号，并向 CPU 发出中断请求。

CPU 在每条指令的最后一个时钟周期对 INTR 引脚采样，若 INTR 引脚为高电平，且 IF=1 中断开放，则 CPU 完成当前指令后开始中断响应过程，转入中断服务程序对中断源进行服务。若 IF=0，INTR 中断被屏蔽（关中断状态），CPU 不响应送到 INTR 引脚的所有中断请求。8086/8088 复位或响应任一中断后都自动将 IF 清 0，程序中可根据需要用 STI 指令开放 INTR 中断，也可用 CLI 指令关闭中断。

可屏蔽中断的响应时序如图 7-13 所示。CPU 响应 INTR 中断请求时执行 2 个 $\overline{INTA}$ 中断响应总线周期：第一个 $\overline{\text{INTA}}$ 负脉冲通知 8259A，外设的中断请求已被响应，第二个 $\overline{\text{INTA}}$ 负脉冲期间，要求 8259A 将发出中断请求外设的 8b 中断类型码送到低 8b 数据总线上，CPU 读取中断类型码后，根据类型码转到外设对应的中断服务程序执行。

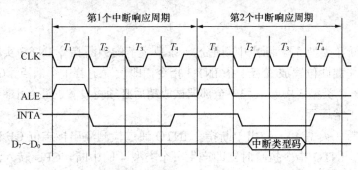

图 7-13　可屏蔽中断响应时序

（2）不可屏蔽中断（NMI）。不可屏蔽中断不受中断允许位 IF 的影响，CPU 只要在 NMI 引脚上采样到由低到高的正跳变信号（上升沿），执行完当前指令后立即进入 NMI 对应的中断服务程序。

不可屏蔽中断比可屏蔽中断的优先级高，当 NMI 和 INTR 引脚同时有中断请求信号时，CPU 优先响应 NMI 引脚的中断请求。Intel 公司在设计 8086/8088 时，将 NMI 中断的中断类型码规定为 2，CPU 响应不可屏蔽中断时不需要中断源提供中断类型码，也不发出中断响应脉冲，CPU 能自动根据中断类型码 2 转到不可屏蔽中断服务程序执行。

IBM PC/XT 机中不可屏蔽中断源有 3 个：系统板上 RAM 奇偶校验错、扩展槽中 I/O 通道检查错和 8087 浮点运算协处理器的中断请求。这 3 个中断源均可独立申请中断。另外，只有将与门打开中断请求信号才能送到 NMI 引脚，方法是将 NMI 允许寄存器（地址为 0AH）的 D_7 位置 1。

2. 内部中断

内部中断是由中断指令或控制标志位引起的中断，也称为软件中断，分为以下几种类型。

（1）除法出错中断（类型 0）。当执行除法运算指令 DIV 或 IDIV 时，若除数为 0 或商超出了寄存器的存储范围，立即产生一个类型为 0 的中断，CPU 转到除法出错中断服务程序执行。

（2）单步中断（类型 1）。当陷阱（跟踪）标志 TF＝1 时，8086/8088 工作在单步方式下，每执行一条指令就进入类型 1 的中断服务程序。单步运行方式可以跟踪程序的执行，为调试程序提供了方便。若 TF＝0，CPU 连续执行程序。

8086/8088 指令系统中没有提供 TF 位的设置指令，程序中可先用 PUSHF 指令将标志寄存器内容压入堆栈，再将栈顶字的 D_8 位（TF）置 1 或清 0，其他位不变，然后用 POPF 指令将栈顶字弹出到标志寄存器中，就可实现对 TF 位的操作。具体程序如下：

```
PUSHF              ;FR 内容压入堆栈
POP AX             ;FR 内容送入 AX
OR AX,0100H        ;D8 位(TF)置 1
PUSH AX            ;压入堆栈
POPF               ;TF=1
```

```
…
PUSHF
POP AX
AND AX,0FEFFH    ;D8 位(TF)清 0
PUSH AX
POPF             ;TF=0
```

（3）断点中断（类型 3）。断点中断通过一条单字节的中断指令 INT 3 实现。调试程序时可在程序的一些关键性位置放置若干条 INT 3 指令，即设置了若干个断点，CPU 执行到这条指令时就会产生一个类型 3 中断。程序全部调试成功后必须将设置的断点中断指令全部删除，否则影响程序的正常运行。

（4）溢出中断（类型 4）。溢出中断指令 INTO 通过检测溢出标志位 OF 的状态产生溢出中断。若 OF=1，INTO 指令执行时立即产生一个类型 4 的中断，CPU 转入溢出中断服务程序执行；若 OF=0，INTO 指令不起作用，仅执行空操作。INTO 指令通常跟在算术运算指令后，当运算产生溢出时转入中断服务程序进行相应的处理。

溢出中断与除法出错中断的产生方式不同：除法出错后自动产生类型为 0 的除法出错中断，不需专门的中断指令。而溢出中断在 OF 被置 1 的同时，还必须执行 INTO 指令才能产生。

（5）INT n 指令中断（类型 n）。双字节中断指令 INT n 执行时能产生一个中断类型码为 n 的内部中断，实际的中断类型码由用户编程时指定，CPU 根据指令中提供的类型号转到对应的中断服务程序执行。编程时通常用 INT n 指令引用 DOS 和 BIOS 的中断程序。例如，功能号为 4CH 的系统功能调用中断 INT 21H 用于返回 DOS 操作系统。

3. 中断源的优先级

当多个中断源同时发出中断请求时，CPU 根据各中断源的优先级顺序优先对高优先级中断源进行响应。8086/8088 中断源优先级由高到低的顺序如下。

（1）除法出错、溢出中断、INT n 指令中断、断点中断。

（2）不可屏蔽中断 NMI。

（3）可屏蔽中断 INTR。

（4）单步中断。

7.3.2　中断向量表

中断向量是指中断服务程序的入口地址，8086 规定内存 0000H 段 0000H～03FFH 地址范围的 1KB 存储单元专门用来存放中断向量，这个存储区域称为中断向量表，如图 7-14 所示。

中断向量表从 0000H 地址开始，每连续的 4 个字节单元存放 1 个中断向量，2 个低地址字节存放偏移量（IP），2 个高地址字节存放段地址（CS），4B 单元的最低地址作为中断向量地址，CPU 通过该地址读取中断向量。

向量表中每个中断向量有一个唯一的 8 位编号，称为中断类型码，中断向量表可存放 256 个中断源的中断向量，对应的中断类型码为 0～255（00H～FFH）。中断类型码和中断向量地址是 4 倍的关系，CPU 响应中断时，首先得到中断源对应的中断类型码 n，将类型号乘以 4 得到中断向量地址 4n，从该地址读取 2B 偏移量送入 IP，再从 4n+2 地址读取 2B 的段地址送入 CS，就能转入中断服务程序执行。

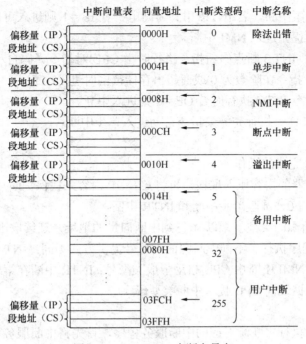

图 7-14　8086/8088 中断向量表

中断向量表按照中断类型的不同可分为专用中断、备用中断和用户中断 3 部分。

1．专用中断

专用中断包括类型 0～4 共 5 个中断向量，地址范围 0000H～0013H，是 CPU 内部中断和 NMI 中断专用的中断向量，向量内容由系统装入，用户不能修改。

2．备用中断

备用中断包括类型 5～31，地址范围 0014H～007FH，是 Intel 公司为软硬件开发保留的中断，不能作为其他用途，其中多数已被系统开发使用，例如编程时经常使用的 DOS 系统功能调用中断 21H。

3．用户中断

备用中断包括类型 32～255，地址范围 0080H～03FFH，是可供用户使用的中断，这些中断可以是通过 8259A 送到 CPU 的外设中断，也可以是 INT n 指令调用的软件中断，使用时要由用户在程序中装入中断向量。

中断向量不常驻内存，每次系统复位后都要对其进行初始化，即将各中断服务程序入口地址装入向量表指定位置。微机启动时，ROM BIOS 程序将其控制的中断向量装入向量表，8086 装入 00H～1FH 共 32 个中断向量，80286 及以上的 CPU 装入 00H～77H 共 120 个中断向量，而用户定义并使用的中断向量需由用户程序装入。

7.3.3　中断处理过程

8086/8088 的中断都要经过中断请求、中断响应、中断处理和中断返回的处理过程。

1．中断请求

不同中断的请求产生方式不同。

（1）CPU 在执行每条指令的最后一个时钟周期采样 NMI 和 INTR 引脚，若 NMI 引脚有正跳变则进入不可屏蔽中断，若 INTR 引脚为高电平且 IF＝1 则进入可屏蔽中断。若两个引脚同时有中断请求，优先进入 NMI 中断。

（2）INT n 指令、INT 3 断点中断指令执行时由 CPU 对指令译码自动进入中断。

（3）DIV、IDIV 指令在除数为 0 或商超出存储范围时进入中断。

（4）溢出中断指令 INTO 执行时若 OF＝1 则进入中断。

（5）TF＝1 时 CPU 每执行完一条指令自动进入单步中断。

2. 中断响应

CPU 响应中断时完成的操作如下。

（1）将标志寄存器的内容压入堆栈，再将 CS、IP 内容入栈保护断点。

（2）将 IF、TF 清 0，屏蔽单步中断和 INTR 中断。

（3）CPU 将中断源的类型号乘以 4 得到中断向量的地址，连续取出 4B 依次送入 IP 和 CS，转到中断服务程序执行。不同中断源的类型号提供方式不同：INT n 指令中断由指令给出；其他内部中断和 NMI 中断由 CPU 自动形成类型号；INTR 中断在第二个中断响应周期由 8259A 通过低 8 位数据线向 CPU 提供中断类型码。

3. 中断处理

中断处理过程即执行中断源对应的中断服务程序，首先将中断服务程序中用到的寄存器内容压入堆栈，即保护现场，然后根据中断源的具体要求进行相应的处理。中断处理完成后还要恢复现场，即将堆栈中保存的各寄存器内容送回寄存器。执行 INTR 可屏蔽中断服务程序时，若允许中断嵌套，还应在中断服务程序中用 STI 指令将 IF 置 1 以开放中断。

4. 中断返回

中断服务程序最后执行的一条指令是 IRET 中断返回指令。CPU 完成中断处理并恢复现场后执行 IRET 指令，将栈顶的断点地址弹出到 CS 和 IP 中，将堆栈中保存的标志寄存器内容弹出到标志寄存器，返回到被中断的调用程序继续执行。

7.4 可编程中断控制器 8259A

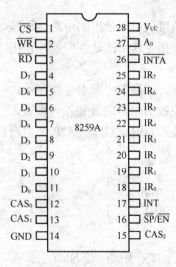

图 7-15 8259A 引脚图

可编程中断控制器 8259A 用于管理微机系统中所有外设接口中断源，IBM PC/XT 机（8088）使用了一片 8259A，扩展 8 级中断源，IBM PC/AT 机（80286）使用了两片 8259A，扩展 15 级中断源。8259A 的主要功能有：1 片能管理 8 级中断，通过主从片级联可以扩展到 64 级中断系统；每一级中断都可通过编程单独屏蔽或开放；中断响应周期能向 CPU 提供中断源的中断类型码；有多种工作方式可供选择。

7.4.1　8259A 的引脚功能

8259A 采用 28 脚双列直插式封装，引脚图如图 7-15 所示。引脚符号及功能如下。

➢ $D_7 \sim D_0$——8 位数据线，双向三态。

与 CPU 系统数据总线相连，用于传送数据、状态及控制信息。对于 8088 微机系统，数据线可与 8 位系统数据总线对应相连，对于 8086 微机系统，通常与系统数据总线的低 8b $D_7 \sim D_0$ 对应相连。

> A_0——端口选择地址线。

对于 8088 系统，A_0 与地址总线的 A_0 相连，对于 8086 系统，A_0 与地址总线的 A_1 相连。

8259A 只有奇、偶两个端口地址，其中偶地址较低，奇地址较高。8259A 内部有多个寄存器共用这两个端口地址，具体区分方法后面介绍命令字时说明。

（1）$\overline{CS}$——片选线，低电平有效。$\overline{CS} = 0$ 时 8259A 被选中可以工作。由地址译码电路的输出控制。

（2）$\overline{RD}$——读信号，低电平有效。$\overline{RD} = 0$ 时选中端口数据送到数据线上。

（3）$\overline{WR}$——写信号，低电平有效。$\overline{WR} = 0$ 时 CPU 将命令字写入选中端口。

（4）$IR_7 \sim IR_0$——外设中断请求信号输入端。可与 8 个不同的中断源相连，主从片级联时主片的 IR_n 与从片的 INT 相连，接收从片的中断请求。

（5）INT——中断请求信号输出端，高电平有效。与 CPU 的 INTR 引脚相连，向 CPU 发出中断请求。

（6）$\overline{INTA}$——中断响应信号输入端，与 CPU 的 $\overline{INTA}$ 引脚相连，接收 CPU 送来的中断响应信号。

（7）$CAS_2 \sim CAS_0$——级联信号线，单片应用时无效，主从片级联时 3 条级联信号线对应并联起来，主片输出级联信号，从片接收级联信号。

（8）$\overline{SP}/\overline{EN}$——主从片设置/缓冲器控制，双向，低电平有效。这个引脚在缓冲和非缓冲方式下有不同的功能：当 8259A 工作在缓冲方式时，$\overline{SP}/\overline{EN}$ 方向输出，作为缓冲器的使能控制信号。非缓冲方式时，$\overline{SP}/\overline{EN}$ 方向输入，用来设置 8259A 作为主/从片，当 $\overline{SP}/\overline{EN} = 1$ 时为主片，当 $\overline{SP}/\overline{EN} = 0$ 时为从片。

（9）V_{CC}、GND——+5V 电源和地端。

7.4.2 8259A 的内部结构

8259A 的内部结构如图 7-16 所示。各部分的功能如下。

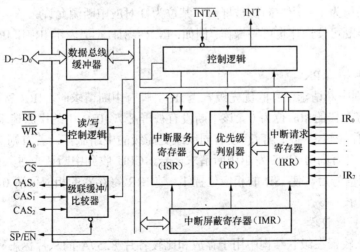

图 7-16 8259A 的内部结构

1. 数据总线缓冲器

数据总线缓冲器是 8b 双向三态缓冲器，用于 8259A 内部各端口与 CPU 之间的缓冲，通过 8b 数据引脚同系统总线相连。

2. 读/写控制逻辑

读/写控制逻辑接收 CPU 送来的地址、片选和读/写控制信号，实现对选中端口的读/写操作。CPU 对 8259A 写操作时，将初始化命令字或操作命令字送入相应的命令寄存器，CPU 对 8259A 读操作时，IRR、ISR 或 IMR 寄存器的内容输出到数据总线上。

3. 控制逻辑

控制逻辑包括 4 个初始化命令字 $ICW_1 \sim ICW_4$ 和 3 个操作命令字 $OCW_1 \sim OCW_3$，用于控制管理 8259A 内部中断系统的工作，根据 CPU 设置的方式产生内部控制信号，向 CPU 发出中断请求，接收 CPU 送来的中断响应信号，向 CPU 提供中断类型码。

4. 中断请求寄存器 IRR

IRR 是一个具有锁存功能的 8 位寄存器，用于存放中断源送到 $IR_7 \sim IR_0$ 引脚的中断请求信号，当 $IR_7 \sim IR_0$ 引脚收到外设送来的中断请求信号时，IRR 寄存器的相应位被置 1，当中断请求被响应时，IRR 寄存器的相应位被清 0。

IRR 寄存器的内容可通过操作命令字 OCW_3 读取，以判断当前收到的中断请求。例如：当 IRR＝05H 时，说明 IR_2 和 IR_0 同时收到中断请求。

5. 中断服务寄存器 ISR

ISR 是存放中断服务标志的 8 位寄存器，其中某位为 1 表示 CPU 当前正在对相应的中断源进行服务，若有多位为 1 表示 CPU 正在执行中断服务嵌套。中断服务程序结束时必须将 ISR 的相应位清 0。

ISR 寄存器的内容可通过操作命令字 OCW_3 读取，以判断当前正在进行的中断服务。例如，当 ISR＝80H 时，表示 CPU 正在执行 IR_7 的中断服务程序；当 ISR＝82H 时，表示 CPU 正在对 IR_7 和 IR_1 进行中断嵌套服务。

6. 中断屏蔽寄存器 IMR

IMR 寄存器就是操作命令字 OCW_1，用于对 $IR_7 \sim IR_0$ 引脚所连的 8 级中断源单独屏蔽或允许，IMR 的某位为 1 对应中断源被屏蔽，某位为 0 对应中断源允许。

IMR 寄存器既可读操作也可写操作。例如：IMR＝81H 时，表示 IR_7 和 IR_0 被屏蔽，$IR_6 \sim IR_1$ 允许。

7. 优先级判别器 PR

PR 用于判别中断请求信号的优先级。当 IR 引脚有中断请求时，IRR 寄存器的相应位被置 1，若 IMR 寄存器的相应位为 0（该中断没有被屏蔽），IRR 中的中断请求信号送到 PR，PR 将其与 ISR 作比较，判断当前有没有同级或更高级的中断服务，若有则 PR 不向 CPU 发出新的请求，若没有则向 CPU 发出中断请求信号，CPU 收到中断请求进入中断响应周期，8259A 收到响应信号后，使 ISR 的相应位置 1，使 IRR 寄存器的相应位清 0，避免该中断源再次发出中断请求。

8. 级联缓冲/比较器

级联缓冲/比较器在级联结构中用于存放和比较各片 8259A 的从片标志码 ID。缓冲方式下控制缓冲器的数据传输。

在主从片级联结构中，当从片所连的某个中断源通过从片、主片向 CPU 发出中断请求，CPU 响应中断时，第一个中断响应周期主片通过级联信号线 $CAS_2 \sim CAS_0$ 输出被响应从片的

ID 标志码，所有从片与自己的 ID 标志码比较，判断是否被响应，第二个中断响应周期 ID 标志码一致的从片发出中断类型码，CPU 根据中断类型码转到中断向量确定的中断服务程序执行。中断结束时 CPU 应分别向主从片发出中断结束命令，使各自的 ISR 寄存器中的中断服务位清 0。

7.4.3 8259A 的中断响应过程

下面以单片 8259A 为例说明中断响应过程。8259A 收到中断请求的处理步骤如下。

（1）当有一个或多个中断源向 8259A 的 $IR_7 \sim IR_0$ 引脚发出中断请求时，IRR 寄存器的相应位被置 1。若 IMR 寄存器屏蔽了该中断源，中断请求被封锁，若没有屏蔽该中断源，IRR 中的中断请求信号送到优先级判别器 PR。

（2）PR 将送来的中断请求与 ISR 作比较，判断中断请求与当前中断服务中断源的级别高低，若中断请求级别高，则由 INT 引脚向 CPU 申请中断。

（3）若 CPU 中断开放（IF＝1），在执行完当前指令后进入中断响应周期，发出两个 $\overline{INTA}$ 中断响应负脉冲信号，8259A 收到第一个负脉冲时使 IRR 锁存功能失效，不再接收新的中断请求，将允许中断的最高优先级请求位送入 ISR，并清除 IRR 中的相应位。收到第二个负脉冲时使 IRR 锁存功能有效，允许接收新的中断请求，将响应中断源的中断类型码送到 $D_7 \sim D_0$ 数据总线。

（4）若 AEOI＝1 工作在自动结束方式，在第二个负脉冲结束时会将第一个负脉冲时置 1 的 ISR 位清 0。若为非自动结束方式，在中断服务程序结束时发出 EOI 命令，使 ISR 的相应位清 0。

7.4.4 8259A 的工作方式

8259A 工作时需要设置的方式很多，分为中断请求方式、中断屏蔽方式、优先级方式、中断结束方式和连接系统总线的方式。各种工作方式通过对初始化命令字和操作命令字的操作进行设置。

1. 中断请求方式

中断请求方式分为电平触发方式、边沿触发方式和中断查询方式 3 种方式，通常使用前两种方式。

（1）电平触发方式。电平触发方式是将送到 $IR_7 \sim IR_0$ 引脚的高电平信号作为有效中断请求。

在电平触发方式下，中断请求信号必须保持到第一个中断响应信号的前沿，否则可能因时间太短 CPU 不能中断。中断响应后进入中断服务程序，在中断开放前必须及时撤除中断请求信号，否则会引起第二次不应有的中断。

（2）边沿触发方式。边沿触发方式是将送到 $IR_7 \sim IR_0$ 引脚的上升沿变化（即由低电平到高电平的正跳变）作为中断请求信号。一个上升沿触发信号只能引起一次中断响应过程，不会出现电平触发方式高电平持续时间过长引起的误请求。

（3）中断查询方式。中断查询方式下外设需要服务时仍通过 $IR_7 \sim IR_0$ 引脚向 8259A 发出中断请求，但 CPU 的中断允许位 IF 清 0，屏蔽了送到 INTR 引脚的所有中断请求，CPU 主动向 8259A 发出中断查询命令，查询哪个中断源有中断请求，并对级别最高的中断源进行服务。

中断查询方式兼有中断和查询两种方式的特点，一般用于超过 64 级中断的中断系统，也可用于一个中断服务程序中的几个模块分别为几个中断设备服务的场合。

2. 中断屏蔽方式

中断屏蔽方式有普通屏蔽方式和特殊屏蔽方式两种。

（1）普通屏蔽方式。普通屏蔽方式是通过对中断屏蔽寄存器 IMR 的某些位置 1，以屏蔽对应的中断源，使送到相应中断引脚的中断请求不被 8259A 处理。当需要开放这些中断源时，可再用指令将 IMR 的相关位清 0，就能允许对应的中断请求。

（2）特殊屏蔽方式。执行某一中断源的中断服务程序时，有时需要屏蔽本级中断，同时开放所有低级中断，这时可采用特殊屏蔽方式。实现方法是在中断服务程序中通过命令字 OCW_3 设置为特殊屏蔽方式，再通过命令字 OCW_1（IMR）屏蔽该中断源，ISR 的相应位自动清 0。8259A 只能通过 ISR 的内容判断有没有中断服务，由于 ISR=0，虽然这时 CPU 仍在执行中断服务程序，但 8259A 认为没有中断服务。此时低级中断源送来的中断请求都能被 8259A 响应。

例如：当 IR_1 引脚所连的中断源申请中断，CPU 转入其中断服务程序，8259A 使 $ISR_1=1$ 标志当前的中断服务。在中断服务程序中将中断屏蔽方式设置为特殊屏蔽方式，并使 $IMR_1=1$，屏蔽 IR_1 中断，8259A 自动使 $ISR_1=0$，8259A 认为当前没有中断服务（实际上 CPU 正在执行 IR_1 的中断服务程序），这时除了 IR_1 外，$IR_7 \sim IR_2$ 和 IR_0 引脚的中断请求都能被 8259A 响应。

3. 优先级管理方式

优先级管理方式分为全嵌套方式、特殊全嵌套方式、自动循环方式和特殊循环方式 4 种，其中前两种方式优先级固定不变，后两种方式优先级随着中断服务的进行自动变化。

（1）全嵌套方式。全嵌套方式是 8259A 的默认优先级管理方式，也是最常用的方式。全嵌套方式下优先级由高到低的顺序是 $IR_0 \rightarrow IR_7$，IR_0 级别最高，IR_7 级别最低，8 个中断源的优先级固定不变。

当 CPU 正在对某个中断源进行服务时，8259A 禁止同级或低级的中断请求，但允许高级中断请求打断低级中断服务程序的执行，实现中断嵌套。例如，CPU 正在对 IR_2 中断源服务时，只有 IR_0 和 IR_1 的中断请求才能被 8259A 转送到 CPU，实现中断嵌套，$IR_3 \sim IR_7$ 的中断请求都被 8259A 阻止。

（2）特殊全嵌套方式。特殊全嵌套方式与全嵌套方式基本相同，唯一的区别是在特殊全嵌套方式下，当 CPU 执行某一中断服务程序时，8259A 能响应同级中断请求，实现对同级中断请求的特殊嵌套。特殊全嵌套方式适用于多片级联结构的主片优先级管理方式。

在 8259A 主从片级联系统中，若主从片均工作在全嵌套方式，当从片某个中断源发出请求并被 CPU 响应后进入中断服务程序，这时从片若有另一个更高级的中断源发出中断请求，该请求能被从片输出并送到主片中断输入端，但主片认为是同级请求不会响应。这样从片的 8 个中断源相当于优先级相同，不能实现正常的高级请求中断嵌套。而将主片设置为特殊全嵌套方式就可解决这个问题。

（3）自动循环方式。优先级自动循环方式下初始优先级与全嵌套方式相同，优先级由高到低的顺序是 $IR_0 \rightarrow IR_7$，IR_0 级别最高，IR_7 级别最低。与全嵌套方式不同的是各中断源的优先级是变化的，当某个中断源发出中断请求，CPU 对其服务完成后优先级自动降为最低，它的下一级中断成为最高优先级，其他中断源按顺序依次重新排队。

例如：初始优先级由高到低的顺序为

$IR_0 \rightarrow IR_1 \rightarrow IR_2 \rightarrow IR_3 \rightarrow IR_4 \rightarrow IR_5 \rightarrow IR_6 \rightarrow IR_7$

对 IR_0 服务完成后优先级由高到低的顺序为

$IR_1 \rightarrow IR_2 \rightarrow IR_3 \rightarrow IR_4 \rightarrow IR_5 \rightarrow IR_6 \rightarrow IR_7 \rightarrow IR_0$

对 IR_6 服务完成后优先级由高到低的顺序为

$IR_7 \rightarrow IR_0 \rightarrow IR_1 \rightarrow IR_2 \rightarrow IR_3 \rightarrow IR_4 \rightarrow IR_5 \rightarrow IR_6$

优先级自动循环方式下任何一个中断源可能成为最高优先级，也可能成为最低优先级，彼此都是平等的，所以优先级自动循环方式适用于各外设重要性相差不大的中断系统。

（4）特殊循环方式。优先级特殊循环方式与自动循环方式基本相同，区别是特殊循环方式可以指定最低优先级，从而设置初始优先级的顺序。例如，当指定 IR_3 为最低优先级时，初始优先级由高到低依次为

$IR_4 \rightarrow IR_5 \rightarrow IR_6 \rightarrow IR_7 \rightarrow IR_0 \rightarrow IR_1 \rightarrow IR_2 \rightarrow IR_3$

4.　中断结束方式

这里所说的中断结束方式不是指 CPU 结束中断服务程序，而是指如何将 ISR 寄存器的某位清 0 的方式。当某个中断源通过 8259A 向 CPU 发出中断请求，CPU 响应中断转入其中断服务程序执行时，8259A 自动将 ISR 寄存器的相应位置 1，表示 CPU 正在对该中断源进行服务。若这时又有新的中断请求送到 8259A，优先级判别电路会将此请求与 ISR 的置 1 位比较，若是更高级中断请求，则暂停当前程序转去执行高级中断服务，否则不予响应。

当中断服务程序结束时，应及时将 ISR 的置 1 位清 0，表示中断服务结束，以保证 CPU 的中断服务与 8259A 通过 ISR 检测到的中断服务对象保持一致，使中断系统能正常工作。例如：设 8259A 工作在全嵌套方式，当 IR_0 申请中断 CPU 转入其中断服务程序时，ISR_0 置 1，8259A 据此知道 CPU 正在对 IR_0 中断源进行服务，不再响应低级和同级中断请求。当中断服务程序结束后，如果没有将 ISR_0 清 0，则 8259A 仍认为 CPU 还在对 IR_0 中断源服务，这时 $IR_0 \sim IR_7$ 中的任何中断申请都不能被 8259A 响应，中断系统就会陷入瘫痪状态。

中断结束方式分为自动结束方式和非自动结束方式两类，非自动结束方式又分为一般中断结束方式和特殊中断结束方式。自动结束方式在对 8259A 初始化时设置，非自动结束方式在中断服务程序的最后用中断结束命令设置。

（1）中断自动结束方式。中断自动结束方式中由 8259A 自动将 ISR_n 位清 0。若 8259A 设为自动结束方式，当 CPU 响应某一中断请求时，8259A 在收到第一个中断响应信号时将 ISR 的相应位置 1，在第二个中断响应信号结束时又自动将 ISR 的相应位清 0。这时 CPU 正在执行中断服务程序，而 8259A 认为中断已经结束，后来的低级或同级中断请求都能被 8259A 响应，因此中断自动结束方式仅适用于系统中只有一片 8259A，且各级中断源不会产生中断嵌套的简单应用中，自动结束方式的优点是不会因用户忘记清 ISR 位而导致中断系统不能正常工作。

（2）一般中断结束方式。一般中断结束方式适用于全嵌套方式，不能用于优先级循环方式。当 CPU 发出一般中断结束命令时，8259A 将 ISR 中级别最高的置 1 位清 0。因为在全嵌套方式下，ISR 中级别最高的置 1 位一定对应正在处理的中断。

（3）特殊中断结束方式。在优先级循环方式下，各中断源的优先级随时可能发生变化，ISR 中的置 1 位不能确定当前正在对哪个中断源进行服务，中断结束时必须指定将 ISR 的哪

个位清 0，特殊中断结束方式正是为这种需要设置的，CPU 向 8259A 发出的特殊中断结束命令中，低 3 位指出了要将 ISR 寄存器的哪个位清 0。

5. 连接系统总线方式

8259A 数据引脚与系统数据总线的连接方式有缓冲方式和非缓冲方式两种。

（1）缓冲方式。多片 8259A 级联的大系统中，8259A 通过总线缓冲驱动器与数据总线相连，称为缓冲方式。缓冲方式由 $\overline{SP}/\overline{EN}$ 引脚控制缓冲器的允许端。8259A 工作在缓冲方式，输出状态字和中断类型码时从 $\overline{SP}/\overline{EN}$ 引脚输出低电平，这个低电平信号可用来启动总线缓冲器。

（2）非缓冲方式。当系统中只有一片 8259A，或为主从片级联结构但 8259A 芯片较少时，可将其数据引脚与数据总线直接相连，使 8259A 工作在非缓冲方式。

非缓冲方式下 $\overline{SP}/\overline{EN}$ 引脚作为输入端，当只有 1 片 8259A 时，$\overline{SP}/\overline{EN}$ 引脚必须接高电平，当有多片 8259A 时，主片的 $\overline{SP}/\overline{EN}$ 引脚接高电平，从片的 $\overline{SP}/\overline{EN}$ 引脚接地。

7.4.5　初始化命令字及初始化编程

8259A 的编程结构如图 7-17 所示，内部可访问的端口有：4 个只能写操作的初始化命令字（控制字）$ICW_1 \sim ICW_4$，用于对 8259A 初始化设置，微机系统开机时由初始化程序按顺序写入，工作过程中保持不变；3 个操作命令字 $OCW_1 \sim OCW_3$ 可在程序中根据需要随时写入，没有顺序要求，其中 OCW_1 即中断屏蔽寄存器 IMR，也可读操作。另外，程序中还可通过向 OCW_3 写入命令字，读取 ISR、IRR 及当前中断状态信息。

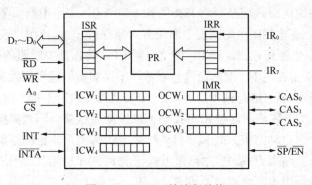

图 7-17　8259A 的编程结构

1. 初始化命令字 ICW_1

初始化命令字 ICW_1 主要用于设置中断触发方式和单片/多片方式，格式如图 7-18 所示，其地址是 $A_0 = 0$ 的偶地址。各位用法如下。

（1）D_3（LTIM）：用于设置中断请求信号的触发方式。LTIM=0 为上升沿触发；LTIM=1 为高电平触发。

（2）D_1（SNGL）：设置 8259A 单片/多片用法。SNGL=0 为多片主从级联方式；SNGL=1 为单片方式。

（3）D_0（IC$_4$）：选择初始化程序中是否需要设置 ICW_4。IC$_4$=0 不设置 ICW_4；IC$_4$=1 设置 ICW_4。由于 8086/8088 系统中必须设置 ICW_4，所以 IC$_4$ 位必须设为 1。

（4）D_4：ICW_1 的标志位，必须为 1。

（5）D_7、D_6、D_5、D_2：这 4 位在 8080/8085 等 8 位 CPU 系统中有效，在 8086/8088 系统

中不起作用，可设为任意值，通常设为 0。

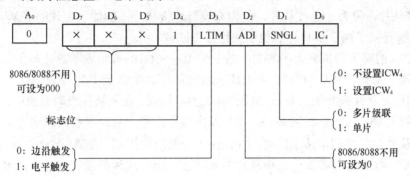

图 7-18　初始化命令字 ICW_1 格式

2. 初始化命令字 ICW_2

初始化命令字 ICW_2 用于设置中断类型码，格式如图 7-19 所示，其地址是 $A_0=1$ 的奇地址。

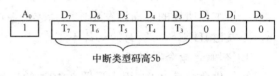

图 7-19　初始化命令字 ICW_2 格式

当某个中断源通过 8259A 向 CPU 发出中断请求时，在第二个 $\overline{INTA}$ 负脉冲期间，8259A 向 CPU 提供该中断源的中断类型码，CPU 根据中断类型码转到相应的中断服务程序执行。8259A 的 8 个中断请求输入端 $IR_0 \sim IR_7$ 可连接 8 个不同的中断源，8259A 应能提供 8 个不同的中断类型码。

8259A 输出的 8 位中断类型码由两部分组成：高 5 位是 ICW_2 的高 5b $T_7 \sim T_3$，可由用户编程设置，低 3 位是 $IR_0 \sim IR_7$ 引脚的 3 位编码 $000 \sim 111$，其对应关系固定，不能由用户改变。例如，IBM PC/XT 机的 $ICW_2=08H$，端口地址为 21H。命令字的高 5b 为 00001B，所以 $IR_0 \sim IR_7$ 的中断类型码为 08H~0FH。

3. 初始化命令字 ICW_3

初始化命令字 ICW_3 的格式如图 7-20 所示，其地址是 $A_0=1$ 的奇地址。ICW_3 仅用于多片级联系统，单片应用时不需设置。例如 IBM PC/XT 只用了 1 片 8259A，初始化时不需写入 ICW_3，IBM PC/AT 用了 2 片 8259A，初始化时主从片都必须写入 ICW_3。

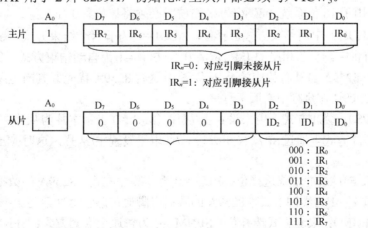

图 7-20　初始化命令字 ICW_3 格式

主片和从片对 ICW_3 的设置方法不同。主片 ICW_3 的 8 个位对应表示 8 个中断输入端 IR_0～IR_7 是否连接从片，位为 1 连接从片，位为 0 没有连接从片。例如，主片的 $ICW_3=03H$ 表示 IR_0 和 IR_1 引脚连接了两个从片，其他引脚连接中断源。

从片 ICW_3 的高 5 位固定为 00000，低 3 位 ID_2～ID_0 的编码表示该片与主片的哪个中断输入引脚相连。例如，从片的 $ICW_3=01H$ 表示该从片 INT 连到主片 IR_1 引脚。

ICW_3 的值是从片判断能否发送中断类型码的标识码。在主从片级联系统中，主片和从片的级联信号线 CAS_2～CAS_0 对应并联，主片发出级联信号，从片接收级联信号。

当某一从片的中断源申请中断时，CPU 进入中断响应周期，在第一个 $\overline{INTA}$ 负脉冲期间，主片通过 CAS_2～CAS_0 引脚发出对应从片的 ID 编码，所有从片都接收并与自己 ICW_3 中的 ID 标识码比较，如果不同则不响应，如果相同，表示 CPU 响应了该从片的中断请求，在第二个 $\overline{INTA}$ 负脉冲期间，将申请中断源的中断类型码送到数据线上。

如果主片所连的中断源发出中断请求，在第二个 $\overline{INTA}$ 负脉冲期间由主片发出中断类型码，不发出 ID 编码，所有的从片不工作。

4. 初始化命令字 ICW_4

初始化命令字 ICW_4 用于设置 8259A 的工作方式，格式如图 7-21 所示，其地址是 $A_0=1$ 的奇地址。各位用法如下。

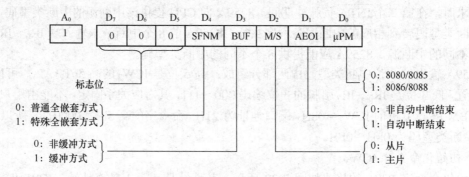

图 7-21　初始化命令字 ICW_4 格式

（1）D_0（μPM）：系统选择位，选择 8259A 用在 8 位或 16 位系统中。μPM＝0 用于 8 位系统；μPM＝1 用于 16 位系统。8086/8088 系统中必须将该位置 1。

（2）D_1（AEOI）：中断结束方式选择位。AEOI＝0 为非自动结束方式，用户必须在中断服务程序结束前将中断服务相应的 ISR_n 位清 0。AEOI＝1 为自动结束方式，第二个 $\overline{INTA}$ 中断响应负脉冲时 8259A 自动将相应的 ISR_n 位清 0，这时 8259A 优先级判断电路认为中断完成了，但实际上 CPU 还在执行中断服务程序。

（3）D_2（M/S）：缓冲方式下用来设置主/从片。M/S＝0 表示本片为从片；M/S＝1 表示本片为主片。非缓冲方式下通过 $\overline{SP}/\overline{EN}$ 引脚接高/低电平设置主/从片，这时 M/S 位不起作用，可为 0 或 1。

（4）D_3（BUF）：缓冲方式选择位。BUF＝0 为非缓冲方式，8259A 的数据引脚与数据总线直接相连；BUF＝1 为缓冲方式，8259A 的数据引脚通过总线缓冲器与数据总线相连。

（5）D_4（SFNM）：嵌套方式选择位。SFNM＝0 为普通全嵌套方式；SFNM＝1 为特殊全嵌套方式。多片级联应用中，主片应设置为特殊全嵌套方式。

（6）$D_7 \sim D_5$：ICW_4 的标志位，为 000。

5. 初始化编程

微机启动时首先对 8259A 进行初始化，以设置 8259A 的工作方式，系统工作过程中一般不再进行初始化操作。初始化操作通过对 4 个初始化命令字 $ICW_1 \sim ICW_4$ 的写操作实现，8259A 规定了初始化的流程，如图 7-22 所示。

4 个初始化命令字必须按顺序写入，ICW_1 和 ICW_2 必须写入，ICW_3 和 ICW_4 根据需要设置，当只有 1 片 8259A 时不需设置 ICW_3，多片应用时主从片都要设置 ICW_3，ICW_4 根据需要设置，但 8086/8088 系统中必须设置。

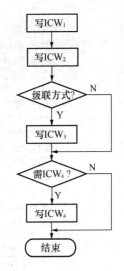

图 7-22　8259A 初始化流程

【例 7-5】　IBM PC/XT（8088）机使用 1 片 8259A，可连接 8 个中断源，外设已使用 7 个，接口电路如图 7-23 所示。中断系统采用全嵌套方式，中断请求信号边沿触发，缓冲方式，中断非自动结束，中断类型码为 08H～0FH，端口地址为 20H、21H。

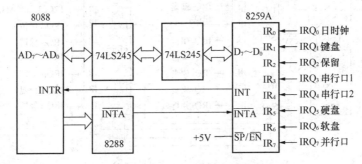

图 7-23　IBM PC/XT 中断系统

初始化程序如下：

```
MOV AL,13H
OUT 20H,AL        ; 写 ICW₁
MOV AL,08H
OUT 21H,AL        ; 写 ICW₂
MOV AL,0DH
OUT 21H,AL        ; 写 ICW₄
```

【例 7-6】　IBM PC/AT（80286）机使用 2 片主从 8259A 级联，可连接 15 个中断源，接口电路如图 7-24 所示。主片端口地址为 20H、21H，从片端口地址为 A0H、A1H，$IRQ_0 \sim IRQ_7$ 的中断类型码为 08H～0FH，$IRQ_8 \sim IRQ_{15}$ 的中断类型码为 70H～77H。主片和从片中断请求信号均采用边沿触发，非缓冲方式，全嵌套方式，优先级由高到低的顺序为：$IRQ_0 \rightarrow IRQ_1 \rightarrow IRQ_8 \rightarrow \cdots \rightarrow IRQ_{15} \rightarrow IRQ_3 \rightarrow \cdots \rightarrow IRQ_7$。

系统上电期间对两片 8259A 的初始化程序如下：

```
;主片 8259A 初始化程序
    MOV AL,11H
    OUT 20H,AL                ; 写 ICW₁,边沿触发,多片级联,设置 ICW₄
```

```
        MOV AL,08H
        OUT 21H,AL              ; 写 ICW₂=08H,中断类型码为 08H~0FH
        MOV AL,04H
        OUT 21H,AL              ; 写 ICW₃,IR₂ 接从片
        MOV AL,01H
        OUT 21H,AL              ; 写 ICW₄,非缓冲方式,非自动中断结束,全嵌套方式
; 从片 8259A 初始化程序
        MOV AL,11H
        OUT 0A0H,AL             ; 写 ICW₁,边沿触发,多片级联,设置 ICW₄
        MOV AL,70H
        OUT 0A1H,AL             ; 写 ICW₂=70H,中断类型码为 70H~77H
        MOV AL,02H
        OUT 0A1H,AL             ; 写 ICW₃,中断请求输出 INT 接主片 IR₂
        MOV AL,01H
        OUT 0A1H,AL             ; 写 ICW₄,非缓冲方式,非自动中断结束,全嵌套方式
```

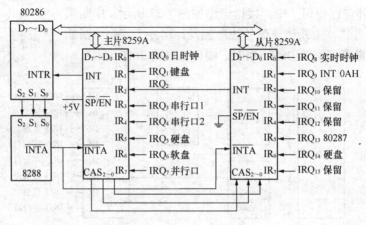

图 7-24　IBM PC/AT 中断系统

【例 7-7】　8086 系统使用 1 片 8259A,中断请求信号高电平触发方式,全嵌套方式,非缓冲方式,自动中断结束方式,中断类型号为 60H~67H,端口地址为 2A0H、2A2H。编写初始化程序。

初始化程序如下:

```
        MOV DX,2A0H
        MOV AL,1BH
        OUT DX,AL              ; 写 ICW₁,电平触发,单片,设置 ICW₄
        MOV DX,2A2H
        MOV AL,60H
        OUT DX,AL              ; 写 ICW₂,中断类型码为 60H~67H
        MOV AL,03H
        OUT DX,AL              ; 写 ICW₄,非缓冲方式,自动中断结束,全嵌套方式
```

7.4.6　操作命令字及编程

8259A 有 3 个操作命令字 OCW₁~OCW₃,程序中可随时通过对操作命令字的写操作实现中断源的屏蔽、优先级循环控制、中断结束方式设置等。操作命令字的访问没有顺序要求,但必须写入指定的端口地址,其中 OCW₁ 为奇地址,OCW₂ 和 OCW₃ 为偶地址。

1. 操作命令字 OCW₁

操作命令字 OCW₁ 即中断屏蔽寄存器 IMR,用于屏蔽和开放 IR₀~IR₇ 引脚所连的中断源。

OCW$_1$ 的格式如图 7-25 所示，其地址是 A$_0$＝1 的奇地址。

A$_0$	D$_7$	D$_6$	D$_5$	D$_4$	D$_3$	D$_2$	D$_1$	D$_0$
1	M$_7$	M$_6$	M$_5$	M$_4$	M$_3$	M$_2$	M$_1$	M$_0$

图 7-25 操作命令字 OCW$_1$ 格式

OCW$_1$ 中的某一位为 1 时对应的中断源被屏蔽，某一位为 0 时对应的中断源开放。例如当 OCW$_1$＝03H 时，送到 IR$_0$ 和 IR$_1$ 引脚的中断请求被屏蔽，其他引脚的中断请求允许，不受这两位的影响，即各中断源能单独屏蔽和开放。

OCW$_1$（IMR）还可通过对奇地址端口的读操作读取其内容。

2. 操作命令字 OCW$_2$

操作命令字 OCW$_2$ 用于设置中断结束方式和优先级循环方式，格式如图 7-26 所示，其地址是 A$_0$＝0 的偶地址。各位功能如下。

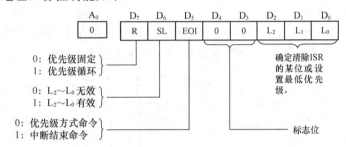

图 7-26 操作命令字 OCW$_2$ 格式

D$_2$～D$_0$（L$_2$～L$_0$）：这 3 位的编码组合有两种功能：

（1）当 OCW$_2$ 为特殊中断结束命令时，用于指出清除 ISR 中的某一位。例如：L$_2$L$_1$L$_0$＝101 时表示将 ISR$_5$ 清 0。

（2）当 OCW$_2$ 为特殊优先级循环方式命令时，用于指出最低优先级，从而确定初始优先级顺序。例如：L$_2$L$_1$L$_0$＝100 时表示设置 IR$_4$ 的优先级最低，从而确定了初始优先级顺序为：IR$_5$→IR$_6$→IR$_7$→IR$_0$→IR$_1$→IR$_2$→IR$_3$→IR$_4$。

① D$_5$（EOI）：中断结束命令位。当 EOI＝1 时，OCW$_2$ 为中断结束命令，用于使 ISR 中与当前中断服务对应的位清 0。当 EOI＝1 时，OCW$_2$ 为优先级循环方式命令。

② D$_6$（SL）：决定低 3 位是否有效。若为 0 无效，若为 1 有效。

③ D$_7$（R）：用于选择系统的优先级是否循环。R＝0 优先级固定不变；R＝1 采用优先级循环方式。

R、SL 和 EOI 3 位的编码可以使 OCW$_2$ 组成不同的操作命令，实现不同的功能，具体功能定义如表 7-3 所示。

表 7-3 R、SL 和 EOI 3 位编码与 OCW$_2$ 功能的关系

R	SL	EOI	命 令	功 能	举 例
0	0	1	普通中断结束命令	将 ISR 中优先级最高的置 1 位清 0。用于全嵌套或特殊全嵌套方式下的中断结束	命令字 OCW$_2$＝00100000B
0	1	1	特殊中断结束命令	使 L$_2$～L$_0$ 指定的 ISR$_n$ 位清 0。用于优先级循环方式下的中断结束	OCW$_2$＝01100110B，使 ISR$_6$ 位清 0
1	0	1	自动循环的普通中断结束命令	使当前中断服务程序对应的 ISR$_n$ 位清 0，并使该中断源降为最低级，其后级升为最高，其余依次循环	OCW$_2$＝10100000B，设当前正在对 IR$_2$ 中断服务，服务完后 ISR$_2$ 位清 0，IR$_2$ 降为最低级，新的优先级顺序为 IR$_3$→IR$_2$

续表

R	SL	EOI	命　　令	功　　能	举　　例
1	1	1	自动循环的特殊中断结束命令	使 $L_2 \sim L_0$ 指定的 ISR_n 位清 0，并使最低优先级为 $L_2 \sim L_0$ 指定值	OCW_2=11100110B，使 ISR_6 位清 0，新的优先级顺序为 $IR_7 \to IR_6$
1	0	0	优先级自动循环方式命令	中断服务完后优先级降为最低，其后级升为最高，其余依次循环	OCW_2=10000000B
0	0	0	结束优先级自动循环方式命令	结束优先级自动循环，恢复全嵌套方式	OCW_2=00000000B
1	1	0	优先级特殊循环方式命令	由 $L_2 \sim L_0$ 指定最低优先级以确定初始优先级顺序。中断服务完后优先级降为最低，其后级升为最高，其余依次循环	OCW_2=11000100B，使 IR_4 为最低优先级，初始优先级顺序为 $IR_5 \to IR_4$，服务完循环
0	1	0		无意义	

3. 操作命令字 OCW_3

操作命令字 OCW_3 有 3 方面的功能：设置和撤销特殊屏蔽方式、设置中断查询方式及对内部寄存器的读操作。OCW_3 的格式如图 7-27 所示，其地址是 A_0=0 的偶地址。各位功能如下。

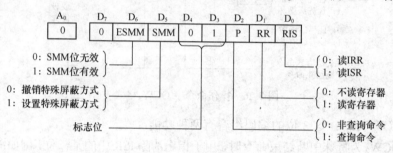

图 7-27　操作命令字 OCW_3 格式

① D_6（ESMM）：SMM 位的允许位，只有 ESMM=1，SMM 位才起作用。

② D_5（SMM）：设置特殊屏蔽方式位。ESMM=1 且 SMM=1 时设置特殊屏蔽方式；ESMM=1 且 SMM=0 时撤销特殊屏蔽方式；ESMM=0 时 SMM 位无效。

③ D_0（RIS）：读寄存器命令位。RIS=0 不读寄存器；RIS=1 读 IRR 或 ISR 寄存器。

④ D_1（RR）：读寄存器选择位。RR=0 读 IRR 寄存器；RR=1 读 ISR 寄存器。读 IRR 或 ISR 寄存器前应向偶地址先发出 OCW_3 读命令，然后从偶地址读取的数据就是相应寄存器的内容。

⑤ D_2（P）：中断查询命令位。当 P=1 时为查询方式；当 P=0 时为非查询方式。

查询方式下 CPU 将 IF 清 0，不接收 8259A 的中断请求，并主动查询有没有中断源向 8259A 发出中断请求，若有则对其进行中断服务。

查询过程为：8259A 设置为中断查询方式，将 IF 清 0 屏蔽 CPU 的 INTR 中断，不再接收 8259A 的中断请求。CPU 先向 8259A 偶地址端口发送查询命令字 OCW_3（0CH），再执行一条 IN 指令，指令产生的 $\overline{RD}$ 读信号送到 8259A 后，8259A 相当于收到了 2 个 $\overline{INTA}$ 中断响应负脉冲，就会将中断查询字送到数据总线被 CPU 读取。查询字格式如图 7-28 所示。

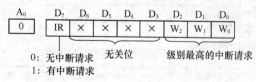

图 7-28　中断查询字格式

【例 7-8】8259A 的端口地址为 20H、21H，

编程读取 IMR、IRR、ISR 和中断查询字的内容，依次存入内存 BUF 字节变量开始的单元。

程序如下：

```
IN   AL,21H          ; 读 IMR
MOV  BUF,AL
MOV  AL,0AH
OUT  20H,AL          ; 发出读 IRR 命令
IN   AL,20H          ; 读 IRR
MOV  BUF+1,AL
MOV  AL,0BH
OUT  20H,AL          ; 发出读 ISR 命令
IN   AL,20H          ; 读 ISR
MOV  BUF+2,AL
MOV  AL,0CH
OUT  20H,AL          ; 发出读查询字命令
IN   AL,20H          ; 读查询字
MOV  BUF+3,AL
```

习　　题

1．什么是接口？什么是端口？两者有什么区别？

2．I/O 端口的编址方式有几种？各有什么特点？

3．数据传送方式有哪 4 种？各有什么特点？

4．端口分哪几类？其功能是什么？

5．简述查询式数据输入/输出的工作过程。

6．简述 DMA 数据传输的工作过程。

7．8086/8088 的外部中断分哪几类？功能是什么？

8．8086/8088 的内部中断包括哪些？各有什么特点？

9．简述可屏蔽中断的响应过程。

10．什么是中断向量？中断向量表？中断向量地址？中断类型码？它们有什么关系？

11．中断处理程序的结构与主程序有什么区别？

12．CPU 响应不同中断源时如何提供中断类型码？

13．简述 8259A 的内部结构及各部分的功能，当有多个中断源同时向 8259A 申请中断时 8259A 如何处理。

14．CPU 的中断允许标志位 IF 与 8259A 的中断屏蔽寄存器 IMR 在功能和操作方式上有什么区别？

15．8259A 有多少命令字和寄存器可供 CPU 访问，这些端口如何操作？

16．8259A 中的优先级判别电路 PR 有什么作用？能否取消这一电路？8259A 能否同时响应多个中断源的中断请求。

17．8259A 主从片级联方式最多可管理多少中断源？当 CPU 响应某一中断讲求时 8259A 如何提供中断类型码？两个不同的中断源能否使用同一个中断类型码？

18．8259A 有哪些中断优先级管理方式？如何选用？

19. 中断自动结束与中断非自动结束的操作方式有什么不同？中断结束是否表示 CPU 完成了中断服务程序返回了主程序？

20. 8086 系统中使用 1 片 8259A，中断请求为边沿触发方式，一般中断结束，特殊全嵌套方式，非缓冲方式，中断类型号为 48H～4FH，端口地址为 380H、382H，编写 8259A 的初始化程序。

20. 编程将 8259A 的 IR_1、IR_4、IR_7 中断源屏蔽，其他中断源允许，端口地址为 20H、21H。

21. 3 片 8259A 级联，一个从片 INT 接主片的 IR_2 引脚，另一个从片 INT 接主片的 IR_6 引脚，分析各片 ICW_3 命令字的值。

22. 8259A 的 4 个初始化命令字、3 个操作命令字、IRR 和 ISR 寄存器仅用奇偶两个端口地址访问，对这些端口访问时 8259A 是如何区分而不产生混淆的？

23. 8088 系统中使用了 2 片 8259A，从片 INT 接到主片的 IR_3 引脚，主片端口地址是 480H、481H，从片端口地址是 4A0H、4A1H，主片 IR_3 的中断类型号是 53H，从片 IR_0 的中断类型号是 68H，主从片均为边沿触发，一般中断结束方式，非缓冲方式，主片为全嵌套方式，从片为自动循环方式。编程使主从片实现上述功能。

第8章　串并行通信及接口

串并行通信是微机的两种基本数据传输方式,串并行接口是CPU与外设或其他微机系统之间实现串并行数据通信的接口电路。本章主要介绍串并行通信的原理,可编程并行接口芯片8255A和可编程串行接口芯片8251A的结构原理及编程应用。

8.1　并行通信及接口

8.1.1　并行通信的概念

并行通信是将数据的各位用若干条数据线同时传输。并行通信具有数据传输速度快的优点,但传输距离远时信号衰减严重,传输电缆成本高,一般仅用于几米以内的短距离传输,例如微机与CRT显示器、打印机等外部设备之间的数据传输。

8.1.2　并行接口的种类

实现并行数据传输的接口电路称为并行接口,并行接口可以用通用TTL芯片实现,例如用74LS373扩展并行输出口,用74LS244扩展并行输入口,用这类芯片扩展的并行接口电路结构简单,编程操作方便,但使用时不能改变数据传输方向,适用于同简单外设的连接。并行接口还常用可编程接口芯片实现,例如可编程并行接口芯片8255A,这类芯片可通过软件编程设置并行端口的工作方式和数据传输方向,还可为并行端口指定联络信号。

8.1.3　并行接口工作过程

并行接口与键盘、继电器、LED显示器等简单外设连接时,CPU可以用无条件方式直接向外设发送,或接收外设送来的数据,不需要联络信号。打印机等有状态控制信号的外设为提高数据传输的效率,接口电路中需设置一条或几条联络线,CPU以查询或中断方式控制设备的工作。

图8-1是并行接口与微处理器和I/O设备的连接示意图。接口电路中有数据输入缓冲器和数据输出缓冲器,用于实现数据的输入和输出,还有一个控制寄存器接收CPU送来的控制命令,一个状态寄存器提供设备的状态供CPU查询。数据输入/输出过程如下。

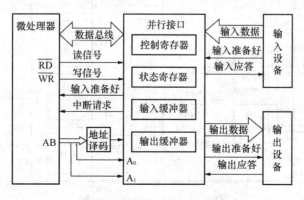

图8-1　并行接口连接示意图

1. 输入数据

输入设备向 CPU 输入数据时，先将数据送到并行接口电路的数据端，并发出输入准备好的状态信号。接口电路检测到此状态信号后，将数据接收到数据输入缓冲器，向外设发出数据输入应答信号，输入设备收到应答信号后将送出的数据和输入准备好信号撤除。

接口电路接收完数据后，将状态寄存器中的输入准备好状态位置位，作为 CPU 查询外设数据是否送来的标志，接口还通过中断请求线向 CPU 发出中断请求信号。用户可根据需要选择采用中断或查询方式读取外设送来的数据。

当 CPU 通过数据总线读取输入缓冲器中的数据后，接口电路会自动清除输入准备好状态位，并使数据总线为高阻态，准备开始下一次数据输入操作。

2. 输出数据

输出数据过程中，当外设从输出缓冲器取出一个数据后，接口电路自动将状态寄存器中的输出准备好状态位置位，表示 CPU 可以向接口发送下一个数据，CPU 通过检测该状态位以查询方式发送数据。另外，当接口向外设发送完一个数据后，会向 CPU 发出一个中断请求，CPU 也可以中断方式发送数据。

当 CPU 通过数据总线将数据送到接口电路的输出缓冲器后，接口电路自动清除输出准备好状态位，并将数据送到外设，同时发出输出准备好信号启动外设接收送来的数据。外设在启动信号的控制下接收数据，并向接口电路发送数据输出应答信号；接口电路收到后，将状态寄存器中的输出准备好状态位置位，使 CPU 开始输出下一个数据。

8.2　可编程并行接口芯片 8255A

8255A 是 Intel 公司专为 Intel 8080/8085 系列微处理器设计的可编程并行接口芯片，称为可编程外设接口 PPI（Programmable Peripheral Interface）。8255A 具有功能强、通用性好、与 CPU 接口方便等特点，在微机系统中可作为打印机、磁盘驱动器、键盘、显示器等外设的接口电路。

8.2.1　8255A 内部结构

8255A 内部结构按功能分为四部分：3 个 8 位并行口、A 组和 B 组控制电路、数据总线缓冲器和总线控制逻辑。8255A 的内部结构如图 8-2 所示。

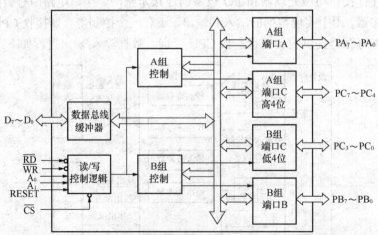

图 8-2　8255A 内部结构框图

1. 8b 并行口 PA、PB、PC

8255A 内部包含 3 个 8 位并行 I/O 端口 PA、PB 和 PC，这 3 个端口具有不同的工作方式和功能特点，使用前需先通过初始化编程进行设置。

端口 A（PA）有一个 8 位数据输入锁存器和一个 8 位数据输出锁存/缓冲器，作为输入/输出端口时数据均锁存。A 口功能最强，可作为单向输入/输出口或双向口使用。

端口 B（PB）有一个 8 位数据输入缓冲器和一个 8 位数据输出锁存/缓冲器，作为输入端口时不锁存数据，作为数据输出端口时能锁存数据。B 口可编程设为单向输入或输出口，但不能作为双向口使用。

端口 C（PC）有一个 8 位数据输入缓冲器和一个 8 位数据输出锁存/缓冲器，作为输入端口时不锁存数据，作为数据输出端口时能锁存数据。C 口可作为单向输入/输出口，还常作为 A 口和 B 口的联络线使用。C 口使用最灵活，除可作为 8 位端口使用外，也可分为两个独立的 4b 端口，还可以通过位控寄存器间接地实现位操作。

2. A 组和 B 组控制电路

3 个并行端口分为 A、B 两组，由各自的控制电路分别控制。A 口与 C 口的高 4 位（PC_7～PC_4）称为 A 组，由 A 组控制电路进行控制，B 口与 C 口的低 4b（PC_3～PC_0）称为 B 组，由 B 组控制电路进行控制。控制电路接收读/写控制逻辑送来的命令以及内部数据总线送来的控制字，根据控制字决定各端口的工作方式及工作状态。

3. 数据总线缓冲器

数据总线缓冲器是一个 8 位双向三态缓冲驱动器，用于 8255A 内部各端口与 CPU 之间的缓冲，通过 8b 数据引脚同系统总线相连。

4. 读/写控制逻辑

读/写控制逻辑用于管理数据、控制字及状态字的传送，接收 CPU 送来的地址和控制信号，向 A、B 两组控制电路发送控制命令。

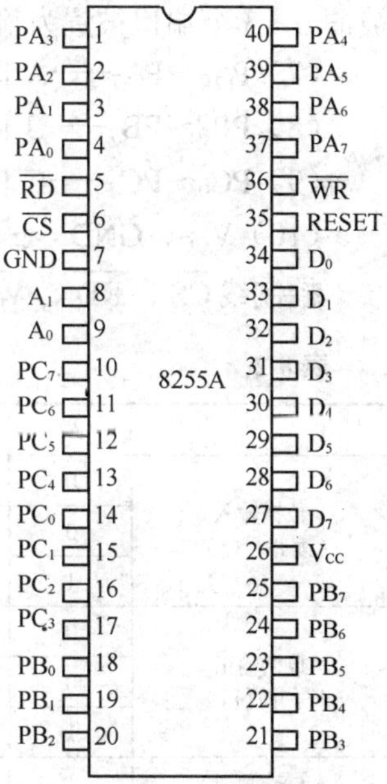

8.2.2　8255A 引脚功能

8255A 采用 40 引脚双列直插 DIP 封装，引脚如图 8-3 所示，引脚符号及功能如下。

（1）D_7～D_0——8 位数据线，双向三态。

与 CPU 系统数据总线相连，用于传送数据、状态及控制信息。对于 8088 微机系统，数据线可与 8b 系统数据总线对应相连；对于 8086 微机系统，通常将数据线与系统数据总线的低 8 位 D_7～D_0 对应相连。

图 8-3　8255A 引脚图

（2）A_0、A_1——端口选择地址线。

8255A 共有 5 个可访问 8 位端口，CPU 通过这两条地址线的组合选择访问的端口。端口选择如表 8-1 所示。

对于 8088 微机系统，A_0、A_1 与 CPU 低 2 位地址线 A_0、A_1 对应相连，芯片具有 4 个连续的端口地址，每个并行口占用一个地址，两个控制寄存器共用一个地址。

表 8-1　　　　　　　　　　　　　　　　**8255A 端口选择**

A_1	A_0	选中端口	A_1	A_0	选中端口
0	0	PA	1	0	PC
0	1	PB	1	1	控制口

对于 8086 微机系统，偶地址端口通过低 8b 数据线传输数据，奇地址端口通过高 8 位数据线传输数据。通常将 A_0 与 CPU 系统总线的 A_1 相连，A_1 与 CPU 系统总线的 A_2 相连，并使数据线与系统数据总线的低 8 位相连。系统地址总线的 $A_0 = 0$ 时选中芯片，这时 8255A 的端口地址为 4 个连续的偶地址。若 8255A 的数据线与系统数据总线的高 8 位相连，则 8255A 的端口地址必须为 4 个连续的奇地址。

（3）$\overline{CS}$——片选线，低电平有效。$\overline{CS} = 0$ 时 8255A 被选中可以工作。片选端通常由地址译码电路的输出端控制。

（4）$\overline{RD}$——读信号，低电平有效。$\overline{RD} = 0$ 时，选中端口数据送到数据线上。

（5）$\overline{WR}$——写信号，低电平有效。$\overline{WR} = 0$ 时，CPU 将数据或控制字写入 8255A 的选中端口。

（6）RESET——复位信号，高电平有效。RESET 为高电平时，8255A 内部所有寄存器都被清 0，3 个端口被置为输入方式。

（7）$PA_0 \sim PA_7$——A 口 8 位数据线。

（8）$PB_0 \sim PB_7$——B 口 8 位数据线。

（9）$PC_0 \sim PC_7$——C 口 8 位数据线。

（10）V_{CC}、GND——+5V 电源和地端。

控制线 $\overline{CS}$、$\overline{RD}$、$\overline{WR}$ 及地址线 A_0、A_1 的组合决定各端口的操作方式如表 8-2 所示。

表 8-2　　　　　　　　　　　　　　　　**8255A 端口操作方式**

	A_1	A_0	$\overline{CS}$	$\overline{WR}$	$\overline{RD}$	操　作
数据输入 （读并行口）	0	0	0	1	0	PA→数据总线
	0	1	0	1	0	PB→数据总线
	1	0	0	1	0	PC→数据总线
数据输出 （写并行口）	0	0	0	0	1	数据总线→PA
	0	1	0	0	1	数据总线→PB
	1	0	0	0	1	数据总线→PC
写控制口	1	1	0	0	1	数据总线→控制寄存器
其他	×	×	1	×	×	数据总线为高阻态
	1	1	0	1	0	非法操作
	×	×	0	1	1	数据总线为高阻态

8.2.3　8255A 控制字及初始化

8255A 有两个 8 位控制寄存器（控制端口），即方式控制寄存器和 C 口置位/复位控制寄存器，程序中通过向其写入控制字实现对 8255A 的初始化等操作。两个控制寄存器共用一个控制口地址，为了区分，两个控制寄存器的 D_7 位作为标志位，方式控制寄存器的标志位为 1，C 口位控寄存器的标志位为 0。CPU 向控制口写入控制字时，8255A 根据 D_7 位的值决定写入方式控制寄存器或 C 口置位/复位控制寄存器。这两个控制口只能写入不能读出。

1. 方式控制字

方式控制字的格式及位功能如图 8-4 所示。方式控制字用于设置 3 个并行口的工作方式及数据传输方向。使用 8255A 前应首先用 OUT 指令写入方式字以确定各并行口的工作方式，称为对 8255A 的初始化编程。

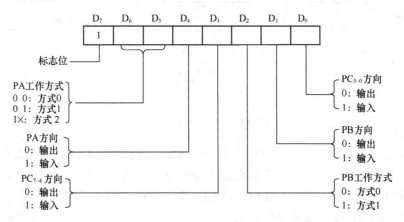

图 8-4　8255A 方式控制字格式

方式控制字的标志位 D_7 必须为 1。其他 6 位为方式控制位，分为两组：$D_0 \sim D_2$ 位作为 B 组并行口方式控制位，$D_3 \sim D_6$ 位作为 A 组并行口方式控制位。

8255A 的并行口有 3 种工作方式。

方式 0：基本输入/输出方式。

方式 1：选通输入/输出方式。

方式 2：双向选通输入/输出方式。

A 口可以工作在任何方式下，由方式字 D_5、D_6 位的组合选择，B 口只能工作在方式 0 或方式 1，由方式字 D_2 位选择，C 口优先作为 A 口和 B 口的联络信号。联络线的方向和功能 8255A 芯片设计时已经定义，用户不需要也不能重新设置，不作为联络线的位可工作于基本输入/输出方式。

A 口方向由 D_4 位设置，B 口方向由 D_1 位设置，C 口可分为两个独立的 4 位端口使用，其方向控制位有两个，D_0 作为 C 口低 4 位的方向位，D_3 作为 C 口高 4 位的方向位。各方向位为 1 时相应端口为输入方式，为 0 时为输出方式。

【例 8-1】　8255A 的 A 口工作于方式 1 输出，B 口方式 0 输入，C 口高 4 位输入，低 4 位输出，编写初始化程序。设 8255A 端口地址为 1C0H～1C3H。

根据要求可知方式控制字为 10101010B＝AAH，控制口地址为 1C3H。

初始化程序如下：

```
MOV DX,1C3H      ;控制口地址送入 DX
MOV AL,0AAH      ;方式控制字送入 AL
OUT DX,AL        ;方式字送入控制口
```

2. C 口置位/复位控制字

C 口的使用比较灵活，既可作为一个 8 位 I/O 口，也可作为两个独立 4 位 I/O 口使用，

还可通过 C 口置位/复位控制字对 C 口间接地进行位操作，将 C 口某一位清 0 或置 1。C 口除了传输数据外，还经常需要定义其中某些位作为状态或控制线，这时用位操作更方便。C 口置位/复位控制字的格式及各位的功能如图 8-5 所示。

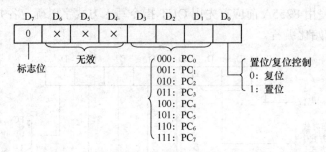

图 8-5　8255A　C 口置位/复位控制字格式

C 口置位/复位控制字的标志位 D_7 必须为 0，$D_4 \sim D_6$ 位为无关位，为 0 或为 1 都不影响位控操作，一般设为 0。$D_3 D_2 D_1$ 位的组合用于确定对 C 口的哪一位进行位操作，对位控寄存器的一次写操作只能将 C 口某一位清 0 或置 1。D_0 位用于将选定位清 0 或置 1，$D_0=0$ 将 C 口选定位清 0，$D_0=1$ 将 C 口选定位置 1。

【例 8-2】　编程控制 8255A 的 PC_7 输出周期为 10 ms 的方波信号。设 8255A 各端口地址为 80H~83H。

程序如下：

```
        MOV AL,80H          ; 方式控制字送入 AL
        OUT 83H,AL          ; C 口高 4b 初始化为输出方向
LP: MOV AL,0EH
        OUT 83H,AL          ; PC7=0
        CALL DLY5           ; 调用 5ms 延时子程序 DLY5(子程序略)
        MOV AL,0FH
        OUT 83H,AL          ; PC7=1
        CALL DLY5
        JMP LP
```

8.2.4　8255A 工作方式

8255A 的并行端口共有方式 0、方式 1 和方式 2 三种工作方式，其中 A 口可以工作在任一方式下，B 口可以工作在方式 0 或方式 1，C 口通常作为 A 口和 B 口的联络线，不作联络线时可工作在方式 0。下面分别介绍各方式的结构及原理。

1. 方式 0——基本输入/输出方式

A 口、B 口和 C 口都可以工作在方式 0，作为独立的 8 位 I/O 口使用，C 口还可以分为两个独立的 4 位端口。方式 0 下各端口之间没有关系，相当于用通用芯片扩展的简单 I/O 口，所以称为基本输入/输出方式。

将并口设置为方式 0 时可作为无联络信号外部设备的接口，CPU 用无条件方式通过 8255A 并行口与外设交换数据。例如：LED 显示器、键盘等外设，CPU 在任何时候都可以对其直接读写操作，不需联络信号。

8255A 的 PA 或 PB 工作于方式 0 时也可作为有联络线外设的数据口，这时由用户定义 C 口部分位作为其状态控制线，查询方式编程实现对外设的访问。

2. 方式 1——选通输入/输出方式

方式 1 称为选通输入/输出方式，可以工作在方式 1 的有 A 口和 B 口，其特点是数据口有固定联络信号，CPU 可以通过联络线对外设控制或检测外设状态。当 A 口或 B 口工作在方式 1 时，C 口自动将 3 位作为其联络信号，这些联络信号是 8255A 芯片设计时规定的，各位功能不可改变，也不须用户设置。C 口各位优先作为联络线使用，不做联络线的位仍可工作在基本输入/输出方式。方式 1 输入和输出的工作原理如下：

（1）方式 1 输入（选通输入方式）。A 口和 B 口工作于选通输入方式的电路如图 8-6 所示。PC_0、PC_1 和 PC_2 作为 B 口的联络线，PC_3、PC_4 和 PC_5 作为 A 口的联络线，每个端口内还有一个 INTE 信号，联络信号的作用如下：

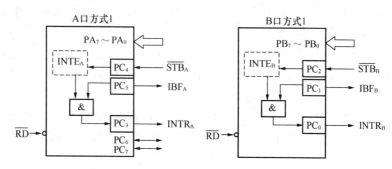

图 8-6　方式 1 输入（选通输入方式）

$\overline{STB}$：选通信号，低电平有效。输入设备将数据送到 A 口或 B 口，然后发出 $\overline{STB}$ 选通信号，将输入数据锁存到 8255A 输入锁存器。

IBF：输入缓冲器满信号，高电平有效。输入数据存入缓冲器后，8255A 向外设发出 IBF 信号通知外设数据已接收。

INTR：中断请求信号，高电平有效。当 $\overline{STB}$ 和 IBF 都为高电平时，表示数据已接收至输入缓冲器，此时若 INTE 也为高电平，则 INTR 向 CPU 发出中断请求信号，请求 CPU 读取数据，CPU 响应中断后从 8255A 中读取外设送来的数据。

INTE：中断允许信号，高电平有效。8255A 接收完数据发出中断请求的控制信号。该信号没有外部引脚，A 口的 $INTE_A$ 用 PC_4 位控制，即将 PC_4 置 1 会使 $INTE_A = 1$，将 PC_4 清 0 会使 $INTE_A = 0$；B 口的 $INTE_B$ 用 PC_2 位控制。

下面以 A 口为例说明数据输入过程，B 口输入数据的过程与 A 口相同。

先将 PC_4 置位使 $INTE_A = 1$，允许接收中断。输入设备将数据送到 A 口后，送出选通信号至 $\overline{STB_A}$ 引脚，将数据写入 A 口输入缓冲器。8255A 接收完数据后向外设发出高电平 IBF 信号表示数据已接收，暂时不要再送数据。当 $\overline{STB_A}$ 变高时，中断请求信号 $INTR_A$ 变为高电平，向 CPU 发出中断请求，CPU 响应中断后在中断服务程序中读取 A 口数据，读操作产生的 $\overline{RD}$ 信号下降沿清除中断请求 $INTR_A$，上升沿使 IBF_A 变低。外设检测到 IBF_A 为低电平时开始发送下一个数据。

（2）方式 1 输出（选通输出方式）。A 口和 B 口工作于选通输出方式的电路如图 8-7 所示。PC_0、PC_1 和 PC_2 仍然作为 B 口的联络线，PC_3、PC_6 和 PC_7 作为 A 口的联络线，每个端口内部也有一个 INTE 信号。各联络信号的作用如下：

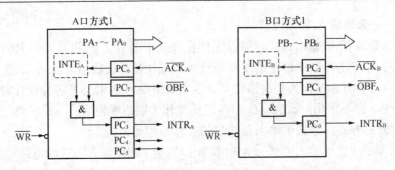

图 8-7　方式 1 输出（选通输出方式）

$\overline{OBF}$：输出缓冲器满信号，低电平有效。CPU 将数据写入 8255A 输出缓冲器后，$\overline{OBF}$ 变低送至外设，通知输出设备读取数据。

$\overline{ACK}$：响应信号，低电平有效。由外设送来，表示外设已取走了 8255A 输出缓冲器数据。

INTR：中断请求信号，高电平有效。当 $\overline{ACK}$、$\overline{OBF}$ 和 INTE 都为高电平时 INTR 有效，请求 CPU 发送下一个数据。

INTE：中断允许信号，高电平有效。8255A 发送完数据是否发出中断请求的控制信号。该信号没有外部引脚，A 口的 $INTE_A$ 用 PC_6 位控制，B 口的 $INTE_B$ 用 PC_2 位控制。

下面以 A 口为例说明数据输出过程，B 口的工作过程与其相同。

先将 PC_6 置位使 $INTE_A=1$，允许发送中断。当 CPU 将数据写入 8255A 输出缓冲器后，$\overline{OBF_A}$ 变低通知外设读取数据，输出设备取走数据后发出低电平的 $\overline{ACK_A}$ 响应信号，使 $\overline{OBF_A}$ 变高，$\overline{ACK_A}$ 变高后中断请求信号 $INTR_A$ 也变为高电平，向 CPU 发出中断请求，CPU 响应中断后在中断服务程序中向 8255A 发送下一个数据。

3. 方式 2——双向选通方式

方式 2 也称为双向选通方式，只有 A 口能工作于方式 2。A 口工作于方式 2 时，既能向外设发送数据，又能接收外设送来的数据，适合于作为磁盘驱动器等双向设备的接口。

A 口工作于方式 2 时，C 口的 $PC_3 \sim PC_7$ 自动作为 A 口的联络线，C 口其余 3 位的用法取决于 B 口工作方式，若 B 口工作于方式 1，则 $PC_0 \sim PC_2$ 作为 B 口联络线，这时 C 口的 8 位全部作为 A 口和 B 口联络线，不能再作为基本 I/O 口使用；若 B 口工作于方式 0，$PC_0 \sim PC_2$ 可以作为基本 I/O 口。

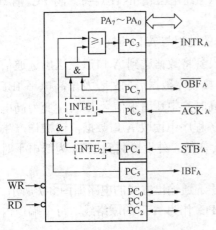

图 8-8　A 口方式 2（双向选通方式）

双向选通方式电路如图 8-8 所示，双向选通方式下 CPU 能通过 A 口对外设进行读写操作，相当于 A 口方式 1 输入和方式 1 输出的组合，其联络信号功能也与方式 1 基本相同。方式 2 与方式 1 的主要区别是数据输入和输出各有一个内部中断允许信号 $INTE_1$ 和 $INTE_2$，$INTE_1$ 和 $\overline{OBF_A}$ 相与作为数据输出的中断请求，$INTE_2$ 和 IBF_A 相与作为数据输入的中断请求。两中断请求信号由或门合为一个中断请求信号 $INTR_A$ 向 CPU 申请中断。

8.2.5　8255A 编程应用

【例 8-3】　8255A 与 8088 微处理器及外设的接

口电路如图 8-9 所示，B 口用于读取 8 个开关的状态，A 口控制 8 个 LED 显示器显示开关状态，开关闭合时灯亮，开关断开时灯灭。8255A 的端口地址为 2C0H～2C3H。编程实现上述功能。

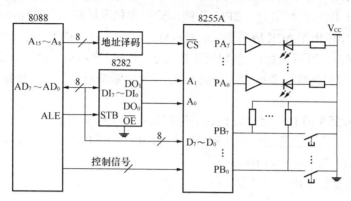

图 8-9 8255A 作为简单外设的接口

CPU 对开关和 LED 显示器的操作均不需联络信号，A 口可设置为方式 0 输出，B 口方式 0 输入，C 口未用，方式控制字为 10000010B＝82H，对外设操作前应先对 8255A 初始化。开关闭合读取的状态为 0，向 A 口端口线送 0 时对应的 LED 亮，可将读取的 B 口数据直接送入 A 口。

程序如下：

```
        MOV DX,2C3H
        MOV AL,82H
        MOV DX,AL          ;写方式字,初始化 8255A
LP1:MOV DX,2C1H
        MOV AL,DX          ;读键盘状态
        MOV DX,2C0H
        MOV DX,AL          ;显示
        CALL DELAY         ;延时
        JMP LP1            ;循环检测并显示
```

【例 8-4】 8255A 作为打印机的接口电路如图 8-10 所示，编程用查询方式将 PBUF 打印缓冲区中的 500 个字符送打印机打印。设 8255A 端口地址为 40H～43H。

并行打印机接口时序如图 8-11 所示。打印机主要通过 8 条数据线 DATA$_7$～DATA$_0$ 和联络信号 BUSY、$\overline{STB}$、$\overline{ACK}$ 与接口电路交换信息，微机向打印机发送数据的工作过程为：

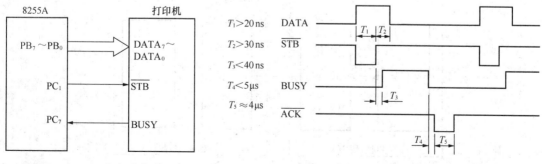

图 8-10 8255A 与打印机接口   图 8-11 并行打印机接口时序

CPU 向打印机输出数据前首先检测 BUSY 状态，若 BUSY 为高电平表示打印机忙，CPU 等待打印机进入空闲状态，当 BUSY 为低电平时打印机空闲可以接收数据，CPU 向打印机数据端 $DATA_7 \sim DATA_0$ 输出 8 位数据，并发出 $\overline{STB}$ 低电平选通信号通知打印机接收数据，打印机接收数据时发出 BUSY 忙信号，CPU 不能再向打印机发送数据。打印机接收完数据后使 BUSY 变低，并发出低电平 $\overline{ACK}$ 应答信号，表示打印机已接收完数据，可以接收下一个数据。

微机发送数据前，既可以查询方式检测 BUSY 状态发送数据，也可以将 $\overline{ACK}$ 信号作为中断请求信号，打印机接收完数据后主动向 CPU 发出中断请求，在中断服务程序中完成数据的发送。

接口电路中 8255A 的 B 口与打印机的数据口相连，B 口工作于方式 0 输出，PC_1 向打印发送选通信号，C 口高 4 位方向输入，PC_7 接收打印机送出的 BUSY 忙信号，C 口低 4 位方向输出，方式控制字为 10001000B＝88H。

8255A 初始化及发送数据程序如下：

```
        MOV AL,88H
        OUT 43H,AL          ; 8255A 初始化
        MOV SI,OFFSET PBUF   ; SI 指向发送缓冲区首址
        MOV CX,500           ; 发送字符数
WAT:    MOV AL,03H
        OUT 43H,AL           ; PC1=1
        IN AL,42H            ; 读 C 口
        TEST AL,10000000B    ; 测试 PC7
        JNZ WAT              ; PC7=1(BUSY=1),忙则循环等待
        MOV AL,[SI]          ; 取数据
        OUT 41H,AL           ; 送 B 口
        MOVAL,02H
        OUT 43H,AL           ; PC1=0
        MOV AL,03H
        OUT 43H,AL           ; PC1=1,发出选通负脉冲
        INC SI               ; 指向下一个字符
        LOOP WAT             ; 循环发送数据
        RET
```

【例 8-5】 甲乙两台微机通过 8255A 构成双机通信系统，如图 8-12 所示。编程由甲机向乙机传送 2KB 数据。两微机 8255A 的端口地址均为 1F0～1F3H。

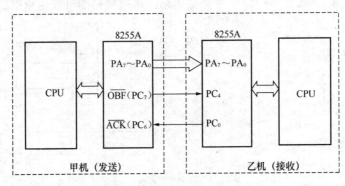

图 8-12   8255A 双机并行接口

采用查询方式传送数据,甲机 8255A 的 A 口工作于方式 1 输出,PC_7 自动作为 A 口的联络线 $\overline{OBF}$ 和 $\overline{ACK}$,乙机 8255A 的 A 口工作于方式 0 输入,需由用户定义两条方向相反的联络线,图中选用 PC_0 和 PC_4。

甲机发送数据程序如下:

```
DATA SEGMENT
        TBUF DB 8AH,7FH,30H,…        ;定义 2KB 数据区,并预置数据
DATA ENDS
CODE SEGMENT
        ASSUME CS:CODE,DS:DATA
START:  MOV AX,DATA
        MOV DS,AX
        MOV BX,OFFSET TBUF
        MOV CX,2048
        MOV DX,1F3H
        MOV AL,10100000B
        OUT DX,AL                    ;写方式字,初始化 8255A
        MOV AL,00001101B
        OUT DX,AL                    ;PC₆=1,置发送中断允许标志 INTEₐ=1
NXT:    MOV DX,1F0H
        MOV AL,[BX]                  ;取数据
        OUT DX,AL                    ;输出数据到 A 口
WAT:    MOV DX,1F2H
        IN AL,DX                     ;读 C 口
        TEST AL,00001000B            ;测试 PC₃(INTRₐ)=1?
        JZ WAT                       ;数据未取走则等待
        INC BX                       ;修改指针
        LOOP NXT                     ;循环发送数据
        MOV AH,4CH
        INT 21H
CODE ENDS
        END START
```

乙机接收数据程序如下:

```
DATA SEGMENT
        RBUF DB 2048 DUP (?)         ;定义 2KB 输入缓冲区
DATA ENDS
CODE SEGMENT
        ASSUME CS:CODE,DS:DATA
START:  MOV AX,DATA
        MOV DS,AX
        MOV BX,OFFSET RBUF
        MOV CX,2048
        MOV DX,1F3H
        MOV AL,10011000B
        OUT DX,AL                    ;写方式字,初始化 8255A
        MOV AL,01H
        OUT DX,AL                    ;PC₀=1
WAT:    MOV DX,1F2H
        IN AL,DX                     ;读 C 口
```

```
                TEST AL,00010000H           ;测试 PC₄
                JNZ WAT                     ;等待数据送来
                MOV DX,1F0H
                IN AL,DX                    ;从 A 口读取数据
                MOV [BX],AL                 ;送入缓冲区
                MOV DX,1F3H
                MOV AL,00H
                OUT DX,AL                   ;PC₀=0
                MOV AL,01H
                OUT DX,AL                   ;PC₀=1,发送应答信号
                INC BX                      ;修改指针
                LOOP WAT                    ;循环接收数据
                MOV AH,4CH
                INT 21H
        CODE ENDS
                END START
```

8.3 串行通信概述

8.3.1 通信的概念

1. 通信

计算机或智能仪器等数据处理设备之间通过线路交换信息称为通信,传输信息线路称为通信网络。完整的通信系统由发送器、接收器、数据转换接口和通信线路组成。

传送或接收信息的设备称为数据终端设备(Data Terminal Equipment,DTE),如计算机、单片机应用系统等都属于 DTE,它们一般都兼有发送器和接收器的功能。

为了实现远距离传输,DTE 将数据发出后,必须先将其转换为模拟电信号再送到传输线路上;数据接收时也要先将线路中的模拟电信号转换为原来的数据,才能送到计算机处理。实现数据与模拟电信号之间相互转换的设备称为数据通信设备(Data Communication Equipment,DCE),常用的 DCE 是调制解调器(Modem)。

通过 DCE 转换后的模拟电信号可以送到公共电话网上传输,通信距离可达到几千公里,而且不需专门铺设线路,具有成本低、距离远的优点。近距离通信不必通过 DCE 设备将数据转换为模拟信号,而是直接通过标准接口将计算机或设备相连。

2. 通信协议

通信协议是为实现计算机之间通信而由用户规定的通信网络中每台计算机都必须遵守的通信规则,通信协议包括通信数据格式、波特率、工作方式等内容。完善的通信协议是实现可靠通信的前提。

8.3.2 并行与串行通信

按照每次传输信息位数的不同,通信分为并行通信和串行通信两种方式。

1. 并行通信

并行通信(Parallel Communication)是将数据的各位同时传送的通信方式,例如以字节或字为单元传输数据。并行通信时一条数据线只能传输一位数字信号,传输多少位数据信息,就需要多少条数据线,另外还需要一条地线和若干条状态控制线,使并行通信所需传输线非

常多。并行通信传输速度快，但是信号传输过程中，容易因线路电压信号衰减、信号间相互干扰等导致传输数据出现错误，如果传输线较长，问题更加严重。可见，并行通信只适用于短距离的数据传输。

2. 串行通信

串行通信（Serial Communication）是数据各位按顺序依次传送的通信方式。不论传输多少位数据，串行通信只需要一条数据线和一条地线就能进行数据传递，用线量远少于并行方式，适合于远距离数据传输，传输距离从几米到几千米。

原先的串行通信总线接口数据传输速度比较低，但随着技术的发展，出现了一些速度很快的新型串行总线，例如，USB 通用串行总线，其 USB1.1 版本数据传送速度为 12Mb/s，USB2.0 数据传送速度达到了 480Mb/s，USB 总线以良好的性能取代微机并口（打印口）成为当前打印机标准数据传输接口。IEEE1394（FireWire）最高数据传输率可达 1Gb/s，完全能满足高速数据传输的要求。

8.3.3 串行通信数据传输方向

串行通信按照数据传输方向的不同可分为单工、半双工和全双工 3 种形式，数据传输示意图如图 8-13 所示。

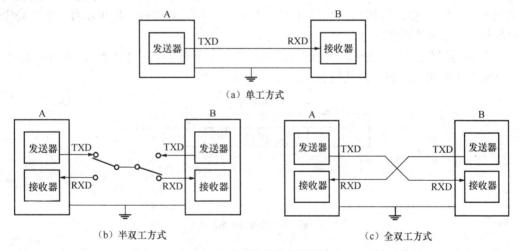

图 8-13 串行通信数据传输方向

1. 单工方式

单工方式（Simplex）只能单向传输数据，发送方只能发送不能接收，接收方只能接收不能发送。如图 8-13（a）所示，A 中只有串行数据发送器，B 只有串行数据接收器，双方通过一条串行数据线连接，只能由 A 到 B 单向传输数据。

2. 半双工方式

半双式方式（Half-duplex）能双向传输数据，但发送和接收不能同时进行。如图 8-13（b）所示，A 和 B 内部都有发送器和接收器，两者只通过一条串行数据线连接，为了实现数据双向传输，电路中增加了两个开关，通过开关的切换可实现由 A 到 B 或者由 B 到 A 的数据传输，A（或 B）的发送接收只能分时进行。

3. 全双工方式

全双工（Full-duplex）方式是功能最全面的串行数据传输方式，双方能同时进行数据发送和接收操作。如图 8-13（c）所示，A 和 B 内部都有能独立工作的发送器和接收器，A 的发送器通过一条串行数据线与 B 的接收器相连，B 的发送器通过另一条串行数据线与 A 的接收器相连。A 和 B 在发送数据的同时也能接收数据。

8.3.4 同步通信与异步通信

串行通信按照通信协议规定的数据格式分为异步通信和同步通信两种通信方式，异步通信是使用较多的串行通信方式。

1. 异步通信

异步通信（Asynchronous Communication）以字符或字节作为基本传输单位，每个数据加上起始位、停止位、校验位等组成一帧信息。异步通信时发送器与接收器使用独立的时钟，为了保证发送与接收的速率相同，通信双方波特率应该保持一致。发送器发送数据时可以连续发送，也可以断续发送，帧与帧之间间隔时间没有限制。接收端通过起始位、停止位与发送端同步。

串行异步通信数据帧格式如图 8-14（a）所示。由 1 个低电平起始位、5～8 个数据位、1 个奇偶校验位和 1～2 个停止位 4 部分组成。一帧数据总是以低电平的起始位开始，起始位后是数据的最低位 D_0，数据由低到高逐位发送，奇偶校验位可选，最后发送 1 个、1.5 个或 2 个高电平停止位。起始位和停止位之间构成一帧串行数据，数据帧之间可以有若干个高电平的空闲位，表示没有数据传输。

发送 8b 数据 5AH 的波形图如图 8-14（b）所示，该数据帧由 1 个起始位、8b 数据、1 个停止位共 10b 组成，没有奇偶校验位。

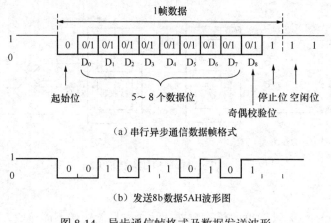

（a）串行异步通信数据帧格式

（b）发送8b数据5AH波形图

图 8-14 异步通信帧格式及数据发送波形

2. 同步通信

同步通信（Synchronous Communication）以数据块即信息帧为单位传输数据。同步方式需要提供单独时钟信号保持发送器与接收器的同步，硬件电路比较复杂。同步通信的数据帧格式如图 8-15 所示。

同步通信协议分为面向字符和面向比特协议两种。面向字符同步协议有 IBM 公司的二进制同步通信协议 BSC 等。在面向字符的同步传输中，帧格式由同步字符、数据块和 CRC（循环冗余校验）校验字符三部分组成。发送方首先发送 1 个或 2 个同步字符，单同步字符采用 16H，即 ASCII 码表中 SYN 字符的 ASCII 码；双同步字符采用 EB90H（国际通用标准代码），接收方收到同步字符后与自己存储的同步字符比较，如果相同即实现了同步，开始接收后面送来的数据块，最后接收 CRC 校验字符。数据块中的字符是连续的，字符之间没有附加其他信息，传输波特率较高。

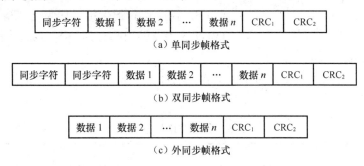

| 同步字符 | 数据 1 | 数据 2 | … | 数据 *n* | CRC₁ | CRC₂ |

（a）单同步帧格式

| 同步字符 | 同步字符 | 数据 1 | 数据 2 | … | 数据 *n* | CRC₁ | CRC₂ |

（b）双同步帧格式

| 数据 1 | 数据 2 | … | 数据 *n* | CRC₁ | CRC₂ |

（c）外同步帧格式

图 8-15　同步通信数据帧格式

面向比特的同步协议有 IBM 公司的同步数据链路控制规程 SDLC、国际标准化组织 ISO 的高级数据链路控制规程 HDLC 和美国国家标准协会的先进数据通信规程 ADCCP 等。面向比特数据传输时一帧数据的位数任意，通过约定位组合模式标志帧的开始与结束。

同步通信分为内同步和外同步两种，内同步由串行接口电路检测同步字符并实现同步，外同步由串行接口电路之外的其他硬件电路检测同步字符。当检测到同步字符后，向串行接口电路发送同步信号 SYNC，串行接口电路收到同步信号后开始接收串行数据。

8.3.5　数据传输速率

串行通信的数据传输速率是指串行通信时每秒传送二进制信息的位数单位是 b/s（bit per second，位/秒）。国际上规定了标准数据传输速率系列，常用的有 110b/s、300b/s、600b/s、1200b/s、1800b/s、2400b/s、4800b/s、9600b/s、19.2kb/s 等。

数据传输速率是 1s 内传送的所有二进制信息总位数，而不仅是有效数据位数。例如，某微机串行异步通信时，传输数据速率是 480 字符/s，每帧字符包含 1 个起始位、7 个数据位、1 个奇偶校验位和 1 个停止位，则数据传输速率为 480×10b/s＝4800b/s。

数据传输速率是串行通信的重要技术指标，反映了串行通信传输数据的快慢。异步通信双方各自使用独立的时钟进行数据收发，若时钟频率等于波特率，双方频率有微小的偏差就可能使数据接收出现错误。为提高数据传输的可靠性，时钟频率通常为数据传输速率的若干倍，如 16 倍、32 倍或 64 倍，即在多个时钟周期内发送及接收一位数据，这样接收端就能可靠采样到送来的数据。

8.4　RS-232C 串行通信接口

RS-232C 是美国电子工业协会（EIA）制定并发布的串行通信接口标准，最初是为了利用公共电话网络与调制解调器进行远距离数据通信，其信号定义都与调制解调器有关。RS-232C 串行接口现在已成了微机及工业控制中应用最广泛的串行通信接口标准。

8.4.1　RS-232C 引脚功能

1. RS-232C 串行接口连接器

RS-232C 串行接口有 25 引脚 DB-25 和 9 引脚 DB-9 两种连接器，DB-25 包含作为同步和

（a） DB-9 插座（孔）

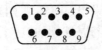
（b） DB-9 插座（针）

图 8-16 DB-9 连接器

异步通信的所有信号，DB-9 仅有异步通信信号。微机及其他设备的串行通信一般采用异步方式，同步通信用的很少，因此目前微机主板上配备的 COM1 和 COM2 两个串行通信接口均为 DB-9 插座（针座）。DB-9 连接器的引脚排列如图 8-16 所示。

2. RS-232C 引脚功能

RS-232C 引脚定义如表 8-3 所示。引脚按功能可分为数据线、联络信号和地。各引脚功能如下：

表 8-3   RS-232C 引脚定义

引 脚	符 号	功 能	传 输 方 向
1	DCD	载波检测（Carrier Detect）	微机←Modem
2	R_XD	接收数据（Receive Data）	微机←Modem
3	T_XD	发送数据（Transmit Data）	微机→Modem
4	DTR	数据终端设备准备好（Data Terminal Ready）	微机→Modem
5	GND	地线（Ground）	
6	DSR	数据通信设备准备好（Data Set Ready）	微机←Modem
7	RTS	请求发送（Request To Send）	微机→Modem
8	CTS	清除发送（Clear To Send）	微机←Modem
9	RI	振铃指示（Ring Indicator）	微机←Modem

（1）R_XD——数据接收线。

微机从 R_XD 端接收远程传送来的数据。接收数据过程中，数据高低电平变化会使 Modem 的 R_XD 信号指示灯闪烁。

（2）T_XD——数据发送线。

微机将需要发送的数据转换为串行数据后从 T_XD 端发送出去。发送数据过程中，数据高低电平变化使 Modem 的 T_XD 信号指示灯闪烁。

（3）GND——信号地。

通信时作为微机及 Modem 发送或接收数据的电位参考点，RS-232C 串行通信双方必须用公共地线将各自的接地端连到一起，否则会使发送与接收信号的电位不同而产生错误。

（4）DTR——数据终端设备准备好信号。

由微机发出送往 Modem。DTR＝1 表示计算机已准备好接收数据。Modem 收到此信号后可向微机发送数据。

（5）DSR——数据通信设备准备好信号。

高电平有效，由 Modem 发出送往微机。DSR＝1 表示 Modem 准备好接收数据，微机收到后可以向 Modem 发送数据。

（6）RTS——请求发送信号。

由微机发出送往 Modem。Modem 收到此信号后，将从电话线上收到的数据传送到微机。若 RTS 信号有效前有数据送到 Modem，Modem 会先暂存到缓冲区中。

（7）CTS——清除发送信号。

由 Modem 发出送往微机，通知微机发送数据。当微机收到此信号后，将数据送到 Modem，Modem 收到数据后调制成模拟信号后由电话线送出。

（8）RI——振铃指示信号。

Modem 通过 RI 信号通知微机有电话进来，是否接听电话由微机决定。若 Modem 为自动应答模式，铃声响一定次数后自动接听电话。

（9）DCD——载波检测信号。

电话接通后，Modem 检测到线路中的载波信号，通过 DCD 信号通知微机准备接收数据。若微机收不到 DCD 信号，则控制 Modem 挂机。

8.4.2 RS-232C 电气特性

1. RS-232C 的电气特性

为了增加信号传输距离，提高串行通信抗干扰能力，RS-232C 标准规定了专用的 RS-232C 信号标准，用负逻辑和双极性信号表示传输数据的高低电平，RS-232C 信号电平标准如图 8-17 所示。

发送端：+5～+15V 表示逻辑 0（空号，SPACE）及控制线的接通状态，典型值为+12V；-5～-15V 表示逻辑 1（传号，MARK）及控制线的断开状态，典型值为-12V。

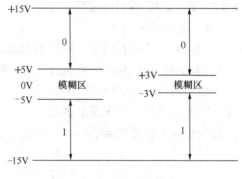

图 8-17 RS-232C 信号电平

接收端：为了减小噪声电压的影响，接收端又加大了高低电平的电压范围，规定+3～+15V 之间的电压为逻辑 0，-3～-15V 为逻辑 1。如果接收信号电压在-3～+3V 之间，串行接口不能正确识别，有可能送计算机高电平，也可能送低电平。这一段电压范围称为模糊区。信号电平落入模糊区是通信出错的主要原因。

RS-232C 串行通信时，发送器和接收器具有公共地线，发送和接收数据的信号电平都以公共地作为参考，这种传输方式称为非平衡传输方式。信号传送时共模噪声电压会叠加到信号电压中送到接收端，使接收数据出错。RS-232C 标准用较高的电压和很宽的电压范围表示高低电平，以减小噪声电压的影响。

由于抗干扰能力比较差，RS-232C 传输数据速率和传输距离都比较小。RS-232C 标准规定数据传输速率最大为 20kb/s。当波特率为 19.2kb/s 时，最大传输距离为 15m。实际应用时，通过降低波特率以及使用屏蔽线等措施可以增加传输距离。

2. 信号电平转换

微处理器及电路中的接口芯片均采用 TTL 电平或 CMOS 电平，与 RS-232C 信号电平不兼容，因此串行接口与 RS-232C 连接器之间需通过信号电平转换电路对发送数据和接收数据进行转换。

TTL 电平与 RS-232C 电平的转换电路如图 8-18 所示。MC1488 是 TTL 电平转 RS-232C 电平的芯片，MC1489 是 RS-232C 电平转 TTL 电平的芯片。串行接口送出的 TTL 电平串行数据先送到 MC1488，由其转换为 RS-232C 电平并通过串口连接器输出。微机接收的 RS-232C 电平串行数据由 MC1489 转换为 TTL 电平，然后送入串行接口芯片转换为并行数据。

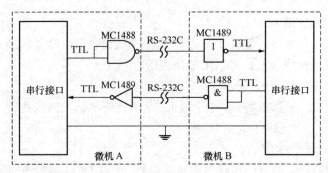

图 8-18　信号电平转换电路

8.4.3　RS-232C 接口的应用

1. 远程通信

RS-232C 信号利用电话网和 Modem 远程通信的示意图如图 8-19 所示。微机 A 将数据发送到 Modem，由 Modem 对载波进行调制，将数据信息包含到载波中并发送到电话线上，通过电信局的公共电话网和程序交换机远程传输，到达接收端后，由接收端 Modem 解调出载波中的数字信息，送入微机 B 处理。这种通信方式的距离主要取决于公共电话网的长度，只要有电话线的地方就能进行数据通信，可实现数公里的远程通信。

图 8-19　电话网远程通信示意图

2. 短距离通信

通信距离短时可通过信号线将两个 RS-232C 接口直接连接，这时联络信号只用几条或者全部不用。图 8-20 为微机通过 RS-232C 接口直接连接的电路。除了两条数据线外，有几条联络线也要交叉连接。这种连接方式对某一微机来说，另一微机相当于一个虚拟 Modem。

如图 8-21 所示微机之间构成的点对点双机通信系统，只将 R_XD、T_XD、GND 三条线连接起来即可。双方的 R_XD 和 T_XD 线交叉连接，其他联络信号不用。用于数据和命令的发送和接收操作。

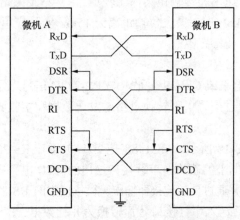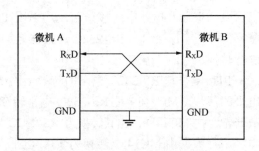

图 8-20　微机通过 RS-232C 直接连接　　　　图 8-21　RS-232C 不用联络线直接连接

8.5 可编程串行通信接口芯片 8251A

Intel 8251A 是常用的串行通信接口芯片，也称为通用同步/异步收发器 USART（Universal Synchronous/Asynchronous Receiver/Transmitter），其主要性能特点如下。

（1）全双工、双缓冲发送/接收器结构，可编程选择同步或异步通信方式，可直接与 MODEM 相连。

（2）同步方式下波特率为 0～64Kb/s，异步方式下波特率为 0～19.2Kb/s。

（3）同步方式字符位数为 5～8 位，可选 1 个奇偶校验位，可编程选择内同步或外同步方式，内同步时由内部电路自动检测同步字符。

（4）异步方式字符位数为 5～8 位，可选 1 个奇偶校验位，发送数据时自动为每个数据加上 1 个起始位，根据编程设置加上 1 个、1.5 个或 2 个停止位。

（5）具有奇偶校验、溢出校验和帧格式校验的硬件错误检测电路。

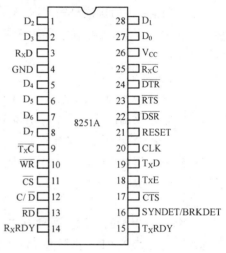

图 8-22   8251A 引脚图

8.5.1　8251A 的引脚功能

8251A 的引脚图如图 8-22 所示，引脚按功能可分为与 CPU 连接信号、发送器信号、接收器信号和 MODEM 控制信号。

1. 与 CPU 连接信号

（1）D_7～D_0——8 位三态双向数据线，与 CPU 系统数据总线相连，用于传送数据、状态及控制信息。

（2）C/$\overline{D}$——控制/数据端口选择线，若 C/$\overline{D}$ ＝1，CPU 向 8251A 写入控制字或读出状态字；若 C/$\overline{D}$ ＝0，CPU 对 8251A 进行数据读/写操作。

在 8088 系统中，C/$\overline{D}$ 与 A_0 地址线相连，8251A 的端口地址为两个连续地址，其中控制口为奇地址，数据口为偶地址。

在 8086 系统中，C/$\overline{D}$ 应与 A_1 地址线相连。由于 8086 系统中偶地址端口通过低 8 位数据线传输数据，奇地址端口通过高 8 位数据线传输数据，8251A 的数据线与系统数据总线有两种连接方式：若数据线与低 8 位系统数据总线相连，则其端口地址为两个连续的偶地址；若与高 8 位系统数据总线相连，则其端口地址为两个连续的奇地址，其中数据口占用低地址，控制口占用高地址。

（3）$\overline{CS}$——片选线，低电平有效。$\overline{CS}$ ＝0 时 8251A 被选中，$\overline{CS}$ ＝1 时 8 位数据线为高阻态，片选端由地址译码电路的输出端控制。

（4）$\overline{RD}$——读信号，低电平有效。$\overline{RD}$ ＝0 时，CPU 从 8251A 选中端口读取数据或状态信息。

（5）$\overline{WR}$——写信号，低电平有效。$\overline{WR}$ ＝0 时，CPU 将数据或控制字写入 8251A 选中端口。

以上 4 位控制线的组合决定 CPU 对 8251A 的操作类型，具体功能如表 8-4 所示。

表 8-4　　　　　　　　　　　　　　控制线组合对应的操作类型

$\overline{CS}$	C/$\overline{D}$	$\overline{RD}$	$\overline{WR}$	操 作 类 型
0	0	0	1	CPU 从 8251A 输入数据
0	0	1	0	CPU 向 8251A 输出数据
0	1	0	1	CPU 读取 8251A 的状态字
0	1	1	0	CPU 向 8251A 写入控制字

（6）RESET——复位信号，高电平有效。当 RESET 引脚保持 6 个时钟周期以上的高电平时，8251A 被复位并处于空闲状态，空闲状态一直保持到编程设置了新状态为止。复位引脚与系统复位线相连，系统上电或手动复位时也同时复位 8251A。

（7）CLK——时钟信号输入端。CLK 时钟信号用于产生 8251A 内部时序，与串行数据传输速率无关。要求 CLK 信号频率在同步方式下大于数据波特率的 30 倍，在异步方式下大于数据波特率的 4.5 倍。

2. 发送器引脚信号

（1）T_XD——串行数据发送端。CPU 将输出数据送入发送缓冲器，然后由发送移位寄存器转换为串行数据，在时钟下降沿按位从 T_XD 引脚发送出去。

（2）T_XRDY——发送器准备好信号。$T_XRDY=1$ 表示发送缓冲器空。

8251A 工作过程中，若 $\overline{CTS}$ 引脚为低电平，且命令字中的 T_XEN 位为 1，则当发送缓冲器空时会使 T_XRDY 引脚输出高电平，表示 8251A 已做好发送准备，CPU 可以向 8251A 送入一个数据。

CPU 对此引脚的检测有两种方式：若 CPU 与 8251A 之间采用查询方式联系，CPU 可以通过读操作查询 T_XRDY 的状态，以决定是否发送数据；若 CPU 与 8251A 之间采用中断方式联系，T_XRDY 可以作为中断请求信号，由 8251A 主动向 CPU 发出请求。CPU 将一个新的数据送入发送缓冲器后，T_XRDY 又变为低电平，阻止 CPU 继续发送数据。

（3）T_XE——发送器空信号。当 $T_XE=1$ 时表示发送器中的并行到串行转换器空，即 8251A 完成了一次发送操作。当 8251A 收到一个数据后 T_XE 变为低电平。同步方式下字符之间不能有空隙，当 CPU 来不及向 8251A 送数据时 $T_XE=1$，发送器插入同步字符以填充传输空隙。

（4）$\overline{T_XC}$——发送时钟输入端。串行数据在 $\overline{T_XC}$ 的下降沿移位输出。异步方式下 $\overline{T_XC}$ 的频率可以是发送数据波特率的 1 倍、16 倍或 64 倍，同步方式下 $\overline{T_XC}$ 的频率等于发送数据波特率。

3. 接收器引脚信号

（1）R_XD——串行数据接收端。8251A 通过 R_XD 引脚接收外设送来的串行数据，在时钟上升沿按位采样输入，并由接收移位寄存器转换为并行数据后送入接收缓冲器。

（2）R_XRDY——接收器准备好信号。$R_XRDY=1$ 表示接收缓冲器中已接收完一个数据，等待 CPU 取走。查询方式下 CPU 可以通过查询 R_XRDY 引脚或 R_XRDY 状态位了解接收器是否准备好。中断方式下 R_XRDY 可作为中断请求信号主动向 CPU 发出请求。当 CPU 取走数据后 R_XRDY 变为低电平。若 CPU 没有及时取走数据，又有新的数据送来，新数据将覆盖先前数据使数据丢失，并产生溢出错误使相应的错误状态位置位。

（3）$\overline{R_XC}$——接收时钟输入端。外部送来的串行数据在 $\overline{R_XC}$ 时钟信号上升沿采样输入。

异步方式下 $\overline{R_XC}$ 的频率可以是接收波特率的 1 倍、16 倍或 64 倍，同步方式下 $\overline{R_XC}$ 的频率等于接收波特率。实际使用时通常将 $\overline{T_XC}$ 和 $\overline{R_XC}$ 连在一起，由同一个外部时钟源提供时钟信号，而 CLK 则采用另一个频率较高的外部时钟源。

（4）SYNDET/BRKDET——同步/间断检测端。

同步方式下作为同步检测端 SYNDET，内同步和外同步方式 SYNDET 引脚的方向和功能不同：内同步时 SYNDET 方向输出，当 8251A 检测到同步字符后，SYNDET 输出高电平表示 8251A 已经实现同步；外同步时 SYNDET 方向输入，当外部同步检测电路检测到同步字符后，向 SYNDET 引脚送入高电平信号表示已经实现同步，8251A 在 $\overline{R_XC}$ 的下一个脉冲下降沿开始接收并装配数据。

异步方式下作为间断检测端 BRKDET，方向输出。异步方式下没有数据传输时信号线通常为高电平空闲状态，也可以由程序控制 8251A 在无数据传输时使信号线为低电平，发送一个字符长度的全 0 间断码，接收器检测到间断码后从 BRKDET 输出高电平。为了防止接收器将未开始工作的线路低电平误认为间断码，8251A 复位后检测到一次高电平输入后才开始检测间断码。

4. MODEM 控制信号

（1）$\overline{DTR}$ ——数据终端准备好信号。低电平有效，由 8251A 送往外设，可通过命令字使 $\overline{DTR}$ 变为低电平，通知外设 CPU 已准备就绪。

（2）$\overline{DSR}$ ——数据设备准备好信号。低电平有效，由外设送入 8251A，$\overline{DSR}$ 为低电平表示外设已准备好。当 $\overline{DSR}$ ＝0 时状态寄存器的 DSR＝1，CPU 可通过读取状态字检测 $\overline{DSR}$ 信号状态，以确定外设是否准备好。

（3）$\overline{RTS}$ ——请求发送信号。低电平有效，由 8251A 送往外设，CPU 可通过命令字的 RTS 位使 $\overline{RTS}$ ＝0，表示 CPU 已准备好发送数据。

（4）$\overline{CTS}$ ——清除请求发送信号。$\overline{CTS}$ 是对 $\overline{RTS}$ 的响应信号，由外设送往 8251A，表示外设已经做好接收数据的准备，只有当 $\overline{CTS}$ ＝0，命令字的 T_XEN＝1，且发送缓冲器空时 8251A 才能发送数据。

发送方与接收方是相对数据的传送方向决定的：当 $\overline{DTR}$ 和 $\overline{DSR}$ 作为一对握手信号时，8251A 作为接收方，外设作为发送方；当 $\overline{RTS}$ 和 $\overline{CTS}$ 作为一对握手信号时，外设作为接收方，8251A 作为发送方。

实际使用时这 4 个联络信号可以全部使用，也可以只用其中的一对。$\overline{DTR}$ 、$\overline{DSR}$ 和 $\overline{RTS}$ 也可以闲置不用，只将 $\overline{CTS}$ 接低电平。若 8251A 仅接收数据不发送数据，$\overline{CTS}$ 也可以不接。

8.5.2 8251A 内部结构及功能

8251A 的内部结构如图 8-23 所示。其内部结构由数据总线缓冲器、读/写控制逻辑、发送器、接收器和 Modem 控制电路组成，各部分的功能如下。

1. 数据总线缓冲器

数据总线缓冲器与 CPU 连接，是 CPU 与 8251A 交换信息的通道，CPU 向 8251A 写入的数据、方式字和控制字，从 8251A 中读取的数据、状态字等信息都通过数据总线缓冲器传输。

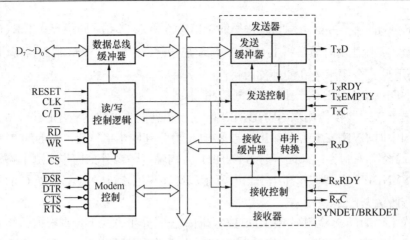

图 8-23　8251A 的内部结构框图

2. 读/写控制逻辑

读/写控制逻辑接收 CPU 读/写控制信号及端口选择信号，配合数据总线缓冲器实现对 8251A 选定端口的读写操作。接收 CLK 时钟信号完成内部定时，产生内部工作时序，接收复位信号使 8251A 复位至空闲状态。

3. 发送器

发送器由发送缓冲器、发送移位寄存器和发送控制电路组成。8251A 发送数据的过程为：CPU 将数据送入发送缓冲器后，T_XRDY 引脚变为低电平表示发送缓冲器满。当 $T_XEN=1$，且 $\overline{CTS}=0$ 时开始一次发送过程。在异步方式下，发送控制电路根据设置为每个数据加上起始位、奇偶校验位和停止位，在发送时钟下降沿由发送移位寄存器逐位移出。在同步方式下，发送控制电路根据设置首先发送 1 个或 2 相同步字符，然后发送数据块。在同步发送过程中，若 CPU 提供数据速度较慢，发送控制电路也会自动插入同步字符。

4. 接收器

接收器由接收缓冲器、接收移位寄存器和接收控制电路组成。8251A 异步方式接收数据的过程为：接收器不断检测 R_XD 引脚状态，当检测到低电平时启动接收控制电路中的计数器开始计数（计数脉冲为接收时钟脉冲），当计数进行到半个数位传输时间（例如时钟脉冲频率为波特率的 16 倍时，计到第 8 个脉冲所用时间）时，再次检测 R_XD 引脚，若仍为低电平则确认收到一个有效的开始位；然后接收器开始每隔一个数位传输时间对 R_XD 引脚采样一次，采样到的位数据进入接收移位寄存器，进行奇偶校验并去掉停止位后转换为并行数据，通过内部数据总线进入接收缓冲器，然后使 $R_XRDY=1$，表示接收缓冲器中已接收完一个数据。若接收的一个数据少于 8 位，接收器自动将其高位填上 0 补足 8 位。

8251A 同步方式接收数据的过程为：若为内同步方式，接收器不断检测 R_XD 引脚，接收数据位送入接收移位寄存器，并与同步字符寄存器中的内容比较，若两个寄存器的内容相等表示找到同步字符已实现同步，使 SYNDET 引脚输出高电平。当设置为双同步方式时，接收字符与第一个同步字符寄存器的内容相同后，还要继续接收下一个字符并与第二个同步字符寄存器的内容比较，只有连续收到的两个字符与两个同步字符寄存器的内容都相同才实现同步。外同步方式是通过外部电路送到 SYNDET 引脚的高电平实现同步，只要 SYNDET 引脚持续 1 个接收时钟周期的高电平即实现了同步。实现同步后，接收器和发送器开始数据的同步传输，接收器连续对 R_XD 引脚进行采样，将接收的数据送入接收移位寄存器。当收到的数据位数达到规定的字符位数时，接收控制电路将移位寄存器中的内容送输入缓冲器，并使 $R_XRDY=1$，表示接收缓冲器中已接收完一个数据。

5. Modem 控制电路

8251A 通常连接 Modem 调制解调器以实现远距离串行通信，8251A 发出的串行数据由 Modem 调制为模拟信号后发送出去，接收到的模拟信号也要由 Modem 解调出数字信号后送入 8251A。Modem 控制电路提供了 8251A 与 Modem 的 4 个联络信号。近距离串行通信时不需要 Modem，这些信号可作为 8251A 与外设的联络信号。当外设不需要联络信号时，只需要将 $\overline{CTS}$ 接地，以保证数据的正常发送，其他信号可不用。

8.5.3 状态控制寄存器

1. 8251A 的寄存器

8251A 内部可供 CPU 访问的寄存器有输入缓冲寄存器、输出缓冲寄存器、方式寄存器、控制寄存器、状态寄存器和 2 个同步字符寄存器。这些寄存器占用两个端口地址。其中输入缓冲器和输出缓冲器共用数据端口地址（$C/\overline{D}=0$），由于输入缓冲器只能读操作，输出缓冲器只能写操作，两者不会产生混淆。其他寄存器共用控制端口地址（$C/\overline{D}=1$），状态寄存器只能读操作，方式、控制和同步字符寄存器只能写操作，为了加以区分，8251A 规定了严格的写入顺序。

输入/输出缓冲器用于发送和接收串行数据，方式寄存器用于设置 8251A 发送及接收的数据格式、同步/异步方式、奇偶校验方式等。控制寄存器用于控制 8251A 的工作，状态寄存器为 CPU 提供 8251A 的引脚状态及接收数据校验错标志，2 个同步字符寄存器用于存放同步字符。

2. 方式寄存器

方式寄存器的格式及各位功能如图 8-24 所示。对 8251A 初始化时，应根据方式寄存器的格式设置方式字。

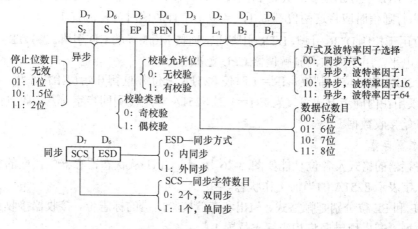

图 8-24　8251A 方式寄存器

D_1D_0（B_2B_1）两位为 00 时，8251A 工作在同步方式，发送接收波特率与发送接收时钟信号的频率相同，时钟信号固定时波特率不能改变。

D_1D_0 两位为 01、10、11 时 8251A 工作在异步方式，且对应 3 种不同的波特率因子，可通过选择不同的波特率因子调整数据传输波特率，波特率因子与波特率的关系为

$$时钟频率＝波特率因子×波特率$$

例如：设发送和接收时钟频率均为 19.2kHz，当波特率因子为 1 时波特率为 19.2kb/s，当波特率因子为 16 时波特率为 1200b/s，当波特率因子为 64 时波特率为 300b/s。

$D_5 \sim D_2$ 位在同步和异步方式下的功能相同，分别用于设置数据位的数目，是否需要校验位，若有校验位还可设置奇偶校验方式。

D_7D_6 位在异步方式下用于选择停止位数目，8251A 接收串行数据时只检测一个停止位。在同步方式下用于选择同步方式及同步字符数目。

3. 控制寄存器

控制寄存器的格式及各位功能如图 8-25 所示。CPU 向控制寄存器写入的数据称为命令字或控制字。

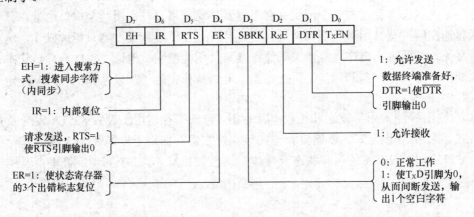

图 8-25   8251A 控制寄存器

T_XEN 和 R_XE 位分别是发送允许和接收允许控制位，发送和接收数据前应先将相应位置 1，全双工串行通信时应将这两位都置 1，半双工串行通信时可轮流置 1。

DTR 位用于控制 $\overline{DTR}$ 引脚，$\overline{DTR}$ 引脚通常连接 Modem 的 CD 引脚。当 DTR＝1 时 $\overline{DTR}$ 引脚变为低电平，用于通知调制解调器 CPU 已准备好。

IR 是 8251A 的复位控制位，IR＝1 时使 8251A 复位并重新开始初始化流程。

EH 位仅用在内同步方式下，当 EH＝1 时 8251A 开始检测同步字符，当收到同步字符后 EH＝0 时开始接收数据。

4. 状态寄存器

状态寄存器的格式及各位功能如图 8-26 所示。CPU 从状态寄存器中读取的数据称为状态字，状态字表示 8251A 的当前工作状态。

FE、OE 和 PE 位分别是帧格式、溢出和奇偶校验出错的标志位，接收器接收数据过程中同时检测数据，若出现错误将相应标志位置 1。

SYNDET/BRKDET、T_XE 和 R_XRDY 3 位与对应引脚的电平和功能相同。DSR 位为 1 表示 $\overline{DSR}$ 引脚为有效低电平状态，两者电平相反。CPU 可通过检测这些位了解对应引脚的状态。

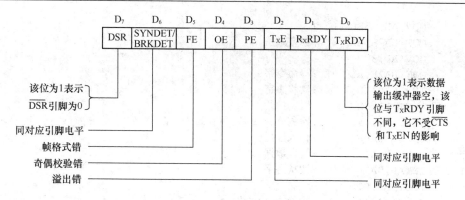

图 8-26　8251A 状态寄存器

T_XRDY 位与 T_XRDY 引脚并不相同：发送缓冲器为空后 T_XRDY 位立即被置 1，不受 $\overline{CTS}$ 引脚和 T_XEN 位的影响，而 T_XRDY 引脚必须在发送缓冲器空、$\overline{CTS}=0$ 且 $T_XEN=1$ 时才被置 1。

8.5.4　8251A 初始化及编程应用

8251A 内部的 7 个寄存器仅用两个端口地址寻址，除了通过读写方式区分外，8251A 芯片设计时还规定了严格的初始化操作流程，初始化流程图如图 8-27 所示，用户编程时必须按规定顺序访问各寄存器。

8251A 通过 RESET 引脚或 IR 控制位复位后，第一次写入奇地址端口（$C/\overline{D}=1$）的数据作为方式字送入方式寄存器，如果方式字中设置 8251A 工作在同步方式，CPU 再向奇地址端口写入的 1B（单同步）或 2B（双同步）数据作为同步字符送入同步字符寄存器。如果方式字中设置 8251A 工作在异步方式，则略过同步字符的写入。然后 CPU 送入奇地址端口的数据作为命令字送入控制寄存器。若命令字中 IR=1 会使 8251A 进行内部复位，CPU 对 8251A 的操作将返回开头重新上述初始化过程。否则 CPU 开始对 8251A 进行正常数据传输操作，向偶地址端口写入的数据作为发送数据送发送缓冲器，从偶地址端口读取的是接收缓冲器收到的数据；在数据发送接收过程中，CPU 还要不断通过奇地址端口读取状态寄存器中的状态字，而写入奇地址端口的数据将送入控制寄存器。

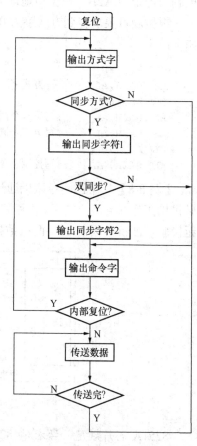

图 8-27　8251A 初始化流程图

【例 8-6】　8086 系统中，串行接口 8251A 工作在异步方式下，字符帧格式为 7 个数据位，奇校验，1 个停止位，波特率因子为 64，清除出错标志，请求发送信号有效，数据终端准备好有效，编程初始化 8251A，并用查询方式从串口接收一个数据再从串口发送出去。设控制口地址为 A2H，数据口地址为 A0H。

根据题目要求得到方式字为 01011011B=5BH，控制字为 00110111B=37H。初始化程序如下：

```
                MOV AL, 5BH
                OUT 0A2H,AL        ;写方式字
                MOV AL,37H
                OUT 0A2H,AL        ;写命令字
        WAT1:   IN AL,0A2H         ;读状态字
                TEST AL,02H
                JZ WAT1            ;检测 RxRDY 位,等待送来数据
                IN AL,0A0H         ;输入数据
                MOV AH,AL          ;暂存数据
        WAT2:   IN AL,0A2H         ;读状态字
                TEST AL,01H
                JZ WAT2            ;检测 TxRDY 位
                MOV AL,AH
                OUT 0A0H,AL        ;输出数据
```

【例 8-7】　8086 系统中,串行接口 8251A 工作在内同步方式下,2 个同步字符均为 16H,偶校验,8 个数据位,检测同步字符,出错标志复位,允许发送接收。编写初始化程序,设控制口地址为 A2H,数据口地址为 A0H。

根据题目要求得到方式字为 00111000B=38H,控制字为 10010111B=97H。初始化程序如下:

```
    MOV AL,38H
    OUT 0A2H,AL        ;写方式字
    MOV AL,16H
    OUT 0A2H,AL        ;写第一个同步字符
    OUT 0A2H,AL        ;写第二个同步字符
    MOV AL,97H
    OUT 0A2H,AL        ;写控制字
```

【例 8-8】　甲乙两台微机通过 8251A 串行接口构成双机通信系统,如图 8-28 所示。两微机均工作在异步方式下,由甲机向乙机发送 200B 数据,数据格式为 8 位数据,1 个停止位,无校验,波特率因子 16。两机数据口地址为 4A0H,控制口地址为 4A2H。

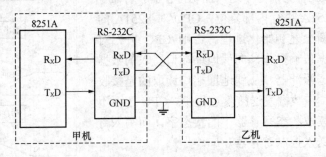

图 8-28　8251A 双机通信系统

8251A 芯片规定,当未对 8251A 设置方式字时,若要对 8251A 进行复位操作,应先向控制口地址连续送 3 个 00H,再送 1 个 40H（IR＝1）,40H 是控制 8251A 执行复位操作的实际代码;然后再写入方式字和命令字进行初始化操作。实际上,当写入方式字后也可以用这个方法对 8251A 软件复位。下面程序中即采用此方法使 8251A 复位。

甲机发送数据程序如下:

```
DATA SEGMENT
        TDAT DB 200 DUP (00H)      ;发送缓冲区
DATA ENDS
CODE SEGMENT
        ASSUME CS:CODE,DS:DATA
START:  MOV AX,DATA
        MOV DS,AX
        MOV DX,04A2H
        MOV AL,00H
        OUT DX,AL                  ;复位前先送 3 个 00H,再送 40H
        OUT DX,AL
        OUT DX,AL
        MOV AL,40H
        OUT DX,AL
        MOV AL,4EH
        OUT DX,AL                  ;送方式字
        MOV AL,31H
        OUT DX,AL                  ;送控制字
        LEA SI,TDAT                ;SI 指向数据区首址
        MOV CX,200                 ;计数器 CX 置初值
        MOV DX,04A2H
WAT:    IN AL,DX                   ;读状态字
        TEST AL,01H
        JZ WAT
        MOV AL,[SI]                ;取数据
        MOV DX,04A0H               ;指向数据口
        OUT DX,AL                  ;发送数据
        INC SI                     ;指向下一数据
        LOOP WAT                   ;循环发送
        MOV AH,4CH
        INT 21H                    ;返回 DOS
CODE ENDS
        END START
```

乙机接收数据程序如下：

```
DATA SEGMENT
        RDAT DB 200 DUP (?)        ;接收缓冲区
DATA ENDS
CODE SEGMENT
        ASSUME CS:CODE,DS:DATA
START:  MOV AX,DATA
        MOV DS,AX
        MOV DX,04A2H
        MOV AL,00H
        OUT DX,AL                  ;复位前先送 3 个 00H,再送 40H
        OUT DX,AL
        OUT DX,AL
        MOV AL,40H
        OUT DX,AL
        MOV AL,4EH
        OUT DX,AL                  ;送方式字
```

```
            MOV AL,16H
            OUT DX,AL              ;送控制字
            LEA SI,RDAT            ;SI 指向数据区
            MOV CX,200            ;计数器 CX 置初值
            MOV DX,04A2H
WAT:        IN AL,DX              ;读状态字
            MOV BL,AL
            TEST AL,02H
            JZ WAT               ;发送器空等待
            MOV AL,BL
            TEST AL,38H
            JNZ ERR              ;转出错处理程序 ERR
            MOV DX,04A0H
            IN AL,DX
            MOV [SI],AL
            INC SI
            LOOP WAT             ;循环接收
            JMP EXT
ERR:        ...                  ;出错处理程序略
EXT:        MOV AH,4CH
            INT 21H
CODE ENDS
    END START
```

习　　题

1．8255A 三个并行口可以工作在什么方式下？C 口有几种操作方式？

2．8255A 的方式 0 与方式 1 有什么区别？

3．简述 8255A 方式 1 输入和输出的工作过程。

4．8255A 控制字和 C 口位控字地址相同，操作时如何区分？

5．编写初始化程序，使 8255A 的 A 口工作于方式 0 输入，B 口工作于方式 0 输出，并将 PC3 置 1，PC6 清 0。8255A 端口地址为 3F0H～3F3H。

6．打印机接口电路如图 8-29 所示，判断 A 口的工作方式，查询方式编程将数据段 2F00H 地址开始的 50 个字符送打印机打印。设 8255A 的端口地址为 2E0H～2E3H。

7．甲乙两台微机通过 8255A 构成双机通信系统，两台微机的 8255A 均采用 B 口方式 1 中断方式发送和接收数据，画出符合要求的电路，并分别编写发送、接收程序。两片 8255A 的端口地址均为 3F8～3FBH。

8．同步通信与异步通信有什么区别？

9．按照数据传输方式串行通信分为几种方式？各有什么特点？

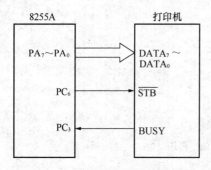

图 8-29　8255A 与打印机接口电路

10．什么是异步通信？说明异步通信的数据格式。

11．异步通信一帧数据由 1 个起始位、8 个数据位、1 个奇偶校验位和 1 个停止位组成，

每分钟传送 7200 个字符,计算波特率。

12. 串行通信时为什么要进行 TTL 电平与 RS-232 电平的转换?

13. 说明 RS-232C 的电气特性。

14. CPU 如何通过两个端口地址访问 8251A 中的所有寄存器?

15. 8251A 内部由哪几部分组成? 各部分有什么功能?

16. 8251A 工作在异步方式下,数据格式为 7 个数据位,1 个停止位,偶校验,波特率因子 16,查询方式编程接收 50 个字符送入内存变量 RBUF 开始的单元。设 8251A 的端口地址为 3F0H,3F2H。

17. 8251A 工作在异步方式下,数据格式为 8 个数据位,1 个停止位,无校验位,波特率因子 64,查询方式编程将内存 DAT 变量开始的 100 个字符通过串口发送出去。设 8251A 的端口地址为 4A8H,4AAH。

第9章　可编程 DMA 控制器 8237A

DMA（Direct Memory Access）即直接存储器存取，是外设与存储器之间，存储器与存储器之间在 DMA 控制器（DMAC）的控制下，不通过 CPU 直接利用总线交换数据的快速数据传输方式。DMA 方式在微机系统中用于软硬盘的读写、磁盘间的数据交换、图像显示、高速数据采集及 DRAM 刷新等。IBM PC/TX 微机中采用可编程 DMA 控制器 8237A 控制 DMA 传送过程。本章主要介绍 8237A 的结构原理及应用。

9.1　8237A 的结构及引脚功能

9.1.1　8237A 的功能特点

8237A 是 Intel 系列接口芯片中的可编程控制器，其主要特点如下。

（1）8237A 芯片中集成了 4 个独立的 DMA 通道，每个通道能独立传送数据，可控制 4 个不同的外部设备进行 DMA 传送，DMA 传送速度最高 1.6MB/s。

（2）每个通道的 DMA 请求可单独禁止或允许；各通道有不同的优先级，优先级可通过编程设置为固定或循环。当几个通道同时送来请求时，8237A 优先响应高优先级的通道。

（3）每个通道有 16 位地址寄存器和 16 位字节数寄存器，具有 64KB 的寻址和计数能力，一次最多可传送 64KB 数据。

（4）DMA 方式可实现外设和存储器之间的直接传送，也可实现存储器的两个存储空间的直接传送。

（5）DMA 传送方式有 4 种：单字节传送、数据块传送、请求传送和级联传送。

（6）每个通道可选择 4 种操作方式：DMA 写传送、DMA 读传送、DMA 校验和存储器之间的传送（IBM PC/XT 机无此方式）。

（7）8237A 可以级联扩展更多的 DMA 通道。

（8）8237A 在系统中既作为总线主模块，又作为总线从模块使用。

DMAC 没有进行 DMA 传送时，由 CPU 控制总线对其进行读/写操作，这时 DMAC 与其他接口芯片相同，不能独自使用总线，称为总线从模块。当 DMAC 取得总线控制权后，主动控制总线上的存储器和外设之间进行 DMA 传送，这时 DMAC 称为总线主模块。

9.1.2　8237A 的内部结构

8237A 的内部结构框图如图 9-1 所示。

（1）时序与控制逻辑：8237A 作为从模块时，接收 CPU 送来的时钟、复位、读/写控制及片选信号，实现对片内端口的读/写操作；作为主模块时，根据设置的工作方式产生 DMA 请求、DMA 传送及 DMA 结束所需的内部时序和外部控制信号。

（2）命令控制逻辑：8237A 作为从模块时，接收 CPU 送来的端口地址 $A_3 \sim A_0$ 以选择内部寄存器；作为主模块时，对方式字的最低 2 位 D_1D_0 译码，以确定 DMA 操作类型。

（3）优先级编码电路：通道优先级的管理方式有固定优先级和循环优先级两种。DMAC

按照设定的通道优先级，对同时发出 DMA 请求的通道进行排队判优，响应高优先级通道的请求，同时屏蔽其他通道的请求，直到对该通道服务结束。与中断处理不同的是，DMA 响应不能嵌套，任何通道服务过程中不允许其他通道打断。

（4）地址和数据缓冲器：地址线 $A_7 \sim A_4$、$A_3 \sim A_0$，地址/数据复用线 $DB_7 \sim DB_0$ 通过地址和数据三态缓冲器与内部电路相连，用于对传送的地址和数据信息进行缓冲。

（5）内部寄存器组：8237A 的每个通道都有基地址寄存器、基字节数寄存器、当前地址寄存器和当前字节数寄存器。片内还有公用的命令寄存器、状态寄存器、屏蔽寄存器、请求寄存器、暂存寄存器，不可编程的字节数暂存器和地址暂存器。

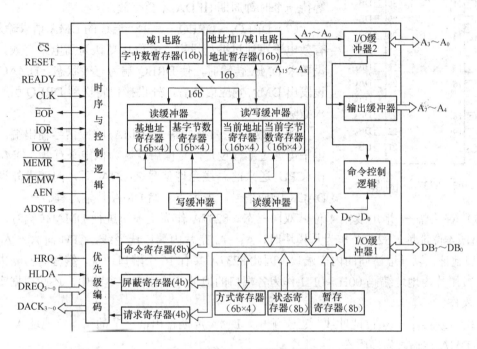

图 9-1　8237A 内部结构框图

9.1.3　8237A 的引脚功能

8237A 采用 40 引脚 DIP 封装，引脚图如图 9-2 所示。引脚符号及功能如下。

（1）CLK——时钟信号输入端。控制 DMAC 内部操作时序及数据传送。8237A 的最高时钟频率为 3MHz，8237A-4 的最高时钟频率为 4MHz，8237A-5 的最高时钟频率为 5MHz。后两个型号是 8237A 的改进型，工作速度更快，但工作原理与使用方法完全相同，可相互代换。

（2）RESET——复位信号输入端，高电平有效。芯片复位后屏蔽寄存器被置 1，其他寄存器清 0。复位后处于空闲周期，必须重新初始化后才能进行 DMA 操作。

（3）$\overline{CS}$——片选信号输入端，低电平有效。8237A 只有作为从器件时，$\overline{CS}$ 才能作为片选信号，CPU 使 $\overline{CS}$ 为低电平选中 8237A，对其进行读/写操作。DMA 传送时，8237A 自动禁止 $\overline{CS}$ 输入，片选信号不起作用。

（4）READY——准备好信号，输入，高电平有效。当访问的存储器或 I/O 设备速度比较慢时，通过 READY 引脚向 8237A 发出低电平的请求等待信号，8237A 插入等待周期。当 READY=1 时表示存储器或 I/O 设备准备就绪。

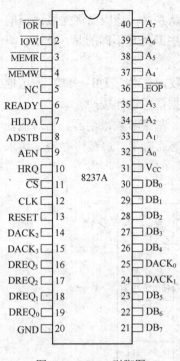

图 9-2　8237A 引脚图

（5）HRQ——总线请求信号，输出，高电平有效。外设要求 DMA 传输时，向 8237A 的 DREQ 发送请求信号，若该通道未被屏蔽，则 8237A 的 HRQ 向 CPU 发出高电平总线请求信号。

（6）HLDA——总线响应信号，输入，高电平有效。HLDA 是 HRQ 总线请求的应答信号。CPU 收到 HRQ 总线请求后将总线置为高阻态，向 8237A 发出总线响应信号 HLDA，DMAC 获得总线控制权，可以开始 DMA 传送。HRQ 有效后，至少等待一个时钟周期 HLDA 才会有效。

（7）$DREQ_3 \sim DREQ_0$——4 个通道的 DMA 请求输入端。有效电平可通过编程设定，复位后默认为高电平有效。当外设要求 DMA 传输时，使 DREQ 端为有效状态，DMAC 向外设发出 DMA 响应信号后，外设接口将送到 DREQ 引脚的请求撤除。

（8）$DACK_3 \sim DACK_0$——DMA 响应信号输出端。有效电平可通过编程设定，复位后默认为低电平有效。DMAC 获得 CPU 送来的总线允许信号 HLDA 后，向请求外设发出 DACK 响应信号，表示将开始 DMA 传输过程。

（9）$A_3 \sim A_0$——地址线低 4 位，双向三态。8237A 作为主模块进行 DMA 传输时，$A_3 \sim A_0$ 输出低 4 位地址。8237A 作为从模块时，$A_3 \sim A_0$ 是片内端口选择线，CPU 向 $A_3 \sim A_0$ 输入 4 位端口地址，以寻址访问的内部端口，因此 8237A 共有 16 个端口地址，编程时常略去高位地址直接用片内地址编码 00H～0FH 作为各端口的地址，但在实际电路中，还应根据实际端口地址操作。

（10）$A_7 \sim A_4$——4 位地址线，三态输出。DMA 周期输出低字节的高 4 位地址 $A_7 \sim A_4$，未进行 DMA 传输时为高阻态。

（11）$DB_7 \sim DB_0$——8 位三态双向数据线。$DB_7 \sim DB_0$ 有 3 种功能：①CPU 访问 8237A 内部端口时，$DB_7 \sim DB_0$ 传送数据、状态及控制信息；②8237A 进行 DMA 传输时，当前地址寄存器中的高 8 位地址通过 $DB_7 \sim DB_0$ 输出，由 ADSTB 打开锁存器锁存并输出，与 $A_7 \sim A_0$ 输出的低 8 位地址共同组成 16 位地址；③当 8237A 进行存储器到存储器的传送时，先从源存储器读取数据，通过 $DB_7 \sim DB_0$ 送入 8237A 的内部暂存寄存器，再将暂存寄存器中的数据通过 $DB_7 \sim DB_0$ 传送到目的存储单元中。

（12）ADSTB——地址选通信号输出端，高电平有效。ADSTB＝1 时，选通外部锁存器，将 8237A 当前地址寄存器输出的高 8 位地址锁存并输出。

（13）AEN——地址允许输出信号，高电平有效。当 AEN＝1 时，允许高 8 位地址从 8237A 内部输出到系统地址总线。AEN 信号也使与 CPU 相连的地址锁存器无效，保证了地址总线上的地址信息是来自 DMAC 而不是 CPU。

（14）$\overline{IOR}$——I/O 设备读信号，双向三态，低电平有效。8237A 作为从模块时，$\overline{IOR}$ 方向输入，$\overline{IOR}$ 有效时 CPU 读取 8237A 的内部寄存器。8237A 作为主模块时，$\overline{IOR}$ 方向输出，

$\overline{\text{IOR}}$ 有效时，I/O 接口中的数据被读出送往数据总线。

（15）$\overline{\text{IOW}}$——I/O 设备写信号，双向三态，低电平有效。8237A 作为从模块时，$\overline{\text{IOW}}$ 方向输入，$\overline{\text{IOW}}$ 有效时 CPU 向 8237A 内部寄存器写入信息。8237A 作为主模块时，$\overline{\text{IOW}}$ 方向输出，$\overline{\text{IOW}}$ 有效时存储器中读出的数据被写入 I/O 接口电路中。

（16）$\overline{\text{MEMR}}$——存储器读信号，三态输出，低电平有效。$\overline{\text{MEMR}}$ =0 时，选中存储单元的内容送到数据总线。

（17）$\overline{\text{MEMW}}$——存储器写信号，三态输出，低电平有效。$\overline{\text{MEMW}}$ =0 时，数据总线上的数据写入选中的存储单元。

（18）$\overline{\text{EOP}}$——DMA 传输过程结束信号，双向，低电平有效。当外部向 $\overline{\text{EOP}}$ 引脚输入低电平信号时，DMA 传输过程被强迫结束；当 8237A 的任一通道计数结束时，从 $\overline{\text{EOP}}$ 引脚输出低电平的传输结束信号。两种 DMA 传输过程结束方式都会使 DMAC 内部复位。

9.2　8237A 的 工 作 原 理

9.2.1　8237A 的工作方式

8237A 的每个通道有 4 种工作方式：单字节传送方式、块传送方式、请求传送方式和级联方式。

1. 单字节传送方式

单字节传送方式下，每一次 DMA 操作只传送 1B 数据。8237A 传送完 1B 数据后，计数器自动减 1，地址寄存器自动加 1 或减 1，8237A 释放系统总线，将总线控制权交还给 CPU。

8237A 释放总线控制权后，又立即对 DMA 请求 DREQ 引脚进行测试，若 DREQ 有效，再次向 CPU 发出总线请求，得到总线控制权后开始传送下一个字节，传送完后仍然将总线控制权交还给 CPU。当字节计数器减到 FFFFH 时，DMA 传送全部结束，并发出 $\overline{\text{EOP}}$ =0 的传输过程结束信号。

单字节传送方式每次占用 1 个总线周期传送 1B 数据，将总线控制权交还给 CPU 后，CPU 至少可以得到 1 个总线周期。

2. 块传送方式

块传送方式也称为成组传送方式。块传送方式下，8237A 每响应一次 DMA 请求，会根据当前字节数寄存器中的设定值连续不断地将数据传送完，直到计数器由 0 变为 FFFFH，DMA 传送过程结束，并发出 $\overline{\text{EOP}}$ =0 的传输过程结束信号，将总线控制权交还给 CPU。

块传送过程中，若外部送来 $\overline{\text{EOP}}$ =0 的传送结束控制信号，8237A 也会结束 DMA 传送过程，将总线控制权交还给 CPU。

块传送方式下，外设送来的 DREQ 请求信号只要保持到响应信号 DACK 有效，就能传送完全部数据，传送过程中 DREQ 不必保持有效状态。

块传送方式能连续传送数据，传送效率高，但 DMA 传送期间，CPU 持续失去总线控制权，不能访问存储器和外设，其他通道的 DMA 请求也被禁止。

3. 请求传送方式

请求传送方式与块传送方式相似，也是数据块的连续传送方式。区别是请求传送方式要求整个传送过程中 DREQ 引脚都要保持有效电平。8237A 每传送完 1B，都会检测 DREQ 引脚的状态，若 DREQ 为无效电平，DMA 传送暂停，将总线控制权交还 CPU，CPU 可以正常工作。这时 8237A 仍然检测 DREQ 引脚的状态，当 DREQ 恢复有效电平时，8237A 重新向 CPU 申请总线，CPU 出让总线后继续传送过程，当计数器减到 FFFFH，或外部送来 $\overline{EOP}=0$ 的传送结束控制信号，结束 DMA 传送过程，将总线控制权交还给 CPU。

4. 级联方式

级联方式是扩展 DMA 通道采用的方式，当系统中一片 8237 的 4 个 DMA 通道不够用时，可以采用主从片级联方式，以扩展更多的 DMA 通道。级联方式连接电路如图 9-3 所示。

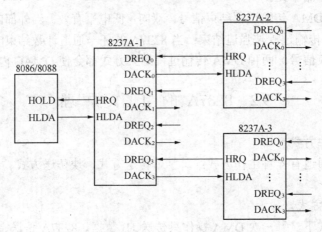

图 9-3　8237A 级联结构

级联方式中 1 个主片可与 1～4 个从片相连，例如图 9-3 中 3 片级联可构成 10 通道 DMA 系统，5 片级联可构成 16 通道的 DMA 系统。级联方式由主片向 CPU 发出 DMA 请求，从片的请求送到主片。主从片系统中主片应设为级联方式，从片设为其他 3 种传送方式之一。

9.2.2　8237A 的传送方式

8237A 按照数据传送方式可分为读传送、写传送和校验传送 3 种传送类型。

1. 读传送

读传送是将数据从存储器传送到外设。即从存储器中读取数据，并写入 I/O 接口，由接口电路送入外设。读传送时 8237A 要发出对存储器的读信号 $\overline{MEMR}$ 和对 I/O 接口的写信号 $\overline{IOW}$。

2. 写传送

写传送是将数据从外设传送到存储器。即从 I/O 接口读取外设送来的数据，并写入存储器。写传送时 8237A 要发出对 I/O 接口的读信号 $\overline{IOR}$ 和对存储器的写信号 $\overline{MEMW}$。

3. 校验传送

校验传送实际上不传送数据，主要用于对读传送和写传送功能进行校验。校验传送时 8237A 不发出存储器和 I/O 接口的读/写信号，阻止数据的传送。但保留对系统总线的控制权，并产生地址信号，计数器进行减 1 计数，影响 $\overline{EOP}$ 信号，I/O 接口可以利用这些信号，在 I/O 设备内对一个指定数据块的每一个字节进行存取操作，以便进行校验。

设置为校验传送方式时，命令字中应禁止存储器到存储器的 DMA 传送方式。

9.2.3　8237A 的工作时序

8237A 的工作时序如图 9-4 所示。下面根据时序图分析 8237A 的工作原理。

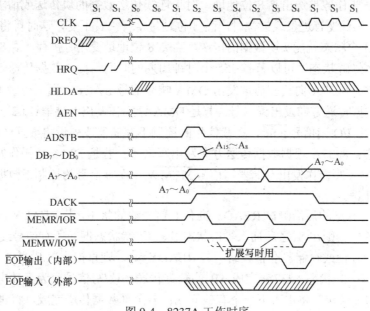

图 9-4　8237A 工作时序

8237A 工作过程中分为空闲周期和有效（DMA）周期两种操作类型，每种操作周期都由若干完成不同功能的状态组成，状态是内部操作的基本单位，一个状态为一个时钟周期的长度。状态分为 7 种：空闲状态 S_I、请求应答状态 S_0、DMA 传送状态 $S_1 \sim S_4$ 和等待状态 S_W。

1. 空闲周期

8237A 没有进行 DMA 数据传送时处于空闲周期，空闲周期由连续的空闲状态 S_I 构成，这时 8237A 属于总线从模块，CPU 可在空闲周期对 8237A 进行初始化编程，设置其工作方式及数据传送方式等。

8237A 在每个空闲状态 S_I 都检测 DREQ 引脚，判断是否有通道申请 DMA 服务，若有一个或几个有效的 DREQ 信号，则响应优先级最高的通道，向 CPU 发出总线请求信号 HRQ，并从空闲状态 S_I 进入请求应答状态 S_0。

8237A 向 CPU 发出有效的总线请求信号 HRQ 后，连续执行请求应答状态 S_0，等待 CPU 出借总线，当收到 CPU 送来的总线响应信号 HLDA 后，获得总线控制权，从 S_0 状态进入 S_1 状态，开始 DMA 传送过程，即进入有效周期。

2. 有效周期

有效周期也称为 DMA 操作周期，用于在 8237A 的控制下进行 DMA 传送过程。有效周期一般由 $S_1 \sim S_4$ 四个状态组成，这种工作时序称为普通时序，当外设或存储器速度慢时可以增加等待状态延长有效周期，当外设或存储器速度快时还可以减少两个状态，仅用两个状态完成 1B 的数据传送，称为压缩时序。普通时序各状态执行的操作如下。

（1）S_1 状态：8237A 将高 8b 地址 $A_{15} \sim A_8$ 从 $DB_7 \sim DB_0$ 引脚输出，同时发出有效地址选通信号 ADSTB，ADSTB 的下降沿将高 8b 地址锁存到地址锁存器，并在 AEN 信号的控制下将高 8 位地址从锁存器输出到系统地址总线 A_{15}～A_8。低 8b 地址通过地址引脚 A_7～A_0 直接送到系统地址总线 A_7～A_0。

S_1 状态的主要任务是送出高 8 位地址，对于连续传送数据的块传送或请求传送方式，当低 8 位地址 A_7～A_0 没有进位或借位时，高 8 位地址 A_{15}～A_8 不变，这时可将 S_1 状态省略，只需要 S_2～S_4 3 个状态就能实现数据的传送。当高 8 位地址变化时执行一次 S_1 状态，即每传送 256B 执行一次 S_1 状态，可以节省 255 个时钟周期的时间，提高数据传送效率。

（2）S_2 状态：8237A 向相应通道发出 DMA 响应信号 DACK，通知外设 DMA 传送过程开始，并根据数据传送方向发出读信号。若是 DMA 读操作发出存储器读信号 $\overline{MEMR}$；若是 DMA 写操作发出 I/O 读信号 $\overline{IOR}$，在读信号的控制下存储器或外设将数据送到数据总线上。

（3）S_3 状态：8237A 根据数据传送方向发出写信号。若是 DMA 读操作发出 I/O 写信号 $\overline{IOW}$；若是 DMA 写操作发出存储器写信号 $\overline{MEMW}$，在写信号的控制下数据总线上的数据写入存储器或外设。

8237A 在 S_3 状态的后沿测试 READY 准备好信号线的状态，若 READY＝0，表示外设或存储器没有准备好，则在 S_3 之后插入等待状态 S_W，等待状态期间所有信号线维持 S_3 时刻的状态不变，等待外设或存储器准备就绪；若 READY＝1，则直接进入 S_4 状态。

（4）S_4 状态：S_4 状态 8237A 完成 1B 的数据传送，读/写信号变为无效电平。若 8237A 还没有完成 DMA 操作，将进入下一个有效周期；若全部数据传送完成，将进入空闲周期。

3. 扩展写及压缩时序

扩展写是指输出写信号 $\overline{MEMW}$ 或 $\overline{IOW}$ 的时间提前一个状态，即由 S_3 提前到 S_2 出现，使写入数据的存储器或设备提前接收数据。

压缩时序是指在 DMA 操作过程中，当高 8b 地址不变时省去 S_0 状态，当存储器或外设足够快时，通过扩展写将写信号提前到 S_2，而将 S_3 省去，仅用 S_2 和 S_4 两个状态传送 1B 的快速数据传送方式。压缩时序将数据传送时间压缩了一半，提高了传送效率，但只能用于连续数据传送。

9.3 8237A 的寄存器组及编程

9.3.1 8237A 的寄存器组

8237A 内部共有 12 种不同功能的寄存器，这些寄存器的名称、位数、数量及操作方式如表 9-1 所示。

表 9-1　　　　　　　　　　　　　　　8237A 内部寄存器

寄 存 器 名	有效位数	数量	读/写方式	寄 存 器 名	有效位数	数量	读/写方式
基地址寄存器	16	4	只写	命令寄存器	8	1	只写
当前地址寄存器	16	4	只写	方式寄存器	6	4	只写
基字节数寄存器	16	4	读/写	屏蔽寄存器	4	1	只写
当前字节数寄存器	16	4	读/写	请求寄存器	4	1	只写
地址暂存寄存器	16	1	不能访问	状态寄存器	8	1	只读
字节数暂存寄存器	16	1	不能访问	暂存寄存器	8	1	只读

1. 当前地址寄存器

8237A 的每个通道都有一个 16 位的当前地址寄存器,用于存放 DMA 传送的存储器地址。每传送一个数据该地址自动增 1 或减 1,以指向下一个存储单元。CPU 对 8237A 编程时,连续用两条 OUT 指令向其写入初值,也可用 IN 指令分两次读取该寄存器的内容。

2. 基地址寄存器

8237A 的每个通道都有一个 16 位的基地址寄存器,用于存放相应通道中当前地址寄存器的初值。基地址寄存器和当前地址寄存器地址相同,CPU 对 8237A 编程时,同时向这两个寄存器写入地址初值。基地址寄存器只能写操作,不能读操作。

若设置为自动预置方式,当 DMA 传送结束,且 $\overline{EOP}=0$ 时,8237A 自动将基地址寄存器的内容装入当前地址寄存器。

3. 当前字节数寄存器

8237A 的每个通道都有一个 16 位的当前字节数寄存器,用于存放当前 DMA 传送字节数。DMA 传送过程中,每传送 1B 该寄存器的内容自动减 1,当减到 0 时再传送 1B,其内容继续减 1 变为 FFFFH,数据传送结束并输出终止计数 TC 脉冲。因此写入当前字节数寄存器的初值应比实际传送字节数少 1。例如传送 2000H 字节数据时,写入的初值应为 1FFFH。CPU 对 8237A 编程时,连续用两条 OUT 指令向其写入初值,也可用 IN 指令分两次读取该寄存器的内容。

4. 基字节数寄存器

8237A 的每个通道都有一个 16 位的基字节数寄存器,用于存放相应通道中当前字节数寄存器的初值。基字节数寄存器和当前字节数寄存器地址相同,CPU 对 8237A 编程时,同时向这两个寄存器写入字节数初值。基字节数寄存器只能写操作,不能读操作。

若设置为自动预置方式,当 DMA 传送结束,且 $\overline{EOP}=0$ 时,8237A 自动将基字节数寄存器的内容装入当前字节数寄存器。

5. 方式寄存器

8237A 的每个通道都有一个 8 位方式寄存器,共有 4 个。其格式如图 9-5 所示。各位功能如下。

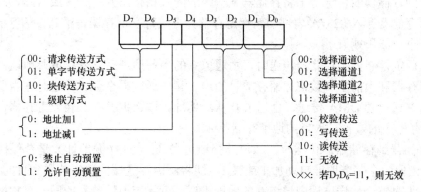

图 9-5　8237A 方式寄存器

D_1、D_0:选择通道位,8237A 根据这两位的值决定方式字写入哪一个通道的方式寄存器中。

D_3、D_2：传送类型选择位。选择读传送、写传送和校验传送 3 种传送类型。

D_4：设定通道是否能自动预置初值。当 $D_4=0$ 时通道不自动预置初值；当 $D_4=1$ 时，DMA 传送结束且 $\overline{EOP}=0$ 时，该通道自动将基址寄存器的内容装入当前地址寄存器，将基字节数寄存器的内容装入当前字节数寄存器，不用初始化就能开始下一次 DMA 数据传送。

D_5：当 $D_5=0$ 时，每传送完 1B 存储器地址自动加 1；当 $D_5=1$ 时，每传送完 1B 存储器地址自动减 1。

D_7、D_6：DMA 传送方式选择位。两位的 4 种组合分别选择请求传送方式、单字节传送方式、块传送方式或级联方式。

6. 命令寄存器

8237A 中有一个 8 位的命令寄存器，CPU 编程时写入命令字，用来控制 8237A 工作。命令寄存器的格式如图 9-6 所示。各位功能如下。

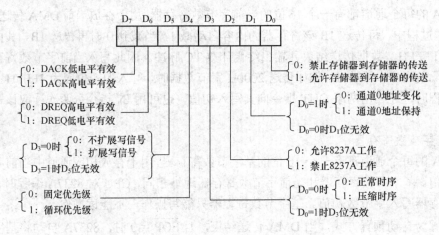

图 9-6　8237A 命令寄存器

D_0：当 $D_0=0$ 时，禁止存储器到存储器的传送；当 $D_0=1$ 时，允许存储器到存储器的传送。

存储器到存储器的传送用于将存储器某一区域的数据传送到另一区域，传送分两步进行：数据先从源存储器存入 8237A 内部的暂存寄存器，再从暂存寄存器传送到目的存储器，传送过程占用 2 个总线周期。

8237A 规定存储器到存储器传送时，由通道 0 的当前地址寄存器存放源地址，通道 1 的当前地址寄存器和当前字节数寄存器存放目的地址和传送数据个数。传送时先由通道 0 采用软件请求的方式启动 DMA 传送，由通道 0 从源地址读取数据并存入暂存寄存器，再由通道 1 将暂存寄存器中的数据写入目的地址存储单元。

D_1：存储器到存储器的传送时，该位选择通道 0 的地址（源地址）是否保持不变。当 $D_1=0$ 时每读取一个字节地址自动加 1 或减 1，能将源内存区域的数据传送到目的内存区域。

当 $D_1=1$ 时整个传送过程中通道 0 的地址不变，可将该地址单元的同一个数据传送到目的存储区域。

只有当 $D_0=1$ 允许存储器到存储器的传送时该位才有效。

D_2：禁止或允许 8237A 工作的控制位。当 $D_2=0$ 时，允许 8237A 工作；当 $D_2=1$ 时，

禁止 8237A 工作。

D_3：操作时序选择位。当 $D_3=0$ 时，选择正常时序；当 $D_3=1$ 时，选择压缩时序。若 $D_0=1$ 允许存储器到存储器的传送时该位无效。

D_4：优先级方式选择位。有固定优先级和循环优先级两种优先级管理方式。当 $D_4=0$ 时，选择固定优先级；当 $D_4=1$ 时，选择循环优先级。

① 固定优先级：各通道的优先级顺序固定不变，通道 0 优先级最高，通道 3 优先级最低，各通道优先级由高到低依次为 0→1→2→3。

② 循环优先级：各通道的优先级动态循环变化，某一通道服务完成后其优先级降为最低，下一通道变为最高，优先级顺序重新排队。例如：当前优先级顺序为 0→1→2→3，通道 0 服务完后优先级顺序变为 1→2→3→0，通道 2 服务完后优先级顺序变为 3→0→1→2，通道 3 服务完后优先级顺序变为 0→1→2→3。

对 IBM PC/XT 微机中的 8237A 编程时，必须设为固定优先级方式，因为通道 0 专用于 DRAM 的动态刷新，必须为最高级。

D_5：当 $D_5=0$ 时，不扩展写信号；当 $D_5=1$ 时，扩展写信号。若 $D_3=1$ 选择压缩时序时该位无效。

D_6：DREQ 有效电平选择位。当 $D_6=0$ 时，DREQ 高电平有效；当 $D_6=1$ 时，DREQ 低电平有效。

D_7：DACK 有效电平选择位。当 $D_7=0$ 时，DACK 高电平有效；当 $D_7=1$ 时，DACK 低电平有效。

7. 状态寄存器

8237A 中有一个可供 CPU 读取的 8 位状态寄存器，格式如图 9-7 所示。

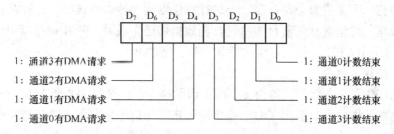

图 9-7　8237A 状态寄存器

状态寄存器的低 4 位表示 4 个通道的计数结束状态，高 4 位表示 4 个通道是否有 DMA 请求。例如，CPU 读取的状态字为 11000001 时，表示通道 0 到达计数结束状态，通道 3 和通道 2 有 DMA 请求。

8. 请求寄存器

8237A 的每个通道都有 1 个 DMA 请求触发器，用于设置 DMA 请求标志。物理上 4 个请求触发器对应一个 4 位的 DMA 请求寄存器，其格式如图 9-8 所示。

请求寄存器用于由软件请求启动 DMA

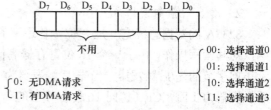

图 9-8　8237A 请求寄存器

传送的设备，例如，存储器到存储器的数据传送，必须用软件请求方式启动通道 0 的 DMA 传送过程。软件 DMA 请求只能工作在块传送方式下，且 DMA 传送结束，产生 $\overline{\text{EOP}}$ 有效信号时相应通道的请求位被复位，每执行一次软件 DMA 请求的块传送操作，都要先对该通道的请求寄存器编程一次。

9. 屏蔽寄存器

8237A 的每个通道都有 1 个屏蔽触发器，对应 1 个屏蔽标志位，当该位为 1 时，相应通道的 DMA 请求被屏蔽。4 个屏蔽位对应一个 4 位的屏蔽寄存器。其格式如图 9-9 所示。D_1D_0 位用于选择需屏蔽的通道，D_2 位用于选择屏蔽该通道还是允许该通道。由于向屏蔽寄存器写入的屏蔽字只对一个通道有效，该屏蔽字也称为单个通道屏蔽字。

另外，还可使用综合屏蔽命令字对 4 个通道同时屏蔽或允许。综合屏蔽命令字的格式如图 9-10 所示。$D_3 \sim D_0$ 每个位对应一个通道，当位为 1 时屏蔽该通道，当位为 0 时允许该通道。例如，写入综合屏蔽命令字 0FH，就会同时屏蔽 4 个通道。

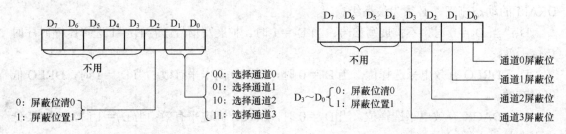

图 9-9　8237A 屏蔽寄存器　　　　图 9-10　8237A 综合屏蔽命令字

10. 暂存寄存器

8237A 中有一个 8 位暂存寄存器，当进行存储器到存储器传送时，暂存从存储器源地址单元读取的数据，并送入存储器目的单元。当数据传送完成后，暂存寄存器中保留传送的最后 1B，其内容可由 CPU 读取，复位之后暂存寄存器清 0。

9.3.2　8237A 的软件命令

8237A 还提供了 3 条软件清除命令，即主清除命令、清除先/后触发器命令和清除屏蔽寄存器命令。这些软件命令只需用 OUT 指令向规定的端口地址写入一个任意数据，就能实现相应的清除操作。

1. 主清除命令（复位命令）

主清除命令与硬件 RESET 复位操作具有相同的功能，相当于软件复位。执行时使屏蔽寄存器置 1，命令寄存器、状态寄存器、请求寄存器、暂存寄存器及先/后触发器都被清 0。8237A 进入空闲周期，CPU 可对其进行编程操作。主清除命令地址的低 4 位为 0DH。

2. 清除先/后触发器命令

8237A 的数据总线宽度是 8 位，各通道的地址和字节数寄存器均为 16 位，CPU 必须分两次对其读写操作，由于一个 16 位寄存器高低字节的地址相同，为了区分，8237A 设置了指示访问字节的先/后触发器。当先/后触发器为 0 时，CPU 访问 16 位寄存器的低字节；当先/后触发器为 1 时，CPU 访问 16 位寄存器的高字节。

先/后触发器的初始状态为 0，使 CPU 第一次读/写的是低字节，第一次访问后，先/后触发器自动置 1，使 CPU 第二次读/写的是高字节。第二次访问完成后，先/后触发器又自动清 0，为访问其他 16 位寄存器做好准备。由于先/后触发器具有自动翻转功能，CPU 只需按先低后高的顺序对这些 16 位寄存器访问即可。清除先/后触发器命令地址的低 4 位为 0CH。

3. 清除屏蔽寄存器命令

清除屏蔽寄存器命令执行时清除 4 个通道的屏蔽位（清 0），使各通道均能接收 DMA 请求。清除屏蔽寄存器命令地址的低 4 位为 0EH。

9.3.3　8237A 寄存器的端口地址

8237A 的低 4 位地址线 $A_4 \sim A_0$ 作为端口地址线，共占用 16 个端口地址：其中 4 个通道的当前地址/基地址寄存器和当前字节数/基字节数寄存器占用低 8 位地址；命令寄存器、方式寄存器、状态寄存器、请求寄存器、屏蔽寄存器、暂存寄存器及 3 个软件清除命令占用高 8b 地址。各寄存器及命令的端口地址如表 9-2 所示。

表 9-2　　　　　　　　　　　　　各寄存器及命令的端口地址

通道	地址	A_3	A_2	A_1	A_0	读操作($\overline{IOR}$ =0)	写操作($\overline{IOW}$ =0)
0	00H	0	0	0	0	当前地址寄存器	当前地址与基地址寄存器
	01H	0	0	0	1	当前字节数寄存器	当前字节数与基字节数寄存器
1	02H	0	0	1	0	当前地址寄存器	当前地址与基地址寄存器
	03H	0	0	1	1	当前字节数寄存器	当前字节数与基字节数寄存器
2	04H	0	1	0	0	当前地址寄存器	当前地址与基地址寄存器
	05H	0	1	0	1	当前字节数寄存器	当前字节数与基字节数寄存器
3	06H	0	1	1	0	当前地址寄存器	当前地址与基地址寄存器
	07H	0	1	1	1	当前字节数寄存器	当前字节数与基字节数寄存器
共用	08H	1	0	0	0	状态寄存器	命令寄存器
	09H	1	0	0	1		请求寄存器
	0AH	1	0	1	0		屏蔽寄存器
	0BH	1	0	1	1		方式寄存器
	0CH	1	1	0	0		清除先/后触发器
	0DH	1	1	0	1	暂存寄存器	主清除命令
	0EH	1	1	1	0		清除屏蔽寄存器
	0FH	1	1	1	1		清屏蔽寄存器所有位

9.3.4　8237A 的接口及编程

1. 8237A 的初始化编程

8237A 的初始化编程步骤如下。

（1）发出主清除命令，软件复位 8237A 以接收新的命令。

（2）传送起始地址写入基地址寄存器和当前地址寄存器的初始值。

（3）传送字节数减 1 写入基字节数寄存器和当前字节数寄存器。

（4）写入方式寄存器，以确定工作方式与传送类型。

（5）写入屏蔽寄存器，开放相应通道的 DMA 请求。

（6）写入命令寄存器，控制 8237A 的工作。

（7）若采用软件方法启动 DMA 传送过程，写入请求寄存器。否则由各通道的 DREQ 请求硬件启动 DMA 传送过程。

【例 9-1】　8237A 的通道 2 采用块传送方式将软盘中 16KB 的数据传送到内存 1000H 地址开始的存储单元，传送完不预置初值，固定优先级，地址递增，DMA 请求信号 DREQ 和响应信号 DACK 均为高电平有效，8237A 的端口地址为 00H～0FH，编写初始化程序。

　　　根据要求可得到：方式字为 10000110B＝86H；

　　　　　　　　　　命令字为 10100000B＝A0H；

　　　　　　　　　　屏蔽字为 00000010B＝02H。

初始化程序如下：

```
OUT 0DH,AL      ;发出主清除命令,复位 8237A
MOV AL,00H
OUT 04H,AL      ;首地址低 8 位同时写入通道 2 的基地址和当前地址寄存器
MOV AL,10H
OUT 04H,AL      ;首地址高 8 位同时写入通道 2 的基地址和当前地址寄存器
MOV AL,0FFH
OUT 05H,AL      ;传送字节数低 8 位同时写入通道 2 的基字节数和当前字节数寄存器
MOV AL,3FH
OUT 05H,AL      ;传送字节数高 8 位同时写入通道 2 的基字节数和当前字节数寄存器
MOV AL,86H
OUT 0BH,AL      ;写方式字,块传送,地址递增,DMA 写传送
MOV AL,02H
OUT 0AH,AL      ;写屏蔽字,允许通道 2 的 DMA 请求
MOV AL,0A0H
OUT 08H,AL      ;写命令字,DACK 和 DREQ 高电平有效,固定优先级
```

2. 8237A 在 PC 机中的应用

IBM PC/XT 微机系统使用了一片 8237A，通道 0 用于 DRAM 的定时刷新控制，通道 1 保留供用户使用，通道 2 作为软盘驱动器的数据传送控制，通道 3 作为硬盘驱动器的数据传送控制。

IBM PC/XT 微机中 8237A 的接口电路如图 9-11 所示。8237A 占用的端口地址为 0000H～001FH，实际使用 0000H～000FH。

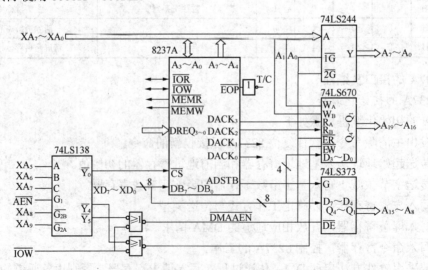

图 9-11　IBM PC/XT 机 8237A 接口电路

8086/8088 微处理器有 20b 地址总线，可访问 1MB 内存空间，而 8237A 最多能提供 16 位地址线，支持对 64KB 存储器的寻址。为了使 8237A 在 DMA 传送期间能访问 1MB 内存空间，系统中使用了一片 4×4 位寄存器 74LS670 作为页面寄存器，用于存放 4 个 DMA 通道的高 4 位地址 A_{19}~A_{16}。当 $\overline{\text{DMAAEN}}$ =0 时，页面寄存器输出允许端有效，送出工作通道的高 4 位地址，与 8237A 直接输出的 16 位地址共同组成 20 位地址信息。通道 0、通道 1、通道 2、通道 3 对应的页面寄存器端口地址分别为 87H、83H、81H、82H。

通道 0 用于 DRAM 的定时刷新控制，由定时/计数器 8253 的计数器 1 产生 DRAM 刷新定时控制信号，每隔 15.08μs 向 8237A 通道 0 发出一个脉冲，这个脉冲作为 $DREQ_0$ 的 DMA 请求信号。8237A 收到 DMA 请求后向 CPU 申请使用总线，当获得总线控制权后从通道 0 送出行地址，利用 $DACK_0$ 产生行地址锁存信号 RAS，对 DRAM 芯片的一行进行读操作，完成一行存储单元的刷新。通道 0 设置为单字节传送方式，实现对 RAM 的读操作，地址从 0000H 开始，传送字节数 FFFFH，能自动预置。

刷新一行存储单元的初始化程序为

```
OUT 0DH,AL          ;发出主清除命令,复位 8237A
MOV AL,0
OUT 00H,AL          ;送地址低字节
OUT 00H,AL          ;送地址高字节
MOV AL,0FFH
OUT 01H,AL          ;送计数值低字节
OUT 01H,AL          ;送计数值高字节
MOV AL,58H
OUT 0BH,AL          ;写方式字。单字节传送、读操作、地址增量,自动预置
MOV AL,0
OUT 08H,AL          ;写命令字,启动 8237A
OUT 0AH,AL          ;清屏蔽
```

通道 2 用于软盘与存储器之间传送控制。软盘中的数据有写入、读出和校验工作方式，所以 DMA 通道 2 也要适合这种可能变化的工作方式。编程设置为单字节传送方式，读/写方式，不自动预置。读软盘的初始化程序段如下：

```
OUT 0CH,AL          ;清先/后触发器
MOV AL,46H
OUT 0BH,AL          ;方式字。单字节传送、写入,非自动预置,地址减量
MOV AX,XXXX
OUT 04H,AL          ;置地址低 8 位
MOV AL,AH
OUT 04H,AL
MOV AL,XX           ;给页面寄存器
AND AL,0FH          ;送 A19~A16 地址
OUT 81H,AL
MOV AX,XXXX
OUT 05H,AL          ;置计数值低 8 位
MOV AL,AH
OUT 05H,AL          ;置计数值高 8 位
MOV AL,02H
OUT 0AH,AL
```

习 题

1．8237A 内部有哪些寄存器？各寄存器有什么功能？

2．8237A 有几种数据传送方式？各有什么特点？

3．8237A 有哪 4 种工作方式？这些方式有什么区别？IBM PC/XT 微机采用哪种工作方式？能否改用其他方式？

4．8237A 的有效周期与 8086/8088 微处理器的总线周期有什么相同点和区别？

5．8237A 有哪些软件命令，功能是什么？这些命令有没有具体的命令值？

6．8237A 的级联方式与 8259A 的主从片级联结构有什么相同点和区别？

7．如何使 8237A 复位？复位对芯片内部有什么影响？

8．如何启动一次 DMA 传送过程？

9．8237A 的通道 1 采用单字节传送方式将内存 1000H 地址开始的 2KB 数据传送到硬盘中，传送完不预置初值，循环优先级，地址递增，DMA 请求信号 DREQ 高电平有效，响应信号 DACK 低电平有效，8237A 的端口地址为 00H～0FH，编写初始化程序。

10．用 DMA 传送方式将内存变量 SBUF 开始的 8KB 数据直接传送到内部变量 DBUF 开始的单元，采用连续传送方式，传送完不自动预置初值，8237A 的端口地址为 00H～0FH，编写初始化程序。

第 10 章　可编程定时/计数器 8253

微机系统中的定时/计数器可实现定时和计数功能，为其他电路提供定时信号，或对外部事件进行计数。例如，实时时钟、动态存储器刷新、扬声器声音报警、磁盘驱动器定时、实时监控系统定时采样、生产线的产品计数等。IBM PC 微机采用的是可编程定时/计数器芯片8253/8254，本章以 8253 为例介绍可编程定时/计数器的结构原理及接口编程。

10.1　定时/计数器概述

10.1.1　定时/计数的实现方法

实现定时/计数的方法主要有软件方式、硬件方式和可编程定时/计数器 3 种。

1. 软件方式

软件方式通过一段程序实现定时或计数功能，软件方式不需要专用的硬件电路，可以通过修改程序参数灵活改变定时时间或计数次数，但程序运行占用 CPU 时间，定时时间较长时影响其他任务的执行，使 CPU 效率降低。

2. 硬件方式

硬件方式是用简单数字逻辑电路实现定时或计数功能。这种方式不需要程序控制，不占用 CPU 时间，通电后即能独立工作，但要通过更换电路元件参数改变定时时间或计数值，定时精度低，通用性、灵活性差，功能简单，不能满足微机系统复杂定时的要求。只能用于简单应用场合如声光控开关等。

3. 可编程定时/计数器

可编程定时/计数器是硬件定时/计数器，定时/计数过程中不占用 CPU 时间，还可通过编程选择定时或计数功能，选择不同的工作方式，根据需要改变定时时间或计数次数，能满足计算机各种定时/计数要求，是各类微机系统广泛采用的定时/计数方式。

10.1.2　定时/计数器的工作原理

16 位可编程定时/计数器的原理电路如图 10-1 所示。定时/计数器的核心是 16 位减 1 计数器 CE，定时/计数过程中每来一个 CLK 脉冲计数器进行减 1 计数。16 位初值寄存器 CR 用于预置 16 位计数初值。16 位计数输出锁存器 OL 用于锁存当前计数值，供 CPU 读取。8 位控制寄存器 CW 用于设置定时/计数器的工作方式。控制逻辑用于控制定时/计数器的工作过程。

定时/计数器对外有 3 个引脚：计数脉冲输入端 CLK、输出端 OUT 和门控端 GATE。GATE信号由外设送入计数器，作为对时钟的控制信号。GATE 的用法有多种，具体功能取决于选择的工作方式。例如，可以通过 GATE 信号上升沿触发计数器开始工作。

定时/计数器工作前，首先向控制寄存器写入 8 位控制字，以选择合适的工作方式及读写方式，然后向初值寄存器写入计数初始值。通过软件或硬件方式启动后，初值寄存器中的计数初值通过内部数据线送入计数器，计数器从初始值开始在 CLK 端输入的计数脉冲控制下作减 1 计数，当计数到 0 时输出端产生输出信号，表示计数过程结束。

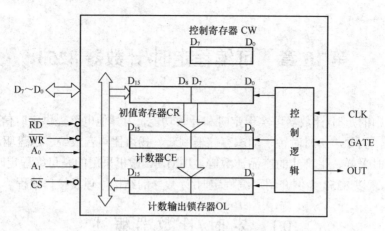

图 10-1 定时/计数器原理图

定时/计数器作为定时器使用时，由 CLK 端输入周期性脉冲信号时，计数过程所用时间为计数值与时钟脉冲周期的乘积，通过设置合适的计数初值，可以得到精确的定时时间。作为计数器使用时，只需对脉冲个数进行计数，对脉冲持续时间没有要求，可以向 CLK 端输入周期性或非周期性脉冲信号。由此可见，定时和计数功能使用完全相同的电路实现，其本质都是计数器的减 1 计数过程。

计数器 CE 计数过程中，计数输出锁存器 OL 与 CE 同步变化，若需要读取当前计数值，先向定时/计数器发送一个计数锁存命令，使 OL 锁定当前计数值，不再跟随 CE 变化，然后用 IN 指令读取 OL 中的计数值，读完后 OL 立即解锁，又开始跟随 CE 变化。这种结构使 CPU 能可靠地读取到当前的计数值，由于不是直接读 CE，所以不会对 CE 产生影响。

10.2 可编程定时/计数器 8253

Intel 系列可编程定时/计数器按最高计数速率的不同分为多个型号如 8253（2.6MHz）、8253-5（5MHz）、8254（8MHz）、8254-2（10MHz）等，8254 是 8253 的增强型，计数速率提高到 10MHz，计数器的计数值及状态可随时读取，两种型号结构及工作原理相同。

8253 采用 NMOS 工艺制造，内部包含 3 个独立的定时/计数器，每个计数器可编程选择 6 种工作方式之一，可按二进制或十进制计数，最高计数速率为 2.6MHz。

10.2.1 8253 的结构与引脚功能

8253 的内部结构如图 10-2 所示。内部包含 3 个完全独立的 16 位定时/计数器（也可称为计数通道），可分别按不同的方式实现定时或计数功能。控制寄存器用于设置定时/计数器的工作方式与计数方式。数据总线缓冲器是 CPU 与 8253 内部端口的数据传输通道。读/写控制逻辑接收 CPU 送来的地址和控制信号，选中访问端口并对其进行读/写操作。

8253 采用 24 脚 DIP 封装，引脚图如图 10-3 所示。引脚符号及功能如下。

（1）$D_7 \sim D_0$——8 位数据线，双向三态。

与 CPU 系统数据总线相连，用于传送数据、状态及控制信息。对于 8088 微机系统，数据线可与 8 位系统数据总线对应相连，对于 8086 微机系统，通常将数据线与系统数据总线的低 8 位 $D_7 \sim D_0$ 对应相连。

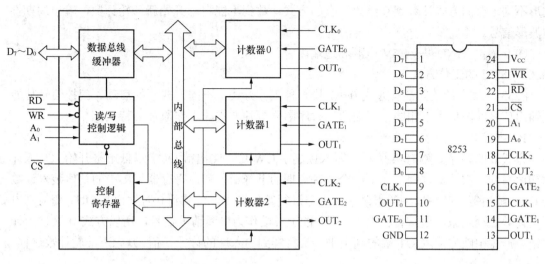

图 10-2　8253 的内部结构框图　　　　　　　图 10-3　8253 引脚图

（2）$\overline{CS}$——片选线，低电平有效。$\overline{CS}=0$ 时 8253 被选中可以工作。片选端通常由地址译码电路的输出端控制。

（3）$\overline{RD}$——读信号，低电平有效。$\overline{RD}=0$ 时，选中端口数据送到数据线上。

（4）$\overline{WR}$——写信号，低电平有效。$\overline{WR}=0$ 时，CPU 将数据或控制字写入选中的 8253端口。

（5）A_0、A_1——端口选择地址线。

CPU 通过地址线组合选择访问的端口。并通过读/写控制信号及片选信号实现对端口的读/写操作。操作方式如表 10-1 所示。

表 10-1　　　　　　　　　　　　8253 端口选择及操作方式

$\overline{CS}$	A_1	A_0	$\overline{RD}$	$\overline{WR}$	功　　　能
0	0	0	1	0	向计数器 0 写入计数初值
0	0	1	1	0	向计数器 1 写入计数初值
0	1	0	1	0	向计数器 2 写入计数初值
0	1	1	1	0	写方式控制字
0	0	0	0	1	读计数器 0 的计数值
0	0	1	0	1	读计数器 1 的计数值
0	1	0	0	1	读计数器 2 的计数值
0	1	1	0	1	无效

（6）CLK_0、CLK_1、CLK_2——3 个定时/计数器的计数脉冲输入端。不同型号芯片能输入的最高计数速率不同。

（7）$GATE_0$、$GATE_1$、$GATE_2$——3 个定时/计数器的门控信号输入端。门控信号用于控制定时/计数器的启动和停止。具体功能取决于所选的工作方式：有的方式 GATE＝1 允许计数，GATE＝0 停止计数，有的方式利用 GATE 的上升沿启动计数，计数过程中 GATE 可为 1 或 0。

（8）OUT_0、OUT_1、OUT_2——3 个定时/计数器的计数输出端。不同工作方式输出信号的波形不同。有的方式计数到 0 结束，有的方式计数到 1 能自动开始新一轮计数，输出周期性的波形信号。

（9）V_{CC}、GND——＋5V 电源和地端。

10.2.2　8253 的工作方式

8253 的每个计数器都有方式 0~5 共 6 种工作方式，不同方式下的启动、门控信号功能及输出信号的波形都不相同。下面通过时序图分析各方式的工作原理及特点。

1. 方式 0——计数结束产生中断

方式 0 的时序如图 10-4 所示。写入控制字 CW 后，输出端 OUT 以低电平开始。写入计数初值启动一次计数过程，在下一个时钟周期的下降沿，初值寄存器 CR 中的初值装入计数器 CE，随后每个时钟周期的下降沿计数器进行减 1 操作，当减到 0 时输出端 OUT 变为高电平，计数过程结束。通常将输出端 OUT 的上升沿作为中断请求信号，所以方式 0 又称为计数结束产生中断方式。OUT 端的高电平一直持续到写入新的计数初值，开始下一轮计数过程。

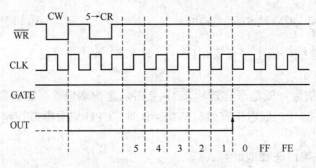

图 10-4　8253 方式 0 时序

方式 0 的主要特点如下。

（1）软件触发方式。当 GATE＝1 时，写初值的指令启动一次计数过程，写入初值的下一个时钟周期 CR 装入 CE，开始计数过程，从写入初值到计数结束 OUT 变为高电平经过了 $N+1$ 个时钟周期。

（2）若 GATE＝0，写入初值的下一个时钟周期 CR 仍然装入 CE，但不开始计数。当 GATE 变为高电平时计数开始，从开始计数到计数结束 OUT 变为高电平经过了 N 个时钟周期。若计数过程中 GATE 变为低电平，则计数停止，OUT 保持低电平，当 GATE 变为高电平后继续计数。

（3）计数过程中 CPU 若将一个新的计数初值写入计数器，下一个时钟脉冲新初值装入 CE，计数器重新开始计数过程。若写入 16 位初值，写第一字节时原计数过程就停止，OUT 保持低电平，写入第二字节的下一个时钟周期，CR 装入 CE，开始新的计数过程。

2. 方式 1——硬件可重复触发的单稳态方式

方式 1 的时序如图 10-5 所示。写入控制字 CW 后，输出端 OUT 以高电平开始。计数初值写入初值寄存器后，再经过一个时钟周期 CR 中的初值送入计数器。当 GATE 门控端出现上升沿信号时触发内部边沿触发器，下一个时钟脉冲 OUT 变为低电平，计数器开始工作，随后每个时钟周期的下降沿计数器减 1 操作，当减到 0 时输出端 OUT 变为高电平，计数过程结束。OUT 高电平一直持续到下一次触发信号到来。

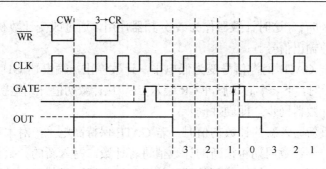

图 10-5　8253 方式 1 时序

方式 1 的主要特点如下。

（1）GATE 门控信号上升沿触发计数器的计数过程，计数过程中 GATE 可为高电平，也可为低电平，均不影响计数过程。

（2）一次计数过程 OUT 端输出持续时间为 N 个时钟周期的单稳态负脉冲。若计数期间 CPU 向 CR 送入一个新的初值，OUT 输出不受影响，仍然输出 N 个时钟周期的负脉冲。若计数期间又出现一个 GATE 门控信号的上升沿，则在下一个时钟脉冲 CR 再次装入 CE，从初值开始重新开始计数，减到 0 时 OUT 变为高电平，使输出负脉冲持续时间延长。

（3）计数结束后，若又一个 GATE 门控信号上升沿到来，计数器开始一次新的计数过程，输出 N 个时钟周期的负脉冲，不需要重新写入初值，即触发是可以重复进行的。

3. 方式 2——分频器

方式 2 的时序如图 10-6 所示。写入控制字 CW 后，输出端 OUT 以高电平开始。当 GATE＝1 时，写入计数初值启动一次计数过程，在下一个时钟周期的下降沿，CR 中的初值装入计数器 CE，随后每个时钟周期的下降沿计数器进行减 1 操作，当减到 1 时输出端 OUT 变为低电平。然后 CR 自动重新装入 CE 开始新的一轮计数，如此重复，在 OUT 端输出周期性的负脉冲信号。

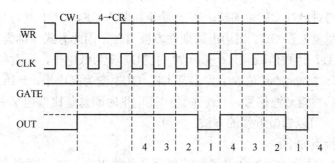

图 10-6　8253 方式 2 时序

方式 2 的主要特点如下。

（1）当 GATE 为高电平时，写入计数初值触发计数器工作，CR 中的初值装入计数器 CE，开始计数过程，即软件启动（同步）。

（2）当 GATE 保持高电平时，每次计数结束 CR 自动将初值装入计数器 CE，开始新的计数过程，在 OUT 端产生周期性的负脉冲信号。输出信号的周期为 N 个时钟周期，其中高电平持续时间为 $N-1$ 个时钟周期，低电平持续时间为 1 个时钟周期。时钟频率与输出频率的关系是：$f_{OUT} = 1/N \times f_{CLK}$。这时计数器作为 N 分频器使用，通过改变计数初值 N（分频系数）可以得到不同频率的输出信号。

（3）计数期间若 GATE 门控信号变为低电平，计数停止，输出端 OUT 仍保持高电平。当 GATE 产生上升沿时，下一个时钟脉冲 CR 装入 CE，从计数初值开始重新计数，因此 GATE 门控信号可用来使计数器同步，即硬件同步。

（4）计数期间重新写入新的计数初值时，若 GATE 保持高电平，对本次计数过程的输出不产生影响，但下一个计数周期将按新的计数值进行计数。写入新的计数初值时，若 GATE 同时出现了上升沿，下一个时钟脉冲新的计数值送入计数器，重新开始计数。

4. 方式 3——方波发生器

方式 3 的工作过程与方式 2 相似，主要区别是 OUT 输出波形不同。方式 3 的时序如图 10-7 所示。写入控制字 CW 后，输出端 OUT 以高电平开始。当 GATE=1 时，写入计数初值启动一次计数过程，下一个时钟周期的下降沿，CR 中的初值装入计数器 CE，随后每个时钟周期的下降沿计数器进行减 1 操作。

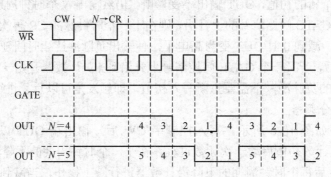

图 10-7   8253 方式 3 时序

若计数初值 N 为偶数，计数值减到 $N/2$ 时 OUT 变为低电平，计数值减到 1 时一次计数过程完成，下一个时钟脉冲 CR 中的初值 N 自动重新装入 CE，OUT 变为高电平，开始新一轮计数过程，如此重复，在 OUT 端输出周期性方波信号，因此方式 3 称为方波发生器。

若初值 N 为奇数，计数值减到 $(N+1)/2$ 时 OUT 变为低电平，计数值减到 1 时一次计数过程完成，下一个时钟脉冲初值 N 自动装入 CE，OUT 变为高电平，开始新一轮计数过程，在 OUT 端输出周期性矩形波信号，一个周期中高电平时间总是比低电平多一个时钟周期，当计数初值 N 较大时可以看做近似的方波。

方式 3 的主要特点如下。

（1）当 GATE 为高电平时，写入计数初值触发计数器工作，CR 中的初值装入计数器 CE，开始计数过程，即软件启动。

（2）当 GATE 保持高电平时，每次计数结束 CR 自动将初值装入计数器 CE，开始新的计数过程，在 OUT 端产生周期性的波形信号。若计数初值 N 为偶数，输出高低电平持续相同的方波信号，周期为 N 个时钟周期，高低电平持续时间均为 $N/2$ 个时钟周期。若计数初值 N 为奇数，输出矩形波信号，周期仍为 N 个时钟周期，高电平持续时间为 $(N+1)/2$ 个时钟周期，低电平持续时间为 $(N-1)/2$ 个时钟周期，即高电平比低电平持续时间总是多 1 个时钟周期。

（3）计数期间若 GATE 门控信号变为低电平，计数停止，若此时输出端 OUT 为低电平，将立即变为高电平。当 GATE 又送来上升沿信号时，下一个时钟脉冲 CR 中的初值 N 重新装入 CE，从计数初值 N 开始重新计数，GATE 门控信号用来使计数器同步，即硬件同步。

（4）计数期间重新写入新的计数初值时，若 GATE 保持高电平，对本次计数过程的输出不产生影响，但下一个计数周期将按新的计数值进行计数。写入新的计数初值时，若 GATE 同时出现了上升沿，下一个时钟脉冲新的计数值送入计数器，重新开始计数。

5. 方式 4——软件触发选通信号发生器

方式 4 的时序如图 10-8 所示。写入控制字 CW 后，输出端 OUT 以高电平开始。写入计数初值启动一次计数过程，在下一个时钟周期的下降沿，初值寄存器 CR 中的初值装入计数器 CE，随后每个时钟周期的下降沿计数器进行减 1 操作，当减到 0 时输出端 OUT 输出持续一个时钟周期的负脉冲，计数过程结束，输出变为高电平并持续高电平状态。因通常将计数结束 OUT 输出的负脉冲作为选通信号，所以方式 4 又称为软件触发选通信号发生器。

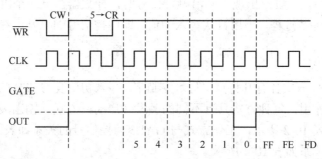

图 10-8　8253 方式 4 的时序

方式 4 的主要特点如下。

（1）软件触发方式。当 GATE＝1 时，写初值的指令启动一次计数过程，写入初值的下一个时钟周期 CR 装入 CE，开始减 1 计数，又经过 N 个时钟周期输出一个负脉冲作为选通信号。

（2）GATE＝1 时进行计数；GATE＝0 时计数停止，输出维持当前的电平状态，只有计数器减为 0 时，输出才能产生电平变化出现负脉冲。

（3）计数过程中 CPU 若将一个新的计数初值写入计数器，下一个时钟脉冲的新初值装入 CE，计数器重新开始计数过程。若写入 16b 初值，写第一字节计数不受影响，写入第二个字节的下一个时钟周期，CR 中的计数初值装入 CE，开始新的计数过程。

6. 方式 5——硬件触发选通信号发生器

方式 5 的时序如图 10-9 所示。写入控制字 CW 后，输出端 OUT 以高电平开始。计数初值 N 写入初值寄存器 CR 后，必须等到门控信号 GATE 的上升沿触发计数器，在下一个时钟周期 CR 中的初值送入计数器 CE。随后每个时钟周期计数器减 1 操作，当减到 0 时输出端 OUT 输出持续一个时钟周期的负脉冲，计数过程结束，输出变为高电平并持续高电平状态。因通常将计数结束 OUT 输出的负脉冲作为选通信号，所以方式 5 又称为硬件触发选通信号发生器。

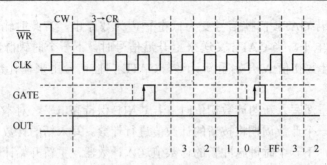

图 10-9   8253 方式 5 的时序

方式 5 的主要特点如下。

（1）写入计数初值后，必须通过 GATE 门控信号的上升沿触发计数过程，即硬件触发。计数过程中 GATE 可为高电平，也可为低电平，都不影响计数。

（2）计数过程中写入新的初值不会影响计数的进行，只有 GATE 又出现上升沿触发信号后，CR 中的初值才能装入 CE，开始新一轮计数。

（3）计数结束后，GATE 出现上升沿触发信号时，计数器在下一个时钟周期将 CR 装入 CE，开始一次新的计数过程，不用再次写入初值。即门控信号的上升沿在任何时刻都会触发一次新的计数过程。

7. 工作方式小结

8253 的 6 种工作方式各有其特点，写入控制字、写入初值及 GATE 门控信号的状态对于不同方式有不同的作用，每种方式具有不同的触发（启动）方式，输出波形也不相同。各工作方式特点比较如表 10-2 所示，工作方式与 GATE 门控信号的关系如表 10-3 所示。工作方式与装入新初值的关系如表 10-4 所示。

表 10-2   工 作 方 式 的 特 点

工作方式	功　　能	输 出 波 形	触发方式
0	计数结束产生中断	写入初值后 OUT 变低，经过 $N+1$ 个时钟周期后变高	软件触发
1	硬件可重复触发单稳态触发器	输出宽度为 N 个时钟周期的负脉冲	硬件触发
2	分频器	连续输出周期为 N 个时钟周期的负脉冲，负脉冲持续时间 1 个时钟周期	软、硬件触发
3	方波发生器	连续输出周期为 N 个时钟周期的方波	软、硬件触发
4	软件触发选通信号发生器	写入初值后经过 N 个时钟周期，输出 1 个时钟周期的负脉冲	软件触发
5	硬件触发选通信号发生器	门控触发后经过 N 个时钟周期，输出 1 个时钟周期的负脉冲	硬件触发

表 10-3   工作方式与 GATE 门控信号的关系

工作方式 ＼ GATE	低电平或下降沿	高 电 平	上 升 沿
0	停止计数	允许计数	不受影响
1	不受影响	不受影响	从初值开始计数
2	停止计数，输出高电平	开始计数	从初值开始计数
3	停止计数，输出高电平	开始计数	从初值开始计数
4	停止计数	允许计数	不受影响
5	不受影响	不受影响	从初值开始计数

表 10-4　　　　　　　　　　　　　　　**工作方式与装入新初值的关系**

工作方式	装入新初值后计数过程的变化	工作方式	装入新初值后计数过程的变化
0	立即有效	3	下一个计数周期或门控上升沿触发后有效
1	门控信号上升沿触发后有效	4	立即有效
2	下一个计数周期或门控上升沿触发后有效	5	门控信号上升沿触发后有效

各工作方式的共同特点如下。

（1）写入控制字使控制逻辑立即复位，输出端 OUT 变为高电平或低电平的起始状态。

（2）初始值写入计数器后，需经过一个时钟周期初值才能装入计数器，通过软件或硬件触发后开始计数过程。

（3）时钟脉冲 CLK 的上升沿门控信号被采样，时钟脉冲 CLK 的下降沿计数器减 1 计数，输出波形在时钟脉冲的下降沿产生电平的变化。

10.2.3　8253 的控制字

8253 的控制字用于设置计数器的计数方式、工作方式及写初值格式，还可作为计数锁存命令。8253 控制字的格式如图 10-10 所示。各位的功能如下。

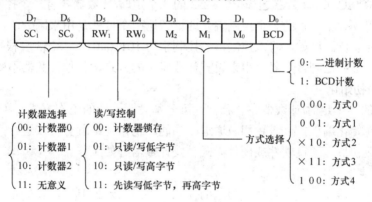

图 10-10　8253 控制字的格式

D_0（BCD）：二进制和 BCD（十进制）计数方式选择位。选择计数方式主要看计数初值 N 是否在该计数方式的最大计数范围内。

二进制计数方式写入初值的范围是 0000H～FFFFH，BCD 计数方式写入初值的范围是 0000H～9999H（压缩 BCD 码）。两种计数方式的最小计数值都是 1，对应计数初值 0001H。当计数初值为 0000H 时，启动计数器后从 0000H 开始减 1 计数，再减到 0 时计数结束。对于二进制计数方式，初值 0 相当于计数值为 10000H＝65 536，这是二进制计数的最大值；对于 BCD（十进制）计数方式，初值 0 相当于计数值为 10 000，这是 BCD 计数的最大值。

例如：初值 N＝2000 时，可选用任何一种计数方式；初值 N＝12 800 时，只能用二进制计数；初值 N＝658 261 时，超出了两种计数方式的最大计数值，任何一种计数方式都不能实现，这说明 CLK 时钟信号的频率太高，时钟周期与 OUT 输出信号持续时间差别很大，可采用两个或三个计数器串联的方法计数，先由一个计数器分频，降低频率后的 OUT 输出作为另一个计数器的时钟信号。

$D_3 \sim D_1$（$M_2M_1M_0$）：6 种工作方式选择位。$M_2M_1M_0$ 的 3 位二进制编码对应某种工作方式，其中 110 或 010 都选择方式 2，111 或 011 都选择方式 3，其他方式只有一个编码。

D_5、D_4（RW_1RW_0）：$RW_1RW_0 = 00$ 时是对计数输出锁存器 OL 发出的锁存命令，使 OL 锁定当前值，不再跟随计数器 CE 变化。当 CPU 读取 OL 中的计数值后，OL 立即解锁，又开始跟随计数器 CE 同步变化。由于计数过程中计数值随时发生变化，如果直接读取可能会得到一个不确定的结果。读计数器前应先发出锁存命令，锁存当前计数值然后再读取。若计数器当前处于停止计数状态，也可以不发锁存命令直接读取。

当 $RW_1RW_0 = 01$ 时，只读计数值的低 8 位，或只写入低 8 位初值。写初值时初值寄存器 CR 的高 8 位自动清 0。例如，写入初值 8FH，相当于写入 008FH。

当 $RW_1RW_0 = 10$ 时，只读计数值的高 8 位，或只写高 8 位初值。写初值时初值寄存器 CR 的低 8 位自动清 0。例如，写入初值 8FH，相当于写入 8F00H。

当 $RW_1RW_0 = 11$ 时，读取 16 位计数值，或写入 16 位初值。由于 8253 芯片只有 8 条数据线，16 位数据分两次完成，必须先读/写低 8 位，再读/写高 8 位。例如，依次写入 6AH、89H，相当于写入了 16 位计数初值 896AH。

D_7、D_6（SC_1SC_0）：计数器选择位。8253 的 3 个定时/计数器各有一个控制寄存器，3 个控制寄存器共用 $A_1A_0 = 11$ 的一个控制端口地址。这两个位就是用来区分的，可以看做是各控制寄存器的标志位。例如，写入控制口的控制字为 10110001B，8253 会根据高 2b 的值 10 将其送入计数器 2 的控制寄存器，用来设置计数器 2 的方式，其他计数器不受影响。

10.2.4 8253 的初始化

8253 芯片的 3 个定时/计数器完全独立，可分别设置不同的工作方式，实现不同的功能。使用时应分别初始化编程，以设置相应通道的功能。初始化编程分两步进行，首先写入控制字，再写入计数初值，通过软件或硬件方式触发计数器开始工作。

1. 写控制字

使用某一计数器前，首先向相应通道的控制寄存器写入控制字，以确定该通道的工作方式，计数方式，初值写入方式。3 个控制字使用相同的端口地址写入，控制字的高 2 位作为标志位加以区分。

2. 写计数初值

计算计数初值，写入初值寄存器 CR。3 个通道各有一个 16 位的初值寄存器，使用不同的端口地址。控制字中可设置 3 种初值写入方式，如果初值低 8 位为 00H，可只写高 8 位初值；如果初值高 8 位为 00H，可以只写低 8 位初值。只写 8 位初值时，初值寄存器中的另外 8 位自动清 0。

要根据计数初值的数据大小确定控制字中的计数方式和初值写入方式，初始化的步骤可以先计算初值，再确定控制字，然后编写初始化程序。要注意的是初始化写入顺序必须先写控制字，后写初值。

【例 10-1】 8253 计数器 1 的输入时钟频率为 2.5MHz，输出 500Hz 方波，8253 的端口地址为 40H~43H，分别采用二进制和 BCD 两种方式计数，编写初始化程序。

计数初值 $N = 2.5 \times 10^6 \div 500 = 5000$

（1）若采用 BCD 计数方式，控制字为 01100101B = 65H

初始化程序段为

```
MOV AL,65H
OUT 43H,AL                ;写控制字
MOV AL,50H
OUT 41H,AL                ;写初值高 8 位
```

（2）若采用二进制计数方式，控制字为 01110100B＝74H

初始化程序段为

```
MOV AL,74H
OUT 43H,AL                ;写控制字
MOV AX,5000
OUT 41H,AL                ;写初值低 8 位
MOV AL,AH
OUT 41H,AL                ;写初值高 8 位
```

【例 10-2】　8253 计数器 0 的输入时钟频率为 200kHz，输出持续时间为 100ms 的负脉冲，8253 的端口地址为 4A0H～4A3H，选择合适的工作方式，并编写初始化程序。

根据输出波形的特点可选择工作方式 1，即单稳态负脉冲方式。

时钟周期 T_{CLK}＝1/200 kHz＝5μs

计数初值 N＝$100 \times 10^{-3} \div (5 \times 10^{-6})$＝20 000

计数初值大于 10 000，只能选择二进制计数，控制字为 00110010B＝32H。

初始程序如下：

```
MOV DX,4A3H
MOV AL,32H
OUT DX,AL                 ;写控制字
MOV DX,4A0H
MOV AX,20000
OUT DX,AL                 ;写初值低 8 位
MOV AL,AH
OUT DX,AL                 ;写初值高 8 位
```

【例 10-3】　8253 计数器端口地址为 40～43H，编程读取计数器 2 的当前计数值送入 BX 寄存器。

程序如下：

```
MOV AL,80H
OUT 43H,AL                ;写锁存命令
IN AL,42H                 ;读计数值低字节
MOV BL,AL
IN AL,42H                 ;读计数值高字节
MOV BH,AL
```

10.2.5　8253 在微机中的应用

IBM　PC/XT 微机中使用了一片 8253 定时/计数器芯片，用于日历时钟定时，DRAM 刷新定时和控制扬声器的发声。8253 在微机系统中的接口电路如图 10-11 所示。

时钟发生器 8284 芯片输出的时钟信号 PCLK 通过 74LS175 构成的二分频器分频后，输出频率为 1.193 181 6MHz，周期为 838ns 的时钟信号，作为 8253 三个通道的共用时钟脉冲。

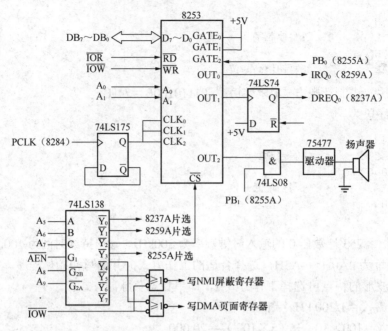

图 10-11　IBM PC/XT 机中的 8253 接口电路

74LS138 译码器作为系统中各可编程接口芯片的片选译码电路,地址线 $A_9 \sim A_5$ 参与地址译码,译码输出端 $\overline{Y_2}$ 作为 8253 的片选信号。A_1、A_0 与 8253 的地址引脚相连,用于选择片内端口,地址线 $A_4 \sim A_2$ 未用,出现了地址重叠,各接口芯片实际使用的是设未用地址线为 0 的地址,例如,8253 的端口地址为 40H～43H,8255A 的端口地址为 60H～63H。

各计数器的功能及 BIOS 中的初始化程序如下。

1. 计数器 0

计数器 0 用于产生实时时钟信号。$GATE_0$ 接固定的高电平,工作于方式 3 输出方波,计数初值为 0,二进制计数,OUT_0 输出的方波频率为 1.193 181 6MHz÷65 536=18.2Hz,周期 55ms。OUT_0 输出信号作为中断请求信号 IRQ_0,送到中断控制器 8259A 的 IR_0 中断输入端,计数器 0 每隔 55ms 产生一次中断请求。在中断服务程序中使用一个 16 位软件计数器,其初值设为 0,每一次中断服务使计数器加 1,当计数器计到 0 时表示产生了 65 536 次中断请求,经过的时间为 65 536×55ms=3600s=1h。

BIOS 中对计数器 0 的初始化程序如下:

```
MOV AL,36H      ;计数器 0,方式 3,二进制计数
OUT 43H,AL      ;写控制字
MOV AL,0        ;计数初值为 0,计数值为 65 536
OUT 40H,AL      ;写低字节
OUT 40H,AL      ;写高字节
```

2. 计数器 1

计数器 1 用于产生 DRAM 刷新操作定时控制信号。$GATE_1$ 接固定的高电平,工作于方式 2 分频器方式,OUT_1 连续输出周期性负脉冲信号,计数初值为 18,输出信号周期为:18×1/1.193 181 6MHz=15.08μs,OUT_1 输出通过 74LS74 连到 DMA 控制器 8237A 通道 0 的 DMA 请求输入端 $DREQ_0$,使 8237A 每隔 15.08μs 产生一次虚拟存储器读周期刷新 DRAM 芯

片的一行，8237A 操作的响应信号 $DACK_0$ 将触发器清除。

BIOS 中对计数器 1 的初始化程序如下：

```
MOV AL,54H        ;计数器1,方式2,二进制计数
OUT 43H,AL        ;写控制字
MOV AL,18         ;初值18
OUT 41H,AL        ;写初值
```

3. 计数器 2

计数器 2 用于控制扬声器发出音频报警声音。计数器 2 工作于方式 3，计数初值为 533H（1331），OUT_2 输出方波的频率为 1.193 181 6MHz÷1331＝896Hz。$GATE_2$ 与 8255A 的 PB_0 相连，当 $PB_0＝1$ 时进行计数输出方波，当 $PB_0＝0$ 时停止计数。OUT_2 和 8255A 的 PB_1 相与后输出，当 $PB_1＝1$ 时方波信号从与门输出并送入 75 477 进行功率放大，推动扬声器发声，当 $PB_1＝0$ 时与门关闭，扬声器不发声。

BIOS 中对计数器 2 的初始化及控制扬声器发声程序如下：

```
BEEP PROC NEAR
     MOV AL,0B6H       ;计数器2,方式3,二进制计数
     OUT 43H,AL        ;写控制字
     MOV AX,533H       ;分频数1331
     OUT 42H,AL        ;写低字节
     MOV AL,AH
     OUT 42H,AL        ;写高字节
     IN AL,61H         ;读8255A的B口
     MOV AH,AL         ;暂存
     OR AL,03H         ;扬声器启动
     OUT 61H,AL
     SUB CX,CX         ;设置计数器等待500ms
G7: LOOP G7           ;关闭前延迟
     DEC BL            ;延迟计数满
     JNG G7            ;否则继续发声
     MOV AL,AH
     OUT 61H,AL        ;恢复B口
     RET
BEEP ENDP
```

习　　题

1. 实现定时与计数有几种方法？各有什么优缺点？

2. 定时与计数有什么区别？简述定时/计数器的工作原理。

3. 8253 有哪 6 种工作方式？各方式有什么特点和用途？

4. 8253 各方式的门控信号用法有什么不同？

5. 8253 各方式的输出信号波形各有什么特点？

6. 二进制与 BCD 计数有什么区别？每种方式的计数范围是多少？如何选用合适的计数方式？若计数初值超出了两种计数方式的计数范围如何解决？

7. 8253 的方式 3 称为方波发生器，其输出是否总是方波信号？

8．计数器计数过程中如何读取当前计数值？

9．8253 的计数器 2 对流水线上生产的产品计数，每生产一件产品转换为一个脉冲送入计数器 CLK，生产完 50 件产品向 CPU 发出中断请求，选择工作方式，编写初始化程序。8253 的端口地址为 1A0H～1A3H。

10．8253 的计数器 0 工作在方式 4，计数初值为 100，BCD 计数；计数器 1 工作在方式 1，计数初值 35 820，二进制计数；计数器 2 工作在方式 3，计数初值 240，BCD 计数。端口地址为 3C0H～3C3H，编写各通道的初始化程序。8253 的端口地址为 80H～83H。

11．8253 计数器 1 应用电路如图 10-12 所示，根据电路及输出信号波形判断其工作方式，并写出初始化程序。8253 的端口地址为 80～83H。

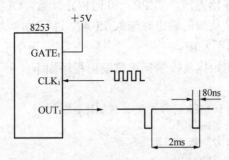

图 10-12　8253 计数器 1 的应用电路

12．时钟信号频率 2.5MHz，利用 8253 的 3 个计数通道产生秒信号和分信号。设计电路并编写初始化程序。8253 的端口地址为 80～83H。

第 11 章　A/D 和 D/A 转换器及接口

自动控制等领域经常需要通过微机对温度、湿度、压力、流量、速度、声音等各种变化的物理量进行采集、分析、处理并实现实时控制，这些随时间连续变化的物理量称为模拟量。由于计算机只能处理二进制数字信号，各种非电模拟量必须先通过相应功能的传感器转换为连续变化的模拟电流或电压信号，再通过放大、滤波、采样保持等电路处理后，送入模/数转换器（Analog-Digital Converter，ADC），由 ADC 将其转换为数字量，即进行模/数转换（A/D 转换），然后将数字信号送入微机处理。

计算机对设备进行自动控制时，有些设备可以通过数字信号放大后直接控制，例如，继电器的吸合与断开、晶闸管的导通与截止等。有些设备需要用模拟信号控制如电磁阀的开度控制等。计算机发出的数字控制信号先送入数/模转换器（Digital-Analog Converter，DAC），由 DAC 转换为模拟电压或电流信号，经过放大后控制执行机构，使控制对象完成预定的功能。DAC 将数字量转换为模拟量的过程称为数/模转换（D/A 转换）。A/D 转换和 D/A 转换的典型处理过程如图 11-1 所示。

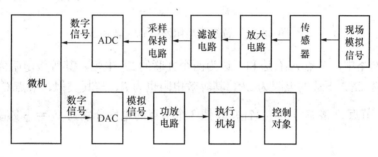

图 11-1　A/D 转换及 D/A 转换过程

11.1　D/A 转 换 器 及 接 口

11.1.1　D/A 转换原理

D/A 转换器的结构框图如图 11-2 所示，主要由锁存器、模拟开关、电阻网络和运算放大器组成。锁存器用于锁存 CPU 送来的数字量，模拟开关和电阻网络将数字量转换为成比例的模拟电流，运算放大器将模拟电流转换为模拟电压输出，这种直接输出模拟电压的转换器称为电压 DAC。有的 D/A 转换芯片内部没有集成运放构成的电流电压转换电路，其输出为模拟电流，称为电流 DAC。

电阻网络是 D/A 转换器的核心部件，分为二进制加权电阻网络和 T 型电阻网络两种，下面以 D/A 转换芯片广泛使用的 T 型电阻网络为例介绍 D/A 转换的原理。

图 11-3 是 4 位 T 型电阻网络 D/A 转换器的原理图。T 型电阻网络只有 R 和 $2R$ 两种阻值的电阻，输入的 4 位二进制数字量 $D_3 \sim D_0$ 分别控制 4 个模拟开关 $S_3 \sim S_0$，当位为 1 时开关打

到左边，与运算放大器的反相输入端（虚地）相连，支路电流流到运算放大器，当位为 0 时开关打到右边直接接地，流到运算放大器的支路电流为 0。

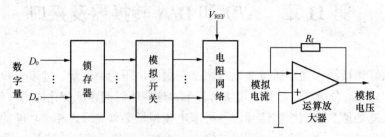

图 11-2　D/A 转换器的结构框图

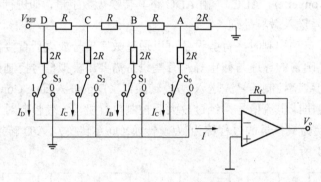

图 11-3　4 位 T 型电阻网络 D/A 转换器

T 型电阻网络中，节点 A 右边和下边为两个并联的 2R 电阻，其等效电阻为 R，节点 B 右边的等效电阻为 2R，下边的电阻为 2R，其等效电阻也为 R，与其类似，节点 C 和节点 D 的等效电阻也为 R。节点 D 接参考电压 V_{REF}，其他 3 个节点的电位分别为 $V_C = \frac{1}{2} V_{REF}$，$V_B = \frac{1}{4} V_{REF}$，$V_A = \frac{1}{8} V_{REF}$。

当位为 1 使开关与运放连接时，各节点下边支路流入运放的电流为

$$I_D = \frac{V_{REF}}{2R}, \quad I_C = \frac{V_{REF}}{4R}, \quad I_B = \frac{V_{REF}}{8R}, \quad I_A = \frac{V_{REF}}{16R}$$

4 位数字量通过 D/A 转换电路转换输出的电流为

$$I = I_D D_3 + I_C D_2 + I_B D_1 + I_A D_0 = \frac{V_{REF}}{2R} \left(\frac{D_3}{1} + \frac{D_2}{2} + \frac{D_1}{4} + \frac{D_0}{8} \right)$$

输出电压为

$$V_o = -I R_f = -R_f \frac{V_{REF}}{2R} \left(\frac{D_3}{1} + \frac{D_2}{2} + \frac{D_1}{4} + \frac{D_0}{8} \right)$$

由以上两个表达式可见，输出模拟电压和电流值除了与输入数字量大小成比例外，还与参考电压、反馈电阻有关。

11.2.2　D/A 转换器电压输出电路

D/A 转换器的输出有电流和电压两种形式，实际应用中通常需要电压输出，若采用电流 DAC，可在其输出端连接运算放大器构成的电流电压转换电路，转换为电压输出方式。运算

放大器根据需要可接成同相或反相输出,也可接成单极性或双极性输出电路,下面举例说明。

1. 同相与反相输出

反相输出电路如图 11-4(a)所示,运算放大器的输出电压 V_{OUT} 与 DAC 输出的电流 I 反相,其关系式为 $V_{OUT}=-IR$。

同相输出电路如图 11-4(b)所示,运算放大器的输出电压 V_{OUT} 与 DAC 输出的电流 I 同相,其关系式为 $V_{OUT}=IR_1(1+R_3/R_2)$。

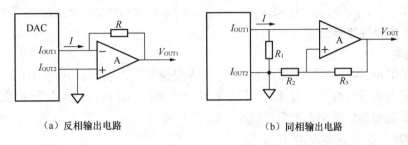

(a)反相输出电路　　　　　　　(b)同相输出电路

图 11-4　反相与同相电压输出电路

2. 单极性与双极性输出

DAC 输入的数字量没有符号变化时,输出电路可采用单极性电压输出电路。输出电压的正负由参考电压的极性决定,例如:0～+5V、0～-5V、0～+10V 和 0～-10V 等。图 11-4(a)、(b)均为单极性输出电路。

有些设备的控制既需要电压的大小变化,还需要极性变化,这时输入 DAC 的数字量有正有负,要求输出电压也应为双极性,这时可在单极性输出电路后再加一级运算放大器,将输出电压变为双极性输出,电压输出范围可为-5～+5V、-10～+10V 等,如图 11-5 所示。电路中参考电压 V_{REF} 为运算放大器 A_2 提供偏移电流,其方向与运算放大器 A_1 输出电流相反,选择 R_4 和 R_3 的阻值为 R_2 的两倍,就可以使 V_{REF} 引入的电流为 A_1 输出电流的一半。A_2、A_1 输出电压及参考电压的关系为 $-V_{OUT2}=2V_{OUT1}+V_{REF}$。$V_{REF}$ 极性变化时输出电压的极性也相应改变。双极性输出将电压动态变化的范围缩小了一半,可见其灵敏度比单极性电路降低一倍。

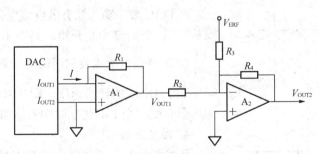

图 11-5　双极性电压输出电路

3. 输出零点及满刻度的调整

由于运算放大器存在零点漂移和增益误差,使实际输出电压与理论电压存在偏差,在精度要求较高的电路中应设置调零电位器和满刻度调整电位器,借助高精度数字电压表调整零点和满刻度值。

例如：使用 8 位 DAC，单极性输出 0～+5V，可在输出端接电压表，CPU 先向 DAC 送 00H，调节调零电位器使输出为 0V，再向 DAC 送 FFH，调节满刻度调整电位器，使输出电压为满量程电压 5V 减去最低位对应的电压值，即

$$V_{OUT} = V_{FS} - 1LSB = (1 - 2^{-8}) \times V_{FS} = 255/256 \times 5V = 4.98V$$

若输出为双极性-5～+5V，CPU 向 DAC 送 00H，调节调零电位器使输出为-5V，再向 DAC 送 FFH，调节满刻度调整电位器，使输出电压为+5V 减去最低位对应的电压值，即

$$V_{OUT} = V_{FS} - 1LSB = V_{FS} - V_{FS} \times 2^{-8} = 5 - 5V/128V = 4.96V$$

11.2.3　DAC 主要性能参数

1. 分辨率

分辨率是 DAC 最小输出电压（对应数字输入量最低位为 1，其他位为 0）与最大输出电压（对应数字输入量所有位全为 1）之比。比值越小分辨率越高，D/A 转换时数字输入信号最低位变化引起的输出模拟电压变化越小，DAC 越灵敏。

例如 8bDAC 的分辨率为

$$1/(2^8 - 1) = 1/255 \approx 0.003\,92$$

12 位 DAC 的分辨率为

$$1/(2^{12} - 1) = 1/4095 \approx 0.000\,244$$

这种表示方法不太直观，实际应用中分辨率通常用输入 DAC 数字量的位数表示如 8 位、12 位、16 位等，位数越多，分辨率越高。

2. 精度

精度反映 DAC 转换的精确程度，有绝对精度和相对精度两种表示方法。

绝对精度是指在输入端输入给定数字量后，输出端实际输出模拟电压或电流值与理论值之差。D/A 转换的增益误差、线性误差和噪声等影响绝对精度。

相对精度是 DAC 满量程校准后，输入各种数字量转换后的输出值与理论值之差。

精度和分辨率并不相同，精度是指转换后的实际输出与理想值之间的接近程度，反映的是误差的大小，分辨率是指输入数字量最低位的变化对输出影响的大小。

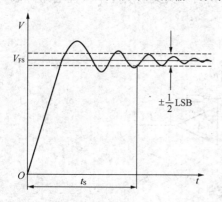

3. 建立时间

从 DAC 数字输入端有满度值变化（从全 0 变到全 1，或从全 1 变到全 0）开始，到输出达到与稳定值相差 $\pm\frac{1}{2}$LSB 范围内所需的时间称为建立时间 t_s，建立时间反映了 DAC 的转换速度。图 11-6 是 DAC 输入数字量从全 0 变到全 1 的建立时间示意图。

4. 温度系数

环境温度发生变化时会对 D/A 转换精度产生影响，温度系数是指 DAC 受环境温度影响的程度。一般 DAC 的温度系数为 ±50ppm/℃（1ppm 为百万分之一）。

图 11-6　DAC 建立时间示意图

5. 非线性误差

非线性误差也称线性度，是指实际转换特性与理想转换特性曲线的最大偏差。一般要求非线性误差的绝对值不大于 1/2 LSB。非线性误差越小说明线性度越好，模拟输出与理想值

的偏差就越小。

11.2.4　DAC0832

DAC 芯片分为多种类型，例如，按位数可分为 8 位、10 位、12 位和 16 位等；按是否锁存输入数据可分为带锁存器和不带锁存器型；按模拟输出类型可分为电流输出和电压输出型；按制造工艺可分为 MOS 型、双极型和 JFET 型。本节以典型的 DAC0832 芯片为例介绍 DAC 的结构原理及与微处理器的接口技术。

DAC0832 是 CMOS 工艺电流输出型 D/A 转换器芯片，输入具有双缓冲结构，采用 T 型电阻网络进行 D/A 转换，分辨率 8 位，建立时间 $1\mu s$，转换精度≤0.2%FSR，功耗为 20mW。

1. DAC0832 引脚功能

DAC0832 引脚排列如图 11-7 所示，各引脚功能如下。

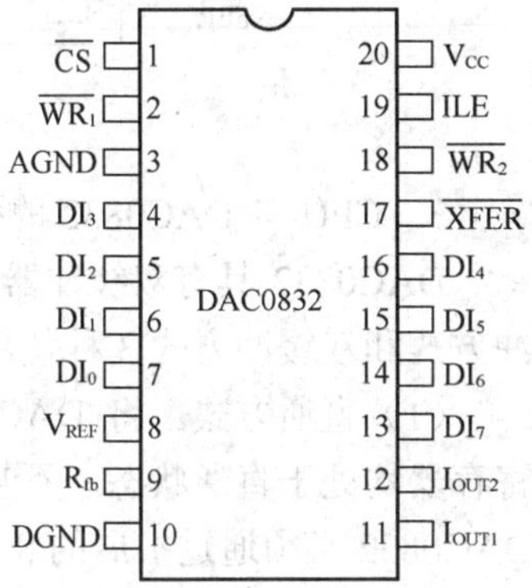

（1）$DI_7 \sim DI_0$：8 位数字量输入端。

（2）ILE：输入锁存允许信号，高电平有效。

（3）$\overline{CS}$：片选信号，低电平有效。$\overline{CS}$ 与 ILE 共同控制 $\overline{WR_1}$ 信号能否起作用。

（4）$\overline{WR_1}$：输入寄存器写选通信号，低电平有效。在 ILE 和 $\overline{CS}$ 同时有效时，该信号控制将输入数据锁存到输入寄存器中。

（5）$\overline{XFER}$：传送控制信号，低电平有效。

（6）$\overline{WR_2}$：DAC 寄存器写选通信号，低电平有效。当 $\overline{XFER}$ 信号有效时，该信号控制将输入寄存器中的数据锁存到 DAC 寄存器。

图 11-7　DAC0832 引脚图

（7）I_{OUT1}：模拟电流 1 输出端，是数字量中电平为 1 的各位对应的输出电流之和。DAC 寄存器中数字量全为 1 时 I_{OUT1} 电流最大，全为 0 时 I_{OUT1} 电流为 0，I_{OUT1} 随输入数字量线性变化。

（8）I_{OUT2}：模拟电流 2 输出端，是数字量中电平为 0 的各位对应的输出电流之和。I_{OUT1} 与 I_{OUT2} 的电流之和为常数，I_{OUT2} 的变化与 I_{OUT1} 正好相反。

（9）R_{fb}：芯片内部反馈电阻引脚，可将 R_{fb} 引脚直接接到外部运算放大器的输出端。

（10）V_{REF}：基准电压输入端。基准电压范围为$-10 \sim +10V$。

（11）V_{CC}：电源端，电源电压范围为$+5 \sim +15V$。

（12）AGND：模拟地，芯片内部模拟电路的公共端。

（13）DGND：数字地，芯片内部数字电路的公共端。

2. DAC0832 内部结构

DAC0832 内部结构如图 11-8 所示。DAC0832 主要由输入寄存器、DAC 寄存器和 DAC 三部分组成。输入寄存器由 $\overline{WR_1}$、$\overline{CS}$ 和 ILE 通过内部与门控制，当 3 个控制信号同时有效时输入寄存器的输出随输入变化，$\overline{WR_1}$ 由低变高时数据被锁存到输入寄存器并输出。DAC 寄存器由 $\overline{XFER}$ 和 $\overline{WR_2}$ 控制，当两个控制信号同时有效时，DAC 寄存器输出随输入变化，$\overline{WR_2}$ 由低变高时 DAC 寄存器锁存输入寄存器送来的数据并输出，由 T 型电阻网络构成的 DAC 对 DAC 寄存器送来的 8b 数字量进行转换，并从 I_{OUT1} 和 I_{OUT2} 端输出模拟电流。实际应用中经常需要模拟电压，可在电流输出端外接运算放大器将电流转换为电压输出。

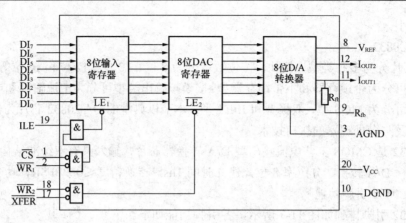

图 11-8　DAC0832 结构框图

3. CPU 与 DAC0832 的接口及编程

DAC0832 具有双缓冲器结构，与 CPU 接口时按照缓冲器的连接不同有直通方式、单缓冲方式和双缓冲方式 3 种使用方式。

（1）直通方式。将 DAC0832 两个寄存器的所有控制端都置为固定的有效电平，使两个寄存器均处于直通状态，不起缓冲作用，输入数据可直接送到 DAC 进行转换。直通方式下 DAC0832 必须通过扩展的 8 位并行输出口与 CPU 连接，也可用于不采用微机的控制系统。

【例 11-1】　图 11-9 中 DAC0832 接成直通方式，利用 8255A 的 A 口作为 DAC 与 CPU 的接口，编程将内存 ABUF 字节变量中的数据送入 DAC 进行 D/A 转换。设 8255A 的端口地址为 4A0H～4A3H。图中 8088 的地址线为经过锁存的地址信号。

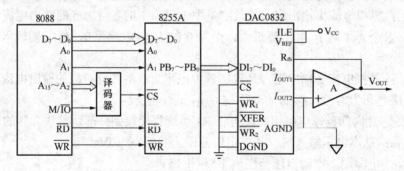

图 11-9　DAC0832 直通方式接口

DAC0832 的 ILE 接高电平，其他 4 个控制端接地，两个内部寄存器处于直通状态，不需控制信号。8255A 的 B 口工作于方式 0 输出，用于传送 8 位转换数字量，其他端口未用，方式字为 10000000B＝80H。

程序如下：

```
MOV AL,80H
MOV DX,4A3H
OUT DX,AL          ;写方式字,8255A 初始化
MOV AL,ABUF        ;取转换数据
MOV DX,4A1H
OUT DX,AL          ;通过 B 口送数据并转换输出
```

（2）单缓冲方式。单缓冲方式将输入寄存器或 DAC 寄存器的控制端置为有效电平，使一个寄存器处于直通状态，另一个寄存器作为缓冲器，输入数据经过一级缓冲送入 D/A 转换器进行转换。另外，也可以将两寄存器的控制端并联，使两寄存器同时选通，只起到一级缓冲的作用。单缓冲方式下 DAC0832 的 8b 数据引脚可直接与系统数据总线相连。单缓冲方式适用于单路模拟量输出或多路分时输出的场合。

【例 11-2】 图 11-10 是 CPU 与 DAC0832 直接连接的单缓冲方式接口电路，编程控制 DAC0832 输出 0～+5V 电压的三角波信号。设 DAC0832 的端口地址为 3C7H。

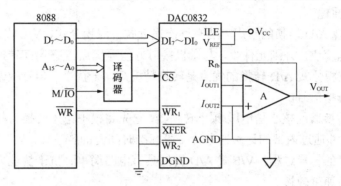

图 11-10　DAC0832 单缓冲方式接口

DAC 寄存器的两个控制端接地使其处于直通状态，输入寄存器作为缓冲器，由 $\overline{WR}$ 控制 $\overline{WR_1}$，ILE 接高电平，译码器输出的片选信号控制 $\overline{CS}$。CPU 送来的转换数据通过输入寄存器锁存后直接送 D/A 转换器转换输出。输出三角波信号的电压变化范围为 0～+5V，输出端采用单极性电流电压转换电路。

三角波信号的变化规律是从 0V 到 +5V，再从 +5V 到 0V 完成一个周期，对应的数字量输入是从 00H 逐位增大到 FFH，再从 FFH 逐位减小到 00H。不断重复这一操作，就可在运放输出端产生三角波信号。

三角波信号产生程序如下：

```
        MOV AL,00H        ;初始发送数据送入 AL
        MOV DX,3C7H       ;DAC0832 端口地址送入 DX
UP: OUT DX,AL             ;输出数字量
        CALL DLY          ;延时
        INC AL            ;数字量递增
        CMP AL,0FFH
        JNZ UP
DN: OUT DX,AL             ;输出数字量
        CALL DLY          ;延时
        DEC AL            ;数字量递减
        CMP AL,0
        JNZ DN
        JMP UP            ;转到 UP 开始下一周期
```

程序中通过调整延时子程序 DLY 的延时时间可以改变三角波的周期。

（3）双缓冲方式。双缓冲方式下 DAC0832 的两个寄存器作为两级缓冲锁存器分别选通：CPU 送出欲转换数据后，首先选通输入寄存器锁存并输出数据，然后再选通 DAC 寄存器锁

存输入寄存器送来的数据并送 D/A 转换器进行转换。

双缓冲方式适用于要求同时输出多路模拟量的场合。当有多片 DAC0832 需要同时输出模拟量时，CPU 将数据依次锁存到各片 DAC0832 的输入寄存器中，然后同时选通所有 DAC0832 的 DAC 寄存器，就能同时转换输出模拟电流。

11.2 A/D 转 换 器 及 接 口

11.2.1 A/D 转换原理

ADC 芯片实现 A/D 转换的常用方法有逐次逼近式、双积分式、V/F 式、Σ-Δ 式等。逐次逼近式具有转换速度快，外围元件少，与微机接口方便等优点，是 A/D 转换芯片使用最多的 A/D 转换方法。双积分式 A/D 转换的优点是转换精度高，干扰小，但转换速度较慢，适用于测量变化缓慢的模拟信号。

V/F 式 A/D 转换器的核心是电压/频率转换器，它先将模拟电压转换为与其信号变化幅值成正比的脉冲串，并通过内部的计数器累计一段标准时间内的脉冲数，从而转换为数字信号，即电压-频率-数字的转换过程，V/F 式 A/D 转换具有电路简单、抗干扰能力强、线性度好等优点，缺点是转换速度较慢。

Σ-Δ 式 A/D 转换方式兼具上述转换方式的优点，具有抗干扰能力强、量化噪声小、分辨率高、线性度好、转换速度较快等优点，是智能仪表和自动检测系统的较好选择，在计算机及自控领域应用越来越多。

下面以常用的逐次逼近式为例介绍 A/D 转换的原理，8 位逐次逼近式 A/D 转换电路如图 11-11 所示。

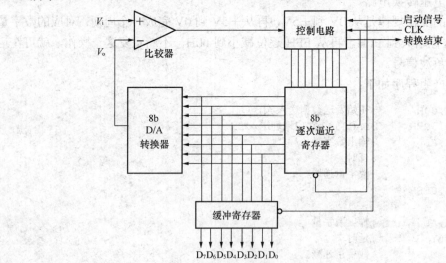

图 11-11 逐次逼近式 A/D 转换电路

8b 逐次逼近式 A/D 转换电路主要由 8 位逐次逼近寄存器、8bD/A 转换器、控制电路、运算放大器构成的比较器和缓冲寄存器组成。模拟电压由 V_i 端输入，转换的数字量由 $D_7 \sim D_0$ 输出，另外还有启动控制信号、转换结束状态信号和转换时钟信号 CLK。

D/A 转换器的输出电压 V_o 与输入的 8 位数字量成正比，当启动信号由高电平变为无效低电平时，逐次逼近寄存器清 0，向 D/A 转换器输入 00H，使 D/A 转换器的输出也为 0，转换器停止工作。

转换模拟电压送到 V_i 后，CPU 送来一高电平启动信号，转换器在 CLK 脉冲信号的作用下开始计数。在第一个时钟脉冲时，控制电路使逐次逼近寄存器的最高位 D_7 置 1，输出 1000000B，使 D/A 转换器输出电压 V_o 为满量程电压的 128/255，比较器对 V_i 和 V_o 进行比较，若 $V_o>V_i$，比较器输出低电平，使控制电路将逐次逼近寄存器的最高位清 0，若 $V_o<V_i$，比较器输出高电平，逐次逼近寄存器的最高位保持 1 不变。

下一个脉冲使逐次逼近寄存器的 D_6 位置 1，若最高位为 1，则逐次逼近寄存器输出 11000000B，使 D/A 转换器输出电压 V_o 为满量程电压的 192/255，若 $V_o>V_i$，比较器输出低电平，使控制电路将逐次逼近寄存器的 D_6 位清 0，若 $V_o<V_i$，则比较器输出高电平，逐次逼近寄存器的 D_6 位保持 1 不变。

再下一个脉冲到来时控制电路用同样方法对逐次逼近寄存器的 D_5 位置 1 并判断，以决定保留还是清 0，依次类推，当判断完 D_0 位后，逐次逼近寄存器的 8b 数据即为转换结果，控制电路随后发出低电平的转换结束状态信号，并逐次逼近寄存器中的数据送到缓冲寄存器并输出。CPU 可以通过查询转换结束信号及时取走转换结果。

11.2.2　采样保持电路

ADC 进行转换的模拟电压信号变化速度差别很大，变化缓慢的模拟信号可直接送入 ADC 转换，如果模拟信号的变化速度很快，高于 ADC 的转换速度若干倍，则必须先送入采样保持电路采样保持后再送入 A/D 转换器转换，以保证转换的精度。

采样保持电路如图 11-12（a）所示。电路由输入运算放大器 A1、输出运算放大器 A2、保持电容 C 和模拟开关 S 组成。两个放大器的增益均为 1，使输入信号能原样送到输出端。

采样保持电路有采样状态和保持状态两种工作状态。采样保持状态输入/输出信号的波形如图 11-12（b）所示。两种状态在控制信号的作用下交替出现。

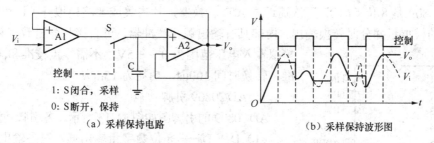

（a）采样保持电路　　　　　　　　　（b）采样保持波形图

图 11-12　采样保持电路及输入/输出信号波形图

采样状态时控制信号为高电平，控制模拟开关闭合，输入电压向保持电容快速充电，使电容端电压与输入电压相同，且输出电压跟随输入电压同步变化。

保持状态时控制信号为低电平，控制模拟开关断开，输入与输出隔离，运算放大器 A2 具有很高的输入阻抗，流入 A2 的电流接近 0，保持电容的端电压将保持采样结束时刻的输入电压不变，并通过输出端输出。

11.2.3　ADC 主要性能参数

1. 分辨率

分辨率表示 ADC 分辨最小的量化信号的能力，分辨率是数字输出的最低位对应的模拟输入电压值。设输入满量程电压为 V_{FS}，ADC 的位数为 n，则分辨率为 $1/2^n V_{FS}$。

例如，满量程电压 $V_{FS}=10V$，则 8b DAC 的分辨率为 $10/256V \approx 0.039V$，10b ADC 的分辨率为 $10/1024V \approx 0.00977V$。

为了表示方便，分辨率通常用 ADC 输出数字量的位数表示，例如，8b、12b、16b 等，位数越大，分辨率越高，A/D 转换时对输入模拟信号的变化反应越灵敏。

2. 转换精度

转换精度是指 ADC 实际输出值与理论输出值之差，反映了 ADC 的实际输出接近理想输出的精确程度。有绝对精度和相对精度两种表示方法。

绝对精度是指输出给定的数字量时，实际模拟输入值与理论要求输入值之差。例如：某 ADC 要求输出 80H 时，理论上应该输入 5V 电压，但实际输入电压在 4.997～4.999V 之间都能输出 80H，则该 ADC 的绝对精度为（4.997V＋4.999V）/2－5V＝2mV。

相对精度是指 ADC 满刻度校准后，在整个转换范围内任一数字输出所对应的实际模拟输入与理论值之差，相对精度又称为线性度。

3. 转换时间

转换时间是指 ADC 完成一次模拟量到数字量转换所需要的时间，即启动信号有效到转换结束并输出稳定数字量所需要的时间。

不同类型不同型号的 ADC 所需转换时间差别很大，通常将转换时间大于 1ms 的称为低速 ADC，1ms～1μs 的称为中速 ADC，小于 1μs 的称为高速 ADC，小于 1ns 的称为超高速 ADC。

4. 量程

量程是指 ADC 能转换的模拟输入电压范围，量程分单极性和双极性两种，单极性量程如 0～5V，0～10V，0～20V 等，双极性量程如–5～＋5V，–10～＋10V 等。

11.2.4 ADC0809

ADC0809 是 8 位 CMOS 逐次逼近式 A/D 转换器，片内集成 8 路模拟开关，可同时连接 8 路不同的模拟量并分时转换输出，内部具有输出锁存缓冲器，可直接与微机数据总线相连。模拟输入电压范围为 0～＋5V，不需零点校准和满刻度校准。转换时间 100μs，功耗为 15mW。

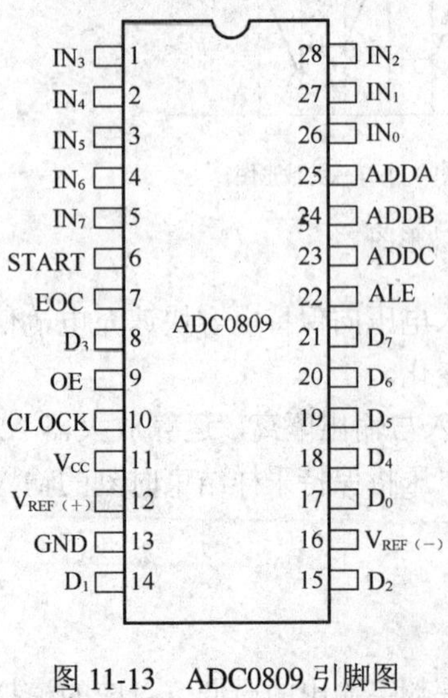

1. ADC0809 引脚功能

ADC0809 的引脚图如图 11-13 所示。各引脚功能如下：

（1）$D_7 \sim D_0$——8 位数字量输出端。三态输出，可直接与微机数据总线相连。

（2）$IN_0 \sim IN_7$——8 路模拟信号输入端。可接入 8 路不同的模拟信号分时转换。

（3）ADDC、ADDB、ADDA——模拟通道选择地址线。这 3 条地址线的 8 位编码组合对应 8 个模拟信号输入通道 $IN_7 \sim IN_0$，各通道地址如表 11-1 所示。

（4）ALE——地址锁存允许信号。ALE 信号的上升沿将 3b 通道地址锁存到地址锁存器中。

（5）START——A/D 转换启动信号。START 正脉冲的上

图 11-13   ADC0809 引脚图

升沿复位 ADC0809，下降沿启动 A/D 转换。

表 11-1　　　　　　　　　　　**ADC0809 通道地址**

ADDC	ADDB	ADDA	选中的输入通道	ADDC	ADDB	ADDA	选中的输入通道
0	0	0	IN_0	1	0	0	IN_4
0	0	1	IN_1	1	0	1	IN_5
0	1	0	IN_2	1	1	0	IN_6
0	1	1	IN_3	1	1	1	IN_7

（6）EOC——转换结束状态信号。A/D 转换过程中 EOC 为低电平，转换结束时变为高电平。EOC 可作为 CPU 的查询或中断请求信号。

（7）OE——输出允许信号。OE 为低电平时 8 位数据输出端为高阻态，高电平时三态门打开，转换 8 位数字量通过 $D_7 \sim D_0$ 输出。

（8）$V_{REF(+)}$、$V_{REF(-)}$——正、负参考电压输入端。通常将 $V_{REF(-)}$ 接地，$V_{REF(+)}$ 接参考电压。例如当 $V_{REF(+)} = +5V$ 时，输入电压范围为 $0 \sim +5V$。

（9）CLOCK——时钟输入端。时钟频率范围为 $10 \sim 1280kHz$，典型值为 640kHz。转换器的转换时间取决于时钟频率，当时钟为 500kHz 时转换速度为 $128\mu s$。

（10）V_{CC}、GND——电源和地端，电源电压范围 $+5 \sim +15V$。

2. ADC0809 内部结构

ADC0809 的内部结构框图如图 11-14 所示，按功能可分为 3 部分。

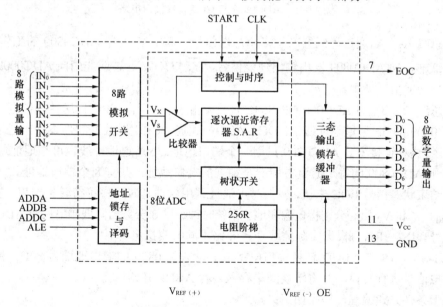

图 11-14　ADC0809 的内部结构框图

（1）模拟开关和地址锁存与译码电路：8 路模拟开关用于接收 8 路不同的模拟信号，由于 ADC0809 在某一时刻只能对一路模拟量进行转换，地址锁存与译码电路用于控制模拟开关，使 8 路模拟信号中的某一通道与内部逐次逼近式转换器连通。

（2）A/D 转换器：由比较器、逐次逼近寄存器、树状开关、256R 电阻阶梯构成，对模拟开关接入的一路模拟信号进行转换。转换器工作时需外接时钟信号和参考电压，由 START 启动一次转换，转换结束时发出 EOC 状态信号。

（3）输出锁存缓冲器：数字量输出端 $D_0 \sim D_7$ 与转换器之间接有 8 位三态输出锁存缓冲器，使 ADC0809 可与微机的系统数据总线直接连接，ADC 转换完的 8 位数字量送到锁存缓冲器输入端，输出允许信号 OE 为高电平时锁存缓冲器打开使转换的数字量输出。

3. CPU 与 ADC0809 的接口

（1）ADC0809 与 CPU 直接连接。ADC0809 内部集成输出锁存缓冲器，CPU 或系统总线能与 ADC0809 直接连接，接口电路如图 11-15 所示。

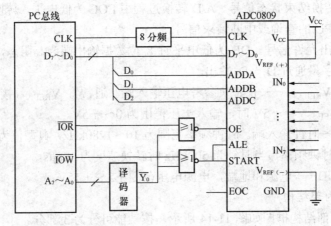

图 11-15　ADC0809 与 CPU 直接接口电路

地址总线 $A_7 \sim A_0$ 通过译码器产生多个片选信号，其中 $\overline{Y_0}$ 控制 ADC0809 的工作。$\overline{Y_0}$ 与 $\overline{IOR}$ 通过或非门向 ADC0809 发出输出使能信号，$\overline{Y_0}$ 与 $\overline{IOW}$ 通过或非门向 ADC0809 发出转换启动信号和通道地址锁存信号。

数据总线 $D_7 \sim D_0$ 与 ADC0809 的 8b 数据引脚相连，用于向 CPU 传送转换数据，$D_2 \sim D_0$ 还与 ADC0809 的 3b 通道地址线 ADDC~ADDA 相连，CPU 以数据的形式送出通道地址选通某一通道，这种连接方式 ADC0809 只用一个端口地址。3b 通道地址线也可与地址总线 $A_2 \sim A_0$ 相连，则 ADC0809 的每个通道占用一个独立的端口地址，共有 8 个端口地址。

转换结束状态信号 EOC 未接，转换时可通过调用软件延时程序等待转换结束。参考电压输入端 $V_{REF(+)}$ 和 $V_{REF(-)}$ 分别接电源和地。系统时钟经过 8 分频器降低频率后向 ADC0809 提供时钟信号。$IN_7 \sim IN_0$ 可根据实际需要连接 8 路不同的模拟量。

【例 11-3】　图 11-15A/D 转换接口电路中，设 ADC0809 的端口地址为 80H，编程依次对 8 路模拟信号进行转换，并将转换结果存入内存 ABUF 开始单元。

采用无条件方式编程，程序如下：

```
        MOV CX,08H      ;循环次数计数器
        MOV BL,00H      ;从通道 0 开始
        LEA DI,ABUF     ;存数指针
NXT:    MOV AL,BL
        OUT 80H,AL      ;选通通道并启动转换
        CALL DLY200     ;延时 200μs 等待转换完成
        IN AL,80H       ;读取转换数据
```

```
        MOV [DI],AL        ;存转换数据
        INC BL             ;指向下一通道
        INC DI             ;修改存数指针
        LOOP NXT
```

（2）ADC0809 通过并行接口芯片与 CPU 连接。CPU 通过并行接口芯片 8255A 与 ADC0809 的接口电路如图 11-16 所示。

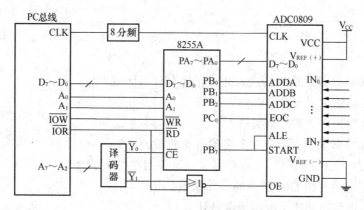

图 11-16　ADC0809 通过 8255A 与 CPU 接口电路

系统地址总线 A_1、A_0 与 8255A 的地址引脚 A_1、A_0 对应相连，用于选择 8255A 的内部端口。$A_7 \sim A_2$ 通过译码器产生片选信号，其中 $\overline{Y_0}$ 与 8255A 片选端相连，$\overline{Y_1}$ 和 $\overline{IOR}$ 通过或非门发出输出使能信号，使 ADC0809 输出转换数据。

8255A 的 PA 口与 ADC0809 数据口相连，用于传送转换数据。$PB_2 \sim PB_0$ 与 ADC0809 通道地址线 $ADDC \sim ADDA$ 相连，用于输出通道地址。PB_7 与 ADC0809 的 ALE 和 START 相连，同时选通通道并启动模数转换。PC_0 与 EOC 相连，用于接收 ADC0809 发出的转换结束状态信号。

【例 11-4】　在如图 11-16 所示的 A/D 转换接口电路中，设 8255A 的端口地址为 80～83H，ADC0809 的地址为 84H，编程依次对 8 路模拟信号进行转换，并将转换结果存入内存 ABUF 开始单元。

根据 8255A 各端口的应用特点，可得到方式字为 10010001B＝91H。可检测转换结束状态标志 EOC 的状态，采用查询方式编程，程序如下：

```
        MOV CX,08H         ;循环次数计数器
        MOV BL,80H         ;从通道 0 开始
        LEA DI,ABUF        ;存数指针
        MOV AL,91H
        MOV 83H,AL         ;8255A 初始化
NXT:    MOV AL,00H
        MOV 81H,AL         ;PB7=0
        MOV AL,BL
        MOV 81H,AL         ;送通道地址并启动转换(PB7=1)
        MOV AL,00H
        MOV AL,BL          ;PB7=0,使 PB7 输出正脉冲
WAT:    IN AL,82H
        TEST AL,01H
```

```
JZ WAT            ;检测 EOC,等待转换结束
IN AL,84H         ;使 ADC0809 输出转换数据到 A 口
IN AL,80H         ;读取转换数据
MOV [DI],AL       ;存转换数据
INC BL            ;指向下一通道
INC DI            ;修改存数指针
LOOP NXT
```

习　　题

1. 什么是 A/D 转换、D/A 转换? 两种转换有什么区别?

2. A/D 转换器的主要参数有哪些?

3. D/A 转换器的主要参数有哪些?

4. 常用的 A/D 转换器分哪几类? 各有什么优缺点?

5. DAC0832 与 CPU 的接口方式有哪 3 种? 各用在什么场合?

6. 简述 T 型电阻网络 D/A 转换的工作原理。

7. 采样保持电路的功能及应用场合是什么?

8. 多路模拟开关在 A/D 转换电路中有什么作用?

9. 内部不带缓冲器的 DAC 能否与 CPU 直接接口,为什么?

10. 根据如图 11-10 所示电路编程产生矩形波和矩齿波。

11. 两片 DAC0832 采用双缓冲方式与 8088 微处理器连接,设计接口电路,编程将 BL、BH 中的数据分别送两片 DAC,并同时转换输出。

12. 将如图 11-15 所示接口电路中 ADC0809 的 EOC 引脚作为中断请求信号,中断方式编程采集 8 路模拟信号并将转换数据存入 ABUF 缓冲区中。

第 12 章　人机交互设备及接口

　　微型计算机系统的外部设备按功能可分为输入设备、输出设备和外存设备 3 类。输入设备和输出设备用于实现计算机和用户之间的信息传递，是人与计算机之间信息交互的媒介，通常称为人机交互设备。常用的输入设备有键盘、鼠标、触摸屏、扫描仪等，常用的输出设备有显示器、打印机、绘图仪等。本章介绍常用人机交互设备的结构原理及与微处理器的接口技术。

12.1　键　盘　及　接　口

　　键盘是微机的基本输入设备，用户可通过键盘输入数字、字符、命令等信息。微机键盘中包含专用接口电路，用于处理按键信息，并发送到 CPU 进行处理，以减轻 CPU 的负担，提高系统的工作效率。

　　键盘由若干按键开关组成，按键的闭合或断开会形成高、低电平两种状态，某个按键动作后通过键盘识别形成对应的闭合键编码送入 CPU 处理。按照检测闭合键方式的不同，键盘可分为编码键盘和非编码键盘两类。

　　编码键盘由专用的控制器对键盘进行扫描，当有按键按下时能自动检测并得到该按键的键码。例如，ASCII 码编码键盘，当按下"A"按键时，键盘能提供该键所对应的 ASCII 码 41H。编码键盘接口简单，判断键码不占用 CPU 时间，但控制电路较复杂，价格较高。

　　非编码键盘不能直接提供闭合键的键码，而是用简单的硬件电路和键盘检测程序识别闭合键，当有键按下时提供闭合键对应的中间代码，再由程序将其转换为对应的按键编码。另外，防抖及重键处理也由键盘处理程序完成。非编码键盘使用灵活，扩展方便，可靠性高，是微机系统中常用的键盘形式。

12.1.1　非编码键盘的类型

　　非编码键盘按照按键的组合连接方式又分为线性键盘和矩阵键盘两类。

　　1. 线性键盘

　　线性键盘与扩展的并行输入口连接，每个按键占用并行输入口的一条端口线，CPU 通过检测端口线的电平状态确认按键是否闭合，若闭合根据按键定义的功能进行相应处理。线性键盘中的各按键彼此独立，也称为独立键盘。

　　线性键盘每个按键需要一条独立的输入端口线，所用并行口数量随着按键的增加线性增加。例如，8 键键盘需要扩展一个 8 位并行输入口，64 键键盘需要扩展 8 个 8 位输入口，若用 74HC244 芯片扩展则需要 8 片，用 8255A 芯片扩展需要 3 片。按键数量多时键盘接口电路复杂，成本高，体积大，因此线性键盘仅用于按键数量较少的简单应用场合，微型计算机键盘不采用此方式。

　　8 按键线性键盘的接口电路如图 12-1 所示。8 个按键 $S_1 \sim S_8$ 一端接地，另一端与并行输入口的端口线相连，并通过上拉电阻接 +5V 电源，端口内部有上拉电阻时外部电阻可省去。

当某一按键断开时相应端口线被上拉电阻拉为高电平，当按键闭合时端口线接地为低电平。CPU 逐位检测端口线状态，若为低电平运行相应按键的处理程序。

2. 矩阵键盘

矩阵键盘也称行列式键盘，由若干条行线和列线组成二维矩阵结构，每条行线和列线的交叉点放置一个按键，键盘的按键总数为行线和列线的乘积。行线和列线与并行口相连，根据检测闭合键方式的不同发送行、列码，或读取行、列信息，以确定有无闭合键。若有闭合键确定其位置，并得到该键的键码。4 条行线和 4 条列线构成的 16 键矩阵键盘接口电路如图 12-2 所示。

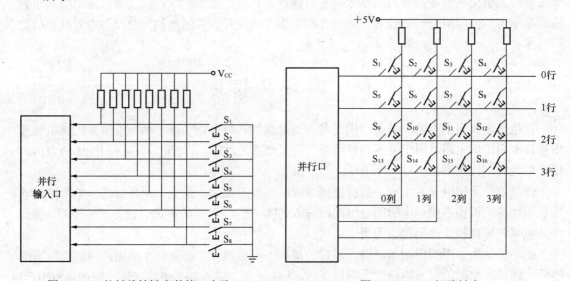

图 12-1　8 按键线性键盘的接口电路　　　　图 12-2　4×4 矩阵键盘

矩阵键盘所需并行口数量较少，接口电路简单，使用灵活，在按键数量较多的情况下优势明显，适用于按键数量较多的复杂键盘。例如，4 行×4 列的矩阵键盘共有 16 个按键，需扩展 1 个 8 位并行口；8 行×8 列的矩阵键盘共有 64 个按键，需扩展 2 个 8 位并行口；16 行×8 列的矩阵键盘共有 128 个按键，需扩展 3 个 8 位并行口。PC 微机采用的就是以 CPU 为控制核心的 16×8 智能矩阵键盘。

12.1.2　矩阵键盘的工作原理

矩阵键盘检测闭合键的方法有行扫描法、行列扫描法和行反转法 3 种，不同的方法接口电路及检测闭合键的原理都不相同。

1. 行扫描法

使用行扫描法时，矩阵键盘的行线与并行输出口相连，用于向行线输出行扫描信号；列线与并行输入口相连，用于读取列线状态。所有列线接上拉电阻，保证某一列没有闭合键时CPU 读取到高电平。

CPU 首先发送全 0 的行码，并读取列信息。若读取的列值全为 1，说明整个键盘没有闭合键，继续检测等待。若读取的列值不全为 1，说明键盘有闭合键，但不能确定闭合键的具体位置，然后开始逐行扫描进一步检测。

逐行扫描时先向 0 行送低电平，其他行送高电平，读取列信息。若列线全为 1 说明该行没有键闭合。同样原理顺序扫描下一行，当某一行送 0，读取的列值中某一列为 0 时，说明闭合键就在该行和该列的交叉点，根据送的行扫描码和读取的列值可以得到与该闭合键对应的唯一键码，CPU 根据键码转去执行闭合键的处理程序。

2. 行列扫描法

行列扫描法与行扫描法的原理相似，通过计数译码电路使各行顺序输出低电平，并读取列信息。若列线全为高电平说明该行没有键闭合，若某一列为低电平，就确定了闭合键所在的行号和列号。

然后用同样的方法逐列扫描，向各列顺序输出低电平，并读取行信息：若行线全为高电平说明该列没有键闭合；若某一行为低电平，就确定了闭合键所在的行号和列号。

若两次扫描检测的闭合键所在的行号和列号相同，说明这两次扫描的结果是正确的。然后根据行号和列号得到与该闭合键对应的唯一键码，CPU 根据键码转去执行闭合键的处理程序。行列扫描法的可靠性比行扫描法高，PC 键盘采用的就是行列扫描法。

3. 行反转法

行扫描法和行列扫描法逐行扫描键盘，键盘行数多时效率比较低，例如：8×8 的矩阵键盘，闭合键在最后一行时需扫描 8 次才能找到闭合键。采用反转法检测键盘，无论按键多少只需两次即可得到键码，效率比行扫描法高。

使用行反转法对键盘接口的要求比行扫描法高，要求行线和列线端口既能作为输入口又能作为输出口，而且所有行线和列线都要接上拉电阻。

行反转法检测时，先将行线端口置为输出口，列线端口置为输入口，向所有行线输出低电平，读取列线状态，若列线不全为高电平说明有闭合键。当有键闭合时，将列线端口置为输出口，行线端口置为输入口，使所有列线输出低电平，读取行线状态。将两次读取的行状态数据和列状态数据组合起来，就得到了闭合键的唯一键码。

12.1.3 抖动及重键的处理

键盘软硬件设计时，除了解决闭合键的识别外，还要解决按键抖动和重键的问题。

1. 按键抖动及处理

按键利用开关触点的闭合或断开产生的电压变化向 CPU 传送信息，开关通断期间的电压抖动波形如图 12-3 所示。由于机械开关触点的弹性作用，开关闭合和断开瞬间都会产生电压抖动过程，而不是由高电平立即变为低电平或由低电平立即变为高电平的理想状态。抖动过程持续时间长短与按键机械特性有关，一般持续 5～10ms。抖动期间如果 CPU 检测闭合键，可能会得到错误信息。

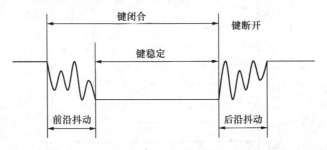

图 12-3 按键闭合断开时的电压抖动波形

为了保证 CPU 对按键的正确检测与判断，必须采取措施消除抖动的影响。按键去抖动措施有硬件和软件两种。硬件去抖动常用两种办法，一种办法是用 RS 触发器构成的双稳态电路去抖，另一种办法是用 RC 积分电路组成的滤波电路去抖。硬件去抖需增加额外的电路，按键数量多时电路结构复杂。

软件去抖是当 CPU 检测到有键按下时先执行一个 10ms 的软件延时程序，然后再次检测该键是否仍然闭合，如果仍然保持闭合状态说明该键处于稳定的闭合状态，否则不予处理，从而消除了抖动的影响。软件去抖不需任何附加电路，完全由程序实现，是键盘常用的去抖动措施。

2. 重键的处理

重键是指某一时刻有两个或两个以上的按键同时按下。若系统不允许重键，当 CPU 检测到重键时不予处理，直到只有一个按键按下时才识别并进行相应的处理。

当键盘按键数量不能满足要求时，除了增加按键数量扩展键盘外，更简单的方法就是允许重键，将两个或两个以上的按键同时按下定义为一个新的功能，并为其规定唯一的键码，这种情况下 CPU 检测到符合条件的键码时，能够立即执行相应的操作。IBM PC 采用的就是这种方式，利用 104 个按键实现了更多的输入功能。

12.1.4 键盘接口及编程

【例 12-1】 8×8 矩阵键盘的接口电路如图 12-4 所示。键盘采用行扫描方式工作，PA 口与 8b 行线相连，工作于方式 0 输出，用于输出 8 位行扫描信号。PB 口与 8 位列线相连，工作于方式 0 输入，用于读取 8 位列信号。8 条列线通过上拉电阻与+5V 电源相连，当某一列没有闭合键时保证该列为高电平。

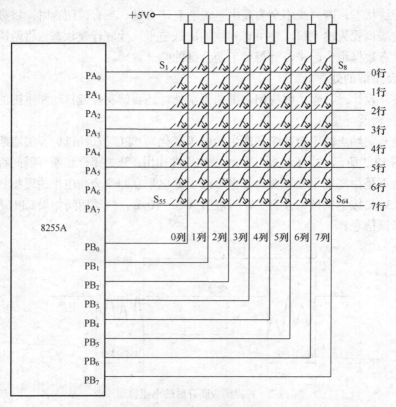

图 12-4　8×8 矩阵键盘的接口电路

设 8255A 的端口地址为 2C0H～2C3H，CPU 通过行扫描方式检测闭合键并得到键号的程序如下：

```
           PA EQU 2C0H        ;定义 8255A 端口符号地址
           PB EQU 2C1H
           PC EQU 2C2H
           PCN EQU 2C3H
           MOV DX,PCN
           MOV AL,82H
           OUT DX,AL          ;写 8255A 方式字,PA 方式 0 输出,PB 方式 0 输入
WAT:       MOV DX,PA
           MOV AL,00H
           OUT DX,AL          ;行线全送 0
           MOV DX,PB
           IN AL,DX           ;读列线
           CMP AL,0FFH
           JZ WAT             ;无键按下,循环检测
           MOV BL,00H         ;键号初值,BL 作为键号寄存器
           MOV BH,0FEH        ;从 0 行开始扫描,BH 为行扫描码寄存器
           MOV CX,8           ;扫描次数 8
SCN:       MOV AL,BH
           MOV DX,PA
           OUT DX,AL          ;送行扫描码
           ROL BH,1           ;修改行扫描码,为扫描下一行做准备
           MOV DX,PB
           IN AL,DX           ;读列码
           CMP AL,0FFH
           JNZ SCN1           ;该列有键闭合转 SCN1
           ADD BL,08H         ;无键闭合指向下一行键号
           LOOP SCN           ;8 行未完成转扫描下一行
           JMP EXT            ;8 行扫描完无键按下转 EXT 退出
SCN1:      ROR AL,1           ;查哪一列有闭合键
           JNC SCN2           ;查到闭合键的键号
           INC BL             ;未查到,键号加 1,查下一列
           JMP SCN1
           …
SCN2:                         ;闭合键的键号存 BL 寄存器中
           …
EXT:                          ;无键闭合结束
           …
```

BL 作为键号寄存器，其中 $D_2 \sim D_0$ 位存放闭合键的列号，$D_5 \sim D_3$ 存放闭合键的行号，D_7、D_6 位不用。例如，当 4 行 7 列按键闭合时，得到的键号为 00100111B＝27H，当 5 行 2 列按键闭合时，得到的键号为 00101010B＝2AH。

【例 12-2】 如图 12-4 所示的矩阵键盘接口电路中，将所有行线连接上拉电阻，编程采用行反转法检测闭合键。设 8255A 端口地址为 80～83H。

CPU 通过行反转法检测闭合键的程序如下：

```
KEY:       MOV AL,82H
           OUT 83H,AL         ;写方式字,PA 方式 0 输出,PB 方式 0 输入
```

```
WAT:    MOV AL,00H
        OUT 80H,AL          ;行线全部送 0
        IN AL,81H           ;读列线状态
        CMP AL,0FFH
        JZ WAT              ;无键闭合循环检测
        MOV DL,AL           ;有键闭合,保存列值到 DL
        CALL DLY10          ;延时 10ms
        MOV AL,90H
        OUT 83H,AL          ;写方式字,PA 方式 0 输入,PB 方式 0 输出
        MOV AL,DL           ;读取的列值送入 AL
        OUT 81H,AL          ;列值送列线
        IN AL,80H           ;读行线状态
        MOV AH,DL           ;AX 中为行列值的组合,AH 为列值,AL 为行值
        MOV SI,TAB          ;SI 指向键码表首址
        MOV CX,64           ;键计数器设初值 64
LP:     CMP AX,[SI]         ;行列值与键码表比较
        JZ KEY2             ;若相等转闭合键处理
        ADD SI,2            ;修改指针,指向下一个键码
        LOOP LP             ;循环对比判断
        JMP KEY             ;未找到返回重新开始检测键盘
        ...
KEY2:   ...                 ;闭合键处理
        ...
TAB:    DW 0FEFEH,0FEFDH,0FEFBH,0FEF7H          ;键码表
```

12.1.5 PC 微机键盘及接口

1. 键盘接口类型

随着微型计算机技术的发展,作为微机基本输入设备的键盘也不断改进,从早期的 83 键标准键盘,逐步增加按键数量,增加新的功能,出现了 84 键、101 键、102 键及 104 键等不同按键数的新型键盘。同时键盘与主机的接口也有了改进,PC 使用的键盘接口主要有以下 3 种类型。

（1）标准接口。标准接口用于早期的 AT 微机主板上,也称作 AT 接口。标准接口为 5 针圆形插座。高档微机中标准接口已淘汰。标准接口的引脚排列及引脚定义如图 12-5 所示。

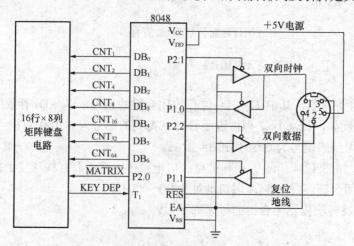

图 12-5 PC 键盘接口

（2）PS/2 接口。PS/2 接口为具有 6 针的圆形插座，其直径比标准接口小。各引脚的功能定义：1 脚为数据线，5 脚为时钟线，3 脚为地线，4 脚为＋5V 电源，2、6 脚保留未用。目前 PC 机上都具有键盘 PS/2 接口。

（3）USB 接口。USB 是通用串行总线接口，有 4 条信号线，其中 2 条传输数据，2 条提供＋5V 电源，USB 总线数据传输率高，支持即插即用和热插拔，使用方便，通用性好，适用于各种低速和高速外部设备的接口。具有 USB 接口的键盘也具有这些优点，在微机中使用得越来越多。

2．PC 机键盘接口

PC 机的键盘接口电路如图 12-5 所示。键盘采用了 16 行×8 列的矩阵结构，可连接 128 个按键，实际使用 83～104 个，多余交叉点未用。键盘采用一片 8048 单片机对键盘的字符键、数字键、功能键、控制键及组合键进行自动扫描和管理，是键盘控制管理的核心。单片机通过接口插头与主机相连，以串行方式传送数据。键盘扫描处理过程中不需要主机参与，检测到闭合键后能主动向 CPU 发出中断请求信号，是一个智能型键盘。

微机开机后，存储在单片机中的键盘扫描程序采用行列扫描法不断地扫描键盘矩阵，检测到闭合键时得到其闭合扫描码，当按键断开时单片机又得到其断开扫描码。两个扫描码合在一起作为该闭合键的键盘扫描码，存放到单片机中的 16B FIFO 队列缓冲器中，同时向主机发出中断请求 IRQ_1，并将键盘扫描码以行方式发送到主机。

主机收到中断请求后转入中断服务程序，接收键盘送来的扫描码，将字符和字母的扫描码转换为 ASCII 码，将命令键、组合功能键等转换为扩展码，然后送入内存 BIOS 数据区中的 32B 键盘缓冲区。键盘缓冲区的循环队列由中断处理程序操作。

3．键盘中断调用及编程

（1）键盘接口硬件中断（IRQ_1）。

当主机收到键盘送来的 IRQ_1 中断请求时，CPU 在中断允许的条件下，响应键盘中断，从而转入 BIOS 的键盘中断处理程序（中断类型码为 09H）。主要处理过程：

① 从键盘接口的输出缓冲器（端口地址为 60H）读取系统操作码；

② 将系统扫描码转换为 ASCII 码或扩展码并存入键盘缓冲区；

③ 若是组合键（例如"Ctrl"＋"Alt"＋"Del"的系统热启动）则直接执行；

④ 若是换档键（例如"Caps Lock"、"Ins"等）则将其状态存入 BIOS 数据区的键盘标志单元；

⑤ 若是"Ctrl"＋"C"或"Ctrl"＋"Break"的终止组合键，强行中断应用程序的执行，返回 DOS 操作系统。

（2）BIOS 键盘中断调用（INT 16H）。

中断类型号为 16H 的 BIOS 键盘中断调用提供了基本的键盘操作，它的中断处理程序包括三个功能，分别根据 AH 寄存器的内容进行选择：其中功能 0 是获取键盘的字符码和扫描码，功能 1 是判断当前是否有按键按下，功能 2 是查询一些特殊键的状态。INT 16H 的功能及参数如表 12-1 所示。

由于功能键没有对应的 ASCII 码，可以通过中断调用读取键盘状态字节，然后根据各位的值判断当前功能键的状态。AL 寄存器中键盘状态字节各位的含义如表 12-2 所示。

表 12-1   **BIOS 键盘中断（INT 16H）的功能及参数**

功能号 AH	功　　能	出　口　参　数
0	从键盘输入 1 个字符	AL＝字符码，AH＝扫描码
1	读键盘缓冲区中的字符	若 ZF＝0：AL＝字符码，AH＝扫描码； 若 ZF＝1：缓冲区空
2	取键盘状态字节	AL＝键盘状态字节

表 12-2   **AL 中键盘状态字节各位的含义**

AL 的位状态	含　　义	AL 的位状态	含　　义
$D_0＝1$	按下右 "Shift" 键	$D_4＝1$	"Scroll Lock" 键状态是 ON
$D_1＝1$	按下左 "Shift" 键	$D_5＝1$	"Num Lock" 键状态是 ON
$D_2＝1$	按下 "Ctrl" 键	$D_6＝1$	"Caps Lock" 键状态是 ON
$D_3＝1$	按下 "Alt" 键	$D_7＝1$	"Insert" 键状态是 ON

（3）DOS 功能调用。

DOS 系统功能调用（INT 21H）也提供了键盘操作功能，如表 12-3 所示。

表 12-3   **DOS 系统功能调用（INT 21H）**

功能号 AH	功　　能	入　口　参　数	出　口　参　数
01	键盘输入并回显		AL＝输入字符
06	直接控制台 I/O（从键盘输入/输出 1 个字符）	DL＝FF（表示输入）；DL≠FF（表示输出），DL＝要输出字符	AL＝输入字符
07	键盘输入无回显		AL＝输入字符
08	键盘输入无回显 检测 "Ctrl＋Break" 或 "Ctrl＋C" 组合键		AL＝输入字符
0A	输入字符串	DS:DX＝输入缓冲区首址（首字节为实际长度，第 2 字节为输入字符数，第 3 字节为输入字符串首址）	DS:DX＋1＝缓冲区中输入的字符数

【例 12-3】   编程利用 BIOS 中断调用 INT 16H，从键盘输入 50 个字符。

程序如下：

```
        DATA SEGMENT
            CBUF DB 50 DUP (?)              ;设置内存缓冲区
                MES DB 'NO INPUT!',0DH,0AH,'$'
        DATA ENDS
        CODE SEGMENT
            ASSUME CS:CODE,DS:DATA
START:  MOV AX,DATA
        MOV DS,AX
        MOV CX,50                          ;输入字符数送 CX
        LEA BX,CBUF
LP1:    PUSH CX
        MOV CX,0
        MOV DX,0
        MOV AH,1
        INT 1AH                            ;设置时钟
WT:     MOV AH,0
```

```
            INT 1AH                ;读时钟
            CMP DL,100
            JNZ WT                 ;定时未到等待
            MOV AH,1
            INT 16H
            JZ EXT                 ;无键入字符结束
            MOV AH,0
            INT 16H                ;从键盘输入一个字符
            MOV [BX],AL            ;字符存入内存缓冲区
            INC BX
            POP CX
            LOOP LP1
            JMP EXT1
    EXT:    LEA DX, MES
            MOV AH,09H
            INT 21H                ;显示提示信息
    EXT1:   MOV AH,4CH
            INT 21H  ;返回DOS
        CODE ENDS
            END START
```

12.2　鼠　标　及　接　口

鼠标是一种简易输入设备，拖动鼠标在桌面上移动能快速将光标准确定位到屏幕指定位置，通过左右键的单击及滚轮的转动可以完成各种操作。Windows 取代 DOS 成为主流操作系统后，鼠标成为微型计算机不可缺少的主要输入设备，用户对微机的多数操作都是通过鼠标完成的。

12.2.1　鼠标的类型及原理

鼠标在平面上移动时，鼠标中的机械或电子转换装置会将移动方向和速度的变化转换为在高低电平之间不断变化的脉冲信号，脉冲信号通过鼠标接口送入主机后，CPU 通过执行鼠标驱动程序根据脉冲信号控制屏幕上鼠标指针在横（X）轴、纵（Y）轴两个方向上移动的距离。根据内部结构及转换原理的不同，鼠标可分为机械式、光电式和光学机械式 3 种。

1. 机械式鼠标

机械式鼠标底部有一个橡胶球，紧靠橡胶球有两个相互垂直的转轴，在转轴的末端安装有译码轮，译码轮通过金属导电片与电刷直接接触。当移动鼠标时底部橡胶球会随之滚动，通过摩擦作用使两个转轴旋转，从而带动译码轮旋转，接触译码轮的电刷及相应电路可计算沿水平方向和垂直方向的偏移量，产生与 X、Y 轴两个方向相关的脉冲信号。

2. 光学机械式鼠标

光学机械式鼠标是光电和机械相结合的鼠标。鼠标底部有一个实心的橡胶球，内部紧靠橡胶球有两个相互垂直的滚轴，滚轴的末端安装有一个边缘开槽的光栅轮，光栅轮的两侧分别安装发光二极管和光敏三极管构成的光电检测电路。当鼠标在平面上移动时，底部的橡胶球随之滚动，带动滚轴及上面的光栅轮转动，使光敏三极管接收到的光线时断时续，通过鼠标控制电路转换为脉冲信号，互相垂直的两个滚轴对应屏幕的 X、Y 轴两个方向，单位时间

内脉冲信号的数量对应位移的快慢。

3．光电式鼠标

光电式鼠标内部没有运动部件，在底座上装有两对发光二极管和光敏三极管构成的光电检测器，两对检测器相互垂直，光敏三极管通过检测发光二极管照射到底板并反射上来的光线的强度变化，从而确定鼠标在 X、Y 轴两个方向的位移。

12.2.2　鼠标的接口类型

鼠标的接口可分为串行接口、PS/2 接口和 USB 接口。

1．串行接口

传统的鼠标是通过 RS-232 串行接口与计算机进行连接的。PC 一般带有两个串行口 COM1 和 COM2，串行口鼠标可以使用任何一个串行口，鼠标使用一个 9 芯的连接器与计算机串行口进行连接。

2．PS/2 接口

PS/2 鼠标最早由于用在 IBM PS/2 系列微机上而得名。使用 6 芯鼠标连接插座，各引脚的信号定义为：1 脚为数据线，5 脚为时钟线，3 脚为地线，4 脚为＋5V 电源，2、6 脚保留未用。插座形状与键盘的 PS/2 插座相同，为了便于区分，主板上的两个 PS/2 插座做成了不同的颜色，鼠标的为绿色，键盘的为蓝色。现在的 PC 主板上都集成 PS/2 鼠标接口。

3．USB 接口

USB 是通用串行总线接口，有 4 条信号线，其中 2 条传输数据，2 条提供＋5V 电源，USB 总线数据传输速率高，支持即插即用和热插拔，使用方便，通用性好，鼠标也广泛采用 USB 接口与主机连接。

12.2.3　鼠标中断调用

Microsoft 为鼠标的操作提供了一个软件中断 INT 33H，只要加载了支持该中断的鼠标驱动程序，就可在程序中调用中断实现对鼠标的各种操作。INT 33H 软件中断有多种功能，调用中断前应先在 AX 寄存器中设置功能号，以选择不同的功能。INT 33H 中断的常用功能调用如表 12-4 所示。

表 12-4　　　　　　　INT 33H 中断的常用功能调用

AX	功　能	入口参数	出口参数	参　数　功　能
00H	初始化鼠标		AX，BX	AX=-1：已安装鼠标；AX=0：未安装鼠标。BX=鼠标的按键数
01H	显示光标			
02H	隐藏光标			
03H	读按键状态及光标位置		BX (CX，DX)	B_0、B_1、B_2 表示左、右、中按键，为 1 表示按键按下。CX，DX 为光标位置 (x, y)
04H	设置光标位置	(CX，DX)		光标位置 (x, y)
05H	读取按键按下信息	BX	AX，BX (CX，DX)	B_0、B_1、B_2 表示左、右、中按键，A_0、A_1、A_2 表示左、右、中按键状态，按键按下次数；CX，DX 为光标位置 (x, y)
06H	读取按键释放信息	BX	AX，BX (CX，DX)	B_0、B_1、B_2 表示左、右、中按键，A_0、A_1、A_2 表示左、右、中按键状态，按键按下次数；CX，DX 为光标位置 (x, y)
07H	设光标横向移动范围	CX，DX		CX：X 最小值；DX：X 最大值

AX	功　　能	入口参数	出口参数	参　数　功　能
08H	设光标纵向移动范围	CX, DX		CX: Y 最小值; DX: Y 最大值
09H	定义图形光标形状	(BX, CD) EX:DX		光标基点 X, Y 坐标; 光标图案首址(0～1FH: 背景; 20H～3FH: 图案)
0BH	读鼠标位移量	CX, DX		CX: X 方向的位移量($-32\,768$～$32\,767$); DX: Y 方向的位移量($-32\,768$～$32\,767$); 单位为 0.127mm(1/200 英寸)

12.3　显　示　器　及　接　口

显示器是微型计算机系统中重要的输出设备, 用于显示数字、字符、图形、图像及视频等信息。按照显示原理的不同, 显示器可分为发光二极管(LED)显示器、液晶(LCD)显示器、阴极射线管(CRT)显示器、等离子体显示器、真空荧光(VFD)显示器等。单片机系统、单板机使用 LED 显示器和小屏幕的 LCD 显示器。PC 一般使用 CRT 显示器和 LCD 显示器。在微机检测控制系统中也常采用 LED 显示器。

12.3.1　LED 显示器

1. LED 显示器的结构

LED(Light Emitting Diode)显示器是单片机应用系统常用的输出设备, 由多个 LED 发光二极管组合在一起制成, 采用不同的 LED 可以发出红、绿、黄、蓝等不同颜色的光。LED 显示器有段式和点阵式两大类, 点阵式由很多 LED 发光点排列而成, 能够显示字符或图形等复杂信息, 如 LED 电子信息屏、LED 彩色电视屏等, 都是由几万乃至几十万个 LED 组成的。段式 LED 显示器是由几个 LED 发光二极管组成字符段形状, 用环氧树脂封装起来。由于它仅能显示数字和简单的字符, 所以又称为数码管。

7 段 LED 显示器的外形结构及引脚功能如图 12-6 所示。LED 显示器由 8 个发光二极管组成, 包括 7 个字符段和 1 个小数点。通过控制 8 个 LED 的亮灭, 就能显示不同数字或字符。LED 显示器有共阴极和共阳极两种类型。共阴极是将组成数码管的各 LED 负极连在一块作为公共极 COM, 共阳极是将正极连在一块作为公共极 COM。为了便于使用, 7 个字符段分别用字母 a～g 表示, 小数点用 dp 表示。

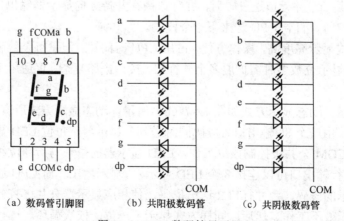

（a）数码管引脚图　　　（b）共阳极数码管　　　（c）共阴极数码管

图 12-6　LED 数码管显示器

2. LED 显示器显示原理

LED 显示器由发光二极管组成，给发光二极管加上正向导通电压就能驱动二极管发光，不同的发光组合显示不同字符或数字。与微机接口时每个数码管需要并行口的 8b 端口线控制，CPU 送出的控制数据有高低位顺序。为了使用的统一，规定 LED 显示器各段从高到低的顺序：dp、g、f、e、d、c、b、a，在接线时各段应按高低顺序与并行端口各位相连。由此可以得到显示不同字符的数据，称为 LED 显示器的 7 段代码（段码）。例如：LED 显示器显示数字 1，应使 b、c 两段发光，其他段熄灭，共阳极数码管段码为 11111001B＝F9H，共阴极数码管段码为 00000110B＝06H。共阴极和共阳极 LED 显示器的二进制段码数据正好相反。同理可以分析出其他字符的段码，如表 12-5 所示。

表 12-5　　LED 显示器段码表

显示字符	共阴极段码	共阳极段码	显示字符	共阴极段码	共阳极段码
0	3FH	C0H	B	7CH	83H
1	06H	F9H	C	39H	C6H
2	5BH	A4H	D	5EH	A1H
3	4FH	B0H	E	79H	86H
4	66H	99H	F	71H	8EH
5	6DH	92H	P	73H	8CH
6	7DH	82H	U	3EH	C1H
7	07H	F8H	r	31H	CEH
8	7FH	80H	y	6EH	91H
9	6FH	90H	全亮	FFH	00H
A	77H	88H	全灭	00H	FFH

3. LED 显示器的显示方式

按照 LED 显示器接口电路以及程序控制方式的不同，可分为静态显示和动态显示两种显示方式。

（1）静态显示。静态显示方式如图 12-7（a）所示。静态显示方式下所有 LED 显示器的 COM 公共极接地（共阴极）或接电源（共阳极），LED 显示器的 8 个段与并行输出口的输出端相连，CPU 向某一个并行口送段码后，并行口锁存并持续向显示器输出，使显示器恒定显示相应的数字或字符，直到 CPU 送来下一个段码。

静态显示方式显示亮度高，操作方便，占用 CPU 时间短，但是每个数码管显示器占用一个 8b 输出端口，显示位数多时需扩展多个并行口，接口电路复杂，仅适用于显示器数量较少的场合。

（2）动态显示。动态显示方式如图 12-7（b）所示。动态显示方式所有 LED 显示器的同名段并联到一起，由一个 8b 输出口将段码同时送到各显示器，每位 LED 显示器由一个独立的输出线连到其 COM 公共极控制该位工作，LED 显示器的位数与所需位线的数目相同。例如图中两个 8b 并行输出口可以连接 8 个 LED 显示器。显示器工作时 CPU 通过并行口 1 送出一位显示器要显示的段码，由并行口 2 送出位码，使相应显示器公共极有效显示数据，其他显示器公共极都无效不工作。然后以同样方式显示下一位，依次循环。

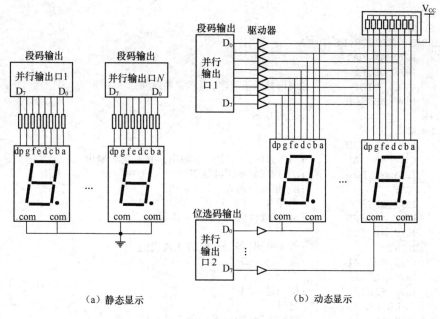

（a）静态显示　　　　　　　　　　　（b）动态显示

图 12-7　LED 显示方式

动态显示方式某一时刻只有一位显示，但当各位快速循环显示时，由于人眼的视觉暂留看起来是同时显示的。编写动态显示程序时要注意每位数码管的持续显示时间不能太长也不能太短，若时间太长会感到数码管的闪烁，若时间太短看不清要显示的数据，一般将扫描时间设为 1ms 左右。

动态显示方式下 CPU 必须不断发送段码和位码才能正常显示，占用 CPU 时间长，每位显示器大部分时间不显示，例如：有 8 个 LED 显示器，每位显示持续 1ms，一轮循环 8ms，则每个 LED 显示器在一个循环周期内有 7ms 不显示，因此动态方式亮度比静态方式低。连接多个 LED 显示器时动态比静态方式节省并行口，因此动态方式是常用的 LED 显示器扩展方式。

4．LED 显示器接口及编程

LED 显示器可采用通用 TTL 锁存器芯片或可编程并行接口芯片与 CPU 连接，还可采用 8279、MAX7219 等专用可编程 LED 显示器芯片。8279 芯片可连接 8b 或 16b LED 显示器，当收到 CPU 送来的显示数据后能自动扫描显示，占用 CPU 时间少。8279 还集成具有硬件去抖动等功能的键盘接口，可外接 64 键矩阵键盘，能自动扫描闭合键，当有键按下时向 CPU 发出中断请求。下面介绍 8255A 作为接口芯片的动态显示接口电路及编程。

【例 12-4】　8b 共阴极 LED 显示器的接口电路如图 12-8 所示，8255A 的 A 口用于输出段码，B 口用于输出位码，8255A 的端口地址为 80～83H，编写动态扫描显示程序，将内存 DISP 显示缓冲区中的 8 个 1b 十六进制数送显示器显示。

动态扫描显示程序如下：

```
DATA SEGMENT
    LTAB   DB 3FH,06H,5BH,4FH,66H,6DH,7DH,07H,7FH, 6FH
           DB 77H,7CH,39H,5EH,79H,71H              ;共阴极 LED 段码表
    DBUF DB 08H,02H,07H,0AH,04H,0FH,00H,01H        ;显示缓冲区
```

```
        DATA ENDS
        CODE SEGMENT
           ASSUME CS:CODE,DS:DATA
        START:  MOV AX,DATA
                MOV DS,AX
                CALL DISP        ;调用显示子程序,显示完后返回
        EXT:    MOV AH,4CH
        INT 21H                  ;返回 DOS
        DISP PROC
                MOV AL,80H
                OUT 83H,AL       ;写方式字,PA 方式 0 输出,PB 方式 0 输出
                LEA SI,DBUF      ;SI 指向显示缓冲区首址
        LEA BX,LTAB              ;BX 指向段码表
                MOV CX,8         ;循环 8 次
                MOV AH,7FH       ;AH 存放位码,从高位开始显示
        LP1:    MOV AL,[SI]
                XLAT             ;查表换码,得到对应的 7 段代码
                OUT 80H,AL       ;段码送 A 口
                MOV AL,AH
                OUT 81H,AL       ;位码送 B 口
                CALL DELAY       ;延时
                INC SI           ;修改指针,指向下一个要显示字符
                ROR AH,1
                LOOP LP1
                RET
        DISP ENDP
        DELAY PROC               ;延时程序
                PUSH CX
                MOV CX,200H
        LP:     LOOP LP
                POP CX
                RET
        DELAY ENDP
        CODE ENDS
           END START
```

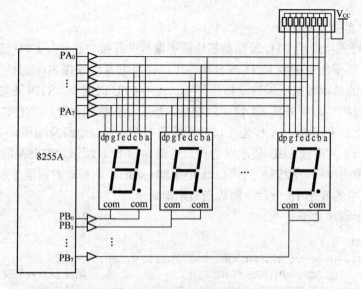

图 12-8　LED 动态显示接口

12.3.2 LCD 显示器

LCD（液晶）显示器是微机常用的显示设备，它利用液晶的物理特性成像，将液晶放在两片导电的无钠玻璃中间，导电玻璃加电时中间液晶分子按照与导电玻璃垂直的方向顺序排列，光线不发生偏移和折射，而是穿过液晶直射到对面的玻璃板上成像；当导电玻璃不加电时中间的液晶分子无规则分布，使光线发生偏移和折射，不能直射到对面的玻璃板上，所以不能成像。

LCD 显示器分为有源和无源两种。有源 LCD 显示器也称为薄膜晶体管 LCD 显示器，每个像素点都用 1 个薄膜晶体管控制液晶的透光率，具有色彩鲜艳，视角宽，图像质量高，响应速度快的优点，但其成品率低，价格高。无源 LCD 显示器用电阻代替有源晶体管，成本低，制造容易，但色彩饱和度差，对比度也较低，视角窄，响应速度慢，其综合性能不如有源 LCD 显示器。

1. LCD 显示器性能参数

（1）分辨率。分辨率是指屏幕每行、每列像素点的数目，通常用每行像素点数与每列像素点数的乘积表示。分辨率越高，显示的图像越清晰。

（2）点距。点距是两个相邻像素点的距离，点距越小，显示效果越好。LCD 显示器的像素数量是固定的，屏幕尺寸和分辨率相同时，点距也相同。例如，分辨率为 15 英寸的 LCD 显示器，点距为 0.3mm。

（3）对比度。对比度是指像素点为白色和为黑色时的对比程度，对比度越高，显示越清晰，图像颜色越鲜艳生动。例如，CRT 显示器的对比度为 245:1，LCD 显示器的对比度最低为 120:1，最高可达到 8000:1 以上。

（4）响应时间。响应时间表示像素点由亮变暗或由暗变亮的速度，响应时间反映了 LCD 对输入信号的对应速度。响应时间过长会出现尾影，影响正常使用。例如，鼠标拖动时，响应时间小于 175ms 才能防止拖影，而视频显示则要求响应时间小于 50ms，目前 LCD 显示器的响应时间已达到了 2ms 以下。

（5）可视角度。可视角度是观看显示器的可见范围，通常用垂直于显示器平面的法向平面的角度表示如可视角度为 ±60°，表示可以从法向量开始向上下左右任意方向的 0°～60° 内都能看到显示器的内容。由于 LCD 显示器采用背景照亮发光，因此其可视角度比 CRT 显示器小。

2. LCD 显示器接口

LCD 显示器可采用两种接口与显卡相连：一种是与 CRT 显示器相同的 VGA 模拟接口，另一种是 DVI 数字接口。

（1）VGA 接口。显卡所带的 VGA 接口是专门为 CRT 显示器设计的，VGA 接口是一个模拟接口，计算机将数字视频信息转换为模拟视频信号，由 VGA 接口送入 CRT 显示器显示。为了与 VGA 接口兼容，LCD 显示器一般都带有 VGA 插头，用于连接 VGA 接口，但是 LCD 显示器只能处理数字视频信息，接收到的模拟视频信号还要再转换为数字信号。信号的转换过程会损失一些视频信息，使显示画面画质变差，达不到最佳显示效果。

（2）DVI 接口。DVI（Digital Visual Interface）是 IBM、HP、NEC 等公司共同组成数字显示工作组 DDWG，于 1999 年联合推出的数字视频接口标准。DVI 是一个 24 引脚的接口，显卡将数字视频信号直接送到 DVI 接口，通过 DVI 信号线送入 LCD 显示器显示输出，不需数字到模拟再到数字的转换，传送速度快，信号传输过程中信号基本没有衰减或损失，画质更清晰。对于 LCD 显示器来说，DVI 接口比 VGA 接口具有很大的优越性，随着 LCD 显示器逐步取代 CRT 显示器，DVI 接口也会取代 VGA 接口成为标准的显示接口。

12.3.3　CRT 显示器

CRT（Cathode Ray Tube）显示器即阴极射线管显示器，是微型计算机发展过程中使用时间最长、应用最广泛的显示输出设备。它经历了从单色显示器到彩色显示器的发展阶段。近年来随着 LCD 技术的发展，液晶显示器各方面的性能有了很大提升，很多性能参数已达到甚至超过了 CRT，LCD 显示器还具有无辐射、占用空间少、尺寸大等优势，价格与 CRT 显示器的差距也越来越小。因此，LCD 显示器已成为人们购买微机的首选，并且将会逐步取代 CRT 显示器。

1.　CRT 显示器性能参数

（1）分辨率。分辨率是指屏幕每行、每列像素点数，分辨率用水平显示的像素点数与水平扫描线数的乘积表示。例如：分辨率为 1280×1024 表示每帧图像由水平 1280 个像素，1024 条水平扫描线组成。分辨率越高，屏幕显示的像素总数越多，图像越清晰。显示器的分辨率除了与显示器有关外，还跟显卡有关。

（2）点距。点距是指荧光屏上相邻的两个相同颜色的荧光点之间的距离。相同尺寸的显示器，点距越小，总像素点数越多，分辨率越高，显示的图像越细腻清晰。彩色显示器的点距多数为 0.28mm，另外还有 0.26mm、0.25mm 等。

（3）刷新频率。刷新频率即垂直扫描频率，也称为场频，是指显示器每秒钟从上到下刷新的次数，单位是 Hz。显示器的刷新频率通常为 60～100Hz。刷新频率越高，图像越稳定。刷新频率设置较小时使用者会感到屏幕闪烁明显，时间长了眼睛很劳累，所以最好将显示器的刷新频率设置到 75Hz 以上。

（4）水平扫描频率。水平扫描频率也称为行频，是指电子束每秒钟在屏幕上水平扫描的次数，单位是 Hz。行频范围越宽，可支持的屏幕分辨率越高。例如，15 英寸显示器的行频范围为 30～70kHz。

（5）扫描方式。CRT 显示器的水平扫描方式有隔行扫描和逐行扫描两种方式。隔行扫描是指电子束对一幅图像分两次扫描，先扫描奇数行，再扫描偶数行，由于相邻奇偶两行扫描时间有一段间隔，会感觉到屏幕有闪烁现象。逐行扫描是从上到下一次性完成对一幅图像的扫描，闪烁感比隔行扫描小。早期的 CRT 显示器多采用隔行扫描，现在使用的 CRT 显示器通常采用逐行扫描方式。两种扫描方式的示意图如图 12-9 所示。

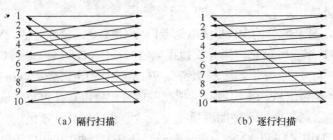

（a）隔行扫描　　　　　　　　　　（b）逐行扫描

图 12-9　两种扫描方式的示意图

2.　显示适配器标准

显示适配器有多种标准，采用不同标准的显示适配器具有不同的应用场合和功能。

（1）MDA。MDA（Monochrone Display Adapter）是 IBM 公司最早研制推出的单色字符显示适配器。MDA 仅支持 25 行、80 列字符显示，字符点阵为 9×8，分辨率为 720×350。

MDA 已经不再使用，但以后的显示适配器都支持和兼容其字符显示方式。

（2）CGA。CGA（Color Graphics Adapter）是 IBM 公司推出的第一代彩色图形显示适配器，CGA 只有 16KB 的显存。字符显示方式下支持 25 行、80 列和 25 行、40 列两种分辨率，字符点阵为 8×8。图形显示方式下支持 640×200 和 320×200 两种分辨率。在 320×200 分辨率下可显示 4 种颜色。

（3）EGA。EGA（Enhanced Graphics Adapter）是 IBM 公司推出的第二代增强型彩色图形显示适配器，EGA 兼容 MDA 和 CGA，显存为 256KB，字符点阵为 8×8，字符显示质量比 CGA 好。图形显示方式下分辨率为 640×350，可显示 16 种颜色。

（4）VGA。VGA（Video Graphics Adapter）是 IBM 公司推出的第三代图形显示适配器，VGA 兼容 MDA、CGA 和 EGA，显存容量为 1MB，还可扩展到 32MB，显存容量决定了分辨率和颜色种类，最高分辨率为 640×480，可显示 256K 种颜色。VGA 首先使用了模拟信号输出接口，将数字信号转换为模拟信号输出，而 EGA 和 CGA 是将数字信号直接送显示器。

VGA 的驱动比较复杂，BIOS 中的基本显示驱动程序不能满足其需要，因此在显卡中专门配置了视频 ROM BIOS，用于存储 VGA 的扩展驱动程序。

（5）SVGA。SVGA（Super Video Graphics Adapter）是国际视频电子标准协会在 VGA 的基础上推出的显示适配器，也称为超级 VGA。在其显示适配器中也设置了视频 ROM BIOS，存储扩展的 SVGA 驱动程序。SVGA 具有分辨率高，可显示颜色多的特点。可设置分辨率有 640×480、800×600、1024×768、1280×1024、1600×1280 等，颜色种类有 256 色、32K 色、64K 色等。SVGA 是当前微机使用最多的显示适配器。

（5）TVGA。TVGA（Trident VGA）是美国 Trident 公司推出的显示适配器，与 VGA 兼容，其特点与 SVGA 类似，显示存储器的容量为 256KB～2MB，最高分辨率可达 1280×1024，可显示颜色数最多可达 16M 色。

3. 显示器的显示模式

显示器有字符显示和图形显示两种显示模式。显示字符或图形时，都要将显示数据存到显示缓冲区 VRAM。

（1）字符显示模式。字符显示模式下，屏幕被划分为很多字符块，每个字符块由若干行和列组成，字符块的像素数为行与列的乘积，每个字符块显示一个字符。例如：80 行×25 列显示格式表示一屏显示 80 行，每行可显示 25 个字符，每个字符采用 8×8 点阵显示。

计算机中每个字符信息用 2 个字节表示，1 个字节为字符的 ASCII 码，另 1 个字节表示字符的显示属性，包括亮度、背景色、前景色等。字符信息存放在 VRAM 中。

字符显示时由字符发生器将字符的 ASCII 码转换为对应的点阵码。例如：图 12-10 的 8×8 点阵，当显示字符"H"时，其点阵码为 8B，分别是 C6H、C6H、C6H、FEH、FEH、C6H、C6H、00H。每个字节对应一行的显示，当位为 1 时对应的像素点亮，为 0 时对应的像素点灭。字符之间有一列的间隔，行与行之间

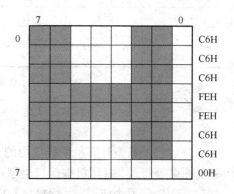

图 12-10　8×8 字符点阵显示字符 H

有一行的间隔，因此点阵的右边一列和下边一行均未显示，对应的数字量均为 0。

（2）图形显示模式。图形显示模式下，显示缓冲区 VRAM 中存放屏幕上每个像素的颜色或灰度值，屏幕按分辨率划分为像素行和列，例如：800（行像素点）×600（列像素点）、1024×768、1280×1024 等。

在 BIOS 中定义了很多显示模式，不同模式表示实现不同的显示功能，编程时可以输入此代号，通过 BIOS 调用 INT 10H 中断设置不同的显示模式。标准 VGA 显示模式的功能如表 12-6 所示。

表 12-6　　　　　　　　　　　　　标准 VGA 显示模式的功能

显示模式	显示类型	颜　色	字母格式	缓冲区首址	字符点阵	屏幕容量
0（CGA）	字符	16	40×25	B8000	8×8	320×200
0（EGA）					8×14	320×350
0（VGA）					9×16	360×400
1（CGA）	字符	16	40×25	B8000	8×8	320×200
1（EGA）					8×14	320×350
1（VGA）					9×16	360×400
2（CGA）	字符	16	40×25	B8000	8×8	640×200
2（EGA）					8×14	640×350
2（VGA）					9×16	720×400
3（CGA）	字符	16	40×25	B8000	8×8	640×200
3（EGA）					8×14	640×350
3（VGA）					9×16	720×400
4（C.E.V）	图形	4	40×25	B8000	8×8	320×200
5（C.E.V）	图形	4	40×25	B8000	8×8	320×200
6（C.E.V）	图形	2	80×25	B8000	8×8	640×200
7（M.E）	字符	单色	80×25	B8000	9×14	720×350
7（V）	字符	单色	80×25	B8000	9×14	720×400
D（E.V）	图形	16	40×25	A8000	8×8	320×400
E（E.V）	图形	16	40×25	A8000	8×8	640×200
F（E.V）	图形	单色	40×25	A8000	8×14	640×350
10（E.V）	图形	16	40×25	A8000	8×14	640×350
11（V）	图形	2	80×30	A8000	8×16	640×480
12（V）	图形	16	80×30	A8000	8×16	640×480
13（V）	图形	256	40×25	A8000	8×8	320×200

12.4　打　印　机　及　接　口

打印机是微型计算机系统使用的主要硬拷贝输出设备，可用于打印输出数字、字符、文字、图像等信息。打印机按接口类型可分为并行接口打印机和串行接口打印机，RS-232 串行接口打印机已很少应用，并行接口打印机占主流地位。近几年 USB 通用串行总线接口以良好的性能逐步取代并行接口成为打印机的标准接口。

打印机按工作原理和打印方式的不同可分为热敏打印机、针式打印机、喷墨打印机和激光打印机。热敏打印机主要用于微型打印机、传真打印等场合。针式打印机通过打印头击打色带实现信息的打印输出，主要用于票据打印、多层打印和蜡纸打印，主要用于学校、银行、超市等。喷墨打印机和激光打印机具有打印速度快、噪声小、分辨率高等优点，在家庭及各行各业中都有广泛的应用。

并行打印机采用 Centronics 总线标准传输信息，打印机一端为 36 脚的 D 型插座，通过打印电缆与微机并行接口的 25 孔 D 型插座相连，微机通过并行接口向打印机传送打印数据和控制命令，并读取打印机的状态信息。微机并行接口的 25 孔 D 型插座与打印机的接口电路如图 12-11 所示。各信号线的功能请参阅第 6 章 6.4.1 中的 Centronics 总线标准。

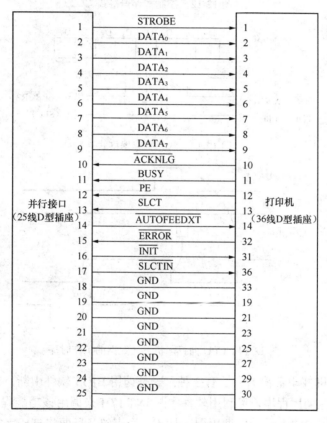

图 12-11 微机与打印机的接口

微机并行接口内部有 3 个寄存器，分别是数据寄存器、状态寄存器和控制寄存器。数据寄存器暂存 CPU 送往打印机的数据，即字符的 ASCII 码；控制寄存器用于控制并行口向打印机发送各种控制信号，控制寄存器的格式如图 12-12 所示；状态寄存器存放打印机送来的各种状态信号，状态寄存器的格式如图 12-13 所示。

CPU 向打印机发送数据的工作时序如图 12-14 所示。CPU 向打印机发送数据前，首先检测 BUSY 忙状态信号：若 BUSY＝1 说明打印机忙不能接收数据，CPU 不断查询等待；当 BUSY＝0 时表示打印机可以接收数据，CPU 通过数据口向打印机发送 1B 数据，然后发出低电平的选通信号$\overline{\text{STROBE}}$，通知打印机接收数据，打印机收到选通信号后使 BUSY＝1，阻止 CPU 发送下一个数据，从数据口接收数据到内部的打印缓冲区中，然后发出负脉冲响应信号$\overline{\text{ACKNLG}}$，表示打印机已接收完数据，同时使 BUSY＝0，表示已处于空闲状态，可以接收下一个数据。

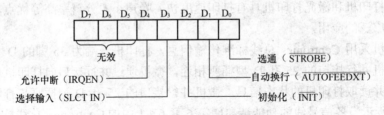

图 12-12　控制寄存器格式

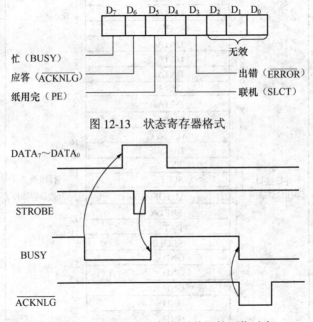

图 12-13　状态寄存器格式

图 12-14　CPU 向打印机发送数据的工作时序

　　编程控制打印机打印字符的方法有 3 种：一是调用 BIOS 软件中断，在 ROM BIOS 中固化有打印机 I/O 功能调用程序，可利用软件中断 INT 17H 来调用该功能程序；二是利用 DOS 功能调用，INT 21H 中的 5 号功能调用用于打印一个字符，只要将打印字符送入 DL 中即可；三是编程直接对端口操作向打印机发送数据。

<h2 align="center">习　　题</h2>

　　1．编码键盘与非编码键盘有什么区别？

　　2．线性键盘与矩阵键盘有什么特点？矩阵键盘如何检测闭合键盘？对接口电路有什么要求？

　　3．PC 的键盘属于哪种类型？其键盘接口有哪 3 种类型？

4．鼠标分为哪几种？它们的工作原理是什么？鼠标接口有哪几种？

5．7 段 LED 显示器的显示原理是什么？如何控制显示器显示不同的数字或字符？

6．LED 显示器有哪两种显示方式？简述其工作原理及各自的特点。

7．微机中常用的显示器有哪几种？各有什么特点？

8．LCD 显示器的主要性能参数有哪些？

9．CRT 显示器有几种显示模式？各有什么功能？

10．显示器适配器有几种？各有什么特点？

11．简述并行接口打印机的工作原理。

12．编程时向打印机发送字符的方法有哪几种？

13．并行接口的状态寄存器和控制寄存器有什么作用？

附录A　8086 指令系统

指令类型	指令格式及操作数类型	指 令 功 能	标　志　位
		数 据 传 送 指 令	
传送指令	MOV reg/mem,imm	dst ← src	不影响
	MOV reg/mem/seg,reg		
	MOV reg/seg,mem		
	MOV reg/mem		
交换指令	XCHG reg,reg/mem	reg ←→ reg/mem	
	XCHG mem,reg	mem ←→ reg	
换码指令	XLAT label	AL ←(BX+AL)	
	XLAT		
堆栈操作	PUSH reg16/mem16/seg	寄存器/存储器入栈	
	POP reg16/mem16/seg	寄存器/存储器出栈	
I/O 传送	IN AL/AX,PORT/DX	AL/AX ← 8b/16b 端口内容	
	OUT PORT/DX,AL/AX	8/16 位端口 ← AL/AX	
地址传送	LEA reg16,mem	reg16 ← 16 位有效地址	
	LDS reg16,mem	DS:reg16 ← 32 位远地址	
	LES reg16,mem	ES:reg16 ← 32 位远地址	
标志传送	LAHF	AH ← FLAGS 低字节	
	SAHF	FLAGS 低字节 ← AH	影响 AF、CF、PF、SF、ZF
	PUSHF	FLAGS 入栈	不影响
	POPF	FLAGS 出栈	影响所有位
		算 术 运 算 指 令	
加法运算	ADD reg,imm/reg/mem	dst ← dst +src	影响 AF、CF、OF、SF、ZF、PF
	ADD mem,imm/reg		
	ADC reg,imm/reg/mem	dst ← dst +src+CF	
	ADC mem,imm/reg		
	INC reg/mem	reg/mem ← reg/mem+1	影响 AF、OF、SF、ZF、PF
减法运算	SUB reg,imm/reg/mem	dst ← dst−src	影响 AF、CF、OF、SF、ZF、PF
	SUB mem,imm/reg		
	SBB reg,imm/reg/mem	dst ← dst−src−CF	
	SBB mem,imm/reg		
	NEG reg/mem	reg/mem ← 0−reg/mem	
	CMP reg,imm/reg/mem	dst−src	
	CMP mem,imm/reg		
	DEC reg/mem	reg/mem ← reg/mem−1	影响 AF、OF、SF、ZF、PF
乘法运算	MUL reg/mem	无符号数乘法	影响 CF、OF AF、SF、ZF、PF 不确定
	IMUL reg/mem	有符号数乘法	

续表

指令类型	指令格式及操作数类型	指 令 功 能	标　志　位
算 术 运 算 指 令			
除法运算	DIV reg/mem	无符号数除法	AF、CF、OF、SF、ZF、PF 不确定
	IDIV reg/mem	有符号数除法	
符号扩展	CBW	字节 AL 扩展为字 AX	不影响
	CWD	字 AX 扩展为双字 DX.AX	
十进制调整	DAA	加法的十进制调整	影响 AF、CF、SF、ZF、PF OF 不确定
	DAS	减法的十进制调整	
	AAA	加法的 ASCII 调整	影响 AF、CF OF、SF、ZF、PF 不确定
	AAS	减法的 ASCII 调整	
	AAM	乘法的 ASCII 调整	影响 SF、ZF、PF AF、CF、OF 不确定
	AAD	除法的 ASCII 调整	
逻 辑 运 算 与 移 位 指 令			
与运算	AND reg,imm/reg/mem	dst←dst∧src	影响 SF、ZF、PF CF=OF=0 AF 不确定
	AND mem,imm/reg		
或运算	OR reg,imm/reg/mem	dst←dst∨src	
	OR mem,imm/reg		
异或运算	XOR reg,imm/reg/mem	dst←dst∀src	
	XOR mem,imm/reg		
测试指令	TEST reg,imm/reg/mem	opr1∧opr2	
	TEST mem,imm/reg		
非运算	NOT reg/mem	opr←NOT opr	不影响
算术移位	SAL reg/mem,1/CL	算术左移 1/CL 位	影响 CF、OF、SF、ZF、PF AF 不确定
	SAR reg/mem,1/CL	算术右移 1/CL 位	
逻辑移位	SHL reg/mem,1/CL	逻辑左移 1/CL 位	
	SHR reg/mem,1/CL	逻辑右移 1/CL 位	
循环移位	ROL reg/mem,1/CL	循环左移 1/CL 位	
	ROR reg/mem,1/CL	循环右移 1/CL 位	
带进位 循环移位	RCL reg/mem,1/CL	带进位 CF 的循环左移 1/CL 位	
	RCR reg/mem,1/CL	带进位 CF 的循环右移 1/CL 位	
控 制 转 移 指 令			
无条件转移	JMP label/reg16/mem16	无条件转到操作数位置执行	
子程序调用 与返回	CALL label/reg16/mem16	调用一个子程序（过程）	不影响
	RET	不带偏移量的返回	
	RET n	带偏移量返回，SP←SP+n	
中断指令	INT imm	软件中断	IF=0，TF=0
	INTO	OF=1 时，4 号溢出中断调用	不影响
	IRET	中断返回	所有标志位恢复原先保存值
循环指令	LOOP label	CX≠0 则循环	不影响
	LOOPZ/LOOPE label	ZF=1 且 CX≠0 则循环	
	LOOPNZ/LOOPNE label	ZF=0 且 CX≠0 则循环	
	JCXZ label	CX=0 则转移	

指令类型	指令格式及操作数类型	指 令 功 能	标 志 位
		控 制 转 移 指 令	
单标志位 条件转移	JC label	有进/借位转移（CF=1）	不影响
	JNC label	无进/借位转移（CF=0）	
	JZ/JE label	结果为零/相等转移（ZF=1）	
	JNZ/JNE label	结果非零/不等转移（ZF=0）	
	JS label	结果为负数转移（SF=1）	
	JNS label	结果为正数转移（SF=0）	
	JO label	有溢出转移（OF=1）	
	JNO label	无溢出转移（OF=0）	
	JP/JPE label	偶校验时转移（PF=1）	
	JNP/JPO label	奇校验时转移（PF=0）	
无符号数 条件转移	JA/JNBE label	高于转移（CF=0 且 ZF=0）	
	JAE/ JNB label	高于等于转（CF=0 或 ZF=1）	
	JB/JNAE label	低于转移（CF=1 且 ZF=0）	
	JBE/JNA label	低于等于转（CF=1 或 ZF=1）	
有符号数 条件转移	JG/JNLE label	大于转移（SF=OF 且 ZF=0）	
	JGE/JNL label	大于等于转(SF=OF 或 ZF=1）	
	JL/JNGE label	小于转移（SF≠OF 且 ZF=0）	
	JLE/JNG label	小于等于转(SF≠OF 或 ZF=1）	
		串 操 作 指 令	
串传送	MOVS dst,src	将 SI 为指针的源串中数据传送到以 DI 为指针的目的串 （DI）←（SI）	不影响
	MOVSB		
	MOVSW		
串装入	LODS src	将 SI 所指源串中的 1 个字节或字数据送 AL/AX AL/AX←（SI）	
	LODSB		
	LODSW		
串存储	STOS dst	将 AL/AX 中的数据存入 DI 所指目的串中的字节或字单元 （DI）←AL/AX	
	STOSB		
	STOSW		
串比较	CMPS dst,src	将 SI 所指源串数据与 DI 所指目的串数据比较 比较：（SI）-（DI）	影响 AF、CF、OF、SF、ZF、PF
	CMPSB		
	CMPSW		
串扫描	SCAS dst	在目的串中扫描 AL/AX 内容 字节扫描：AL-（DI） 字扫描：AX-（DI）	
	SCASB		
	SCASW		
重复前缀	REP	无条件重复 CX 次	不影响
	REPE/REPZ	CX≠0 且 ZF=1 重复执行	
	REPNE/REPNZ	CX≠0 且 ZF=0 重复执行	

指令类型	指令格式及操作数类型	指 令 功 能	标 志 位
		处理器控制指令	
标志位操作	CLC	进位标志 CF 置 0	CF=0
	STC	进位标志 CF 置 1	CF=1
	CMC	进位标志 CF 变反	影响 CF
	CLD	方向标志 DF 置 0	DF=1
	STD	方向标志 DF 置 1	DF=0
	CLI	中断标志 IF 置 0	IF=0
	STI	中断标志 IF 置 1	IF=1
外同步指令	HLT	停机指令，暂停至中断或复位	不影响
	WAIT	等待指令，等待测试信号有效	
	LOCK	下条指令期间封锁总线，前缀	
	ESC	交权指令，交权给外部处理器	影响 AF、CF、OF、SF、ZF、PF
空操作	NOP	使 IP 加 1，无操作	不影响

附录 B　DOS 系统功能调用（INT 21H）

AH	功　能	入　口　参　数	出　口　参　数
00	程序终止（同 INT 20H）	CS＝程序段前缀 PSP	
01	键盘输入并回显		AL＝输入字符
02	显示输出	DL＝输出字符	
03	异步通信口（COM1）输入		AL＝输入字符
04	异步通信口（COM1）输出	DL＝输出字符	
05	打印机输出	DL＝输出字符	
06	直接控制台 I/O	DL＝FF（表示输入）；DL≠FF（表示输出），DL＝要输出字符	AL＝输入字符
07	键盘输入无回显		AL＝输入字符
08	键盘输入无回显 检测 Ctrl+Break 或 Ctrl+C		AL＝输入字符
09	显示字符串	DS:DX＝字符串首地址,字符串以'$'为结束符	
0A	输入字符串	DS:DX＝输入缓冲区首址（首字节为实际长度，第 2 字节为输入字符数，第 3 字节为输入字符串首址）	DS:DX+1＝缓冲区中输入的字符数
0B	监测键盘状态		AL＝00，有输入 AL＝FF，无输入
0C	清除输入缓冲区并请求指定的输入功能	AL＝输入功能号（1，6，7，8）	
0D	磁盘复位		清除文件缓冲区
0E	指定当前默认的磁盘驱动器	DL＝驱动器号（0＝A，1＝B，…）	AL＝系统中驱动器数
0F	打开文件（FCB）	DS:DX＝FCB 首地址 （FCB 为文件控制块）	AL＝00，文件找到 AL＝FF，文件未找到
10	关闭文件（FCB）	DS:DX＝FCB 首地址	AL＝00，目录修改成功 AL＝FF，目录中未找到文件
11	查找第一个目录项（FCB）	DS:DX＝FCB 首地址	AL＝00，找到匹配目录项 AL＝FF，未找到匹配目录项
12	查找下一个目录项（FCB）	DS:DX＝FCB 首地址,使用通配符进行目录项查找，文件名中带*或?	AL＝00，找到匹配目录项 AL＝FF，未找到匹配目录项
13	删除文件（FCB）	DS:DX＝FCB 首地址	AL＝00，文件删除成功 AL＝FF，文件未删除
14	顺序读文件（FCB）	DS:DX＝FCB 首地址 DTA（数据缓冲区）	AL＝00，读成功 AL＝01，文件结束未读到数据 AL＝02，DTA 边界错误 AL＝03，文件结束记录不完整
15	顺序写文件（FCB）	DS:DX＝FCB 首地址	AL＝00，写成功 AL＝01，磁盘满或只读文件 AL＝02，DTA 边界错误
16	建立文件（FCB）	DS:DX＝FCB 首地址	AL＝00，建立文件成功 AL＝FF，磁盘空间不够

续表

AH	功　　能	入　口　参　数	出　口　参　数
17	文件改名（FCB）	DS:DX＝FCB 首地址	AL＝00，文件改名成功 AL＝FF，文件未改名
19	取当前默认磁盘驱动器		AL＝默认驱动器号 0＝A，1＝B，…
1A	设置 DTA 地址	DS:DX＝DTA 首地址	
1B	取默认驱动器的文件分配表（FAT）信息		DS:BX＝FAT 标识字节 DX＝当前驱动器的簇数 AL＝每簇的扇区数 CX＝每扇区的字节数
1C	取指定驱动器的 FAT 信息	DL＝驱动器号	同上
1F	取默认磁盘参数块		AL＝00，无错；AL＝FF，出错 DS:BX＝磁盘参数块地址
21	随机读文件（FCB）	DS:DX＝FCB 首地址 （DTA 已设置）	AL＝00，读成功 AL＝01，文件结束 AL＝02，DTA 边界错误 AL＝03，读部分记录
22	随机写文件（FCB）	DS:DX＝FCB 首地址	AL＝00，写成功 AL＝01，磁盘满或是只读文件 AL＝02，DTA 边界错误
23	测定文件长度（FCB）	DS:DX＝FCB 首地址	AL＝00，测定成功，记录数填入 FCB AL＝FF，未找到匹配的文件，测定失败
24	设置随机记录号	DS:DX＝FCB 首地址	
25	设置中断向量	DS:DX＝中断向量 AL＝中断类型号	
26	建立程序段前缀 PSP	DX＝新 PSP 段地址	
27	随机分块读（FCB）	DS:DX＝FCB 首地址 CX＝记录数 （DTA 已设置）	AL＝00，读成功 AL＝01，文件结束 AL＝02，DTA 边界错误 AL＝03，读部分记录 CX＝读取记录数
28	随机分块写（FCB）	DS:DX＝FCB 首地址 CX＝记录数	AL＝00，写成功 AL＝01，磁盘满或是只读文件 AL＝02，DTA 边界错误
29	建立 FCB	ES:DI＝FCB 首地址 CS:SI＝字符串首地址 AL＝控制分析标志 AL＝0EH 非法字符检查	AL＝00，标准文件 AL＝01，多义文件 AL＝FF，非法盘符
2A	取系统日期		CX＝年（1980～2099） DH＝月（1～12） DL＝日（1～31） AL＝星期（0～6）
2B	设置系统日期	CX＝年（1980～2099） DH＝月（1～12） DL＝日（1～31）	AL＝00，成功 AL＝FF，无效
2C	取系统时间		CH:CL＝h:min DH:DL＝s:1/100s
2D	设置系统时间	CH:CL＝h:min DH:DL＝s:1/100s	AL＝00，成功 AL＝FF，无效
2E	设置磁盘检验标志	AL＝00，关闭检验 AL＝FF，打开检验	

续表

AH	功　　能	入　口　参　数	出　口　参　数
2F	取 DTA 首址		ES:BX=DTA 首地址
30	取 DOS 版本号		AH=发行号；AL=版本号
31	程序结束并驻留	AL=退出码；DX=程序长度	
32	取驱动器参数块	DL=驱动器号	AL=FF，驱动器无效 DS:BX=驱动器参数块地址
33	Ctrl+Break 检测	AL=00，取标志状态	DL=00，关闭 Ctrl+Break 检测 DL=01，打开 Ctrl+Break 检测
35	取中断向量	AL=中断类型号	EX:BX=中断向量
36	取空闲磁盘空间	DL=驱动器号 0=默认，1=A，2=B，…	成功：AX=每簇扇区数 　　　BX=可用簇数 　　　CX=每扇区字节数 　　　DX=磁盘总簇数
38	置/取国家信息	DS:DX=信息区首地址（32B）	BX=国家码（国际电话前缀码） AX=错误码
39	建立子目录（MKDIR）	DS:DX=字符串首地址	AX=错误码
3A	删除子目录（RMDIR）	DS:DX=字符串首地址	AX=错误码
3B	改变当前目录（CHDIR）	DS:DX=字符串首地址	AX=错误码
3C	建立文件	DS:DX=字符串首地址 CX=文件属性	成功：AX=文件代号 失败：AX=错误码
3D	打开文件	DS:DX=字符串首地址 AL=访问和文件共享方式 00=读，01=写，02=读/写	成功：AX=文件代号 失败：AX=错误码
3E	关闭文件	BX=文件代号	失败：AX=错误码
3F	读文件或设备	DS:DX=数据缓冲区首地址 BX=文件代号 CX=读取的字节数	成功：AX=实际读入字节数 　　　AX=00，已到文件尾 失败：AX=错误码
40	写文件或设备	DS:DX=数据缓冲区首地址 BX=文件代号 CX=写入的字节数	成功：AX=实际写入字节数 失败：AX=错误码
41	删除文件	DS:DX=字符串首地址	成功：AX=00 失败：AX=错误码（02，05）
42	移动文件读写指针	BX=文件代号 CX:DX=位移量 AL=移动方式（00，01，02） AL=00:从文件头移动 AL=01:从当前位置移动 AL=02:从文件尾移动	成功：DX:AX=移动后新指针位置 失败：AX=错误码
43	置/取文件属性	DS:DX=字符串首地址 AL=00：取文件属性 AL=01：置文件属性 CX=文件属性	成功：CX=文件属性 失败：AX=错误码
44	设备驱动程序控制	BX=文件代号 AL=设备子功能代码（0~11H） 00=取设备状态 01=置设备状态 02=读数据 03=写数据 04=读块设备 05=写块设备 06=取输入状态 07=取输出状态…	成功：DX=设备信息 　　　AX=传送的字节数 失败：AX=错误码

续表

AH	功　能	入　口　参　数	出　口　参　数
45	复制文件代号	BX＝文件代号 1	成功：AX＝文件代号 2 失败：AX＝错误码
46	人工复制文件代号	BX＝文件代号 1 CX＝文件代号 2	成功：CX＝文件代号 1 失败：AX＝错误码
47	取当前目录路径名	DL＝驱动器号 DS:SI＝字符串首地址 （从根目录开始的路径名，64B）	成功：DS:SI＝目录路径全名 失败：AX＝错误码
48	分配内存空间	BX＝申请内存容量	成功：AX＝分配内存首段地址 失败：AX＝错误码 　　　BX＝最大可用空间
49	释放已分配内存空间	ES＝内存起始段地址	失败：AX＝错误码
4A	调整已分配的存储块	ES＝原内存块起始段地址 BX＝新申请的内存容量	失败：AX＝错误码 　　　BX＝最大可用空间
4B	装入/执行程序	DS:DX＝字符串首地址 ES:BX＝参数区首地址 AL＝00：装入并执行程序 AL＝03：装入程序但不执行	失败：AX＝错误码
4C	带返回码结束	AL＝返回码	
4D	取返回代码		成功：AX＝返回代码 失败：AX＝错误代码
4E	查找第一个匹配文件	DS:DX＝字符串首地址 CX＝属性	失败：AX＝错误码（02，18）
4F	查找下一个匹配文件	DTA 保留 4EH 的原始信息	失败：AX＝错误码（18）
50	置 PSP 段地址	BX＝新 PSP 段地址	
51	取 PSP 段地址		BX＝当前运行进程的 PSP
52	取磁盘参数块		ES:BX＝参数块链表指针
53	把 BIOS 参数块（BPB）转换为 DOS 的驱动器参数块（DPB）	DS:SI＝BPB 的指针 ES:BP＝DPB 的指针	
54	取写盘后读盘的检验标志		AL＝00：检验关闭 AL＝01：检验打开
55	建立 PSP	DX＝建立 PSP 的段地址	
56	更改文件名	DS:DX＝当前串地址 ES:DI＝新串地址	失败：AX＝错误码（03，05，17）
57	置/取文件日期和时间	BX＝文件代号 AL＝00：读取日期和时间 AL＝01：设置日期和时间 （DX:CX）＝日期:时间	（DX:CX）＝日期：时间 失败：AX＝错误码
58	取/置内存分配策略	AL＝00：取策略代码 AL＝01：设置策略代码 BX＝策略代码	成功：AX＝策略代码 失败：AX＝错误码
59	取扩充错误码	BX＝0	AX＝扩充错误码 BH＝错误类型 BL＝建议的操作 CH＝出错设备代码
5A	建立临时文件	CX＝文件属性 DS:DX＝字符串首地址	成功：AX＝文件代号 失败：AX＝错误码
5B	建立新文件	CX＝文件属性 DS:DX＝字符串首地址	成功：AX＝文件代号 失败：AX＝错误码

AH	功　　能	入　口　参　数	出　口　参　数
5C	锁定文件存取	AL=00：锁定文件指定区域 AL=01：开锁 BX=文件代号 CX:DX=文件区域偏移值 SI:DI=文件区域长度	失败：AX=错误码
5D	取/置严重错误标志的地址	AL=06：取严重错误标志的地址 AL=0A：置 ERROR 结构指针	DS:SI=严重错误标志的地址
60	扩展为全路径名	DS:SI=字符串首地址 ES:DI=工作缓冲区地址	失败：AX=错误码
62	取程序段前缀地址		BX=PSP 地址
68	刷新缓冲区数据到磁盘	AL=文件代号	失败：AX=错误码
6C	扩充的文件打开/建立	AL=访问权限 BX=打开方式 CX=文件属性 DS:SI=字符串首地址	成功：AX=文件代号 　　　CX=采取的动作 失败：AX=错误码

　　注　AH=00　2E 适用于 DOS V1.0 以上；
　　　　AH=2F　57 适用于 DOS V2.0 以上；
　　　　AH=58　62 适用于 DOS V3.0 以上；
　　　　AH=63　6C 适用于 DOS V4.0 以上。
　　　　表中数字均为十六进制。

附录 C BIOS 中断调用

INT	AH	功　能	入　口　参　数	出　口　参　数
10	0	设置 显示方式	AL＝00 40×25 黑白文本，16 级灰度 ＝01 40×25 16 色文本 ＝02 80×25 黑白文本，16 级灰度 ＝03 80×25 16 色文本 ＝04 320×200 4 色图形 ＝05 320×200 黑白图形，4 级灰度 ＝06 640×200 黑白图形 ＝07 80×25 黑白文本 ＝08 160×200 16 色图形（MCGA） ＝09 320×200 16 色图形（MCGA） ＝0A 640×200 4 色图形（MCGA） ＝0B 保留（EGA） ＝0C 保留（EGA） ＝0D 320×200 16 色图形（EGA/VGA） ＝0E 640×200 16 色图形（EGA/VGA） ＝0F 640×350 单色图形（EGA/VGA） ＝10 640×350 16 色图形（EGA/VGA） ＝11 640×480 黑白图形（VGA） ＝12 640×480 16 色图形（VGA） ＝13 320×200 256 色图形（VGA） ＝40 80×30 彩色文本（CGE400） ＝41 80×50 彩色文本（CGE400） ＝42 640×400 彩色文本（CGE400）	
10	1	置光标类型	$(CH)_{0\sim3}$＝光标起始行 $(CL)_{0\sim3}$＝光标结束行	
10	2	置光标位置	BH＝页号；DH/DL＝行/列	
10	3	读光标位置	BH＝页号	CH＝光标起始行 CL＝光标结束行 DH/DL＝行/列
10	4	读光笔位置		AH＝0 光笔未触发 AH＝1 光笔触发 CH＝像素行 BX＝像素列 DH＝字符行 DL＝字符列
10	5	置当前显示页	AL＝页号	
10	6	屏幕初始化或向上滚动	AL＝向上滚动行数 AL＝0 初始化窗口 BH＝卷入行属性 CH/CL＝左上角行/列号 DH/DL＝右下角行/列号	
10	7	屏幕初始化或向下滚动	AL＝向下滚动行数 AL＝0 初始化窗口 BH＝卷入行属性 CH/CL＝左上角行/列号 DH/DL＝右下角行/列号	
10	8	读光标位置的字符和属性	BH＝显示页	AL/AH＝字符/属性
10	9	在光标位置显示字符和属性	BH＝显示页 AL/BL＝字符/属性 CX＝字符重复次数	

INT	AH	功　　能	入　口　参　数	出　口　参　数
10	A	在光标位置显示字符	BH＝显示页；AL＝字符 CX＝字符重复次数	
10	B	置彩色调色板（320×200 图形）	BH＝彩色调色板 ID BL＝和 ID 配套使用的颜色	
10	C	写像素	AL＝像素的颜色值 BH＝页号 DX＝像素行（0～199） CX＝像素列（0～639）	
10	D	读像素	BH＝页号 DX＝像素行（0～199） CX＝像素列（0～639）	AL＝像素的颜色值
10	E	显示字符 （光标前移）	AL＝字符；BL＝前景色；BH＝页号	
10	F	取当前显示方式		BH＝页　号 AH＝字符列数 AL＝显示方式
10	10	置调色板寄存器 （EGA/VGA）	AL＝0；BL＝调色板号；BH＝颜色值	
10	11	装入字符发生器 （EGA/VGA）	AL＝0～4 全部或部分装入字符点阵集 AL＝20～24 置图形方式显示字符集 AL＝30 读当前字符集信息	ES:BP＝字符集位置
10	12	返回当前适配器设置的信息 （EGA/VGA）	BL＝10H（子功能）	BH＝0 单色方式 BH＝1 彩色方式 BL＝VRAM 容量 CH＝特征位设置 CL＝EGA 的开关设置
10	13	显示字符串	ES:BP＝字符串地址 AL＝写方式（0～3） CX＝字符串长度 DH/DL＝起始行/列 BH/BL＝页号/属性	
11		取设备信息		AX＝返回值（位映射） Bit0＝1 配有磁盘 Bit1＝1 配有 80287 协处理器 Bit4,5＝01 40×25BW 彩色板 Bit4,5＝10 80×25BW 彩色板 Bit4,5＝11 80×25BW 黑白板 Bit6,7＝软盘驱动器号 Bit9,10,11＝RS-232 板号 Bit12＝游戏适配器 Bit13＝串行打印机 Bit14,15＝打印机号
12		取内存容量		AX＝字节数（KB）
13	0	磁盘复位	DL＝驱动器号 （00，01 为软盘，80h,81h,⋯为硬盘）	失败：AX＝错误码
13	1	读磁盘驱动器状态		AH＝状态字节
13	2	读磁盘扇区	AL＝扇区数 $(CL)_{6\sim7}(CH)_{0\sim7}$＝磁道号 $(CL)_{0\sim5}$＝扇区号 DH/DL＝磁头号/驱动器号 ES:BX＝数据缓冲区地址	读成功：AH＝0， AL＝读取的扇区数； 读失败：AH＝错误码

INT	AH	功　　能	入　口　参　数	出　口　参　数
13	3	写磁盘扇区	同上	写成功：AH=0, AL=写入的扇区数； 写失败：AH=错误码
13	4	检验磁盘扇区	AL=扇区数 $(CL)_{6\sim7}$ $(CH)_{0\sim7}$=磁道号 $(CL)_{0\sim5}$=扇区号 DH/DL=磁头号/驱动器号	成功：AH=0, AL=检验的扇区数； 失败：AH=错误码
13	5	格式化磁道	AL=扇区数 $(CL)_{6\sim7}$ $(CH)_{0\sim7}$=磁道号 $(CL)_{0\sim5}$=扇区号 DH/DL=磁头号/驱动器号 ES/BX=格式化参数表指针	成功：AH=0 失败：AH=错误码
14	0	初始化串行口	AL=初始化参数 DX=串行口号	AH=通信口状态 AL=调制解调器状态
14	1	向串行通信口写字符	AL=字符 DX=通信口号	写成功：$(AH)_7$=0 写失败：$(AH)_7$=1 $(AH)_{0\sim6}$=通信口状态
14	2	从串行通信口读字符	DX=通信口号	读成功：$(AH)_7$=0 (AL)=字符 读失败：$(AH)_7$=1
14	3	取通信口状态	DX=通信口号	AH=通信口状态 AL=调制解调器状态
14	4	初始化扩展 COM		
14	5	扩展 COM 控制		
15	0	启动盒式磁带机		
15	1	停止盒式磁带机		
15	2	磁带分块读	ES:BX=数据传输区地址 CX=字节数	AH=状态字节 AH=00 读成功 AH=01 冗余检验错 AH=02 无数据传输 AH=04 无引导 AH=80 非法命令
15	3	磁带分块写	ES:BX=数据传输区地址 CX=字节数	同上
16	0	从键盘读字符		AL=字符码 AH=扫描码
16	1	读键盘缓冲区字符		ZF=0：AL=字符码 　　　　AH=扫描码 ZF=1：缓冲区无按键等待
16	2	取键盘状态字节		AL=键盘状态字节
17	0	打印字符回送状态字节	AL=字符 DX=打印机号	AH=打印机状态字节
17	1	初始化打印机 回送状态字节	DX=打印机号	AH=打印机状态字节
17	2	取打印机状态	DX=打印机号	AH=打印机状态字节
18		ROM BASIC 语言		
19		引导装入程序		

续表

INT	AH	功　　能	入　口　参　数	出　口　参　数
1A	0	读时钟		CH:CL＝h:min DH:DL＝s:1/100s
1A	1	设置时钟	CH:CL＝h:min DH:DL＝s:1/100s	
1A	2	读时钟 （适用于 AT）		CH:CL＝h:min DH:DL＝s:1/100s（BCD）
1A	6	设置报警时间 （适用于 AT）	CH:CL＝h:mim（BCD） DH:DL＝s:1/100s（BCD）	
1A	7	清除报警时间 （适用于 AT）		

附录 D 中 断 向 量

地 址	类型号	中 断 源	地 址	类型号	中 断 源
80x86 中断			提供给用户的中断		
0～3	0	除以零	6C～6F	1B	Ctrl＋Break 控制的软中断
4～7	1	单步（用于 DEBUG）	70～73	1C	定时器控制的软中断
8～B	2	不可屏蔽（NMI）	参数表指针		
C～F	3	断点（用于 DEBUG）	74～77	1D	显示器参数表
10～13	4	溢出	78～7B	1E	软盘参数表
14～17	5	打印屏幕	7C～7F	1F	字符点阵参数表
18～1F	6，7	保留	DOS 中断		
8259A 中断			80～83	20	程序结束并返回 DOS
20～23	8	定时器（IRQ_0）	84～87	21	DOS 系统功能调用
24～27	9	键盘（IRQ_1）	88～8B	22	程序结束 DOS 返回地址
28～2B	A	彩色/图形（IRQ_2）	8C～8F	23	Ctrl＋Break 退出地址
2C～2F	B	串行通信 COM2（IRQ_3）	90～93	24	严重错误处理
30～33	C	串行通信 COM1（IRQ_4）	94～97	25	绝对磁盘读功能
34～37	D	硬盘（IRQ_5）	98～9B	26	绝对磁盘写功能
38～3B	E	软盘（IRQ_6）	9C～9F	27	程序结束且驻留内存
3C～3F	F	并行打印机（IRQ_7）	A0～BB	28～2E	DOS 保留
BIOS 中断			BC～BF	2F	打印机
40～43	10	视频显示 I/O	C0～FF	30～3F	DOS 保留
44～47	11	设备检测	BASIC 中断		
48～4B	12	存储器容量检测	100～17F	40～5F	保留
4C～4F	13	磁盘 I/O	180～19F	60～67	用户软件中断
50～53	14	RS-232 串行口 I/O	1A0～1FF	68～7F	保留
54～57	15	盒式磁带 I/O	200～217	80～85	BASIC 使用
58～5B	16	键盘 I/O	218～3C3	86～F0	BASIC 中断
5C～5F	17	打印机 I/O	3C4～3FF	F1～FF	保留
60～63	18	ROM BASIC 入口			
64～67	19	引导程序入口			
68～6B	1A	日时钟			

附录 E　DEBUG　命　令

命　令	名　称	格　式	功　能
R	显示/修改 寄存器内容命令	R	显示 CPU 内所有寄存器的内容
		R register name	显示/修改某个寄存器的内容
		RF	显示/修改标志位状态
D	显示内存单元命令	D [address]	按指定首地址显示内存单元内容
		D [range]	按指定地址范围显示内存单元内容
E	修改内存单元命令	E address[list]	用指定内容表替代内存单元内容
		E address	逐个单元修改内存单元内容
F	填写内存单元命令	F range list	将指定内容填写到内存单元
G	运行命令	G [＝address][address⋯]	按指定地址运行
T	跟踪命令	T [＝address]	逐条指令跟踪
		T [＝address][value]	多条指令跟踪
P	单步命令	P [＝address][number]	单步执行程序
A	汇编命令	A [address]	按指定地址开始汇编
U	反汇编命令	U [address]	按指定地址开始反汇编
		U [range]	按指定范围的内存单元开始反汇编
N	命名命令	N filespecs[filespecs]	将两个文件标识符格式化
L	装入命令	L address drive sector sector	装入磁盘上指定内容到存储器
		L [address]	装入指定文件
W	写命令	W address drive sector sector	将数据写入磁盘指定扇区
		W [address]	将数据写入指定文件
C	比较命令	C range address	比较两个内存块的内容
M	移动命令	M range address	将内存指定范围内容送指定地址开始单元
S	搜索命令	S range list	在指定的范围内搜索列表中的字符
I	输入命令	I port	从指定端口读入 1B 并显示
O	输出命令	O port byte	将一个字节送到指定的端口
H	和差命令	H value1 value2	显示两个十六进制数的和、差
Q	退出命令	Q	退出 DEBUG
?	命令列表命令	?	列出 DEBUG 的全部命令

附录F　ASCII　码　表

高3位 低4位		0	1	2	3	4	5	6	7
		000	001	010	011	100	101	110	111
0	0000	NUL	DLE	SP	0	@	P	`	p
1	0001	SOH	DC1	!	1	A	Q	a	q
2	0010	STX	DC2	"	2	B	R	b	r
3	0011	ETX	DC3	#	3	C	S	c	s
4	0100	EOT	DC4	$	4	D	T	d	t
5	0101	ENQ	NAK	%	5	E	U	e	u
6	0110	ACK	SYN	&	6	F	V	f	v
7	0111	BEL	ETB	'	7	G	W	g	w
8	1000	BS	CAN	(	8	H	X	h	x
9	1001	HT	EM	)	9	I	Y	i	y
A	1010	LF	SUB	*	:	J	Z	j	z
B	1011	VT	ESC	+	;	K	[	k	{
C	1100	FF	FS	,	<	L	\	l		
D	1101	CR	GS	-	=	M	]	m	}
E	1110	SO	RS	.	>	N	↑	n	~
F	1111	SI	VS	/	?	O	←	o	DEL

NUL	空	FF	走纸控制	CAN	作废
SOH	标题开始	CR	回车	EM	纸尽
STX	正文结束	SO	移位输出	SUB	减
ETX	本文结束	SI	移位输入	ESC	换码
EOT	传输结束	DLE	数据链换码	FS	文件分隔符
ENQ	询问	DC1	设备控制1	GS	组分隔符
ACK	应答	DC2	设备控制2	RS	记录分隔符
BEL	报警符	DC3	设备控制3	VS	单元分隔符
BS	退格	DC4	设备控制4	SP	空格
HT	横向列表	NAK	未应答	DEL	删除
LF	换行	SYN	同步		
VT	纵向列表	ETB	信息块传输结束		

参 考 文 献

[1] 杨立，邓振杰等. 微型计算机原理与接口技术（第二版）. 北京：中国铁道出版社，2006.

[2] 李文英，刘星等. 微机原理与接口技术. 北京：清华大学出版社，2001.

[3] 戴梅萼，史嘉权. 微型计算机技术及应用. 北京：清华大学出版社，2003.

[4] 周学毛. 汇编语言程序设计. 北京：高等教育出版社，2002.

[5] 田艾平，王力生，卜艳萍. 微型计算机技术. 北京：清华大学出版社，2005.

[6] 周明德. 微型计算机系统原理及应用（第四版）. 北京：清华大学出版社，2002.

[7] 李继灿. 微型计算机技术及应用. 北京：清华大学出版社，2003.

[8] 王丰，王兴宝. 微型原理与接口技术. 北京：北京航空航天大学出版社，2005.

[9] 陈光军，傅越千. 微机原理与接口技术. 北京：北京大学出版社，2007.

[10] 沈美明，温冬婵. IBM-PC 汇编语言程序设计（第 2 版）. 北京：清华大学出版社，2001.

[11] 史新福，冯萍. 32 位微型计算机原理接口技术及其应用. 北京：清华大学出版社，2007.

[12] 谢瑞和. 奔腾系列微型计算机原理及接口技术. 北京：清华大学出版社，2002.